すぃ〜っと合格® 赤のハンディ

第1種 電気工事士 学科 過去問 2024

ぜんぶ解くべし!

安永頼弘・池田紀芳 共著

直近10年（14回分）掲載

本書の効果的な使い方

本書は科目別に整理してあるので、出題の傾向がつかみやすく、さらに個別の科目を集中学習できて短期学習に最適です。

必須問題優先で合格ラインを短期クリア

科目ごとにじっくり解いていたのでは時間ばかりかかって非効率です。『繰り返し出る！必須問題』を各科目のトップにまとめてあるので、まずはそこだけを解いていきましょう。短期間で合格レベルの学力が得られます。

写真鑑別　**繰り返し出る！必須問題**

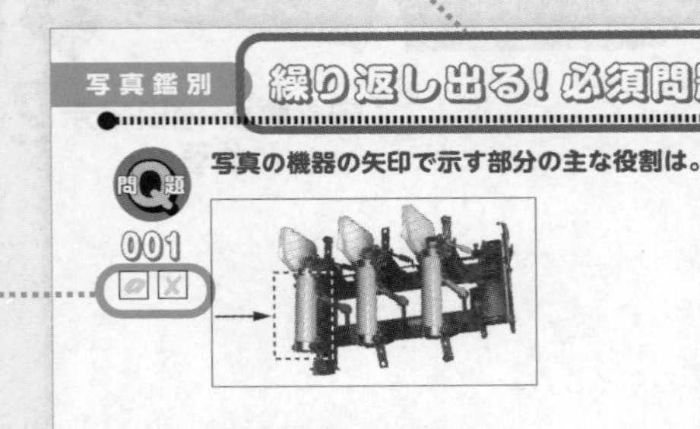

写真の機器の矢印で示す部分の主な役割は。

イ．高圧電路の地絡保護
ロ．高圧電路の過電圧保護
ハ．高圧電路の高調波電流抑制
ニ．高圧電路の短絡保護

（R4Am出題、同問：H19）

苦手問題は即チェック！

自信がもてない問題をマークしておくと、あとで重点的に学習できます。

写真に示す機器の文字記号（略号）は。

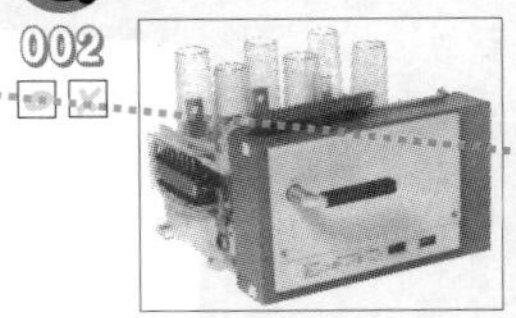

イ．DS　　ロ．PAS　　ハ．LBS　　ニ．VCB

実際の出題写真

実際の問題用紙に掲載されていた写真ですから、今後も同じ写真で出題される可能性があります。

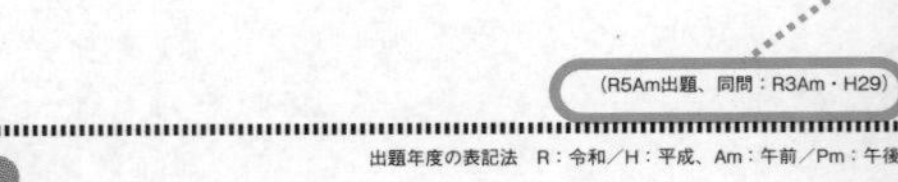

（R5Am出題、同問：R3Am・H29）

出題年度の表記法　R：令和／H：平成、Am：午前／Pm：午後

10

時間の余裕があれば、点数の稼げる科目から全問制覇

読者の得意・不得意に合わせて、点数が稼げる科目から制覇していきましょう。

◆直近2年の本書科目別出題数　※午前出題を集計

科目	R4	R5	科目	R4	R5
写真鑑別	6	6	電気応用・機器	4	3
結線図	10	10	発・送・変電設備	4	5
高圧受電設備	3	5	検査	3	2
高圧設備工事	2	3	法令	3	3
電動機制御	0	0	電気理論	5	5
低圧屋内工事	6	4	配電理論	4	4

写真は限流ヒューズ付高圧交流負荷開閉器(PF付LBS:パワー・ヒューズ付ロード・ブレーク・スイッチ)の高圧限流ヒューズ(PF)で、電路の短絡保護用ですので、正解は二です。

写真鑑別

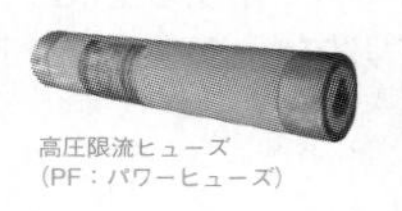

高圧限流ヒューズ
(PF：パワーヒューズ)

過電流が流れるとヒューズが溶断し、瞬時にアークをおさめて電流を抑制遮断する

参→P.15　答　二

写真は、高圧交流真空遮断器で、文字記号はVCB(バキューム・サーキット・ブレーカ)です。

■高圧交流真空遮断器（VCB）

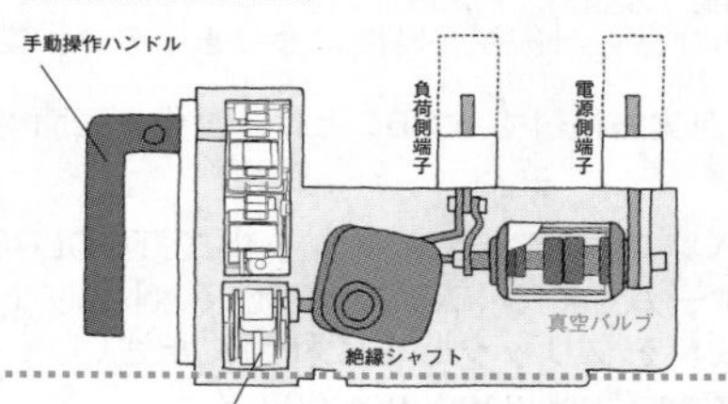

参→P.14　答　二

参 マークは、姉妹本『第1種電気工事士学科試験すい〜っと合格2024年版』の該当説明ページを表しています。

11

理解をさらに深める

本書の姉妹誌『ぜんぶ絵で見て覚える第1種電気工事士学科試験すい〜っと合格2024年版』の該当解説ページを掲載しました。併読して基礎からの理解にお役立てください。

Hint

赤シート

付属の赤シートで目隠しして解いていきましょう。

出題年の表記

出題の傾向がわかります。

本書の2大読者特典

本書読者のために、スマホやパソコンを使って学習効果を高める、2つの<無料>特典を用意しました。

写真鑑別や図記号は「暗記カード」で丸暗記！

PDF版丸暗記カードをスマホにダウンロードして、空き時間に図記号や器具・材料が覚えられます。

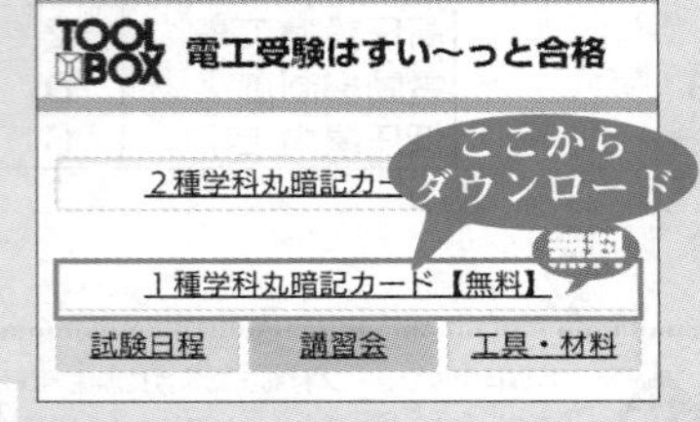

下記でのログイン認証が必要です。
ユーザー名：suitto
パスワード：maruanki

QRコード読み取り後に自動起動されるブラウザアプリでは、ダウンロード前のパスワード認証ができない事例が発生しています。必ず標準ブラウザ（iPhoneは「Safari」、Androidは「Crome」）でアクセスしてください。

特典 2

ネット模試で現在の実力が判定できる！

パソコンあるいはタブレットを使ってネット模擬試験が受けられます。合否の実力判定がすぐにできるほか、採点見直し機能で、今の自分の苦手な問題が洗い出せます。また、今後実施が検討されているCBT（コンピュータ試験）の予行演習にも最適です。

※画面が小さいスマートホンでのご利用はできません。
※ InternetExplorerではご利用になれません。
（Microsoft Edge、Google Chrome、Safari、FireFox対応）
※ご利用には通信料金が別途かかります。接続が長時間になりますので、常時接続環境でご利用ください。
※（一財）電気技術者試験センターが実施検討するCBTとは、動作や画面構成などは異なります。

パソコンまたはタブレットでTOOLBOXホームページにアクセスして、「ネット模試」をクリックしてご利用ください。
https://www.tool-box.co.jp/
下記でのログイン認証が必要です。
ユーザー名：mogishiken
パスワード：denkou

目次

過去問題449題
～平成26年～令和5年の10年分～

CONTENTS

CONTENTS

CONTENTS

●掲載問題について

直近 10 年間に出題された 700 問（平成 30 年度の追試含む）のうち、同一問題および同じ答えの問題はどれか 1 題を掲載し、類似問題については可能な限り掲載しましたが、一部については代表的な問題のみを掲載しています。

●本書について

本書は、ツールボックス発行の『ぜんぶ絵で見て覚える 第1種電気工事士学科試験すい〜っと合格』に掲載した過去問題を追補・再編集してまとめたものです。平成 23 年の「技術基準の解釈」改正に対応して、一部出題とは異なる表記のものがあります。また、JIS 規格の変更により、下記の図記号は新 JIS 規格に変更しています。

従来の図記号 ⊕ 電圧計切換スイッチ(VS)と ⊛ 電流計切換スイッチ(AS)は、それぞれ新 JIS 記号 [VS] [AS] に変更しました。

過去問449題

〜H26年〜R5年の10年分〜

繰り返し出る！必須問題

問題 001

写真の機器の矢印で示す部分の主な役割は。

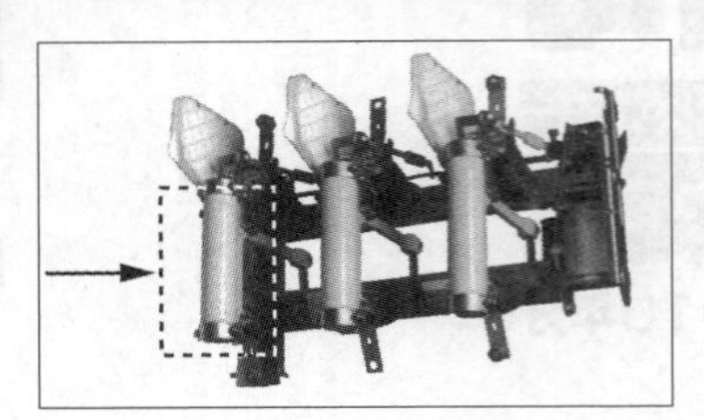

イ．高圧電路の地絡保護
ロ．高圧電路の過電圧保護
ハ．高圧電路の高調波電流抑制
ニ．高圧電路の短絡保護

（R4Am出題、同問：H19）

問題 002

写真に示す機器の文字記号（略号）は。

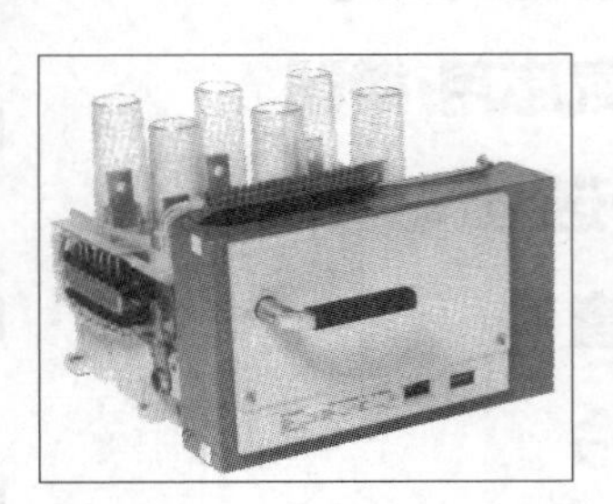

イ．DS　　ロ．PAS　　ハ．LBS　　ニ．VCB

（R5Am出題、同問：R3Am・H29）

出題年度の表記法　R：令和／H：平成、Am：午前／Pm：午後

写真は限流ヒューズ付高圧交流負荷開閉器(PF付LBS:パワー・ヒューズ付ロード・ブレーク・スイッチ)の高圧限流ヒューズ(PF)で、電路の短絡保護用ですので、正解は二です。

高圧限流ヒューズ
(PF:パワーヒューズ)

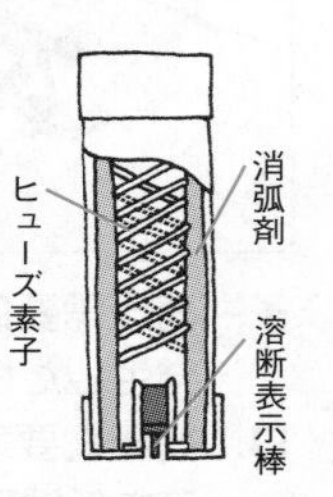

過電流が流れるとヒューズが溶断し、瞬時にアークをおさめて電流を抑制遮断する

参→P.15

写真は、高圧交流真空遮断器で、文字記号はVCB(バキューム・サーキット・ブレーカ)です。

■高圧交流真空遮断器(VCB)

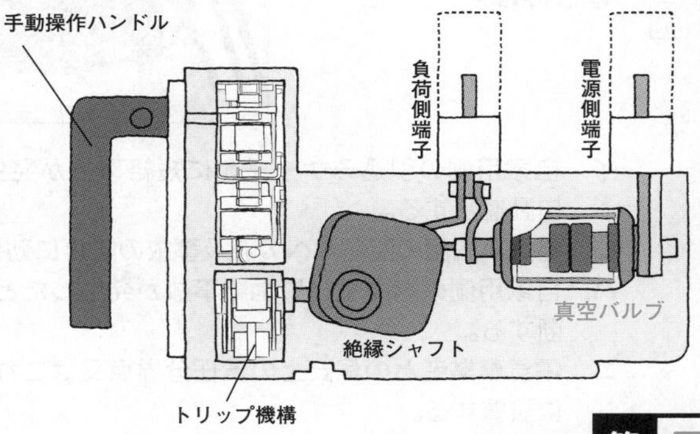

参→P.14

参 マークは、姉妹本『第1種電気工事士学科試験すい〜っと合格2024年版』の該当説明ページを表しています。

繰り返し出る！必須問題

問題 003

写真に示す品物を組み合わせて使用する場合の用途は。

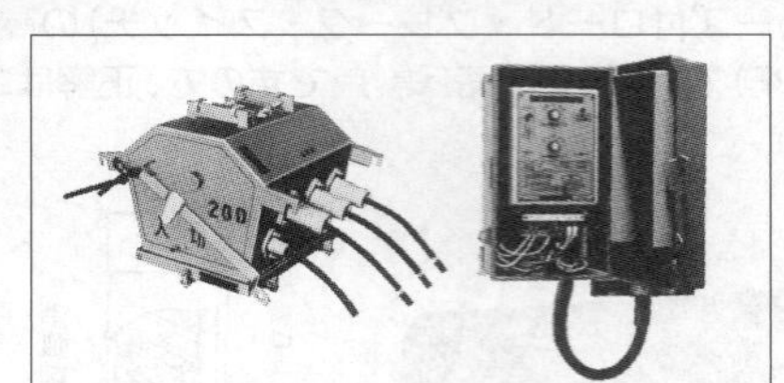

イ．高圧需要家構内における高圧電路の開閉と、短絡事故が発生した場合の高圧電路の遮断。

ロ．高圧需要家の使用電力量を計量するため高圧の電圧、電流を低電圧、小電流に変成。

ハ．高圧需要家構内における高圧電路の開閉と、地絡事故が発生した場合の高圧電路の遮断。

ニ．高圧需要家構内における遠方制御による高圧電路の開閉。

（R4Pm出題、同問：H18）

問題 004

写真に示すGR付PASを設置する場合の記述として、誤っているものは。

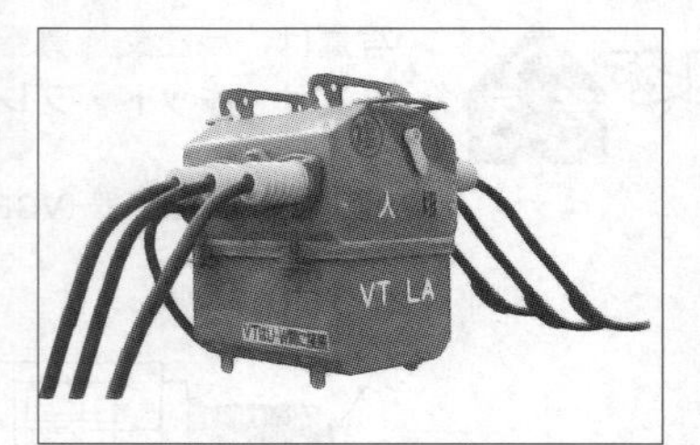

イ．自家用側の引込みケーブルに短絡事故が発生したとき、自動遮断する。

ロ．電気事業用の配電線への波及事故の防止に効果がある。

ハ．自家用側の高圧電路に地絡事故が発生したとき、自動遮断する。

ニ．電気事業者との保安上の責任分界点又はこれに近い箇所に設置する。

（R2出題、同問：H27、類問：R5Pm）

出題年度の表記法　R：令和／H：平成、Am：午前／Pm：午後

設問の写真左は一般送配電事業者と需要家の責任分界点に施設する柱上用気中開閉器(PAS:ポール・エア・スイッチ)です。中に高圧交流負荷開閉器と零相変流器などが設置されています。設問写真右の地絡継電器内蔵制御装置と組合せ、高圧電路の開閉と地絡事故が発生した場合の高圧電路の遮断を行うので、正解はハです。

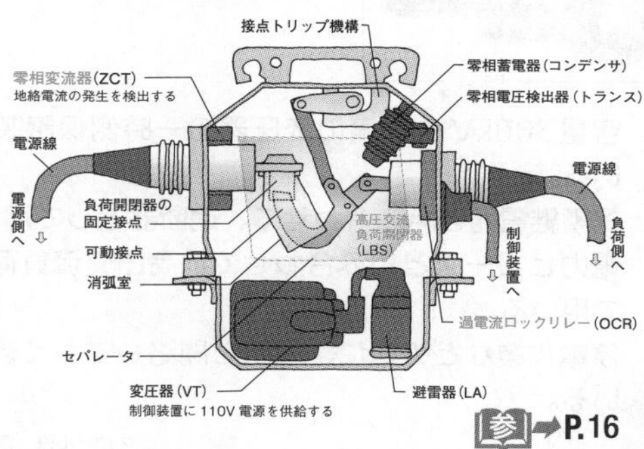

参→P.16

GR付PAS:地絡継電器付高圧交流負荷開閉器(PAS=ポール・エア・スイッチは柱上気中開閉器で、電柱の上に設置された高圧交流負荷開閉器)は、電気事業者(電力会社)と自家用電気工作物との保安上の責任分界点または、これに近い箇所に設置します。

地絡継電器(GR)は、自家用側の高圧電路に地絡が発生したときに、自動遮断し、一般送配電事業者の配電線への波及事故を防止します。

高圧交流負荷開閉器(LBS)は、地絡発生時に負荷電流を開閉するものですから(地絡時の電流は数アンペア程度と小さい)、数千アンペアもの大電流になる短絡電流を遮断する容量はありません。よってイが誤りです。

写真に示す品物の用途は。

イ．容量300kV·A未満の変圧器の一時側保護装置として用いる。
ロ．保護継電器と組み合わせて、遮断器として用いる。
ハ．電力ヒューズと組み合わせて、高圧交流負荷開閉器として用いる。
ニ．停電作業などの際に、電路を開路しておく装置として用いる。

（R4Am出題、同問：H28・H22）

写真に示す機器の文字記号（略号）は。

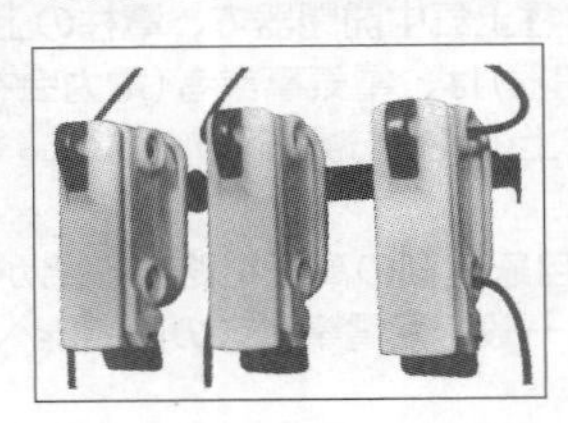

イ．CB　　ロ．PC　　ハ．DS　　ニ．LBS

（R3Pm出題、同問：H26）

出題年度の表記法　R：令和／H：平成、Am：午前／Pm：午後

写真は断路器(DS:ディスコネクティング・スイッチ)です。設備の点検や修理を行う際に高圧電路の開閉を行います。断路器にはアーク(火花放電)を消弧する機能が備わっていないので、断路器を開閉するときには、必ず先に遮断器で電路を遮断しておき、負荷電流が流れていない状態で開閉する必要があります。正解はニです。

負荷回路の点検時

①遮断器を開く ➡ ②断路器を開く

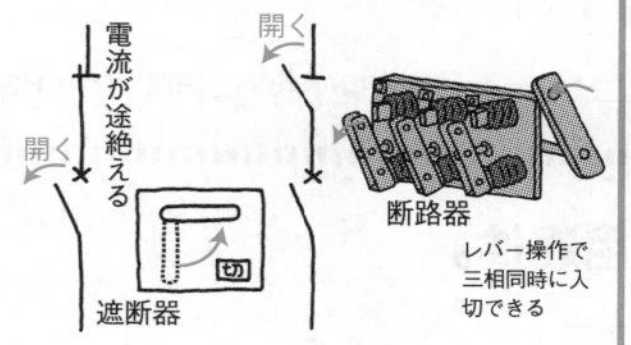

通電開始時

①断路器を閉じる ➡ ②遮断器を閉じる

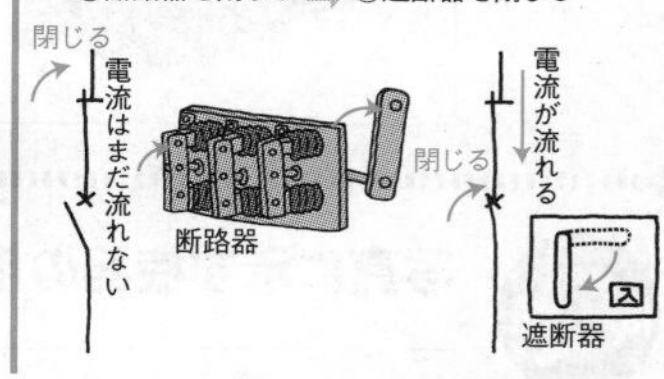

参→P.27

写真の機器は、箱形のPC(高圧カットアウト)です。PCには筒形のものもあります。PCに装着することのできるヒューズもよく出題されるので覚えておきましょう。

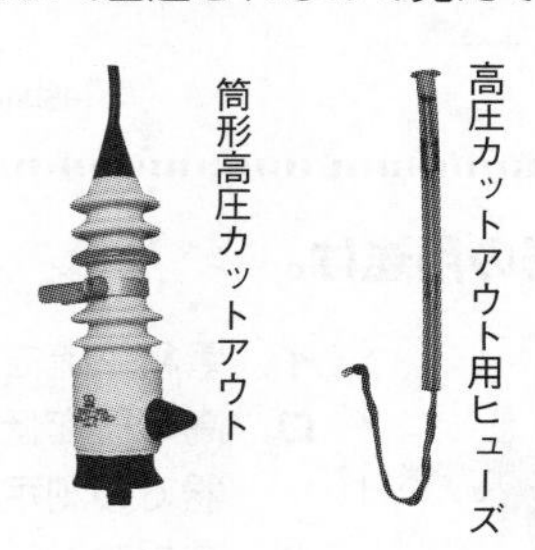

参マークは、姉妹本『第1種電気工事士学科試験すい～っと合格2024年版』の該当説明ページを表しています。

007

写真に示す機器の名称は。

イ．電力需給用計器用変成器

ロ．高圧交流負荷開閉器

ハ．三相変圧器

ニ．直列リアクトル

（R5Am出題、同問：R1・H30追加・H27）

008

写真に示す機器の用途は。

イ．高電圧を低電圧に変圧する。

ロ．大電流を小電流に変流する。

ハ．零相電圧を検出する。

ニ．コンデンサ回路投入時の突入電流を抑制する。

（R5Pm出題、同問：H29・H22）

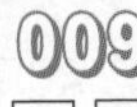

009

写真に示す機器の用途は。

イ．零相電流を検出する。

ロ．高電圧を低電圧に変成し、計器での測定を可能にする。

ハ．進相コンデンサに接続して投入時の突入電流を抑制する。

ニ．大電流を小電流に変成し、計器での測定を可能にする。

（R2出題、同問：H30追加・H25・H17）

出題年度の表記法　R：令和／H：平成、Am：午前／Pm：午後

写真の機器は、電力需給用計器用変成器(VCT：コンバインド・ボルテージ・アンド・カレント・トランスフォーマ)です。

参→P.31

写真は計器用変圧器(VT：ボルテージ・トランスフォーマ)です。定格一次電圧6,600Vを定格二次電圧110Vに変圧し、電圧計などの計器用として使用します。

変圧器内部で短絡が生じた場合、高圧電路に影響をおよぼさないように、変圧器の一次側には限流ヒューズ(PF)が付けられています(写真上部の白い筒状のもの)。

PF VT
定格一次電圧 6,600V — 定格二次電圧 110V

参→P.31

写真は高圧電路の大電流を小電流(定格二次電流は5A)に変成する変流器(CT：カレント・トランスフォーマ)です。

高圧本線電流をこの変流器の二次電流で計測監視し、過電流発生時には遮断器を動作させます。

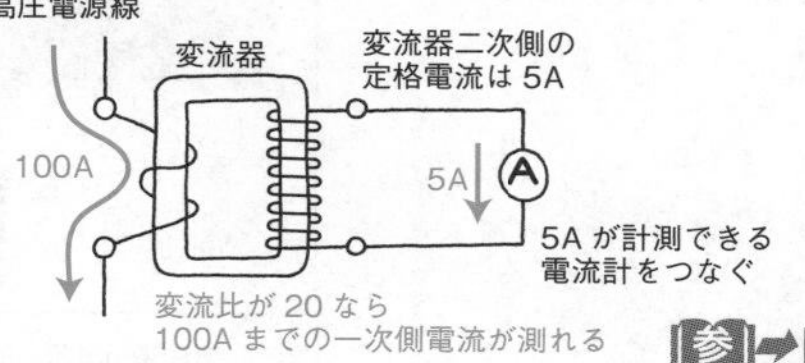

参→P.32

答 ニ

参 マークは、姉妹本『第1種電気工事士学科試験すい〜っと合格2024年版』の該当説明ページを表しています。

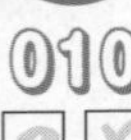

010

写真に示す機器の用途は。

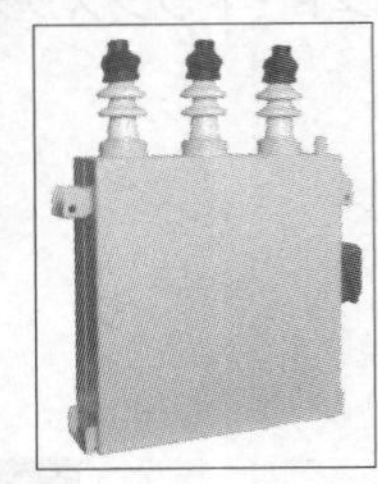

イ．力率を改善する。
ロ．電圧を変圧する。
ハ．突入電流を抑制する。
ニ．高調波を抑制する。

(R3Pm出題、同問：H24、類問：H17)

011

写真に示す機器の用途は。

イ．大電流を小電流に変流する。
ロ．高調波電流を抑制する。
ハ．負荷の力率を改善する。
ニ．高電圧を低電圧に変圧する。

(R4Pm出題、同問：R1・H28・H23)

012

写真に示すものの名称は。

イ．金属ダクト
ロ．バスダクト
ハ．トロリーバスダクト
ニ．銅帯

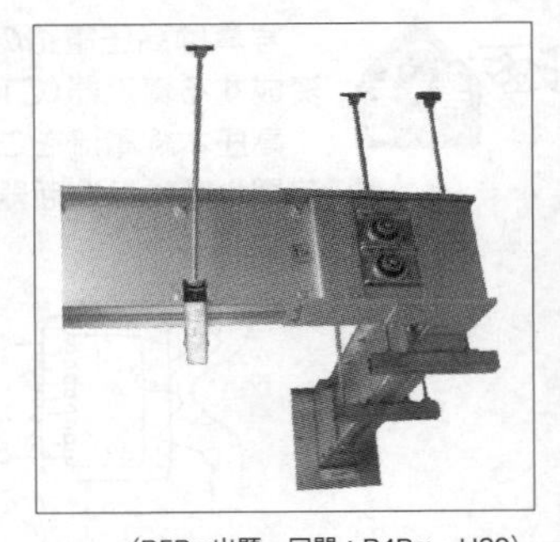

(R5Pm出題、同問：R4Pm・H30)

出題年度の表記法　R：令和／H：平成、Am：午前／Pm：午後

設問の写真は高圧進相コンデンサ(SC：スタティック・コンデンサ)です(接続端子は３つ)。その用途は、モータ負荷などによる遅れ力率を改善します。

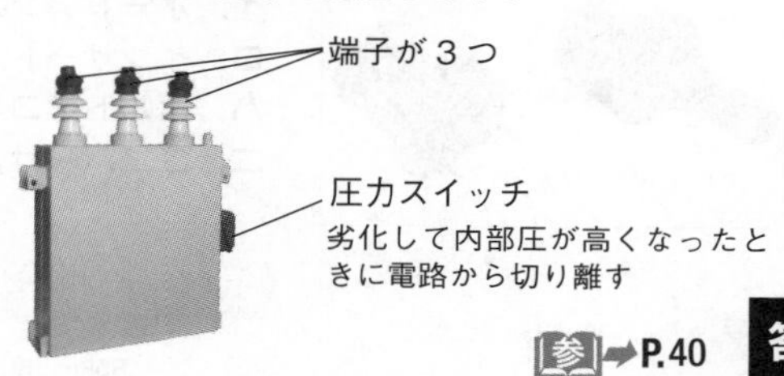

参→P.40

答　イ

写真は直列リアクトル(SR)です。

直列リアクトルの用途は、高圧進相コンデンサの電源側に直列に接続して、高調波電流の抑制と、電源投入時のコンデンサへの突入電流を抑制することです。

直列リアクトルと進相コンデンサは外観が似ていますが、進相コンデンサは接続端子が３つですが、直列リアクトルには入力３つと出力３つの計６つの接続端子があります。

参→P.41

写真は、バスダクトです。金属製のダクトの中に板状の導体を耐熱性の絶縁物で支持したもので、工場やビルで大電流を流す屋内主幹線の電路に施設します。

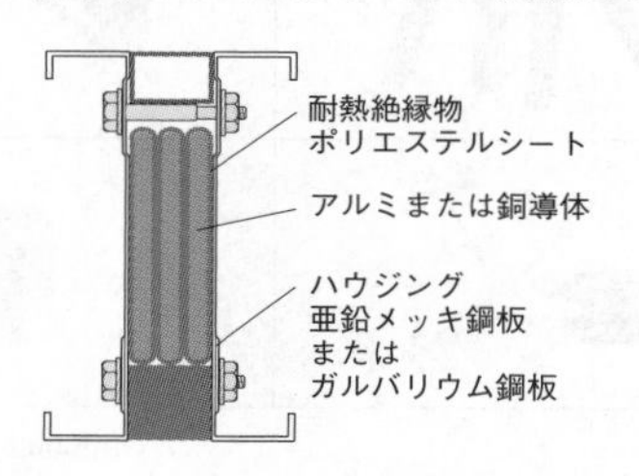

参→P.112

写真に示す材料の名称は。

イ. ボードアンカ
ロ. インサート
ハ. ボルト形コネクタ
ニ. ユニバーサルエルボ

（R5Pm出題、同問：H28・H23）

次に示す工具と材料の組合せで、誤っているものは。

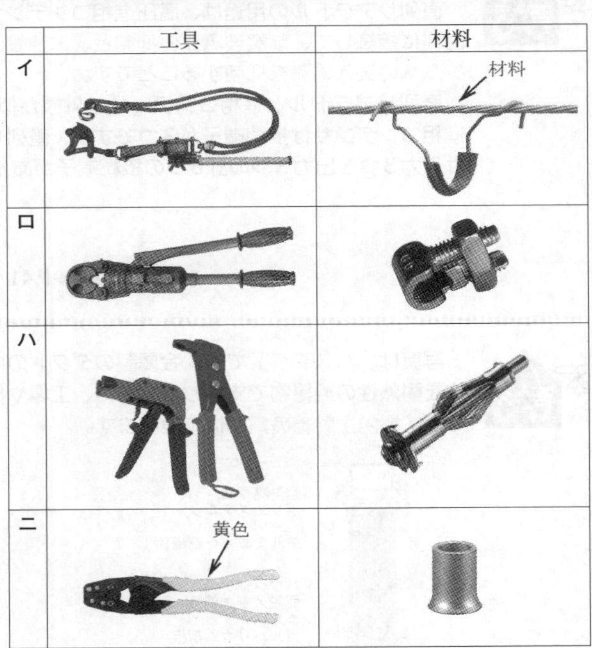

（R5Am出題、同問：R3Pm）

出題年度の表記法　R：令和／H：平成、Am：午前／Pm：午後

写真はインサートです。用途は、コンクリート天井に埋め込んで、ボルトを接続して、照明器具などを吊り下げるのに用います。

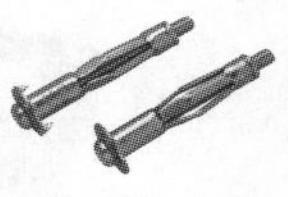
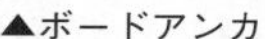
▲ボードアンカ

▲ボルト形コネクタ

▲ユニバーサルエルボ

参→P.134

答 ロ

ロは手動油圧式圧着工具とボルト形コネクタです。圧着工具はP形スリーブや銅線裸圧着端子などの圧着接続に使用するもので、ボルト形コネクタには使いません。

P形スリーブ

銅線用裸圧着端子

参→P.135

答 ロ

参 マークは、姉妹本『第1種電気工事士学科試験すい〜っと合格2024年版』の該当説明ページを表しています。

繰り返し出る！必須問題

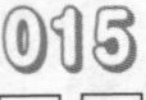

写真に示す品物のうち、CVT150mm²のケーブルを、ケーブルラック上に延線する作業で、一般的に使用しないものは。

イ.

ロ.

ハ.

ニ.

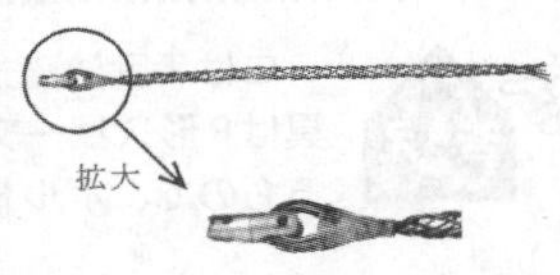

（R3Am出題、同問：H27）

写真に示す工具の名称は。

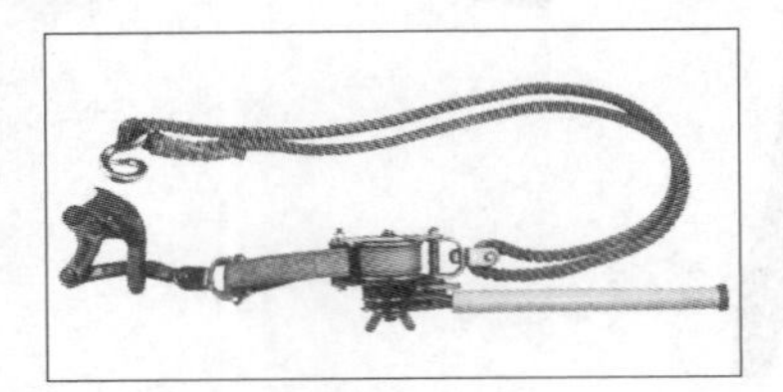

イ. トルクレンチ
ロ. 呼び線挿入器
ハ. ケーブルジャッキ
ニ. 張線器

（R4Am出題、同問：H29・H22）

・出題年度の表記法　R：令和／H：平成、Am：午前／Pm：午後

ケーブルラック上に延線する作業では、ハの油圧式パイプベンダ(金属管を曲げる器具)は使用しません。

CVT150mm²のように太くて重いケーブルを延線する場合は、イのケーブルジャッキで、ケーブルが巻かれたリール(ケーブルドラム)を持ち上げ、ニの延線用グリップ(より返し金具付き)をケーブルの末端にかぶせて、ウインチなどで引っ張ります。その際、床や障害物などでケーブルの絶縁被覆を傷めないように、ロの延線用ローラを使用します。

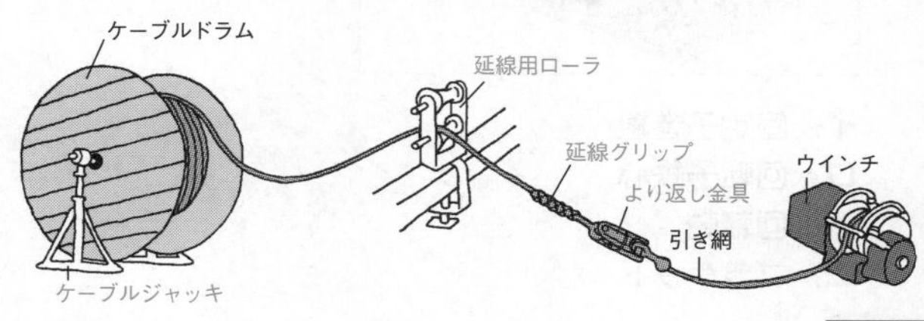

参→P.73

答 ハ

写真は張線器です。架空配線の張線やたるみの調整に使用します。

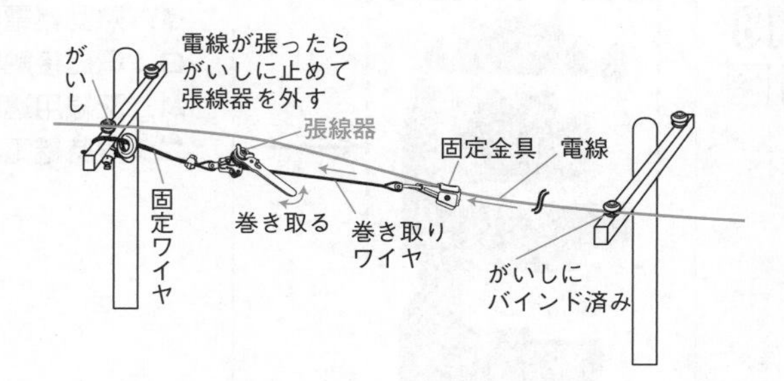

参→P.74

答 ニ

017

写真の三相誘導電動機の構造において矢印で示す部分の名称は。

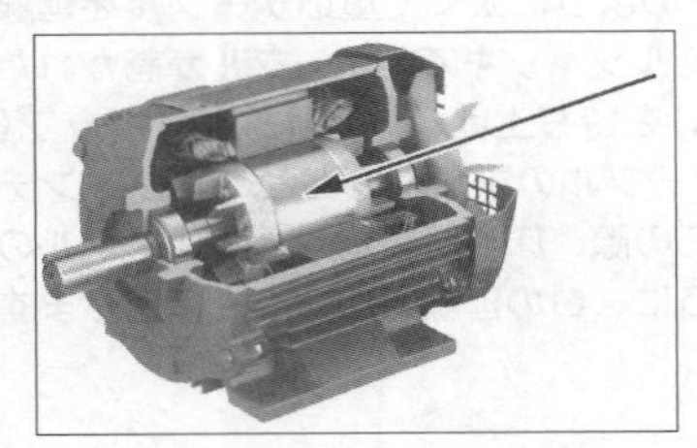

イ．固定子巻線
ロ．回転子鉄心
ハ．回転軸
ニ．ブラケット

（R3Pm出題、同問：H25・H20）

018

写真に示す機器の矢印部分の名称は。

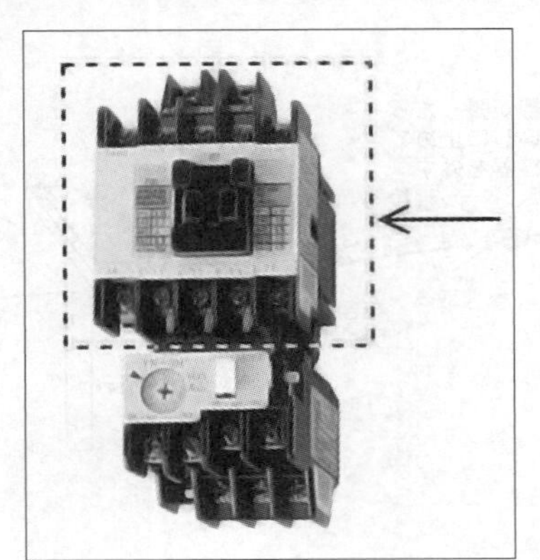

イ．熱動継電器
ロ．電磁接触器
ハ．配線用遮断器
ニ．限時継電器

（R4Am出題、同問：H29、類問：R3Pm・H30追加・H28・H19）

図の矢印の部分は、回転する部分で、回転子鉄心を示しています。

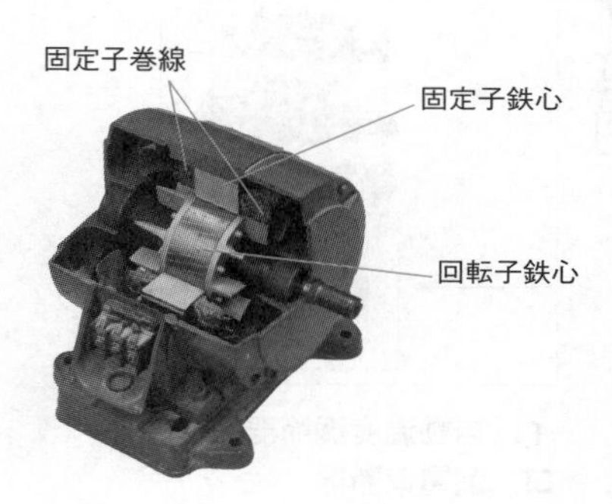

参→P.76

写真の機器の上部は電磁接触器(MC：エレクトロ・マグネチック・コンタクト)、下部は熱動継電器(THR：サーマルリレー)です。2つを組み合わせて電磁開閉器といい、電動機の運転・停止などに用います。電磁接触器は、押しボタンなどの操作で接点を開閉し、電動機の運転を制御します。

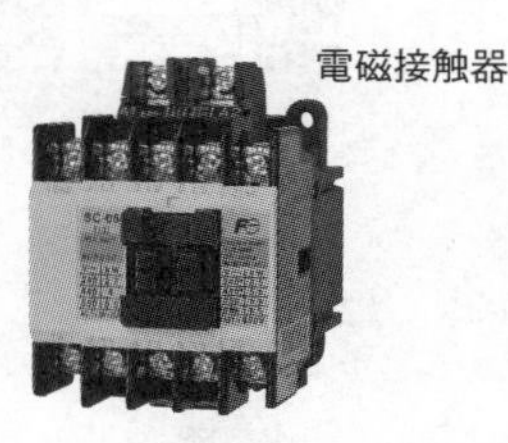

制御回路の構成に合った接点をもつ電磁接触器と、電動機の定格に合った熱動継電器とを組み合わせて使用します。

参→P.80

参 マークは、姉妹本『第1種電気工事士学科試験すい～っと合格2024年版』の該当説明ページを表しています。

写真に示す矢印の機器の名称は。

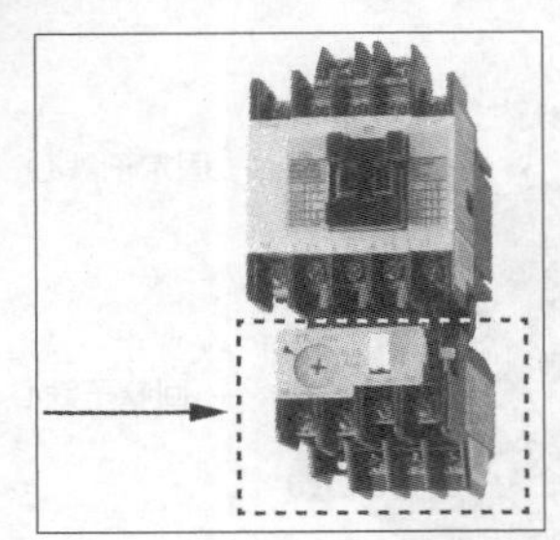

イ．自動温度調節器
ロ．漏電遮断器
ハ．熱動継電器
ニ．タイムスイッチ

（R3Pm出題、同問：H30追加・H28・H19、類問：R4Am・H29）

低圧電路で地絡が生じたときに自動的に電路を遮断するものは。

イ．

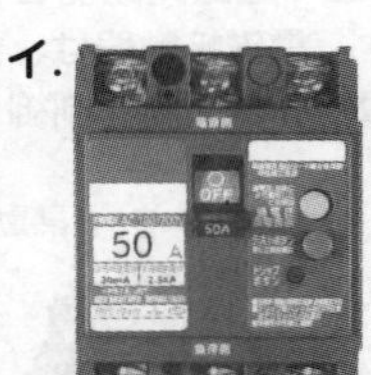

ロ．

ハ．

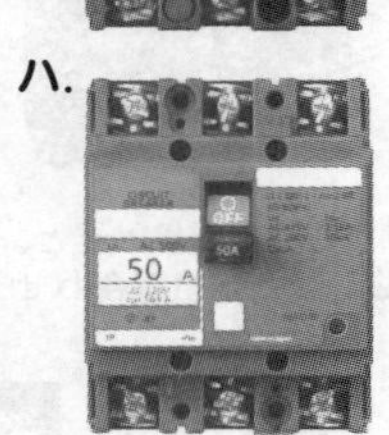

ニ．

（R5Am出題、同問：R2）

写真の機器の下部は熱動継電器(THR：サーマルリレー)です。熱動継電器は、過負荷電流を検出して接点を開放し、電動機を保護します。上部の電磁接触器(MC：エレクトロ・マグネチック・コンタクト)と組み合わせたものを電磁開閉器と呼び、電動機の運転・停止などに用います。

参→P.80

答 ハ

地絡が生じたとき自動的に電路を遮断するものは漏電遮断器です。動作テストボタンと、地絡で作動したことを示す表示部(突起や表示窓)があるイが正解です。

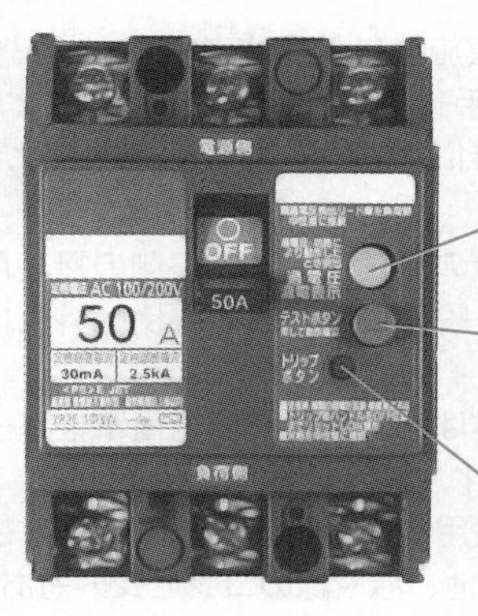

地絡で遮断時に突出する(白または黄色)

動作テストボタン
電気的に漏電遮断部を作動させる(JISではTと表記することを推奨)

トリップボタン
機械的に開閉器接点を開放する

参→P.110

答 イ

参 マークは、姉妹本『第1種電気工事士学科試験すい〜っと合格2024年版』の該当説明ページを表しています。

021

写真に示す雷保護用として施設される機器の名称は。

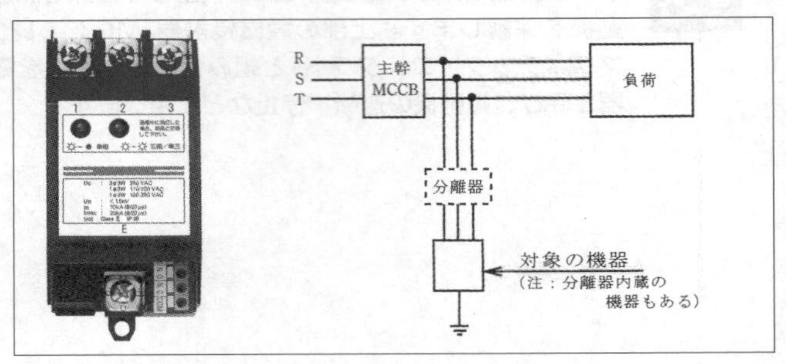

イ. 地絡継電器
ロ. 漏電遮断器
ハ. 漏電監視装置
ニ. サージ防護デバイス(SPD)

(R5Pm出題、同問：R3Am)

022

写真に示すコンセントの記述として、誤っているものは。

イ. 病院などの医療施設に使用されるコンセントで、手術室や集中治療室(ICU)などの特に重要な施設に設置される。
ロ. 電線及び接地線の接続は、本体裏側の接続用の穴に電線を差し込み、一般のコンセントに比べ外れにくい構造になっている。
ハ. コンセント本体は、耐熱性及び耐衝撃性が一般のコンセントに比べて優れている。
ニ. 電源の種別(一般用・非常用等)が容易に識別できるように、本体の色が白の他、赤や緑のコンセントもある。

(R3Pm出題、同問：H28・H24・H19)

出題年度の表記法　R：令和／H：平成、Am：午前／Pm：午後

雷保護用に施設されるのはサージ保護デバイス(SPD)です。SPDはサージ電圧を大地に流す避雷器です。雷雲に蓄積した静電気(電荷)によって電源線や弱電流電線に誘導された静電気が、雲間放電で雷雲の電荷が中和されたときに行き場を失っていっきに押し寄せるのがサージ電流です。低圧機器の電子回路を破損する原因となります。分離器は、SPDの短絡事故時に電源からSPDを切り離す装置です。

■ 雷サージ

接地線が出ていることと、病院(Hospital)を表すHのマークが前面にあることから、写真は医用コンセントです。繊細な管理が必要とされる医用機器では、接地が重要となるため、接地線が緩んだり抜けたりしないよう、本体リード線を接地線と圧着接続するようにJISで定めています。よって、一般のコンセントのような接地線接続用の電極端子穴はありません。ロが誤りです。

また、下表で示すとおり、用途によって器具表面が色分けされています。

表面色	電源種別
白	商用電源だけから供給
赤	一般非常電源・特別非常電源から供給
緑	無停電非常電源から供給

参→P.99

参 マークは、姉妹本『第1種電気工事士学科試験すい〜っと合格2024年版』の該当説明ページを表しています。

023

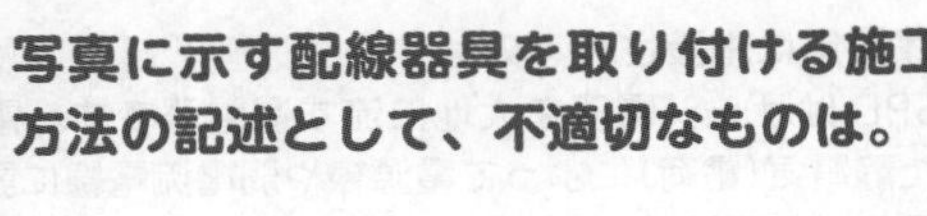

写真に示す配線器具を取り付ける施工方法の記述として、不適切なものは。

イ．定格電流20Aの配線用遮断器に保護されている電路に取り付けた。
ロ．単相200Vの機器用コンセントとして取り付けた。
ハ．三相400Vの機器用コンセントとしては使用できない。
ニ．接地極にはD種接地工事を施した。

（R4Pm出題、同問：H30・H27）

写真で示す電磁調理器（IH調理器）の加熱原理は。

イ．誘導加熱
ロ．誘電加熱
ハ．抵抗加熱
ニ．赤外線加熱

（R3Am出題、同問：H27）

写真は、単相200V30A引掛形接地極付コンセントです。20Aの配線用遮断器分岐回路に、30Aのコンセントを付けることはできないので、イが誤りです。

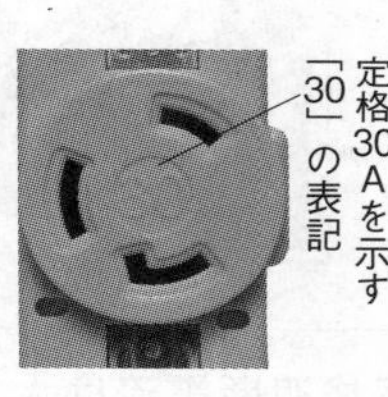

■単相 200V 引掛形コンセントの刃受け形状

15A	20A	30A
接地極付	接地極付	接地極付

■配線用遮断器分岐回路の種類と概要

分岐回路の種類	コンセントの定格電流	電線の太さ
15A 分岐回路	15A 以下	直径 1.6mm 以上
20A 分岐回路	20A 以下	直径 1.6mm 以上
30A 分岐回路	20A 以上～ 30A 以下	直径 2.6mm 以上
40A 分岐回路	30A 以上～ 40A 以下	断面積 $8mm^2$ 以上

参→P.99

答 イ

電磁調理器(IH 調理器)の発熱原理は、誘導加熱です。

誘電加熱は電子レンジに、抵抗加熱は電熱器などに、赤外線加熱は赤外線ヒーターなどに利用されています。

参→P.146

答 イ

写真の機器の矢印で示す部分に関する記述として、誤っているものは。

025

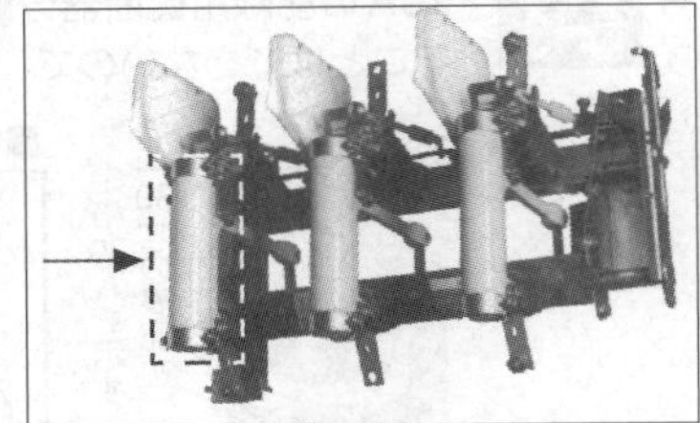

イ．小形、軽量であるが、定格遮断電流は大きく20kA、40kA等がある。
ロ．通常は密閉されているが、短絡電流を遮断するときに放出口からガスを放出する。
ハ．短絡電流を限流遮断する。
ニ．用途によって、T、M、C、Gの4種類がある。

（H30出題、類問：H24）

写真に示す矢印の部分の主な役割は。

026

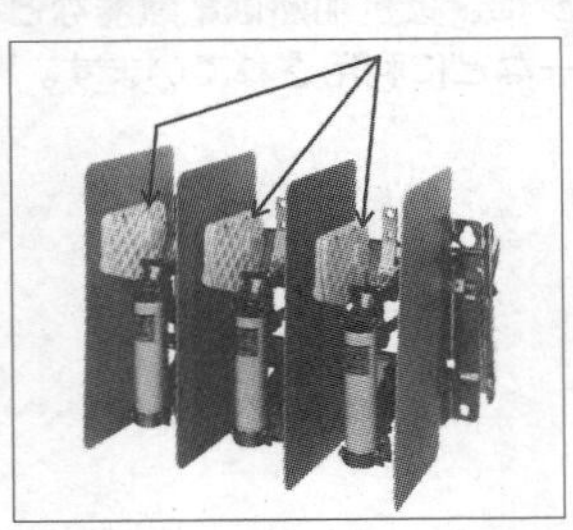

イ．相間の短絡事故を防止する。
ロ．ヒューズの溶断を表示する。
ハ．開閉部の刃の汚損を軽減する。
ニ．開閉部で負荷電流を切ったときに発生するアークを消す。

（H20出題）

出題年度の表記法　R：令和／H：平成、Am：午前／Pm：午後

写真は高圧交流負荷開閉器(LBS)で、矢印の部分は、短絡電流などの過電流が流れたときに溶断して、回路を遮断する高圧限流ヒューズ(PF)です。高圧限流ヒューズの筒の中には、けい砂などの消弧剤を充填し、密封してあるので、溶断時にガスが放出することはありません。

高圧限流ヒューズ
(PF：パワーヒューズ)

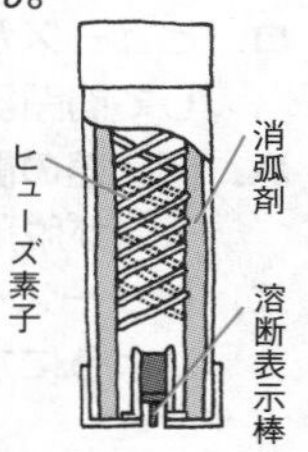

過電流が流れるとヒューズが溶断し、瞬時にアークをおさめて電流を抑制遮断する

■高圧限流ヒューズの種類と用途

種　類	用　途
T種	変圧器用
M種	電動機用
C種	高圧コンデンサ用
G種	一般用

 P.29

答 ロ

矢印の部分は、高圧交流負荷開閉器(LBS:ロード・ブレーク・スイッチ)の消弧室です。設備の保守点検時に開閉器を開く際に、この中にある速切ブレードの接点が主接点より遅れて開き、この中でアークを消弧します。ニが正解です。

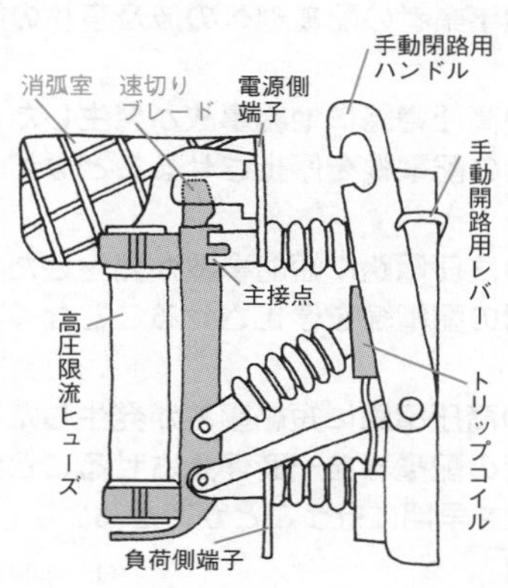

参 P.15

答 ニ

 マークは、姉妹本『第1種電気工事士学科試験すい～っと合格2024年版』の該当説明ページを表しています。

写真の矢印で示す部分の役割は。

イ. 過大電流が流れたとき、開閉器が開かないようにロックする。

ロ. ヒューズが溶断したとき、連動して開閉器を開放する。

ハ. 開閉器の開閉操作のとき、ヒューズが脱落するのを防止する。

ニ. ヒューズを装着するとき、正規の取付位置からずれないようにする。

（H25出題、同問：H21）

写真に示す過電流蓄勢トリップ付地絡トリップ形(SOG)の地絡継電装置付高圧交流負荷開閉器(GR付PAS)の記述として、誤っているものは。

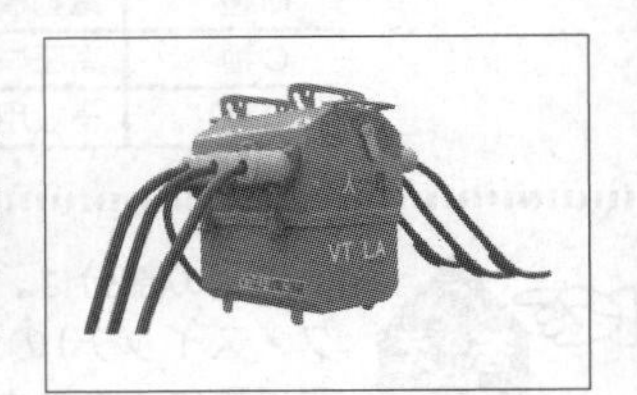

イ. 一般送配電事業者の配電線への波及事故の防止に効果がある。

ロ. 自家用側の高圧電路に地絡事故が発生したとき、一般送配電事業者の配電線を停止させることなく、自動遮断する。

ハ. 自家用側の高圧電路に短絡事故が発生したとき、一般送配電事業者の配電線を停止させることなく、自動遮断する。

ニ. 自家用側の高圧電路に短絡事故が発生したとき、一般送配電事業者の配電線を一時停止させることがあるが、配電線の復旧を早期に行うことができる。

（R5Pm出題、類問：R2・H27）

出題年度の表記法　R：令和／H：平成、Am：午前／Pm：午後

写真の拡大部分は、高圧交流負荷開閉器(LBS)に取り付けた高圧限流ヒューズ(PF)のストライカ引外し部分です。限流ヒューズに短絡電流などの過電流が流れてヒューズが溶断すると、バネの力で表示棒が外に突出します。それによってストライカ引外し機構が作動して、バネや電磁力によって負荷開閉器の三相すべての接点を開放します。

③接点が開く

①短絡電流でヒューズが溶断すると、バネの力で表示棒が突出する

②ストライカ引外し機構が働き

参→P.15

SOG機能付GR付PASは、電気事業者(電力会社)と自家用電気工作物との保安上の責任分界点または、これに近い箇所に設置して、自家用側の高圧電路に地絡が発生したときに自動遮断し、一般送配電事業者の配電線への事故の波及を防止します。

高圧交流負荷開閉器(LBS)は、地絡発生時に負荷電流を開閉するものですから(地絡時の電流は数アンペア程度と小さい)、数千アンペアもの大電流になる短絡電流を遮断する容量はありません。そのため需要家内で短絡電流が発生した際には、SOG機能によって開閉器の接点をいったん保持し、一般送配電事業者の遮断器が作動して停電した後で開閉器を開きます。こうして事故発生源を配電系統から切り離した後、一般送配電業者の遮断器を再投入します。一時的に停電することになりますが、配電線の復旧を早期に行うことができます。

参→P.16

参 マークは、姉妹本『第1種電気工事士学科試験すい〜っと合格2024年版』の該当説明ページを表しています。

029

写真に示す品物の名称は。

イ．計測用変流器
ロ．零相変流器
ハ．計器用変圧器
ニ．ネオン変圧器

(H18出題)

030

写真に示す機器の用途は。

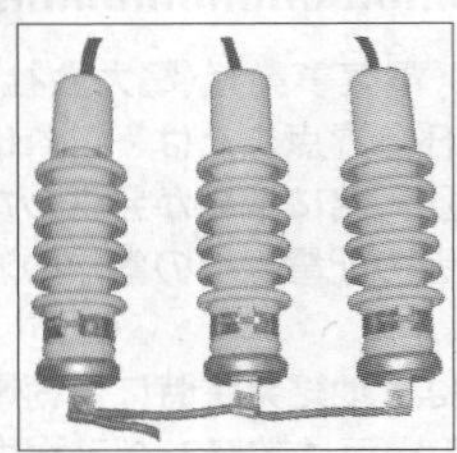

イ．高圧電路の短絡保護
ロ．高圧電路の地絡保護
ハ．高圧電路の雷電圧保護
ニ．高圧電路の過負荷保護

(H30出題、同問：H23)

031

写真に示すモールド変圧器の矢印部分の名称は。

イ．タップ切替端子
ロ．耐震固定端部
ハ．一次（高電圧側）端子
ニ．二次（低電圧側）端子

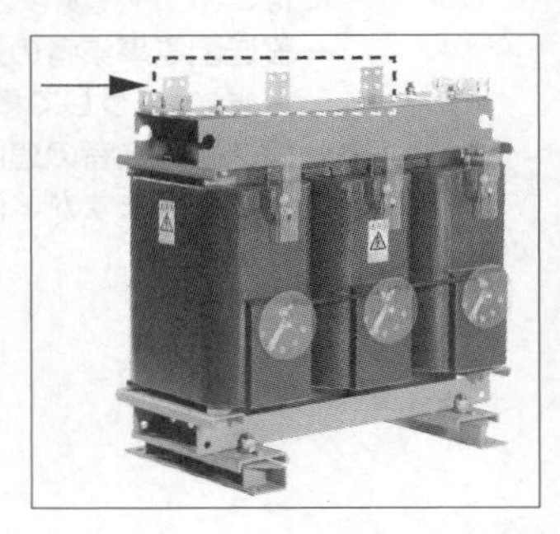

(H30出題)

写真は零相変流器(ZCT)です。高圧電路に地絡が発生したとき、その地絡電流(零相電流)を検出するものです。

■地絡発生時

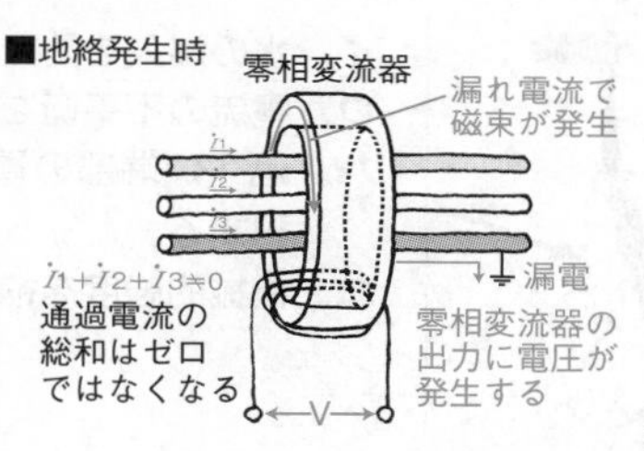

参→P.34

写真は避雷器(LA：ライトニング・アレスタ)です。落雷などによって高圧電路にかかる異常な高電圧から電気機器を守るための装置です。

参→P.36

写真の端子は、二次(低圧)側の端子です。低圧側端子には高圧側より大きな電流が流れ、また、可とう導体を接続してバスダクトなどの主幹線につなぐので、高圧側一次端子より大きくなります。

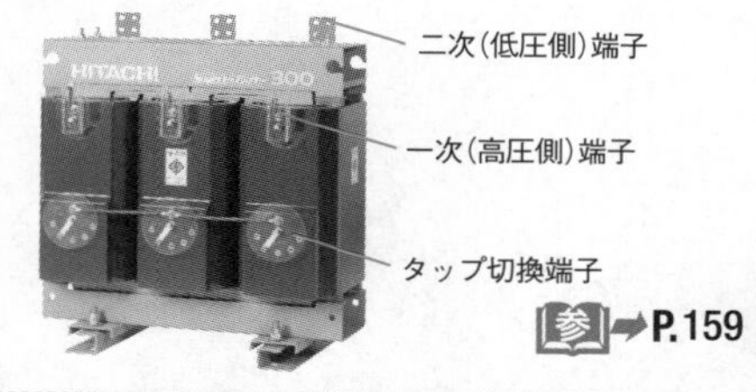

参→P.159

答 ニ

参 マークは、姉妹本『第1種電気工事士学科試験すい～っと合格2024年版』の該当説明ページを表しています。

問題 032

写真の矢印で示す部分の主な役割は。

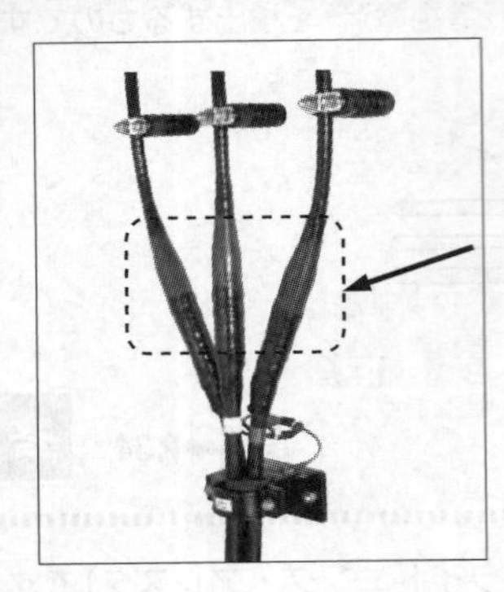

イ．水の浸入を防止する。
ロ．電流の不平衡を防止する。
ハ．遮へい端部の電位傾度を緩和する。
ニ．機械的強度を補強する。

（H26出題、同問：H21）

問題 033

写真に示す品物の名称は。

イ．高圧ピンがいし
ロ．長幹がいし
ハ．高圧耐張がいし
ニ．高圧中実がいし

（R3Am出題）

出題年度の表記法　R：令和／H：平成、Am：午前／Pm：午後

写真はケーブルヘッド(CH)で、矢印の箇所はストレスコーンです。高圧配線に使われるCVケーブルは、架橋ポリエチレンの絶縁体の外側に遮へい銅テープが巻いてあり、ケーブル近傍に造営材があっても絶縁層内の電位傾度が影響を受けない構造になっています。

このケーブルを末端で接続する場合、線端の銅テープ部に電気力線が集中して絶縁耐力が低下するのを防ぐために、円錐状の筒を使って末端部の電位傾度を緩やかに改善します。この筒がストレスコーンです。よって、ハが正解です。

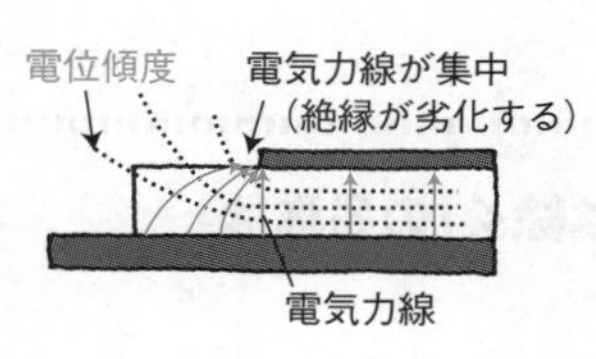

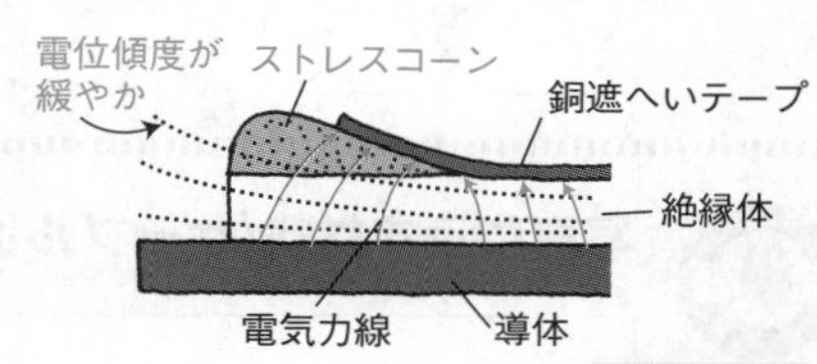

参→P.42

答 ハ

設問の写真は高圧耐張がいしです。

高圧ピンがいし　長幹がいし

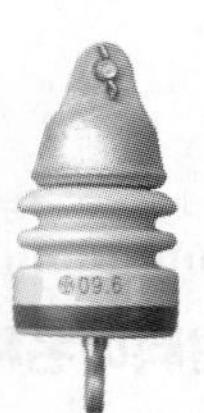

高圧耐張がいし

高圧中実(ちゅうじつ)がいし

長幹がいし写真提供：日本ガイシ(株)

参→P.66

答 ハ

問題 034

写真に示す品物の名称は。

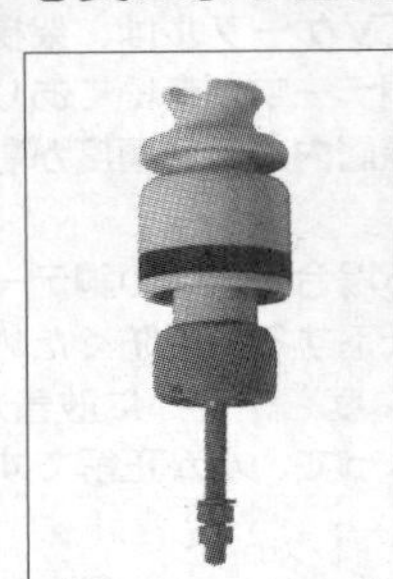

イ. 高圧ピンがいし
ロ. ステーションポストがいし
ハ. 高圧耐張がいし
ニ. 高圧中実がいし

(H19出題)

問題 035

写真に示す材料(ケーブルは除く)の名称は。

イ. 防水鋳鉄管
ロ. シーリングフィッチング
ハ. 高圧引込がい管
ニ. ユニバーサルエルボ

(H25出題)

問題 036

写真に示す材料の名称は。

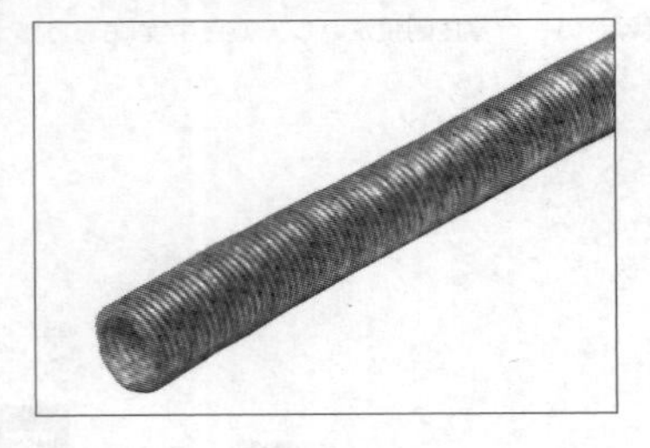

イ. 硬質塩化ビニル電線管
ロ. 金属製可とう電線管
ハ. 金属製線ぴ
ニ. 合成樹脂線ぴ

(H19出題)

出題年度の表記法 R：令和／H：平成、Am：午前／Pm：午後

写真は高圧中実がいしです（中実とは、絶縁体の中が中空ではないという意味）。

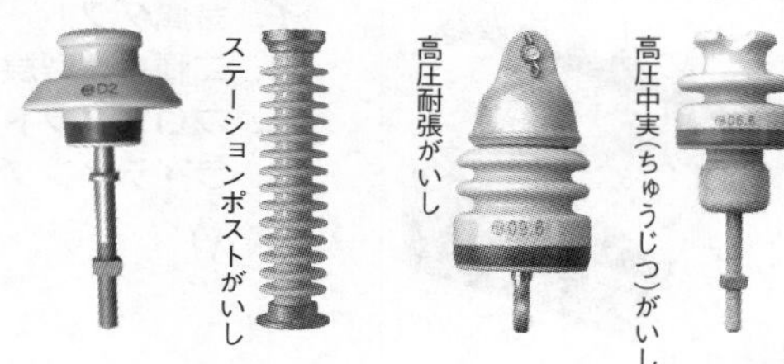

SPがいし写真提供：日本ガイシ(株)

参→P.66

写真は防水鋳鉄管です。管路式地中高圧電線路を建物内に引込むときに、地下水の侵入を防ぎます。

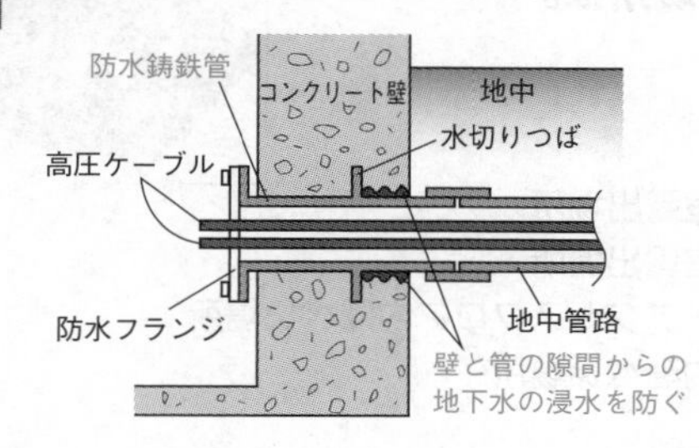

参→P.68

写真は可とう性のある多層の金属製電線管で、プリカチューブ（2種金属製可とう電線管）と呼ばれます。よってロが正解です。

参→P.121

参 マークは、姉妹本『第1種電気工事士学科試験すい～っと合格2024年版』の該当説明ページを表しています。

037

写真に示す材料の名称は。

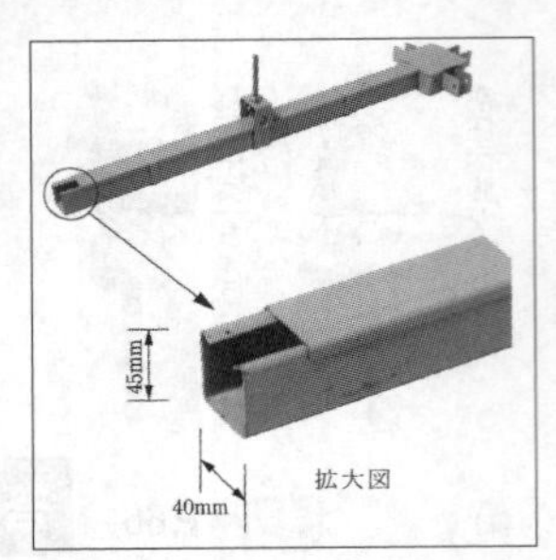

イ．金属ダクト
ロ．二種金属製線ぴ
ハ．フロアダクト
ニ．ライティングダクト

（R1出題、同問：H25）

038

写真に示す品物が一般的に使用される場所は。

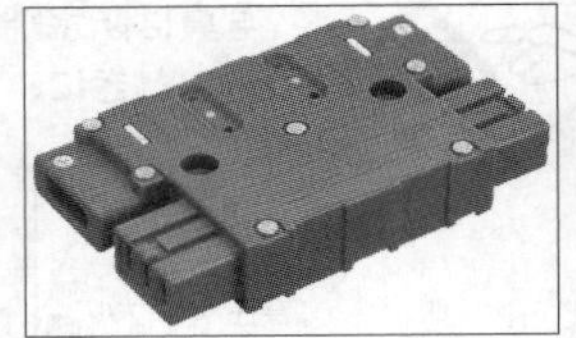

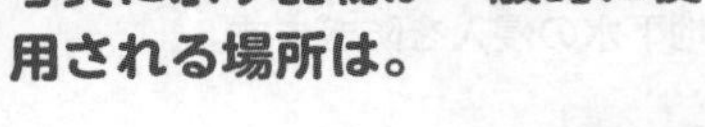

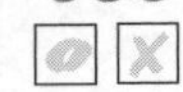

イ．低温室露出場所
ロ．防爆室露出場所
ハ．フリーアクセスフロア内隠ぺい場所
ニ．天井内隠ぺい場所

（R5Am出題）

039

写真に示す品物の名称は。

イ．シーリングフィッチング
ロ．カップリング
ハ．ユニバーサル
ニ．ターミナルキャップ

（H26出題、同問：H21）

出題年度の表記法　R：令和／H：平成、Am：午前／Pm：午後

写真は天井から吊るして使用する2種金属製線ぴです。幅は4cm以上、5cm以下です。電線(OWを除く絶縁電線)を通したり、照明器具やコンセントを取り付けます。

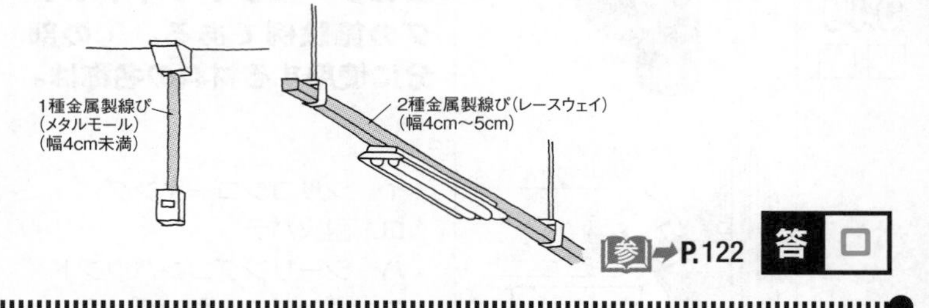

参→P.122

答 ロ

写真は、床下のアクセスフロア内で電源ケーブル相互の接続を行うハーネスジョイントボックスです。

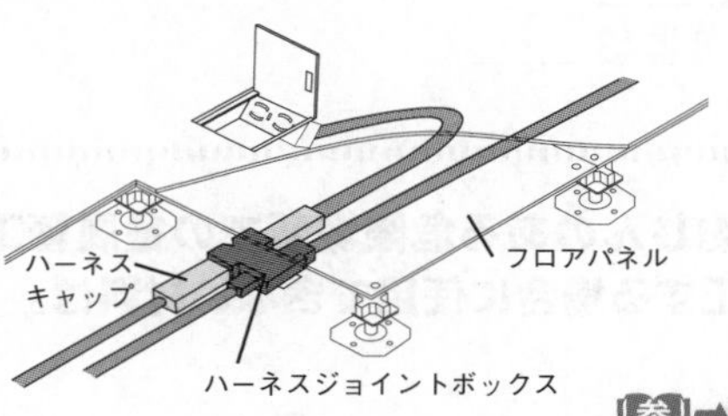

参→P.126

答 ハ

写真は、シーリングフィッチングです。可燃性ガスなどのある場所に金属管を施設するとき、管同士の接続部等に設置して、配管内にガスが入らないようコンパウンド材で密封します。

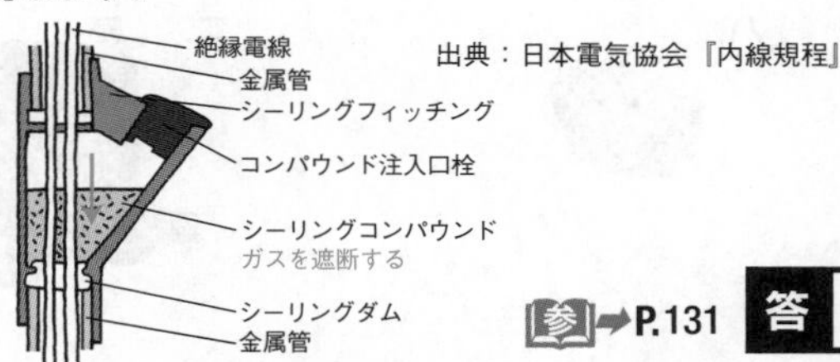

出典：日本電気協会『内線規程』

参→P.131

答 イ

参 マークは、姉妹本『第1種電気工事士学科試験すい〜っと合格2024年版』の該当説明ページを表しています。

040

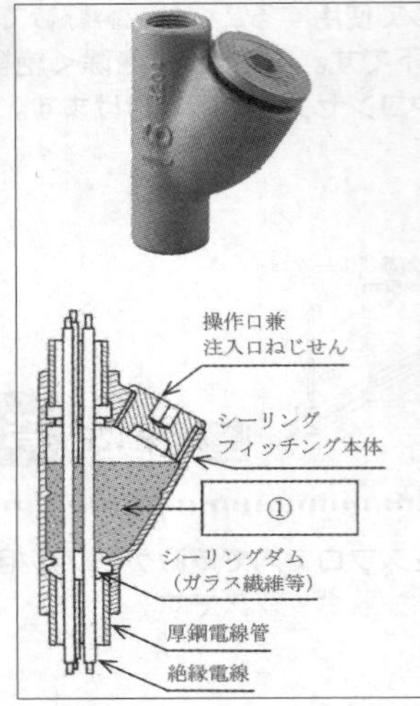

写真はシーリングフィッチングの外観で、図は防爆工事のシーリングフィッチングの施設例である。①の部分に使用する材料の名称は。

イ. シリコンコーキング
ロ. 耐火パテ
ハ. シーリングコンパウンド
ニ. ボンドコーキング

(R5Am出題)

041

爆燃性粉じんのある危険場所での金属管工事において、施工する場合に使用できない材料は。

イ.

ロ.

ハ.

ニ.

(R1出題)

出題年度の表記法　R：令和／H：平成、Am：午前／Pm：午後

シーリングフィッチングは、可燃ガスなどのある場所に金属管を施設するとき、管の接続部等に設置して内部にシーリングコンパウンド(充填剤)を充填して、配管内にガスが入り込まないようにするものです。

参→P.131

設問の危険場所では、薄鋼(肉厚1.6～2.0mm)以上の強度をもつ電線管を使う必要があり、ロのねじなし電線管(肉厚1.2～1.8mm)用ユニバーサルは使用できません。その他のものはすべて薄鋼管用で、写真のイはシーリングフィッチング、ハは防爆用ユニオンカップリング、ニは防爆用ジャンクションボックスです。

参→P.130

参マークは、姉妹本『第1種電気工事士学科試験すい～っと合格2024年版』の該当説明ページを表しています。

042

写真に示す品物の名称は。

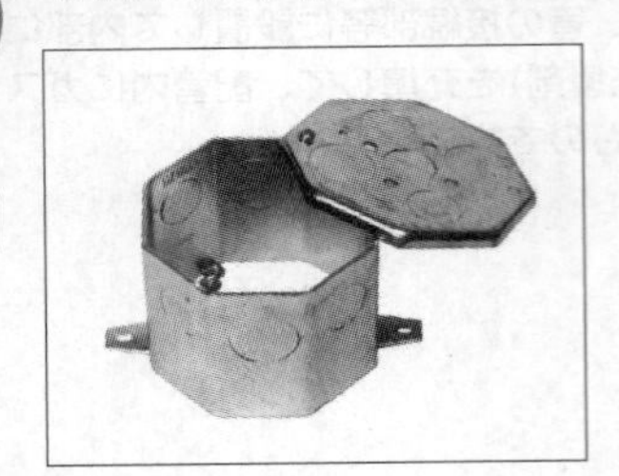

イ．アウトレットボックス
ロ．コンクリートボックス
ハ．フロアボックス
ニ．スイッチボックス

（H26出題、同問：H22）

043

写真で示す材料の名称は。

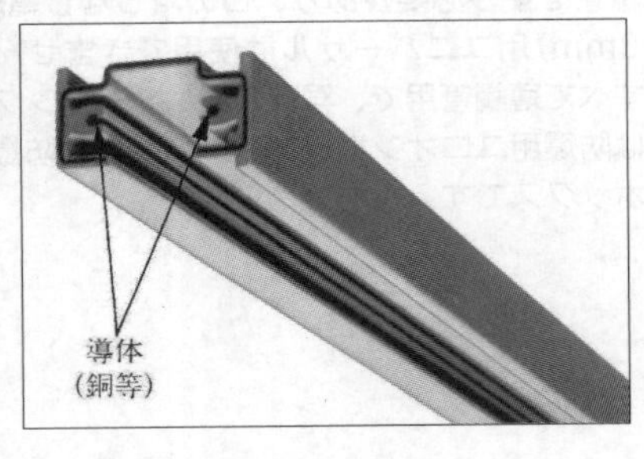

イ．ライティングダクト
ロ．トロリーバスダクト
ハ．二種金属製線ぴ（レースウェイ）
ニ．プラグインバスダクト

（H30追加出題、同問：H17）

写真はコンクリートボックスです。四角形のタイプや、材質も樹脂製と鋼製があります。

アウトレットボックスと形状が似ていますが、コンクリートボックスには、コンクリート型枠に固定するための耳状のツメが外側に張り出しています。

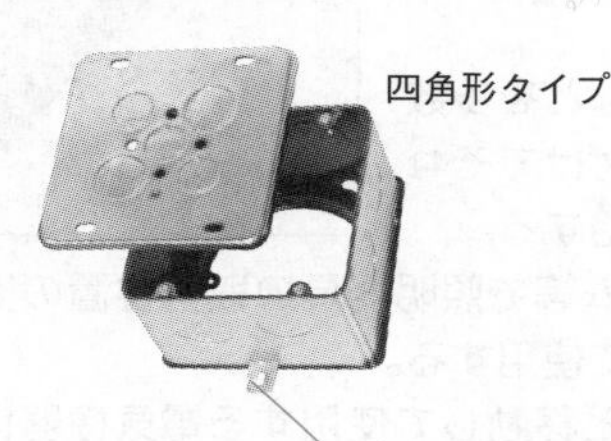

参→P.133

答 ロ

写真の材料は、照明器具などを任意の位置で使用する場合に用いるライティングダクトです。

参→P.133

答 イ

参 マークは、姉妹本『第1種電気工事士学科試験すい〜っと合格2024年版』の該当説明ページを表しています。

問題 044

写真に示す品物の主な用途は。

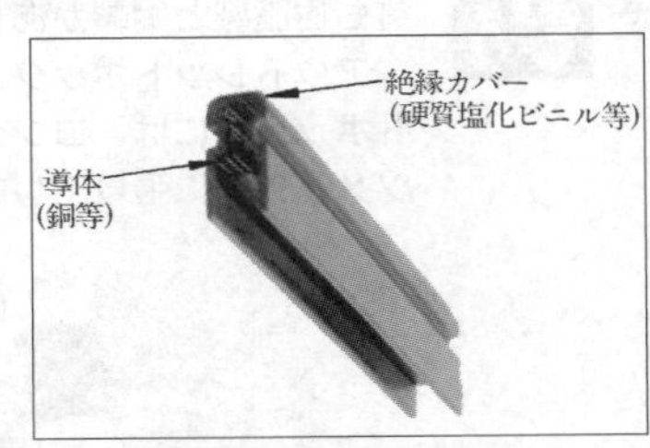

イ. サイン電球などを多数並べて取り付けてそれに電気を供給する。
ロ. ショウルーム等で照明器具の取付位置の変更を容易にする電源として使用する。
ハ. ホイストなど移動して使用する電気機器に電気を供給する。
ニ. パイプフレーム式屋外受電設備の高圧母線として、雨水や汚染を防ぐ目的で使用する。

(H23出題)

問題 045

写真に示す材料の名称は。

イ. 合成樹脂製可とう電線管用コネクタ
ロ. 合成樹脂製可とう電線管用カップリング
ハ. ユニバーサル
ニ. ターミナルキャップ

(H18出題)

出題年度の表記法　R：令和／H：平成、Am：午前／Pm：午後

写真は絶縁トロリー線です。ホイスト(天井クレーン)などの移動する電気機器に電力を供給するものです。

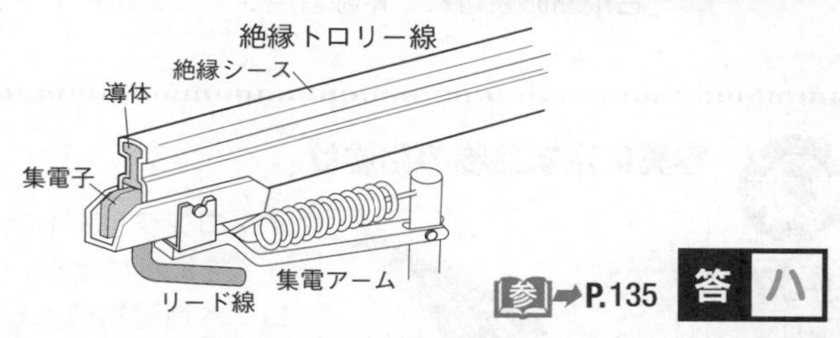

参→P.135

答　ハ

写真は、合成樹脂製可とう電線管(PF管、CD管)をアウトレットボックスに固定するときに使用するコネクタです。

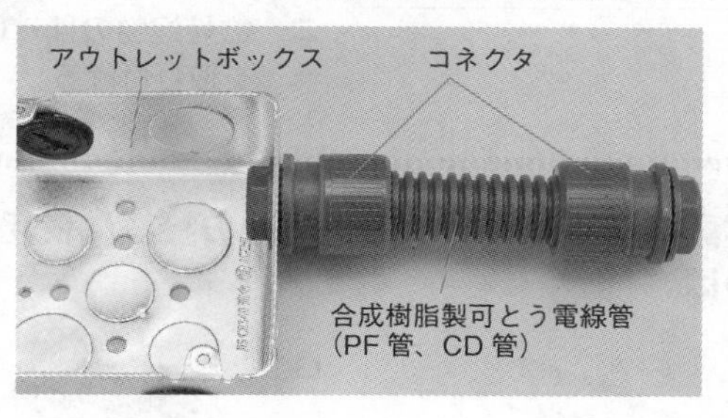

参→P.120

答　イ

問題 046

写真に示す材料の名称は。

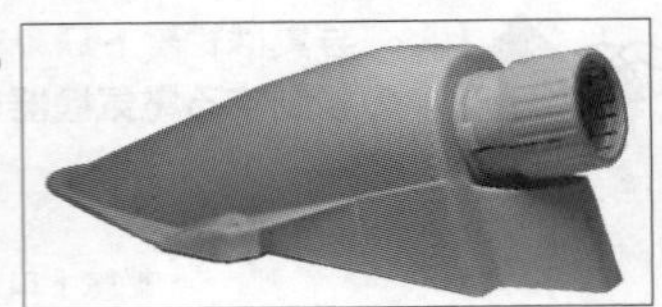

イ．合成樹脂製可とう電線管用エンドカバー
ロ．合成樹脂製可とう電線管用エンドボックス
ハ．合成樹脂製可とう電線管用ターミナルボックス
ニ．合成樹脂製可とう電線管用ターミナルキャップ

（H23出題）

問題 047

写真に示す品物の用途は。

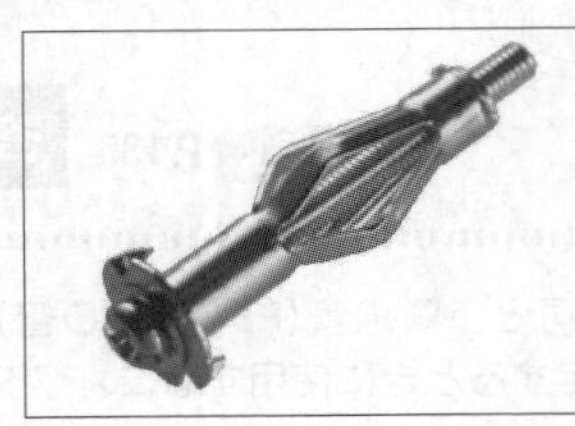

イ．コンクリートスラブに機器を取り付ける。
ロ．木造建物のはり（梁）に機器を取り付ける。
ハ．石膏ボードの壁に機器を取り付ける。
ニ．鉄骨建物のはり（梁）に機器を取り付ける。

（H24出題）

問題 048

写真に示す材料のうち、電線の接続に使用しないものは。

イ．

ロ．

ハ．

ニ．

（H29出題）

出題年度の表記法　R：令和／H：平成、Am：午前／Pm：午後

写真は合成樹脂製可とう電線管用エンドカバーです。合成樹脂製可とう電線管をつなぎ、コンクリート埋設配線から二重天井内配線に移す場所に用います。

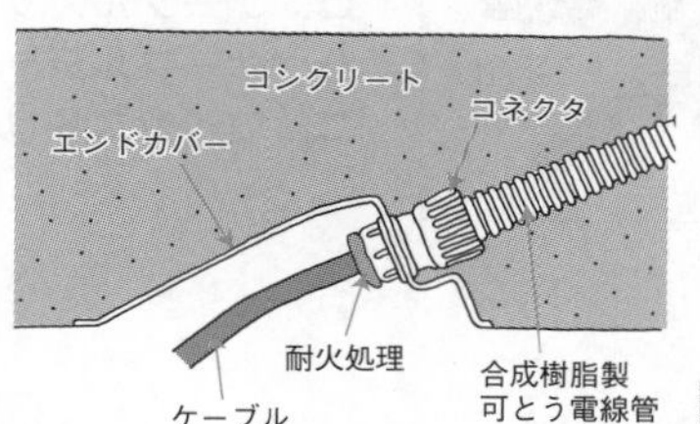

参→P.134

写真は石膏ボードなどの中空構造の壁に器具を取り付けるときに使うボードアンカーです。ねじを締めると傘が開いて固定します。

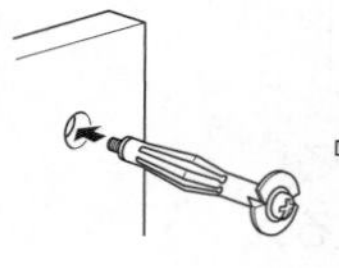

ボードに下穴を
あけて押し込む

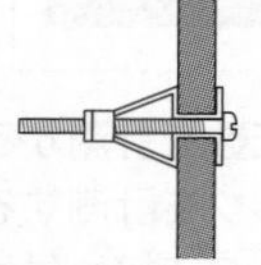

ねじを回して
金具を固定する

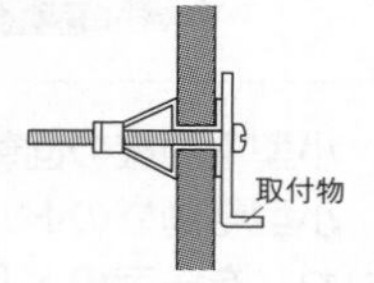

ねじをいったん外して
取付物を締める

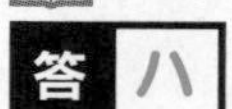

イは、コンクリートに埋め込んでボルトが留められるようにするアンカ(グリップアンカ)ですから、電線接続には使いません。ロはボルト形コネクタで太い電線の接続に使います。ハは電線を圧着接続するためのP形スリーブ、ニは細い電線を接続する差込形コネクタです。

参→P.134

写真に示す工具の名称は。

イ．張線器
ロ．ケーブルカッタ
ハ．ケーブルジャッキ
ニ．ワイヤストリッパ

（H18出題）

写真に示す工具の用途は。

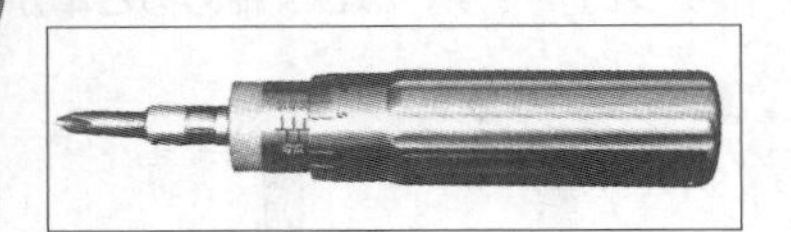

イ．小型電動機の回転数を計測する。
ロ．小型電動機のトルクを計測する。
ハ．ねじを一定のトルクで締め付ける。
ニ．ねじ等の締め付け部分の温度を測定する。

（H20出題）

写真に示す工具の名称は。

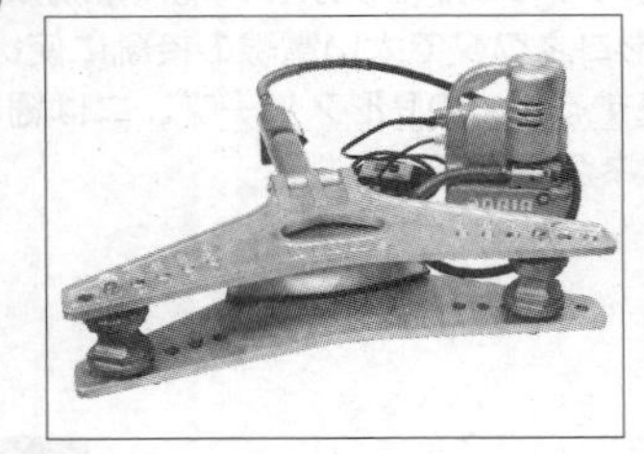

イ．延線ローラ
ロ．ケーブルジャッキ
ハ．トルクレンチ
ニ．油圧式パイプベンダ

（H21出題）

写真はケーブルカッタです。ラチェット機構で太い電線の切断に使います。

P.70

答 ロ

写真はネジを一定のトルクで締めるトルクドライバです。よって正解はハです。

P.71

答 ハ

写真は油圧式パイプベンダです。手で曲げるのが難しい太い金属管を曲げるときに使用します。

P.72

答 ニ

参 マークは、姉妹本『第1種電気工事士学科試験すい〜っと合格2024年版』の該当説明ページを表しています。

052

写真のうち、鋼板製の分電盤や動力制御盤を、コンクリートの床や壁に設置する作業において、一般的に使用されない工具はどれか。

イ.

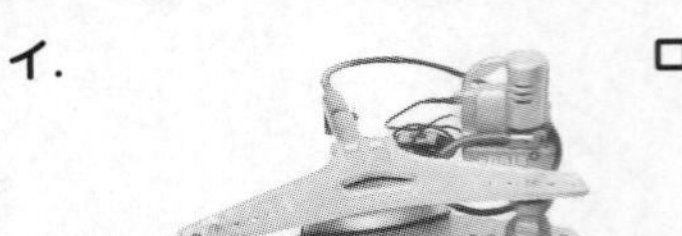

ロ.

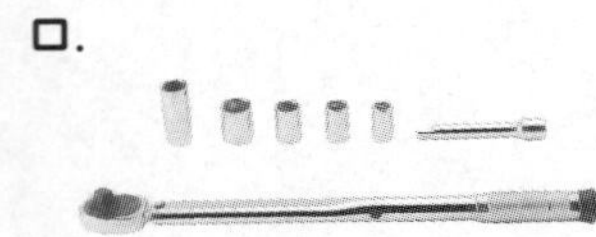

ハ.

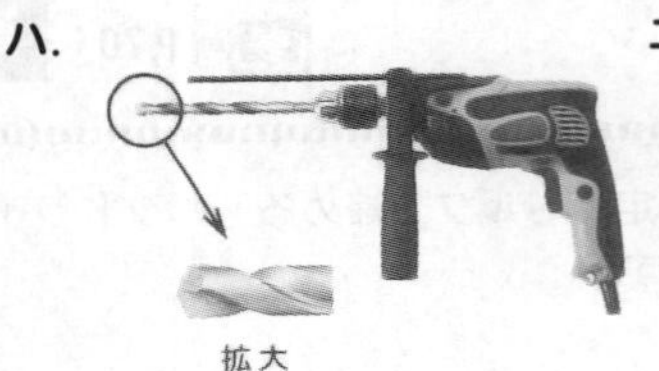

拡大

ニ.

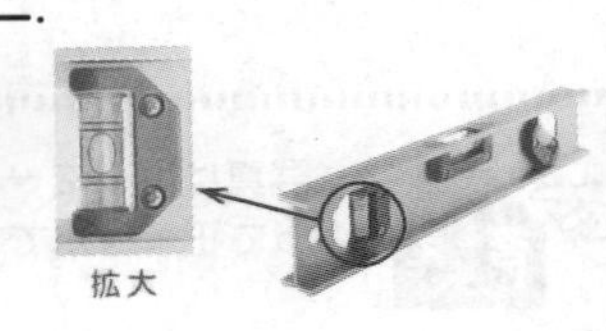

拡大

(R2出題)

053

写真に示す品物の用途は。

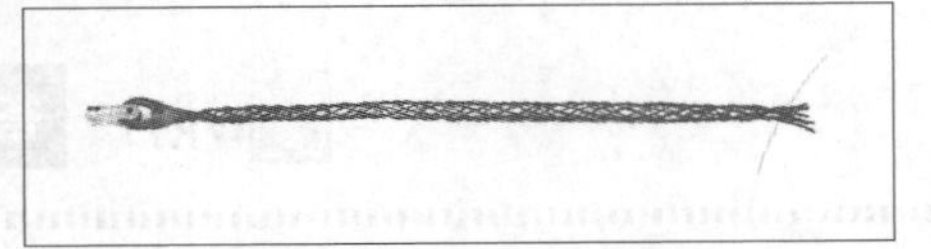

イ. ケーブルをねずみの被害から防ぐのに用いる。
ロ. ケーブルを延線するとき、引っ張るのに用いる。
ハ. ケーブルをシールド(遮へい)するのに用いる。
ニ. ケーブルを切断するとき、電線がはねるのを防ぐのに用いる。

(H21出題)

出題年度の表記法　R：令和／H：平成、Am：午前／Pm：午後

イは油圧式パイプベンダで、設問の作業では使用しません。
ロはボルトやナットを一定の強度で締め付けるトルクレンチ、ハはコンクリートに穴を開ける振動ドリル、ニは据え付けの水平を出すための水準器です。

参→P.72

答 イ

写真はケーブルの延線工事を行うときに、ケーブルの先端を覆うように取り付ける延線グリップです。ケーブルが抜けないようにバインド線で巻いてしっかり固定し、端により返し金具を介して引き綱を結んで、ウインチで引っ張ってケーブルを張ります。正解はロです。

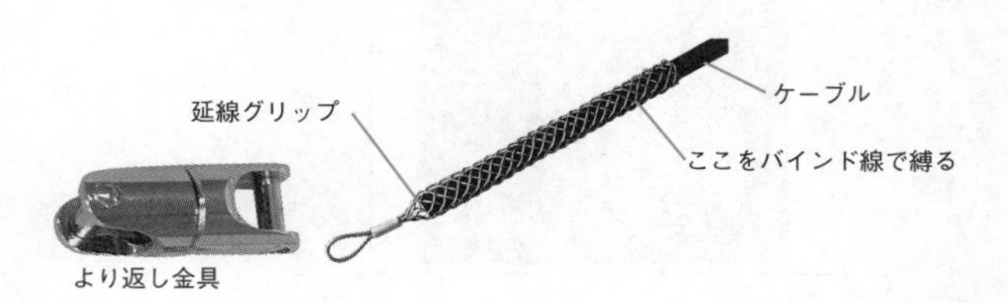

参→P.73

答 ロ

問題054

写真に示す工具の名称は。

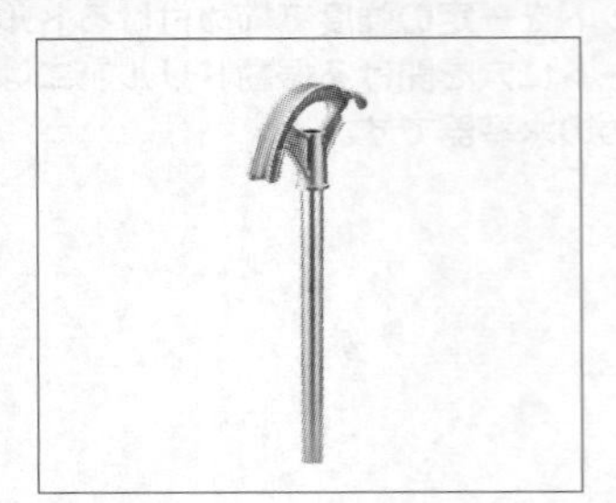

イ．ケーブルジャッキ
ロ．パイプベンダ
ハ．延線ローラ
ニ．ワイヤストリッパ

（H26出題）

問題055

写真に示す住宅用の分電盤において、矢印部分に一般的に設置される機器の名称は。

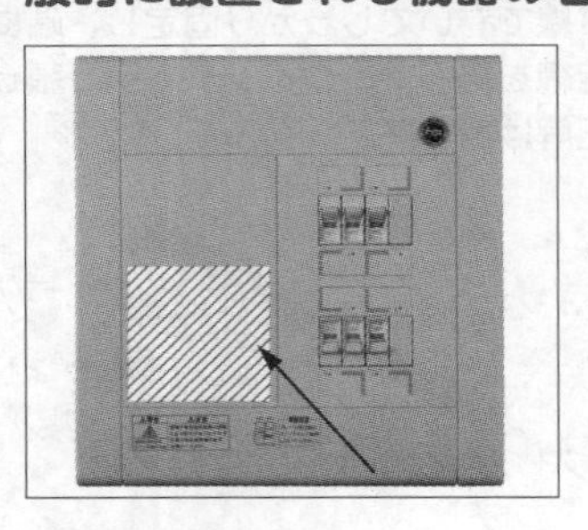

イ．電磁開閉器
ロ．漏電遮断器（過負荷保護付）
ハ．配線用遮断器
ニ．避雷器

（R4Pm出題）

写真は金属管を曲げるための工具、パイプベンダです。
パイプベンダには、先端の形状が違うもの(一般に「ヒッキー」と呼ばれる)もあります。自由な曲げ半径や角度が得られるのが特徴です。

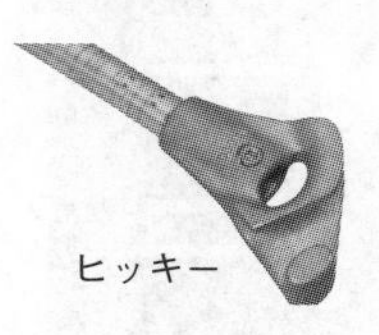
ヒッキー

参→P.136

住宅用分電盤のこの部分には、引込開閉器と分岐回路に至る幹線保護用の過電流遮断器の施設が原則です。ただ一般的に設備全体の地絡保護のために、この部分には漏電遮断器も設置されます。よって、ロの過負荷保護付漏電遮断器が正解です。

参→P.103

参 マークは、姉妹本『第1種電気工事士学科試験すい〜っと合格2024年版』の該当説明ページを表しています。

写真に示す自家用電気設備の説明として、最も適当なものは。

056

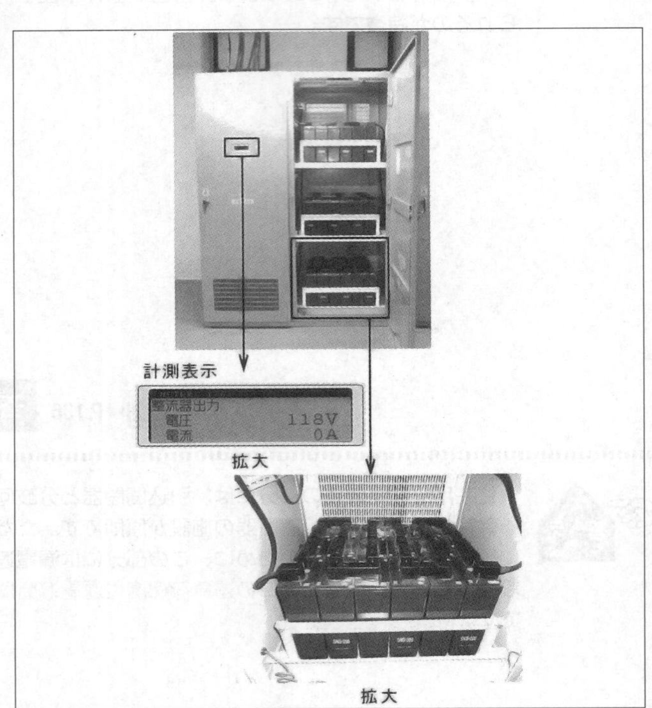

イ. 低圧電動機などの運転制御、保護などを行う設備
ロ. 受変電制御機器や、停電時に非常用照明器具などに電力を供給する設備
ハ. 低圧の電源を分岐し、単相負荷に電力を供給する設備
ニ. 一般送配電事業者から高圧電力を受電する設備

(R2出題)

出題年度の表記法　R：令和／H：平成、Am：午前／Pm：午後

写真は直流電源設備です。計測表示に電圧118Vと表示されていることから、商用電源で内蔵の蓄電池(設備下部の拡大写真)を充電し、停電時、受電設備の停電・復電制御や発電機の始動、非常灯などに電源を供給します。

057

写真に示す配線器具（コンセント）で200Vの回路に使用できないものは。

イ.

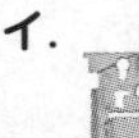

ロ.

ハ.

ニ.

（R4Am出題）

058

写真に示す品物の名称は。

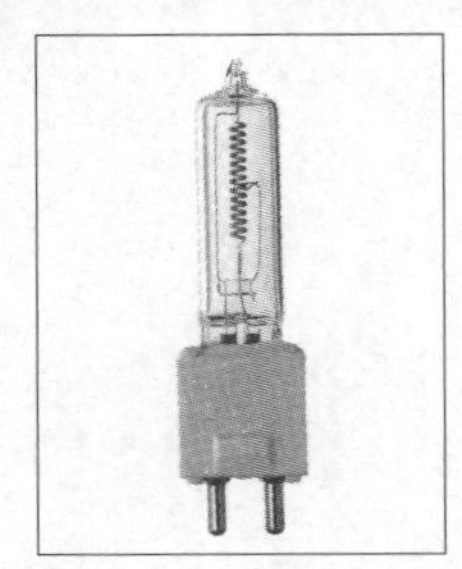

イ. ハロゲン電球
ロ. キセノンランプ
ハ. 電球形LEDランプ
ニ. 高圧ナトリウムランプ

（H28出題、同問：H22・H18）

出題年度の表記法　R：令和／H：平成、Am：午前／Pm：午後

ハは単相100V用の引掛形コンセントですから、200V回路には使用できません。

イは単相200V用接地極付、ロは三相200V20A用引掛形接地極付、ニは三相200V用接地極付です。

参→P.99

写真はハロゲン電球です。電球内にはハロゲンガスが封入されていて、フィラメントから昇華するタングステン原子にハロゲン原子が介在して、再びフィラメントに戻すので、フィラメントの寿命が倍に伸びます。

その他のランプは、以下のような形状をしています。

■ハロゲンサイクル

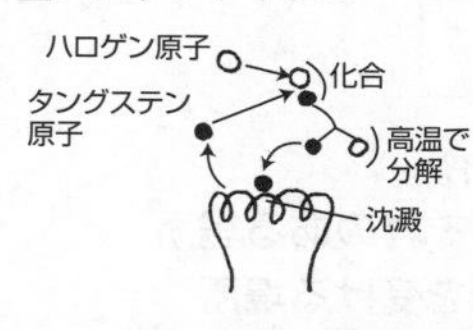

▶電球形LEDランプ

◀高圧ナトリウムランプ

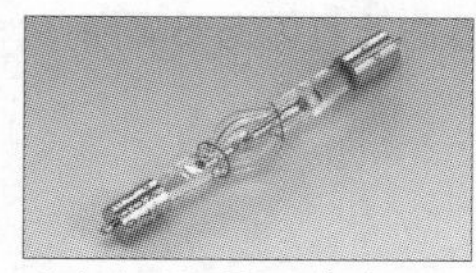

▲キセノンランプ

参→P.139

問題 059

写真の照明器具には矢印で示すような表示マークが付されている。この器具の用途として、適切なものは。

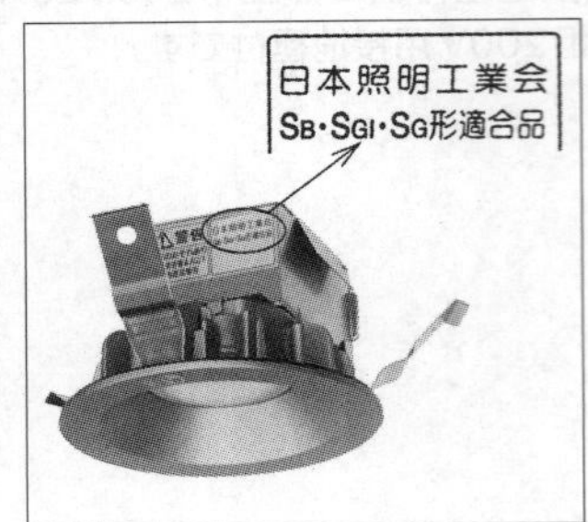

イ. クリーンルーム専用として使用する。

ロ. フライダクトに設置して使用する

ハ. 断熱材施工天井に埋め込んで使用できる。

ニ. 非常用照明として使用できる。

（H30追加出題、同問：H29・H27、類問：H20）

問題 060

写真に示す照明器具の主要な使用場所は。

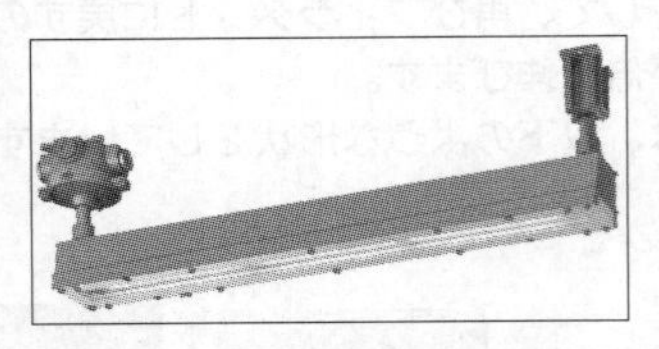

イ. 極低温となる環境の場所

ロ. 物が接触し損壊するおそれのある場所

ハ. 海岸付近の塩害の影響を受ける場所

ニ. 可燃性のガスが滞留するおそれのある場所

（R4Am出題）

出題年度の表記法　R：令和／H：平成、Am：午前／Pm：午後

写真の表示がある照明器具は、S形ダウンライトと呼ばれ、天井への熱の拡散が少なく、断熱施工した天井に使用しても過熱・火災のおそれがありません。一般のダウンライト(M形)などを断熱施工天井に設置する場合には、器具から放熱があるため、断熱材が器具に触れないように断熱材をカットして一定の間隔をつくらなければなりません。施工法や施工地域によってS_B形、S_G形、S_{GI}形があります。

■S形は断熱効果の高い建築工法に最適です

一般のM形照明器具

断熱材が器具に触れないよう間隔を空けなくてはいけない

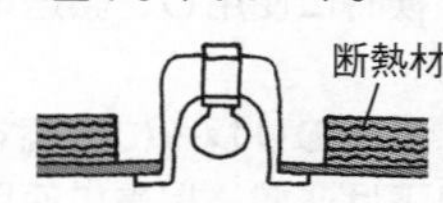

S形照明器具

断熱材の施工に特別な注意が不必要

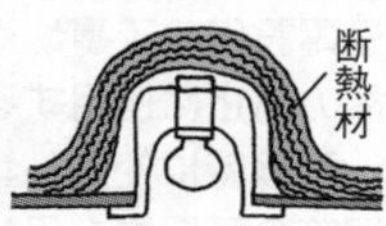

参→P.139

写真は防爆形照明器具(直管LEDランプ)です。可燃性ガスが滞留するおそれがある場所に施設します。ニが正解です。

参→P.131

参マークは、姉妹本『第1種電気工事士学科試験すい〜っと合格2024年版』の該当説明ページを表しています。

問題 061

写真の器具の使用方法の記述として、正しいものは。

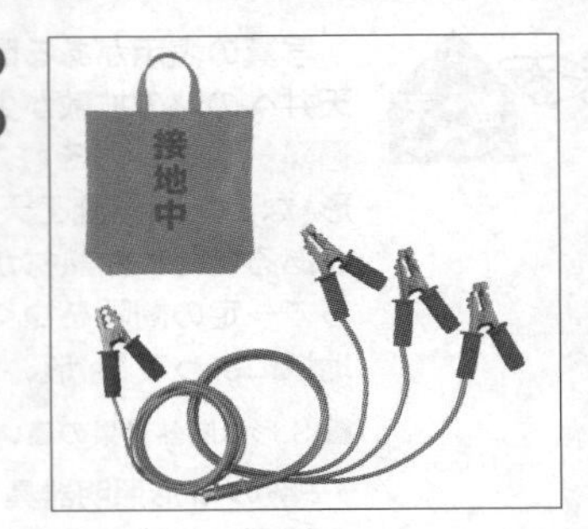

イ. 墜落制止用器具の一種で高所作業時に使用する。

ロ. 高圧受電設備の工事や点検時に使用し、誤送電による感電事故の防止に使用する。

ハ. リレー試験時に使用し、各所のリレーに接続する。

ニ. 変圧器等の重量物を吊り下げ運搬、揚重に使用する。

(R5Pm出題)

問題 062

写真に示す品物の用途は。

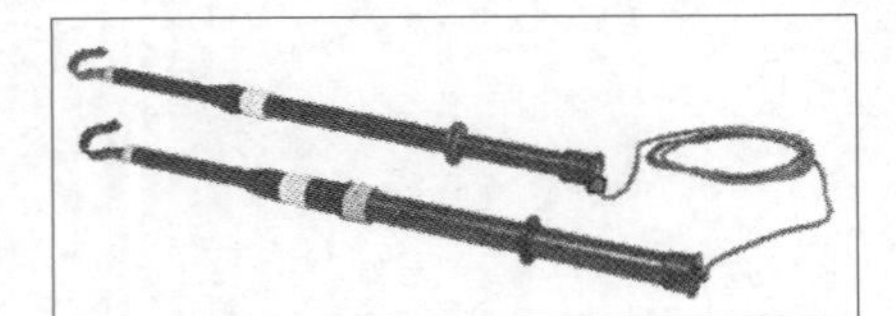

イ. 停電作業を行う時、電路を接地するために用いる。

ロ. 高圧線電流を測定するために用いる。

ハ. 高圧カットアウトの開閉操作に用いる。

ニ. 高圧電路の相確認に用いる。

(H18出題)

出題年度の表記法　R：令和／H：平成、Am：午前／Pm：午後

写真は短絡接地器具で、停電作業を行うときに、電路側の各線を短絡して接地しておくための用具です。作業中に誤って送電されても、感電事故を防ぎます。

P.189

答 ロ

写真は高圧検相器です。

2本の検知棒は、ケーブルや光ファイバなどで接続されていて、三相電線のどれか2本に絶縁被覆の上から先端の検知フックを引っかけて、ブザー音や発光で、同相、＋120度、－120度を判定します。

参 P.191

答 ニ

参 マークは、姉妹本『第1種電気工事士学科試験すい〜っと合格2024年版』の該当説明ページを表しています。

写真に示すものの名称は。

063

イ．周波数計
ロ．照度計
ハ．放射温度計
ニ．騒音計

（R1年出題、類問：H17）

出題年度の表記法　R：令和／H：平成、Am：午前／Pm：午後

写真は照度計です。照度の単位[lx]（ルクス）の目盛板表記と半球状の受光部形状が目印です。

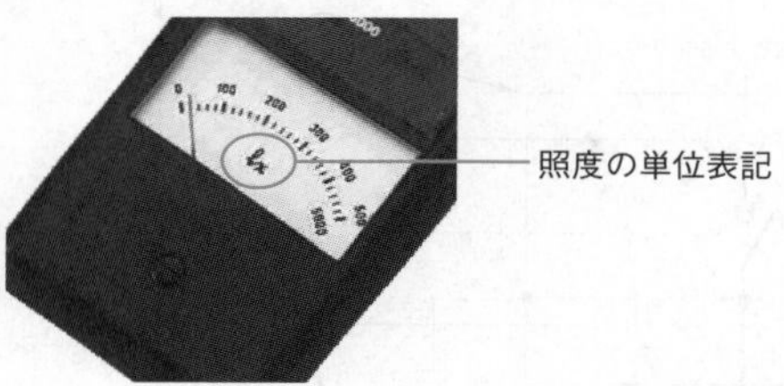

マークは、姉妹本『第1種電気工事士学科試験すい〜っと合格2024年版』の該当説明ページを表しています。

064

①で示す機器の役割は。

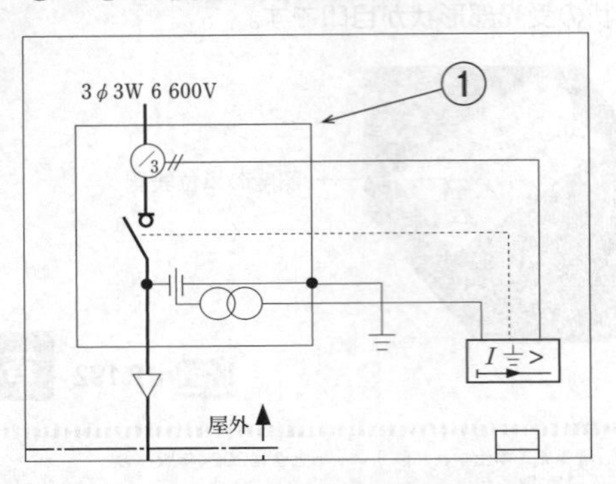

イ. 一般送配電事業者側の地絡事故を検出し、高圧断路器を開放する。

ロ. 需要家側電気設備の地絡事故を検出し、高圧交流負荷開閉器を開放する。

ハ. 一般送配電事業者側の地絡事故を検出し、高圧交流遮断器を自動遮断する。

ニ. 需要家側電気設備の地絡事故を検出し、高圧断路器を開放する。

（R2出題、同問：H26、類問：H20）

①で示す図記号の機器の名称は。

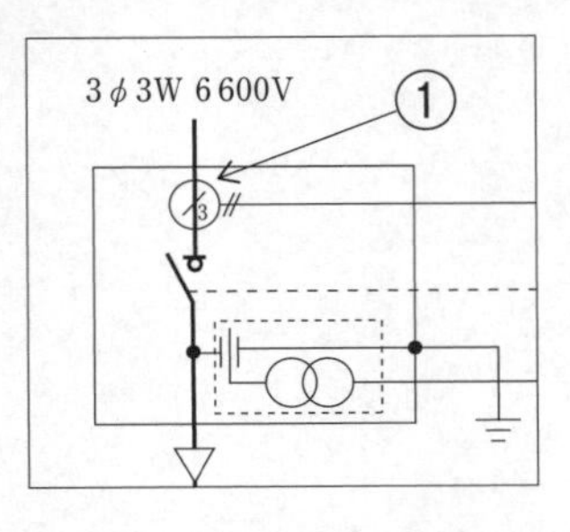

イ. 零相変圧器

ロ. 電力需給用変流器

ハ. 計器用変流器

ニ. 零相変流器

（R4Pm出題、同問：H17）

この機器は、地絡方向継電器付高圧交流負荷開閉器(DGR付LBS)です。需要家側の受電点に区分開閉器として施設され、需要家側設備の地絡事故時にのみ電路を開放します。

高圧断路器は、受電設備の点検時などに操作するものですし、高圧交流遮断器は、短絡などの過電流発生時に電路を遮断するものです。

区分開閉器を電柱の上に施設するための装置がPAS(柱上気中開閉器)です。この中に高圧交流負荷開閉器(LBS)が収められています。

区分開閉器には地絡事故が電源側に波及しないよう保護するための地絡継電器が併設されます。

参→P.26

答 ロ

この図記号は、零相変流器(ZCT)です。零相変流器は、地絡が起きたときに電路の零相電流を検出して、接続している地絡継電器(GR)あるいは地絡方向継電器(DGR)に伝えます。よってニが正解です。

地絡信号を受け取ったGRやDGRは、区分開閉器(高圧交流負荷開閉器)のトリップコイルを駆動して、開閉器を開放します。

零相変流器

参→P.34

答 ニ

繰り返し出る！必須問題

①で示す機器に関する記述として、正しいものは。

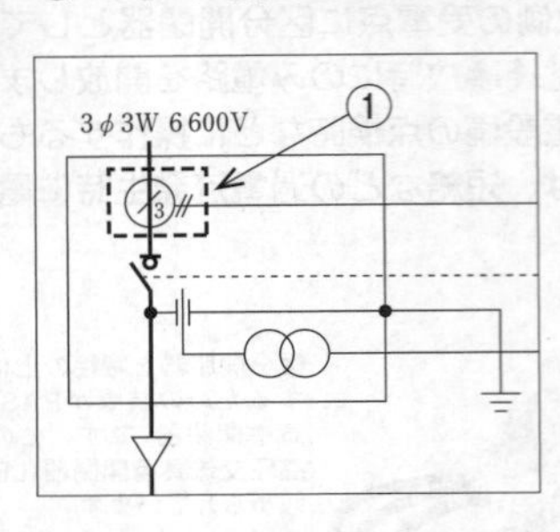

イ．零相電圧を検出する。
ロ．異常電圧を検出する。
ハ．短絡電流を検出する。
ニ．零相電流を検出する。

（H30追加出題、同問：H29・H21）

①で示す図記号の機器に関する記述として、正しいものは。

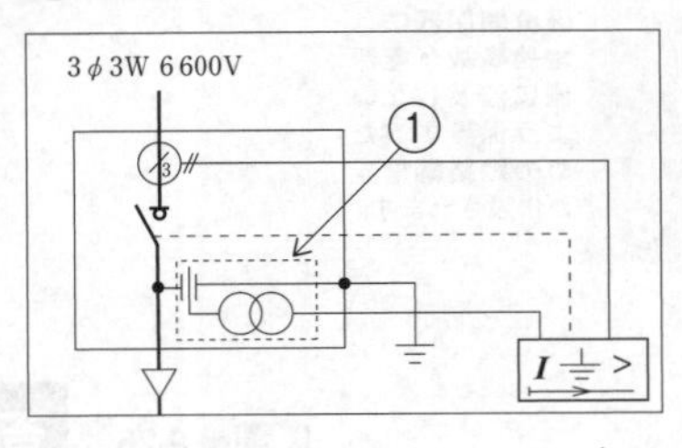

イ．零相電流を検出する。
ロ．零相電圧を検出する。
ハ．異常電圧を検出する。
ニ．短絡電流を検出する。

（R3Am出題、同問：H30・H28・H24・H19）

①に設置する機器の図記号は。

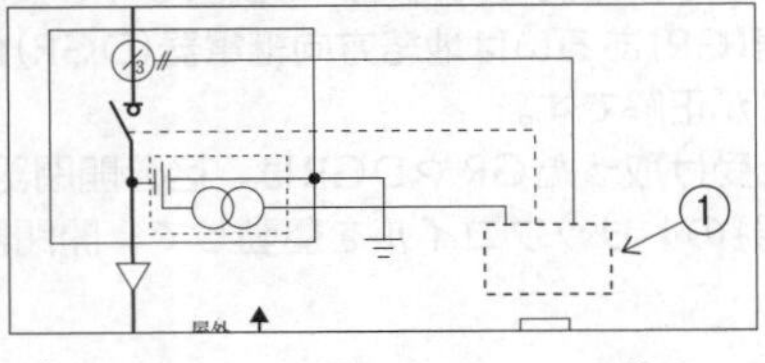

イ．ロ．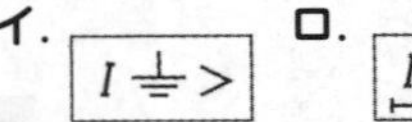

ハ．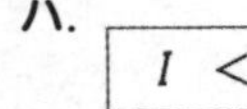

ニ．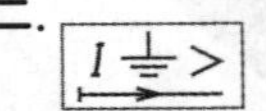

（R5Pm出題、同問：R4Pm・H30追加・H28・H19、類問：R3Pm）

出題年度の表記法　R：令和／H：平成、Am：午前／Pm：午後

この図記号は、零相変流器(ZCT)です。零相変流器は、地絡が起きたときに電路の零相電流を検出して、接続している地絡継電器(GR)あるいは地絡方向継電器(DGR)に伝えます。よってニが正解です。

地絡信号を受け取ったGRやDGRは、区分開閉器(高圧交流負荷開閉器)のトリップコイルを駆動して、開閉器を開放します。

零相変流器

参→P.34

この図記号は零相基準入力装置(ZPD)で、地絡が発生したときに地絡方向継電器(DGR)でその地絡の発生場所が電源側なのか負荷側なのかを判定するための基準となる零相電圧を検出する装置です。

参→P.35

零相基準入力装置(ZPD)につながっていることから、ここに設置するのは地絡方向継電器(DGR)です。地絡方向継電器の図記号はニが正解です。DGRの図記号は、地絡 ⏚ の電流Iが設定値より大きく$>$なったときに動作することや、地絡電流の向きを検出することから、矢印 ⟶ が表記されています。

地絡方向継電器は、地絡電流の方向を判断し、自分の構内で発生した地絡事故でのみ作動し、構外で発生した地絡事故による不必要動作(もらい事故)を防ぎます。

参→P.20

繰り返し出る！必須問題

問題 069

①で示す機器の文字記号（略号）は。

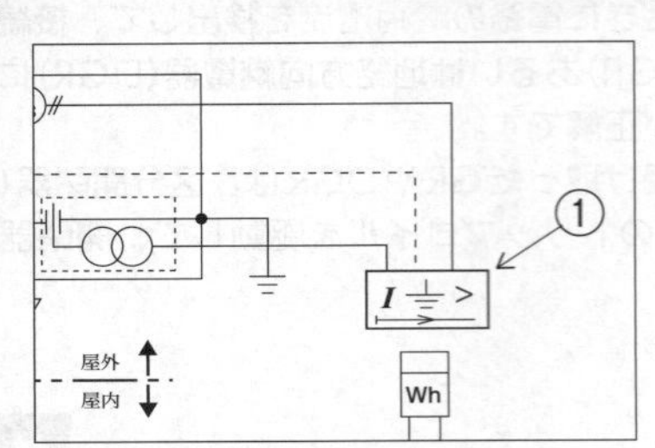

イ．OVGR
ロ．DGR
ハ．OCR
ニ．OCGR

（R3Am出題、同問：H29・H23、類問：H22）

問題 070

①で示すストレスコーン部分の主な役割は。

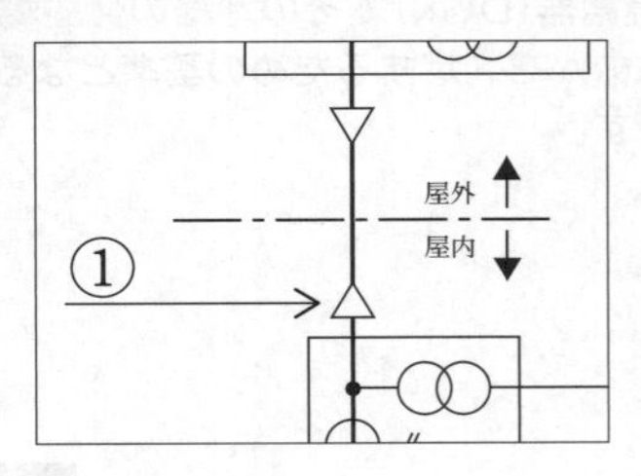

イ．機械的強度を補強する。
ロ．遮へい端部の電位傾度を緩和する。
ハ．電流の不平衡を防止する。
ニ．高調波電流を吸収する。

（R4Am出題、同問：H27）

問題 071

①で示す機器の文字記号（略号）は。

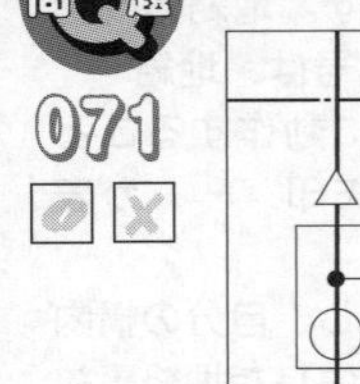

イ．VCB
ロ．MCCB
ハ．OCB
ニ．VCT

（R1出題、同問：H30追加・H21）

出題年度の表記法　R：令和／H：平成、Am：午前／Pm：午後

この機器は地絡方向継電器(DGR)です。DGRは、需要家構内で地絡事故が発生したときに区分開閉器(高圧交流負荷開閉器)を遮断する保護装置です。DGRはディレクショナル(方向性)・グランド・リレーの頭文字で、構内で発生した一方向の地絡電流でのみ動作するので、図記号には方向を表す ⟼ が付きます。

P.35

ストレスコーンの役割は、遮へい端部分の電位傾度を緩和することで、長期使用における絶縁体の劣化を防止します。

ストレスコーンがないと

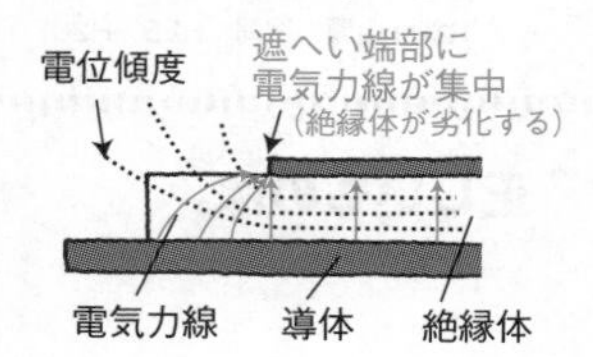

ストレスコーンの働き

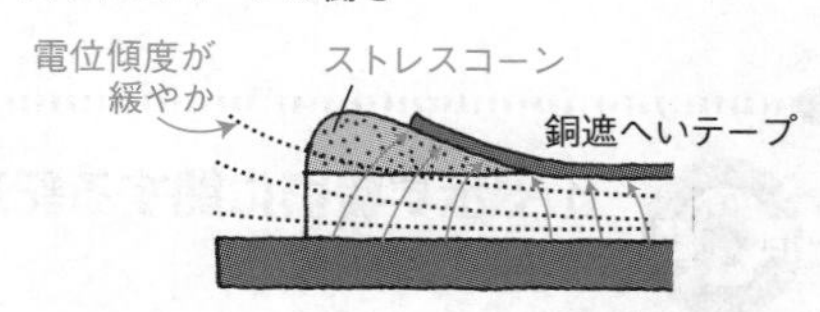

P.42

この機器は電力需給用計器用変成器(VCT)です。

解答肢のほかの文字記号は、それぞれVCB＝真空遮断器、MCCB＝配線用遮断器、OCB＝油入遮断器を示します。

電力需給用計器用変成器

P.31

参 マークは、姉妹本『第1種電気工事士学科試験すい～っと合格2024年版』の該当説明ページを表しています。

繰り返し出る！必須問題

①の部分の電線本数(心線数)は。

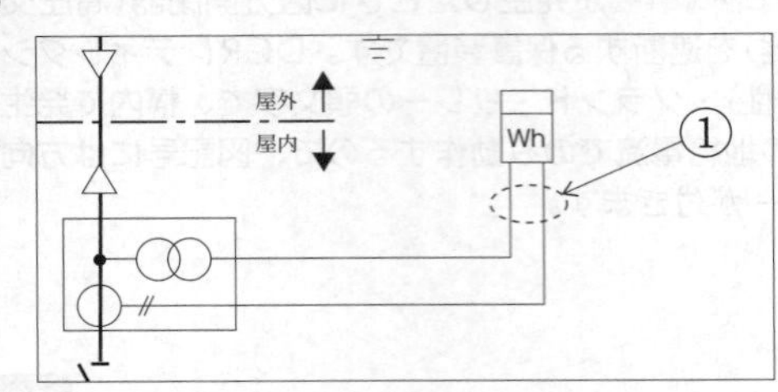

イ．2又は3
ロ．4又は5
ハ．6又は7
ニ．8又は9

(R3Pm出題、同問：H25・H20)

①で示す機器に関する記述で、正しいものは。

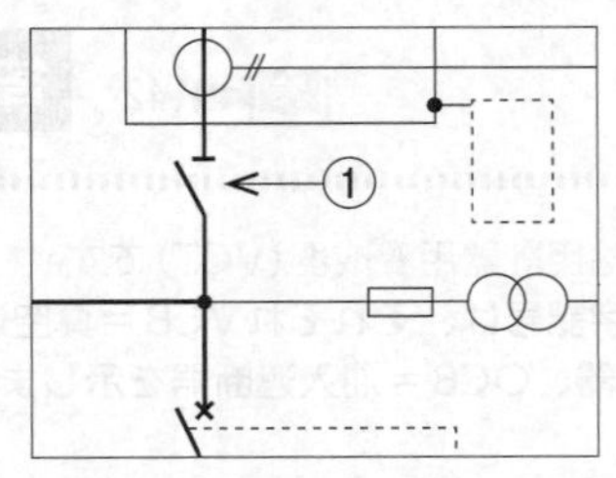

イ．負荷電流を遮断してはならない。
ロ．過負荷電流及び短絡電流を自動的に遮断する。
ハ．過負荷電流は遮断できるが、短絡電流は遮断できない。
ニ．電路に地絡が生じた場合、電路を自動的に遮断する。

(H30追加出題、同問：H29・H24・H18)

出題年度の表記法　R：令和／H：平成、Am：午前／Pm：午後

電力需給用計器用変成器(VCT)と電力量計(Wh)の接続は下図のようになります。６本と７本の差は、変流器の接地側の配線がVCT内で１本に束ねられているかどうかによる違いです。本書477ページの複線図を丸暗記しましょう。

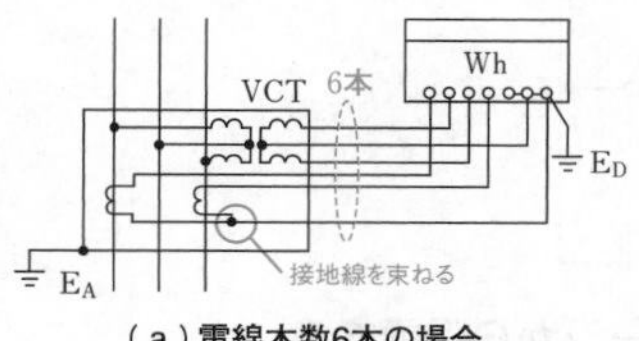

(a)電線本数6本の場合

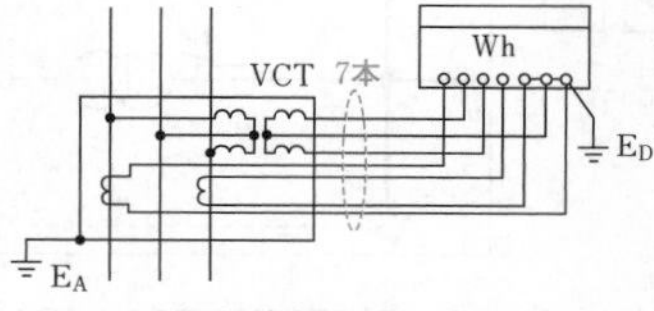

(b)電線本数7本の場合

参→P.31

答 ハ

これは断路器(DS)です。断路器は、設備の点検時などで、電流の流れていない電路の開閉を行うものです。負荷電流が流れている状態で開閉してはいけません。

DS(断路器)
アーク消弧機能がないので、必ず先に遮断器で負荷電流を切っておいてからでないと断路器の接点は開閉してはいけません。

参→P.27

答 イ

参 マークは、姉妹本『第1種電気工事士学科試験すい〜っと合格2024年版』の該当説明ページを表しています。

①で示す装置を使用する主な目的は。

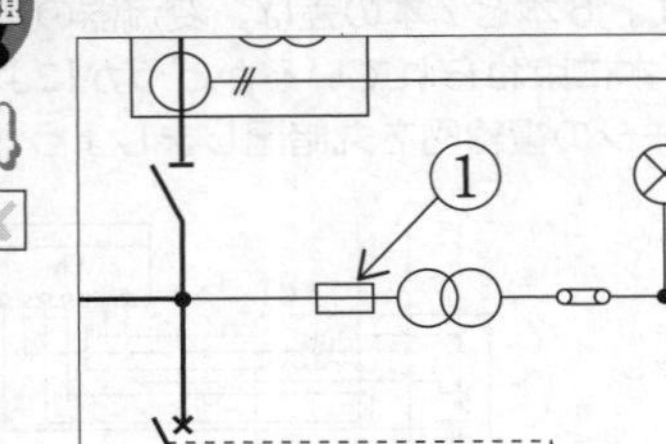

イ. 計器用変圧器を雷サージから保護する。
ロ. 計器用変圧器の内部短絡事故が主回路に波及することを防止する。
ハ. 計器用変圧器の過負荷を防止する。
ニ. 計器用変圧器の欠相を防止する。

(R5Am出題、同問：R4Am・R1・H27・H22)

①で示す機器の名称と制御器具番号の正しいものは。

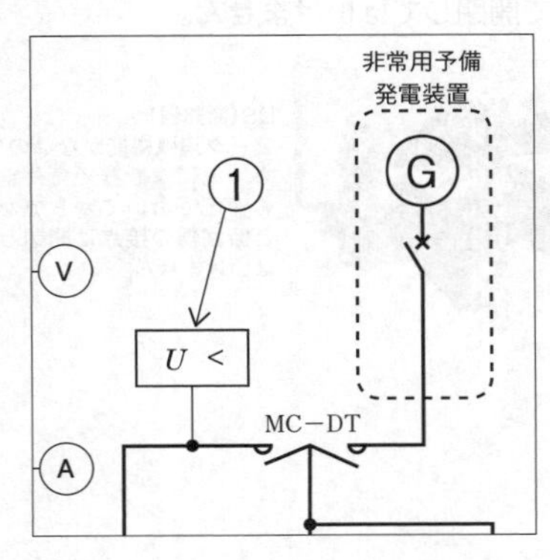

イ. 不足電圧継電器　27
ロ. 不足電流継電器　37
ハ. 過電流継電器　51
ニ. 過電圧継電器　59

(R3Am出題、同問：R5Pm・H28)

出題年度の表記法　R：令和／H：平成、Am：午前／Pm：午後

これは計器用変圧器(VT)に取り付けられた高圧限流ヒューズ(PF)です。この高圧限流ヒューズは、計器用変圧器の内部短絡事故が主回路(高圧側)に波及することを防止します。

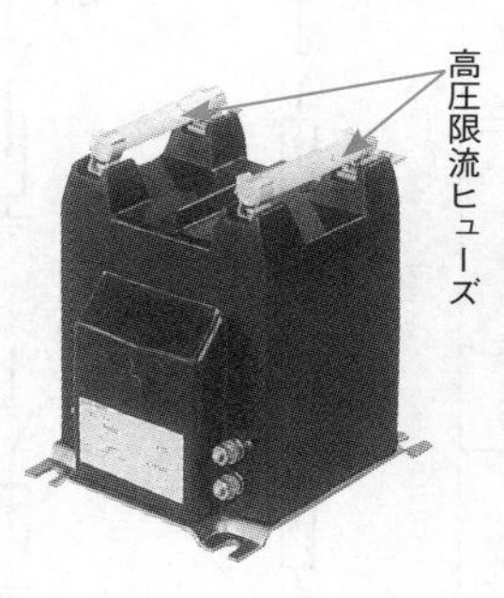

計器用変圧器

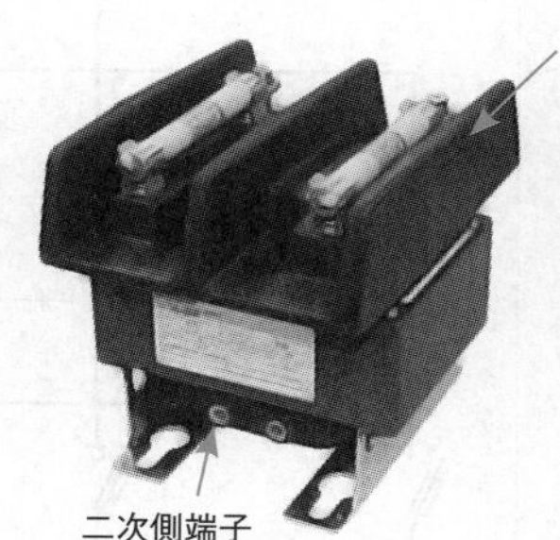

参→P.31

答 ロ

この図記号は、不足電圧継電器(UVR)です。図記号中のアルファベットが、VではなくUであることに注意しましょう。

【参考】制御機器番号とは、図面や実物に機器名を書き入れると煩雑になる場合などに、1～99の番号で継電器類を表現するもので、日本電機工業会規格で定められたもの。

参→P.36

答 イ

繰り返し出る！必須問題

076

①に設置する機器として、一般的に使用されるものの図記号は。

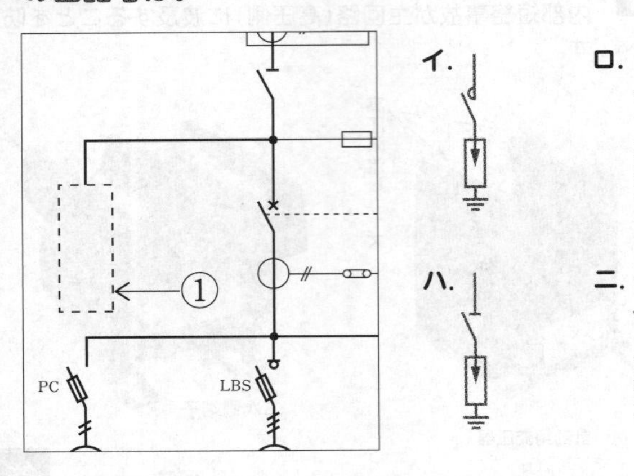

(R4Am出題、同問：H29・H27・H22・H17)

077

①で示す機器の役割として、誤っているものは。

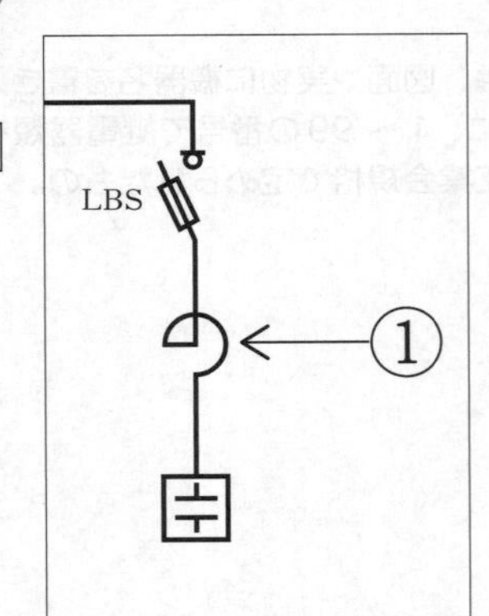

イ. コンデンサ回路の突入電流を抑制する。
ロ. 第5調波等の高調波障害の拡大を防止する。
ハ. 電圧波形のひずみを改善する。
ニ. コンデンサの残留電荷を放電する。

(R5Am出題、同問：R3Am・H30・H27・H20)

この箇所には断路器と避雷器(LA)を設置します。避雷器の図記号は、下向きの矢印です。空から雷が落ちる向きと覚えましょう。また、避雷器の前に設ける開閉器は、ハの断路器(DS)でなければなりません。そのほかの開閉器の図記号は、イは電磁接触器の接点、ロは遮断器、ニは負荷開閉器ですから誤りです。

断路器

避雷器

参→P.20

答　ハ

　これは直列リアクトル(SR)です。直列リアクトルをコンデンサの電源側に設置する目的は、第5調波などの高調波障害を防止し、それに伴う電圧波形のひずみを改善します。さらに、コンデンサへの突入電流の抑制も行います。コンデンサの残留電荷を放電するのは、放電コイルです。

直列リアクトル

放電コイル

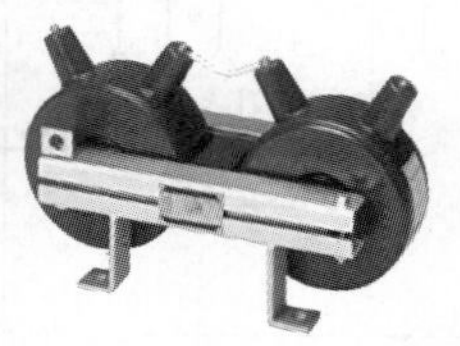

参→P.40

答　ニ

マークは、姉妹本『第1種電気工事士学科試験すい〜っと合格2024年版』の該当説明ページを表しています。

繰り返し出る！必須問題

①で示す部分に使用できる変圧器の最大容量[kV·A]は。

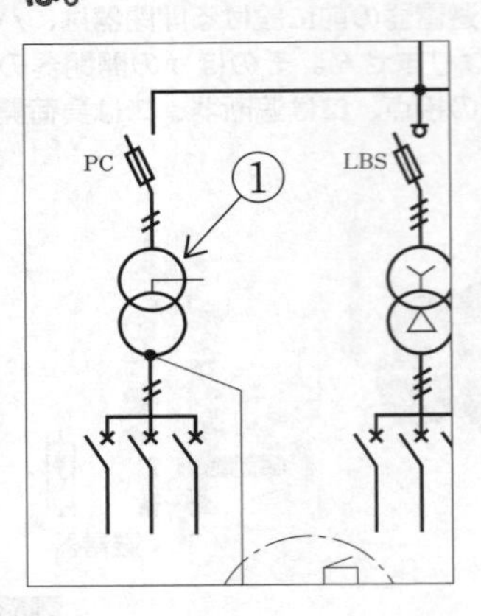

イ. 100
ロ. 200
ハ. 300
ニ. 500

(R5Am出題、同問：R2・H30追加・H27・H23・H17)

①で示す機器の目的は。

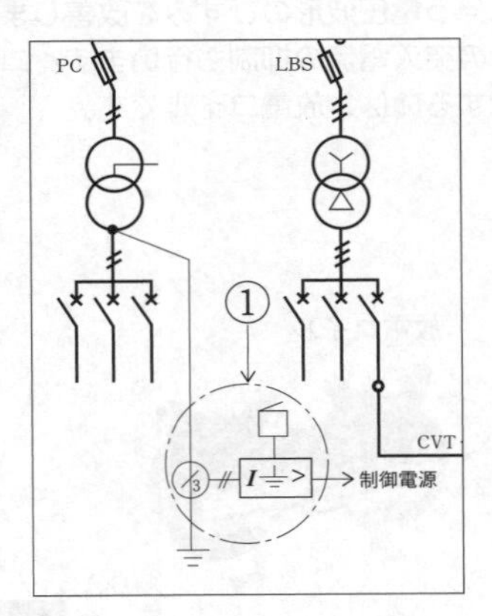

イ. 変圧器の温度異常を検出して警報する。
ロ. 低圧電路の短絡電流を検出して警報する。
ハ. 低圧電路の欠相による異常電圧を検出して警報する。
ニ. 低圧電路の地絡電流を検出して警報する。

(R5Am出題、同問：H24)

設問の変圧器は、高圧カットアウト(PC)によって分岐された回路に施設されています。高圧カットアウトを変圧器やコンデンサの開閉装置として使用できる条件は、変圧器：300kV·A以下、コンデンサ：50kvar以下です。

■ 高圧カットアウトの使用可能範囲

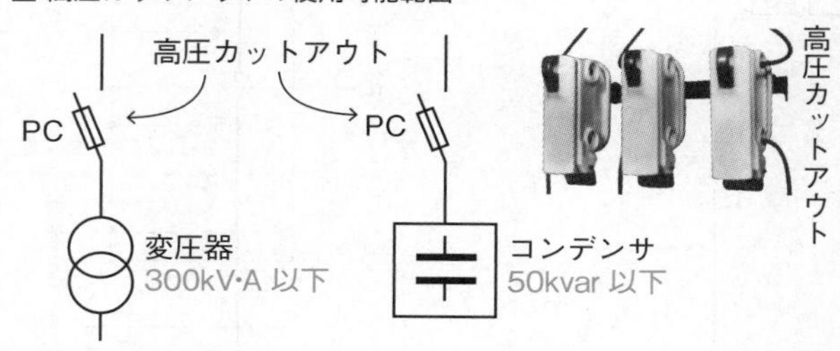

参→P.29

この機器は、変圧器二次側の中性点につながる接地線に流れる電流を変流器で検知して地絡継電器でブザーを鳴らす装置ですから、ニが正解です。

参→P.35

参 マークは、姉妹本『第1種電気工事士学科試験すい～っと合格2024年版』の該当説明ページを表しています。

080

①で示す機器とインタロックを施す機器は。ただし、非常用予備電源と常用電源を電気的に接続しないものとする。

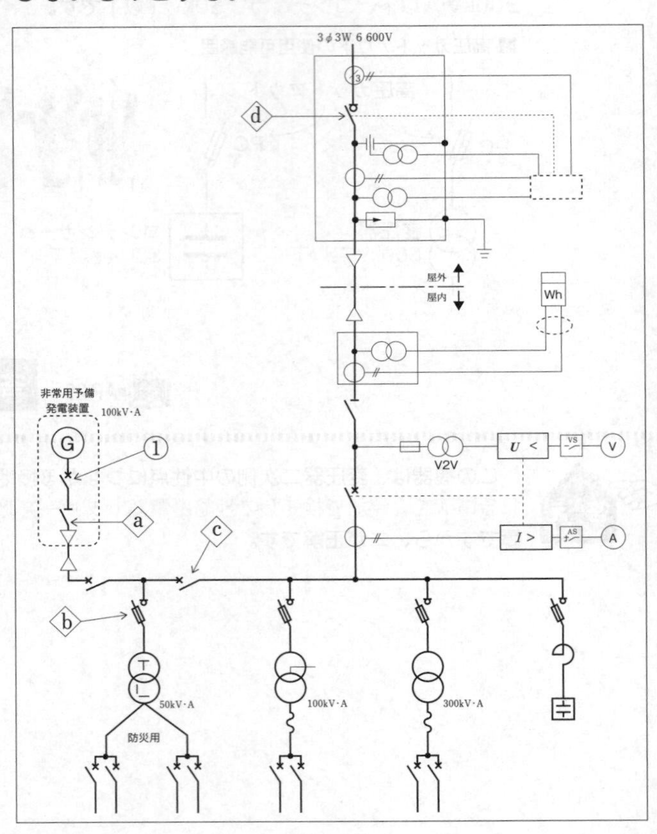

イ. a　ロ. b　ハ. c　ニ. d

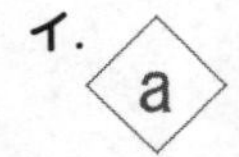

(R3Pm出題、同問：H24)

出題年度の表記法　R：令和／H：平成、Am：午前／Pm：午後

Ⓖは非常用予備発電装置であり、停電などによって常用電源から防災用機器に給電できなくなったときに、①の遮断器を閉じて防災用機器にのみⒼから電力を供給します。

正常時には①の遮断器は開いた状態で、Ⓒの遮断器は閉じていて、常用電源から防災用機器に給電されています。問題文のただし書きにあるように、非常用予備電源と常用電源を電気的に接続しないようにするには、両遮断器は同時に閉じてはいけません。

問題にあるインタロックとは、一定の条件が整っていないと機器や制御が動作しないようにする機構のことですから、①とⒸは同時に開、あるいは同時に閉することがないように、インタロックが施されています。

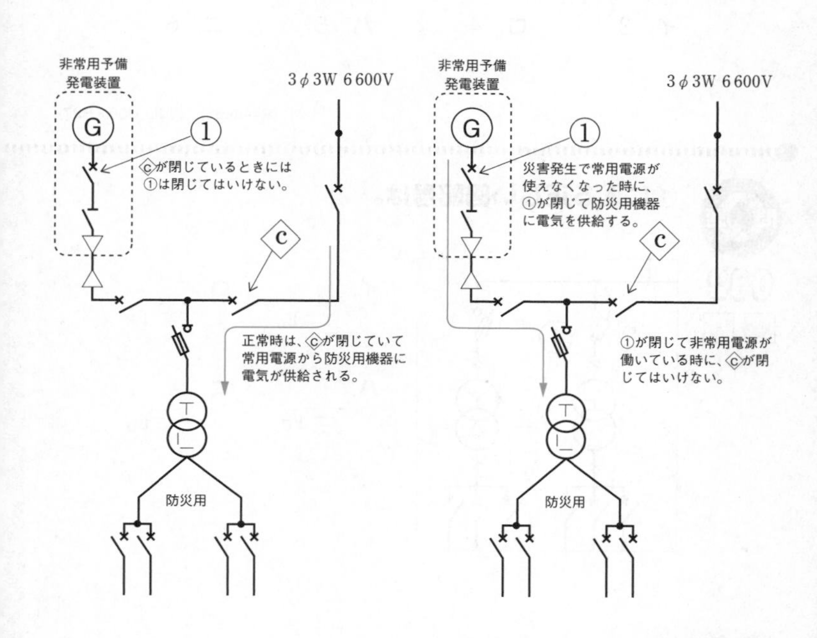

参→P.86

参 マークは、姉妹本『第1種電気工事士学科試験すい〜っと合格2024年版』の該当説明ページを表しています。

①で示す動力制御盤内から電動機に至る配線で、必要とする電線本数（心線数）は。

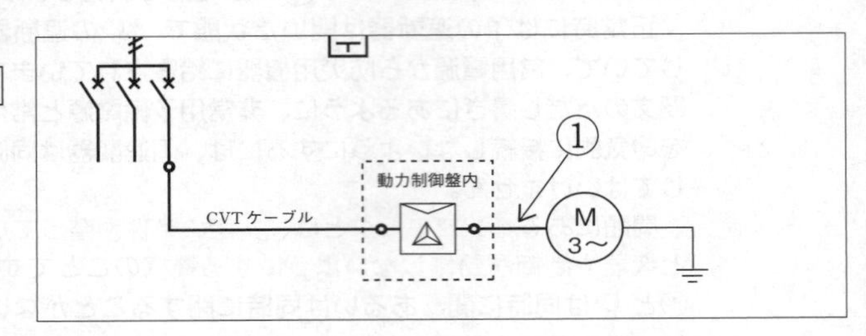

イ．3　　ロ．4　　ハ．5　　ニ．6

（R4Am出題、同問：H30・H27）

①に入る正しい図記号は。

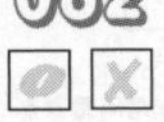

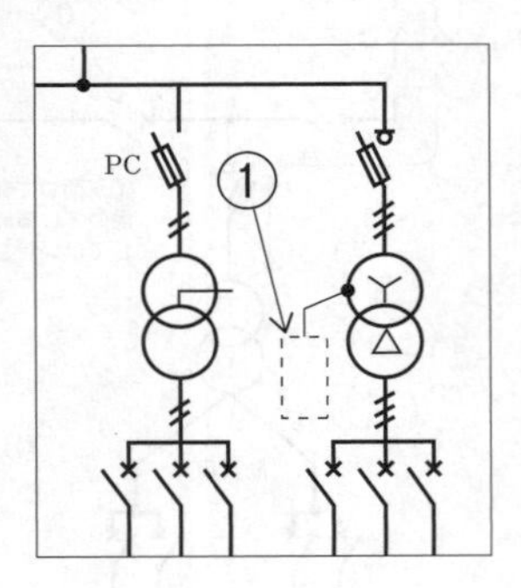

イ．E_A　　ロ．E_B

ハ．E_C　　ニ．E_D

（R3Am出題、同問：H29・H20）

出題年度の表記法　R：令和／H：平成、Am：午前／Pm：午後

これは動力制御盤内のスター・デルタ始動器☒から三相誘導電動機に至る配線であり、三相誘導電動機内の3つのコイルをスター・デルタ変換するためには、下図で示すように3つのコイルの両端の線の接続を変更しなければならないので、合計6本の電線が必要になります。

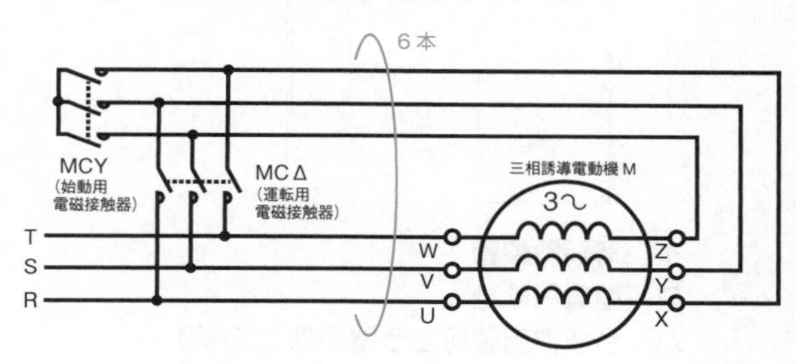

P.77

これは三相変圧器（高圧機器）の外箱の接地なので、A種接地工事が必要です。

接地工事の種類	対　象
A種接地工事	・高圧機器の鉄台や金属製外箱　・避雷器 ・屋内配線の高圧ケーブルの遮へい銅テープ
B種接地工事	・変圧器の低圧二次側中性点、あるいは300V以下の二次側1線
C種接地工事	300Vを超える低圧機器の鉄台や金属製外箱
D種接地工事	・300V以下の低圧機器の鉄台や金属製外箱 ・計器用変圧器、変流器の二次側ほか

※外箱のない変圧器または計器用変成器にあっては、使用電圧の区分に応じ、鉄心に外箱相当の接地工事を施します。

P.22

参 マークは、姉妹本『第1種電気工事士学科試験すい～っと合格2024年版』の該当説明ページを表しています。

①の部分の接地工事に使用する保護管で、適切なものは。
ただし、接地線に人が触れるおそれがあるものとする。

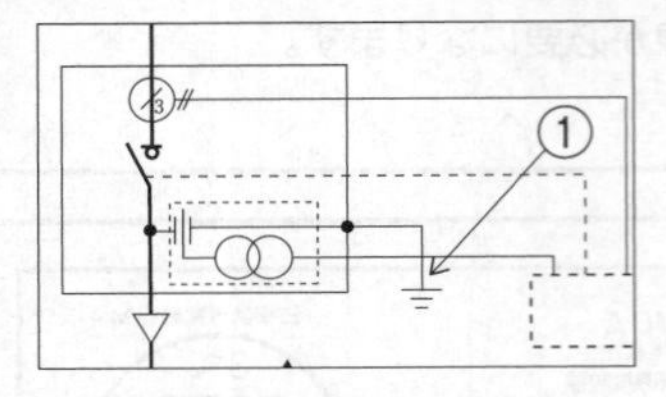

イ．薄鋼電線管
ロ．厚鋼電線管
ハ．合成樹脂製可とう電線管（CD管）
ニ．硬質ポリ塩化ビニル電線管

（R4Pm出題、同問：H25）

①で示す部分に施設する機器の複線図として、正しいものは。

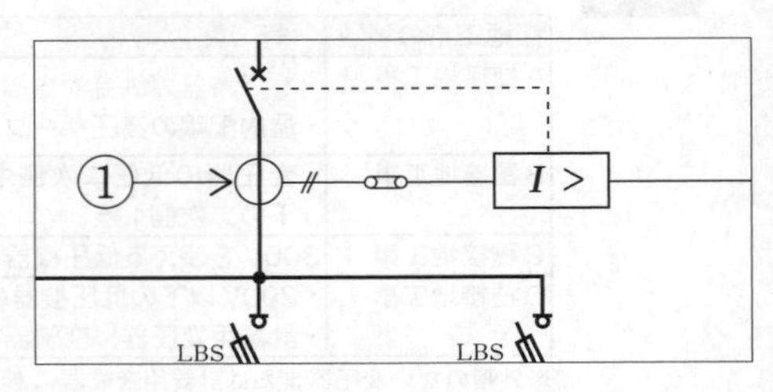

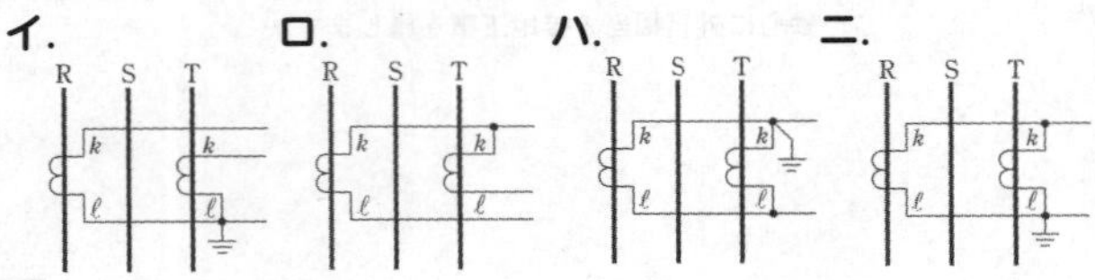

（R5Am出題、同問：R3Pm・H27・H18）

この箇所は、高圧交流負荷開閉器の外箱の接地を表していますからA種接地工事を施します。そしてA種およびB種接地線の保護管には、硬質ポリ塩化ビニル電線管(厚さ2mm以上、CD管を除く)を使用し、地上2m、地下0.75m以上を保護しなければなりません。

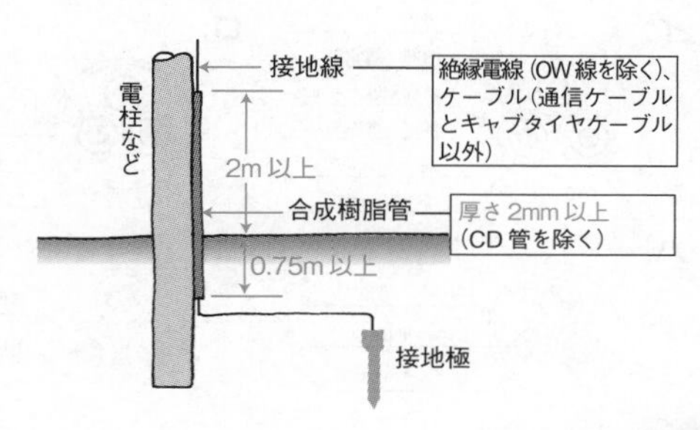

参→P.60

これは変流器(CT)です。変流器は三相高圧電源のR相とT相にそれぞれ取り付けます。また、CTの二次側(端子ℓ)にはD種接地工事を施します。ニが正解です。

参→P.32

参 マークは、姉妹本『第1種電気工事士学科試験すい〜っと合格2024年版』の該当説明ページを表しています。

085

①で示す部分に使用するCVTケーブルとして、適切なものは。

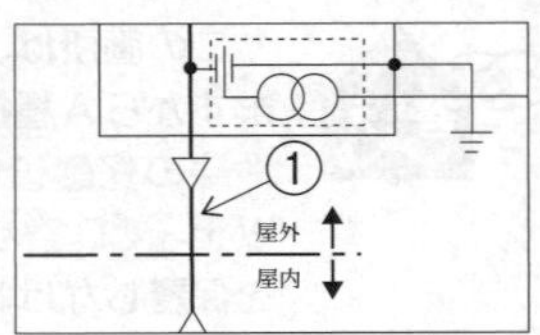

イ.

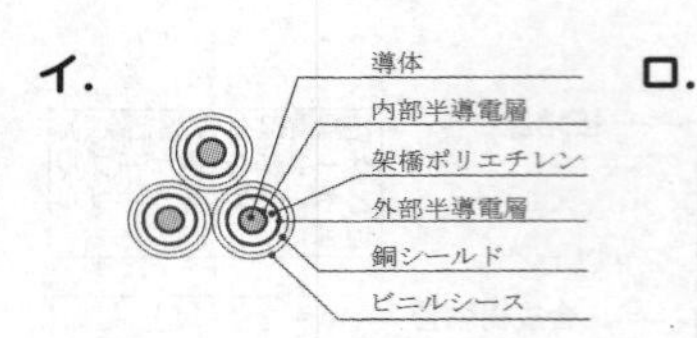

ロ.

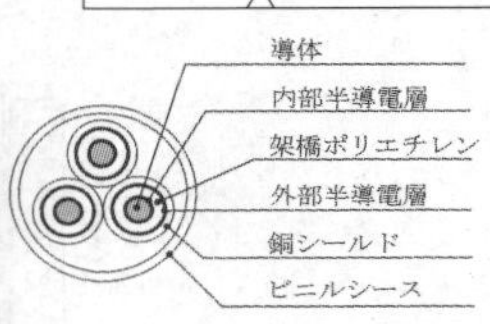

ハ.

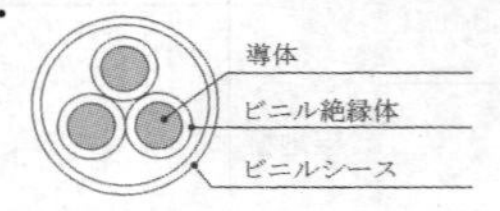

ニ.

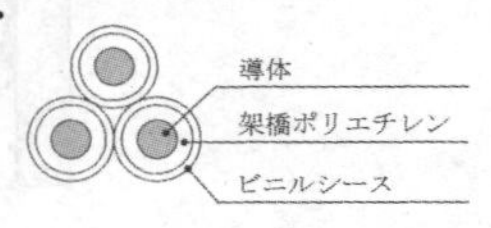

（R3Am出題、同問：H29）

086

①で示す高圧絶縁電線（KIP）の構造は。

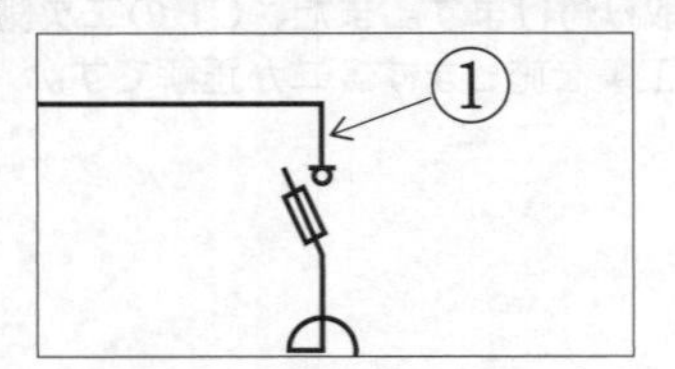

イ.

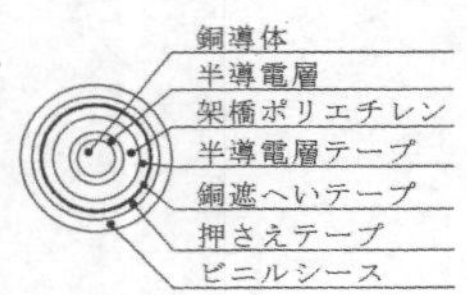

ロ.

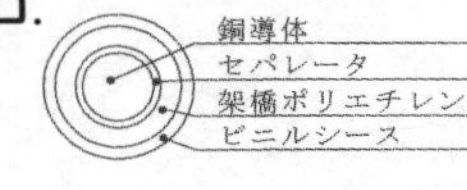

ハ.

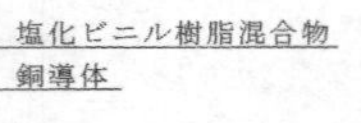

ニ.

銅導体
セパレータ
EPゴム
（エチレンプロピレンゴム）

（R3Pm出題、同問：H24・H19）

出題年度の表記法　R：令和／H：平成、Am：午前／Pm：午後

ここはケーブルヘッド間の引き込み配線ですから、CVTケーブルは高圧用になります。

CVTのTは、トリプレックス(3本撚り)形のTで、単心の高圧CVケーブル(CV-1C)が3本撚り合わせてあることを意味します。CVケーブルは、架橋ポリエチレン絶縁ビニルシースケーブルです。トリプレックス形はイとニですが、高圧のものはイになります。ニは低圧CVT、ロは3心の高圧CVケーブル(CV-3C)、ハは低圧用のVVRケーブルです。

■ 高圧 CV ケーブル

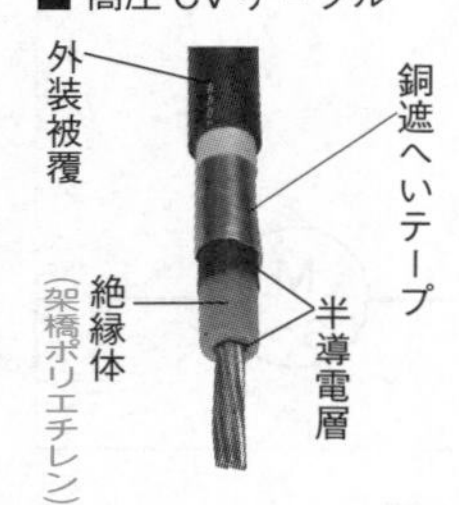

■ 高圧 CV ケーブル（CV-1C）を撚り合わせたケーブル

(CVT)
3本撚り

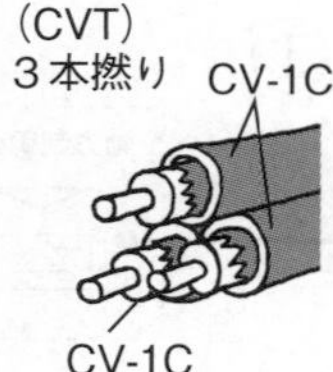

(CVD)
2本撚り

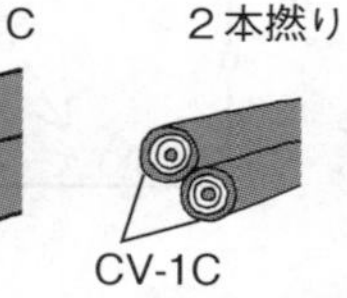

(CVQ)
4本撚り

参→P.47

ニがKIP電線です。KIP電線はキュービクル内の配線用高圧絶縁電線です。絶縁部が黒いエチレンプロピレンゴムであるのが特徴です。

イは高圧用CVケーブル(高圧架橋ポリエチレン絶縁ビニルシースケーブル)、ロは低圧用CVケーブル(600V架橋ポリエチレン絶縁ビニルシースケーブル)、ハは低圧屋内配線用のIV線(インドア・ビニル絶縁電線)です。

KIP 絶縁電線

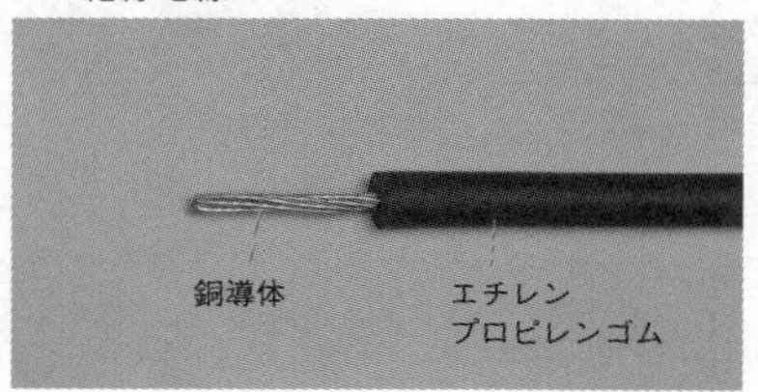

最近の KIP 絶縁電線にはセパレータはありません。

参 マークは、姉妹本『第1種電気工事士学科試験すい〜っと合格2024年版』の該当説明ページを表しています。

①で示す部分に使用するCVTケーブルとして、適切なものは。

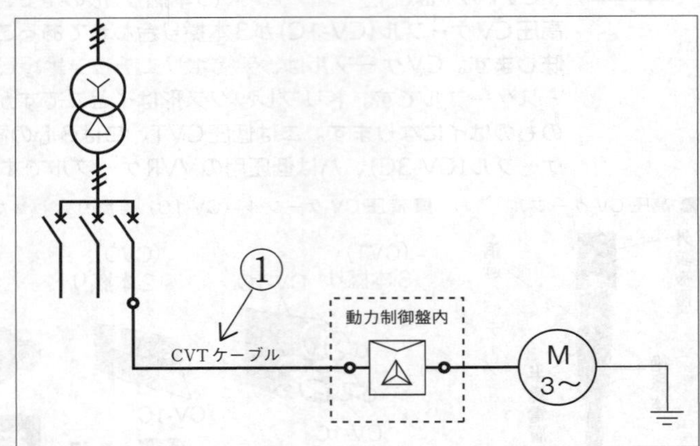

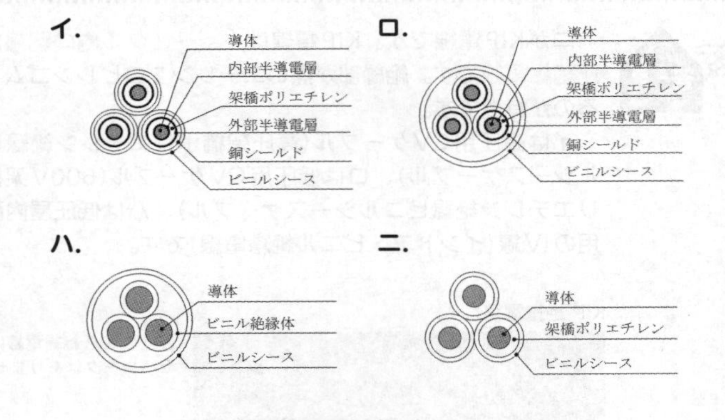

(R5Am出題、同問：R4Am・H27・H21)

これは変圧器の二次側ですので、CVTケーブルは低圧用になります。

CVTのTは、トリプレックス(3本撚り)形のTで、CVケーブルが3本撚り合わせてあることを意味します。CVケーブルは、架橋ポリエチレン絶縁ビニルシースケーブルです。

トリプレックス形はイとニですが、低圧のものはニになります。イは高圧用CVT です。

ロはトリプレックス形ではなく3心全体を、介在物を入れてビニルシース(外装)で覆い、1本のケーブルにしてあり、高圧CVケーブルといいます。ハは、低圧用の3心VVRケーブル(600Vビニル絶縁ビニルシースケーブル丸型)です。

■ 低圧 CVT ケーブル

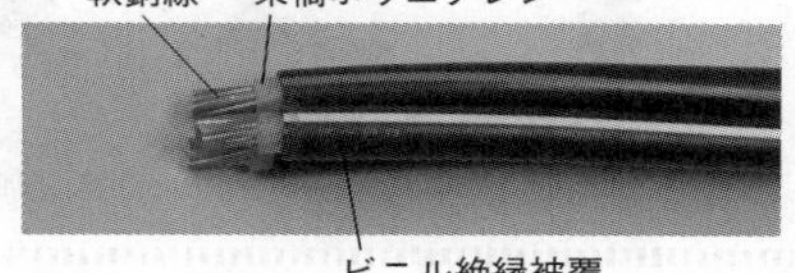

参→P.97

答 ニ

繰り返し出る！必須問題

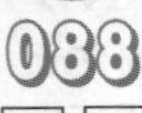

088

①で示す部分に使用されないものは。

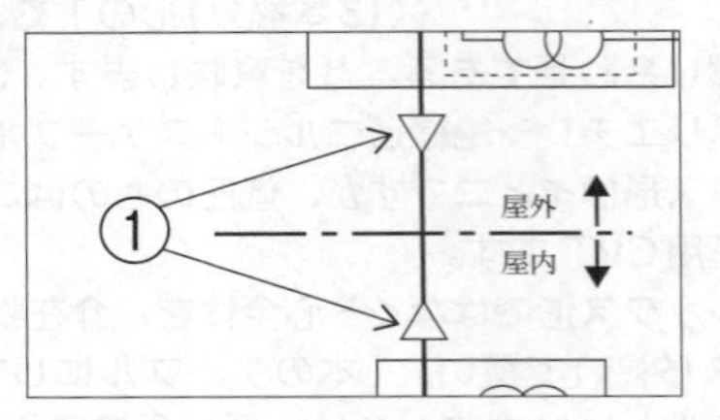

イ.

ロ.

ハ.

ニ.

（R3Am出題、同問：H30・H24）

089

①に設置する機器は。

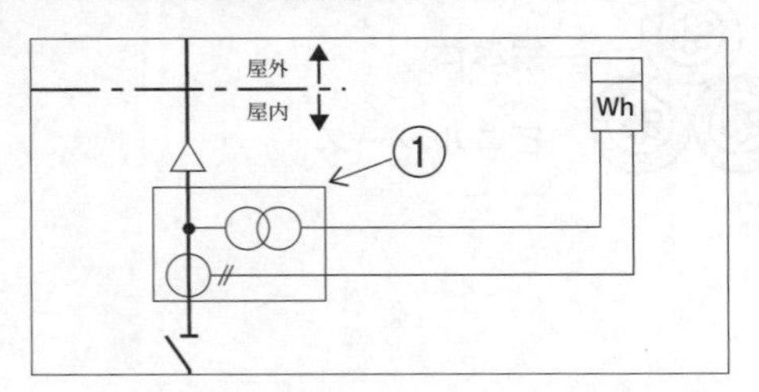

イ.　ロ.　ハ.　ニ.

（R4Pm出題、同問：H28・H22）

出題年度の表記法　R：令和／H：平成、Am：午前／Pm：午後

この図記号は、ケーブルの端末部に施設するケーブルヘッドです。写真のハは、避雷器ですから、ケーブルヘッドには使用しません。イはゴムストレスコーン。ロは差込形屋外終端接続で使うゴムとう管。ニはケーブル用ブラケットとゴムスペーサです。

参→P.43

この図記号の機器は、電力需給用計器用変成器(VCT)で、VCTの写真はイです。二次側端子に電力量計を接続し、その需要設備の使用電力量を計量します。ロは計器用変圧器、ハは柱上気中開閉器、ニはモールド形変圧器です。

参→P.21

マークは、姉妹本『第1種電気工事士学科試験すい〜っと合格2024年版』の該当説明ページを表しています。

①に設置する機器は。

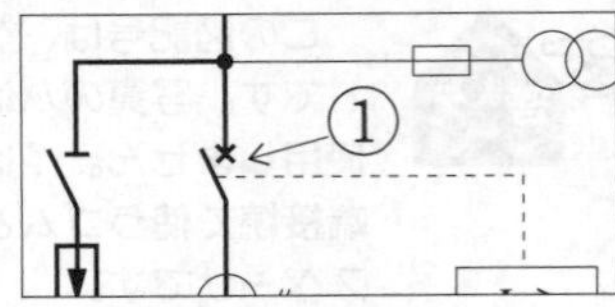

イ.

ロ.

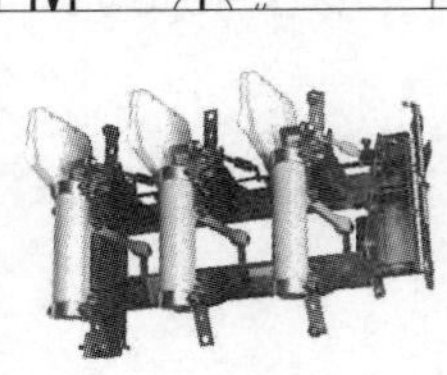

ハ.

ニ.

（H30追加出題、同問：H24・H23・H18）

①の部分に施設する機器と使用する本数は。

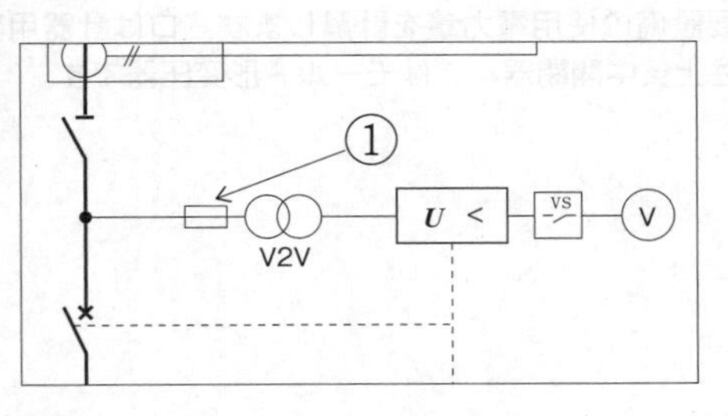

イ.

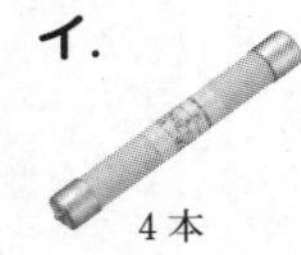

4本

ロ.

2本

ハ.

2本

ニ.

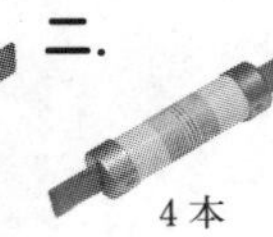

4本

（R3Pm出題、同問：H26・H21）

出題年度の表記法　R：令和／H：平成、Am：午前／Pm：午後

この記号は高圧交流遮断器(CB)ですからニが正解です。写真のイは断路器(DS)、ロは高圧限流ヒューズ付高圧交流負荷開閉器(PF付LBS)、ハは高圧カットアウト(PC)です。

以下に開閉器の図記号の覚えかたのヒントを示します。

横一文字に一刀両断……断路器(ＤＳ)

○はロードブレーカ接点……LBS(高圧交流負荷開閉器)

×は通行遮断(交通標識の通行止めから)……高圧交流遮断器(CB)

何もなしは目印カット……高圧カットアウト(PC)

なお、各開閉器図記号の接点可動極に長方形のマークが付いていればヒューズ付きを表します。

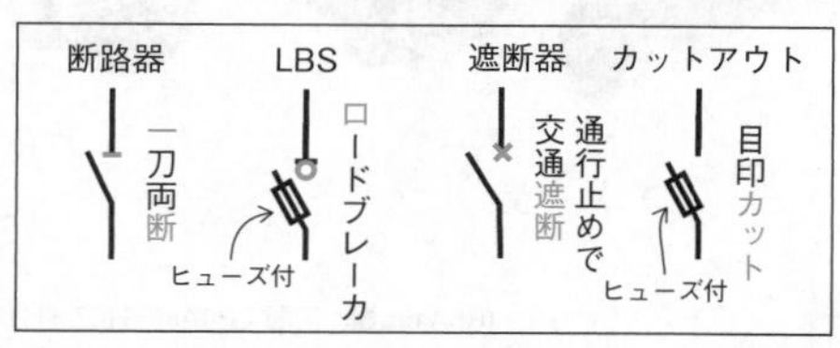

参→P.21

計器用変圧器には、変圧器の巻き線が短絡事故を起こしたときに、影響が高圧電路におよばないように一次側に高圧限流ヒューズが入っています。変圧器1台につき限流ヒューズ2本がマウントされ、変圧器は2台使用するので、計4本を使用します。

ハ、ニは低圧電路の過電流保護用の筒形ヒューズです。

計器用変圧器×2個

三相高圧電源

PF
PF
PF
PF

V-V 結線

高圧限流ヒューズ ×4 本

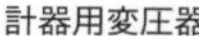
計器用変圧器

参→P.31

①に設置する機器は。

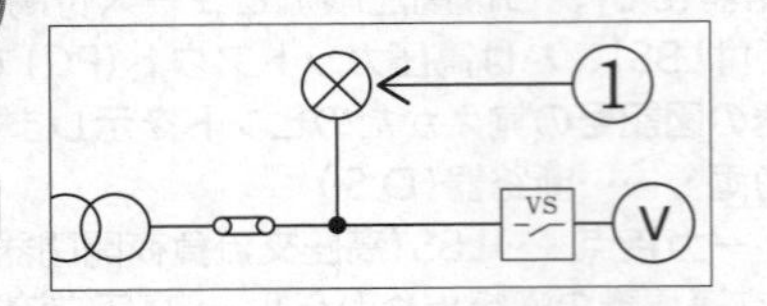

イ.

ロ.

ハ.

ニ.

（R5Am出題、同問：R4Am・H27・H17）

図中の 1a 1b に入る図記号の組合せとして、正しいものは。

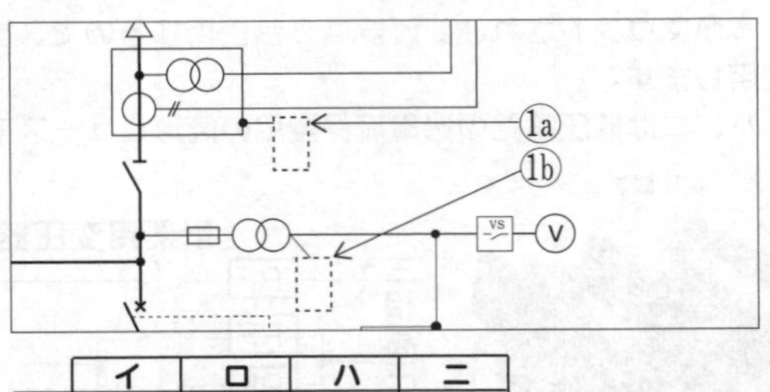

	イ	ロ	ハ	ニ
1a	E_A	E_D	E_D	E_A
1b	E_D	E_A	E_D	E_B

（H30出題、同問：H30追加・H24）

この図記号は、表示灯です。したがって、イが正解になります。

この表示灯は、三相高圧電源が遮断器の一次側まで充電されていることを点灯して表示します。

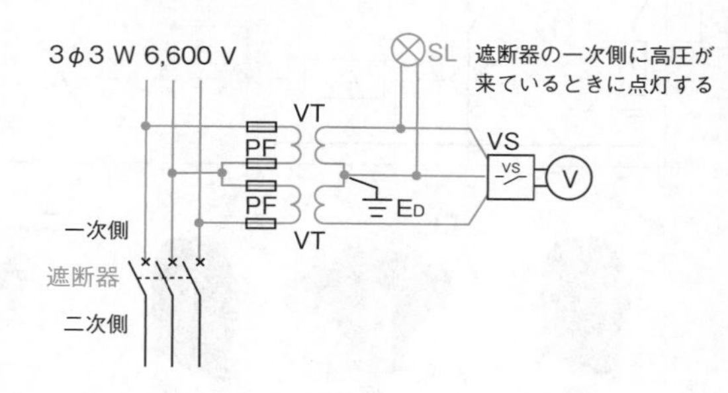

P.21

①aは、VCT（電力需給用計器用変成器＝高圧機器）の金属製外箱の接地ですから、A種接地工事を行います。

①bは、VT（計器用変圧器）の二次側の接地ですから、D種接地工事を行います。よってイが正解です。

接地工事の種類	対　象
A種接地工事	・高圧機器の鉄台や金属製外箱　・避雷器 ・屋内配線の高圧ケーブルの遮へい銅テープ
B種接地工事	・変圧器の低圧二次側中性点、あるいは300V以下の二次側1線
C種接地工事	300Vを超える低圧機器の鉄台や金属製外箱
D種接地工事	・300V以下の低圧機器の鉄台や金属製外箱 ・計器用変圧器、変流器の二次側 ・接触防護措置を施した屋内高圧ケーブルの遮へい銅テープ ・架空ケーブルのちょう架用線 ・架空ケーブルの金属被覆

※外箱のない変圧器または計器用変成器にあっては、使用電圧の区分に応じ、鉄心に外箱相当の接地工事を施します。

P.22

マークは、姉妹本『第1種電気工事士学科試験すい〜っと合格2024年版』の該当説明ページを表しています。

問題 094

①で示す部分に設置する機器と個数は。

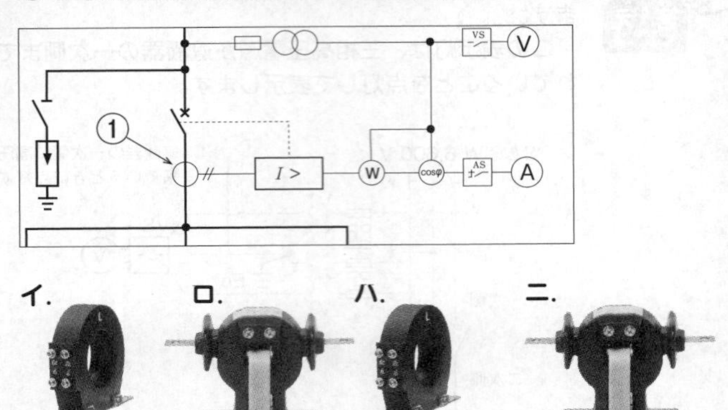

（R5Pm出題、同問：R2・H28）

問題 095

①に設置する機器の組合せは。

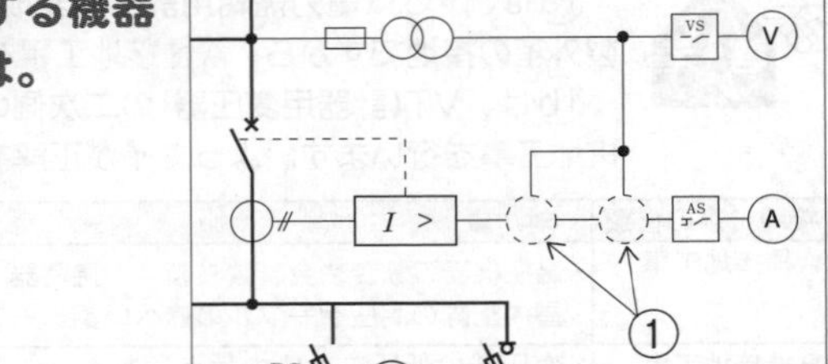

イ.

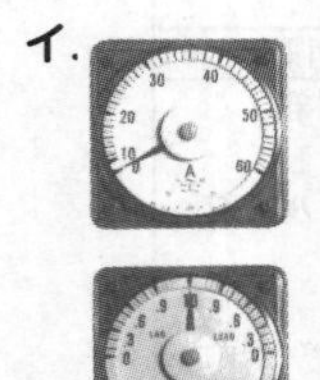

ロ.

ハ.

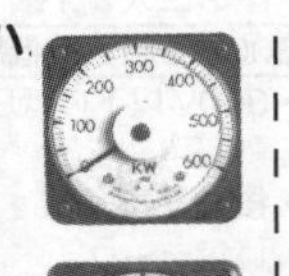

ニ.

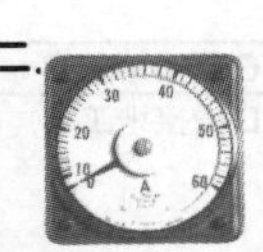

（R3Am出題、同問：H30・H22・H18）

この図記号は変流器(CT)です。変流器は三相高圧電路のR相とT相に取り付けるので、2個必要です。よって答えは二になります(イとハは零相変流器ZCTです)。

■ 変流器の複線図

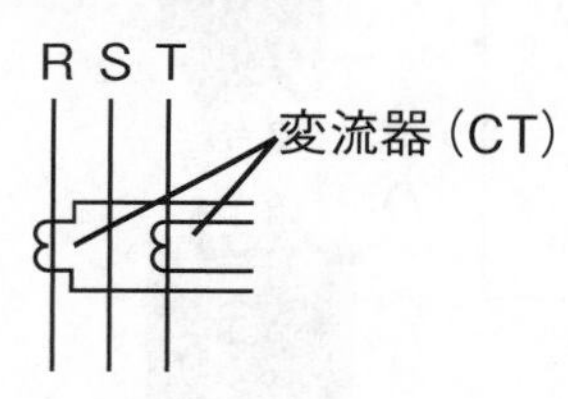

参→P.32

この箇所には、計器用変圧器(VT)からの電圧と、変流器(CT)からの電流の両方を用いて計測する電力計(W)と力率計(cosφ)を設置します。よって、計器の文字盤にW(kW)とcosφの表記があるハが正解です。

なお、文字盤の表記がAは電流計、Hzは周波数計です。

電力計

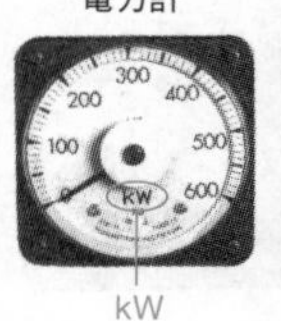

力率計

電流計

周波数計

参→P.21

参 マークは、姉妹本『第1種電気工事士学科試験すい～っと合格2024年版』の該当説明ページを表しています。

096

①に設置する機器と台数は。

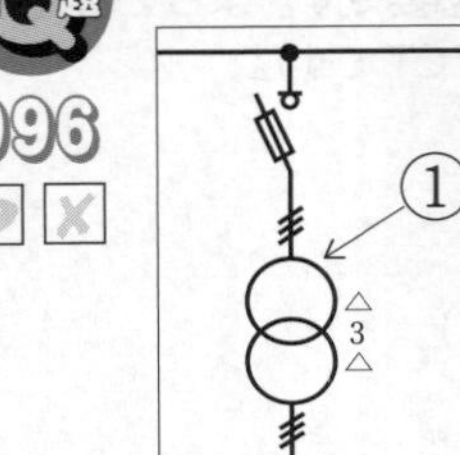

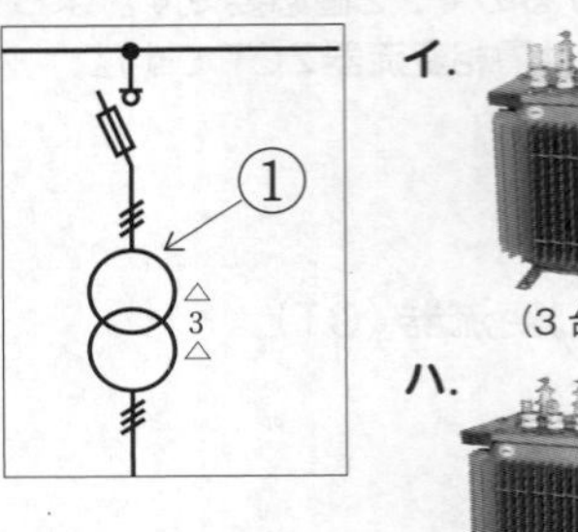

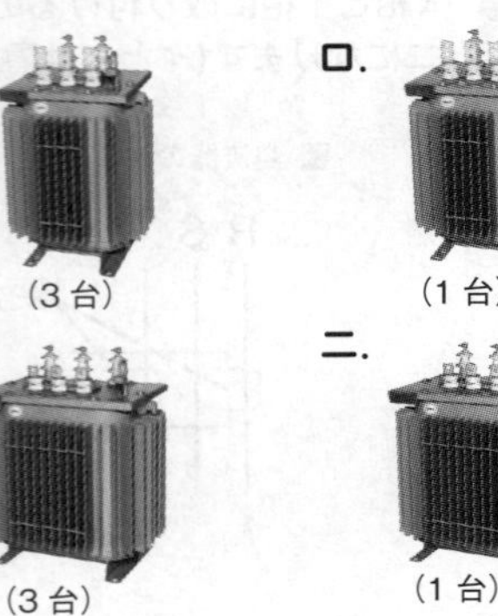

イ.（3 台）　ロ.（1 台）
ハ.（3 台）　ニ.（1 台）

（R2出題、同問：H30追加・H26・H22）

097

①の端末処理の際に、不要なものは。

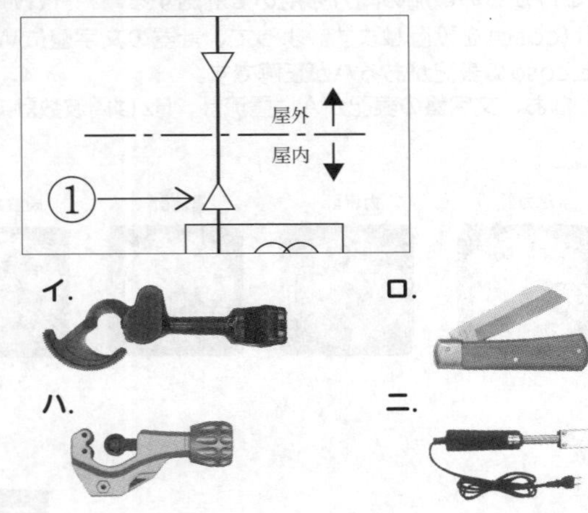

イ.　ロ.
ハ.　ニ.

（R5Am出題、類問：R4Am・H27・H20）

出題年度の表記法　R：令和／H：平成、Am：午前／Pm：午後

「Δ３Δ」の表記があるので、単相変圧器３台を使ったΔ－Δ（デルタ・デルタ）結線です。単相変圧器は高圧一次側の端子が２つですからイが正解です。

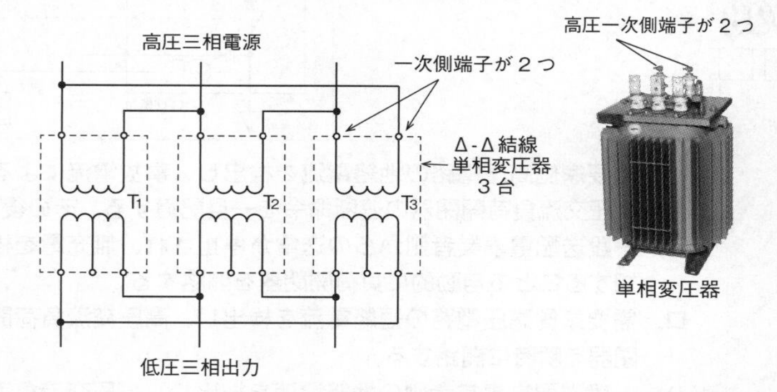

参→P.37

この図記号はケーブルヘッドです。ケーブルヘッドの端末処理に使用するものは、イの太い電線を切断するケーブルカッタ、ロのケーブル外装や電線被覆のはぎ取りに使用する電工ナイフ、ニの電線のろう付け（はんだ付け）作業に使うはんだごてです。

ハの金属管カッタは、ケーブルヘッドの端末処理には使用しません。

参→P.70

参マークは、姉妹本『第1種電気工事士学科試験すい〜っと合格2024年版』の該当説明ページを表しています。

高圧受電設備

098

①で示す機器の役割は。

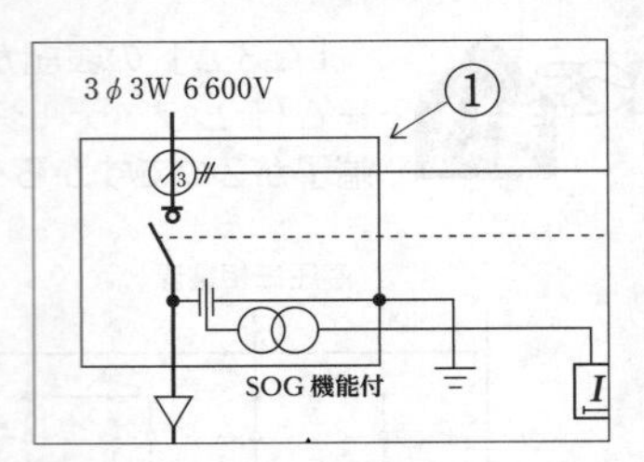

イ. 需要家側高圧電路の地絡電流を検出し、事故電流による高圧交流負荷開閉器の遮断命令を一旦記憶する。その後、一般送配電事業者側からの送電が停止され、無充電を検知することで自動的に負荷開閉器を開路する。

ロ. 需要家側高圧電路の短絡電流を検出し、高圧交流負荷開閉器を瞬時に開路する。

ハ. 一般送配電事業者側の地絡電流を検出し、高圧交流負荷開閉器を瞬時に開路する。

ニ. 需要家側高圧電路の短絡電流を検出し、事故電流による高圧交流負荷開閉器の遮断命令を一旦記憶する。その後、一般送配電事業者側からの送電が停止され、無充電を検知することで自動的に負荷開閉器を開路する。

(R5Am出題)

099

①で示す機器の名称は。

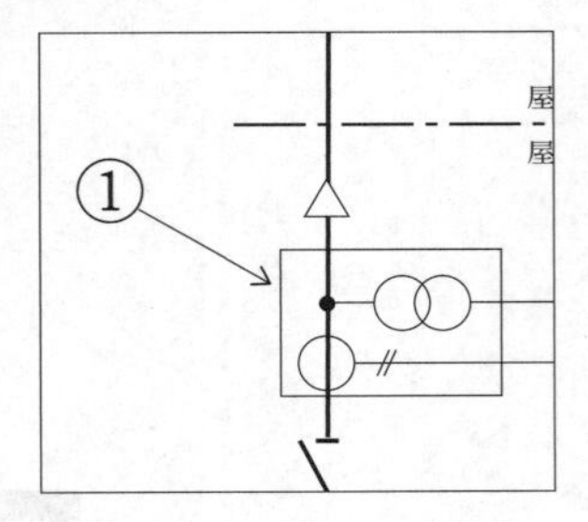

イ. 計器用変圧器

ロ. 零相変圧器

ハ. コンデンサ形計器用変圧器

ニ. 電力需給用計器用変成器

(R3Pm出題)

出題年度の表記法　R：令和／H：平成、Am：午前／Pm：午後

①の機器は、SOG機能付地絡方向継電器付高圧交流負荷開閉器(DGR付LBS)です。需要家側で発生した地絡電流を検出して負荷開閉器を開き、電源側への事故の波及を防ぎます。短絡事故などの過電流を遮断する機能はないので、SOG(過電流蓄勢トリップ付地絡トリップ)機能を備えて、整定値以上の大電流を検知したときは接点をいったんロックしておき、一般送配電事業者側の遮断器が作動して停電した後で開閉器を解放します。ニが正解です。

参 → P.18

答 ニ

①は電力需給用計器用変成器です。

電力需給用計器用変成器

参 → P.31

答 ニ

参 マークは、姉妹本『第1種電気工事士学科試験すい〜っと合格2024年版』の該当説明ページを表しています。

①で示すⓐ、ⓑ、ⓒの機器において、この高圧受電設備を点検時に停電させる為の開路手順として、最も不適切なものは。

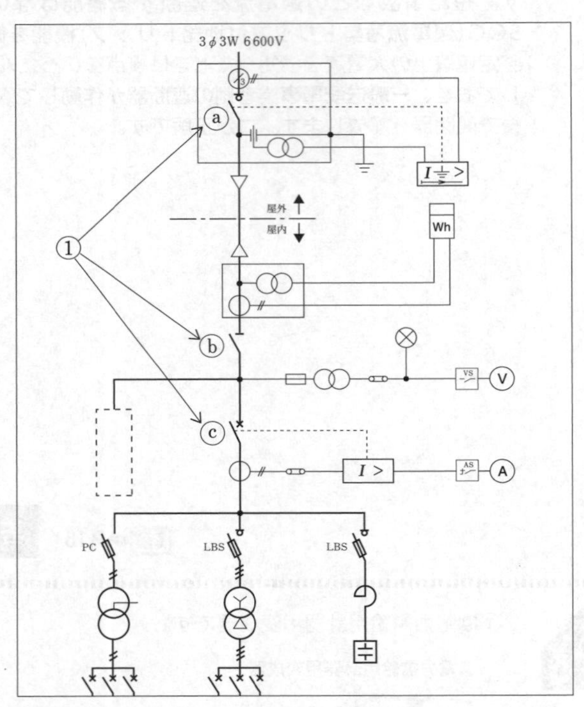

イ. ⓐ→ⓑ→ⓒ
ロ. ⓑ→ⓐ→ⓒ
ハ. ⓒ→ⓐ→ⓑ
ニ. ⓒ→ⓑ→ⓐ

（R4Am出題）

ⓐは高圧交流負荷開閉器、ⓑは断路器、ⓒは高圧交流遮断器です。断路器はアーク消弧機能がないので、負荷電流が流れている状態での開閉操作はできませんから、電路の停電操作で最初に断路器を開くことは絶対に避けなければいけません。よって、ロが最も不適切です。停電操作では、ハが一般的な手順例です。

負荷回路の点検時

①遮断器を開く ➡ ②断路器を開く

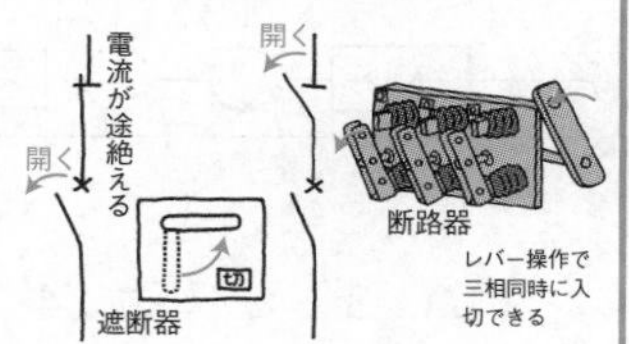

通電開始時

①断路器を閉じる ➡ ②遮断器を閉じる

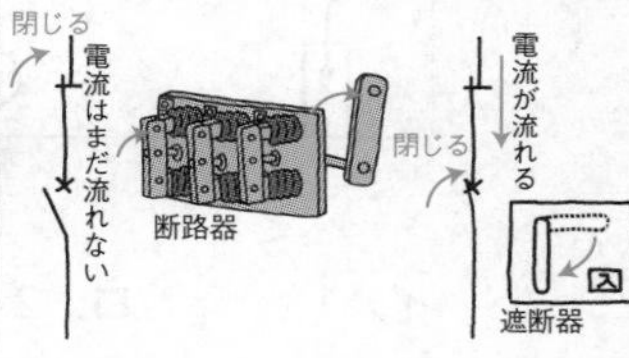

参 ➡ P.25

答 ロ

①に設置する単相機器の必要最少数量は。

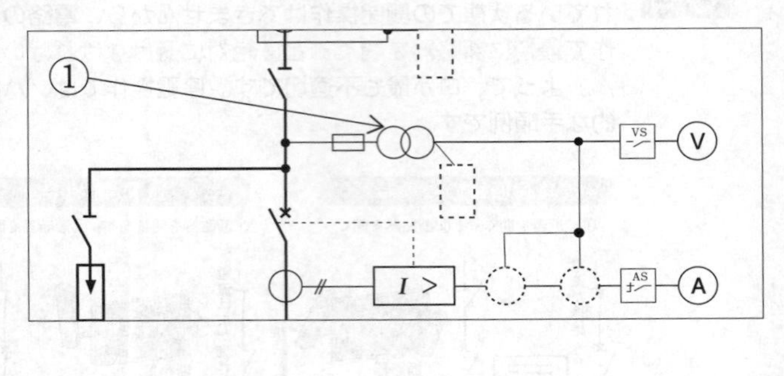

イ. 1　　ロ. 2　　ハ. 3　　ニ. 4

(H30出題、同問：H20)

①で示す機器の定格一次電圧[kV]と定格二次電圧[V]は。

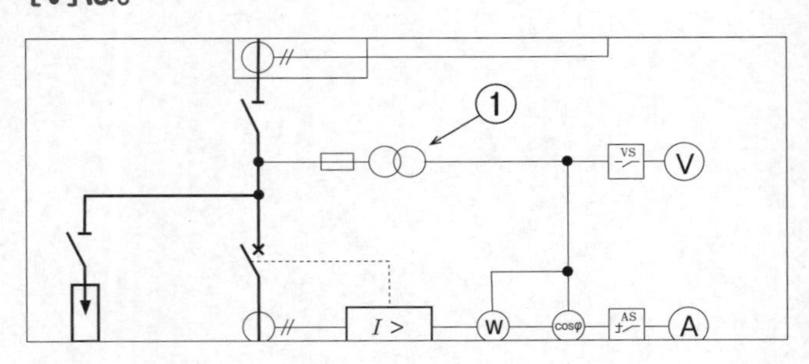

イ. 6.6kV 105V　　ロ. 6.6kV 110V　　ハ. 6.9kV 105V　　ニ. 6.9kV 110V

(R2出題、同問：H23)

この機器は計器用変圧器(VT)です。計器用変圧器は単相変圧器ですから、2台をV結線(V-V結線ともいう)にして三相用として使用します。

したがって、必要最少数量は2台です。

■計器用変圧器の V-V 結線

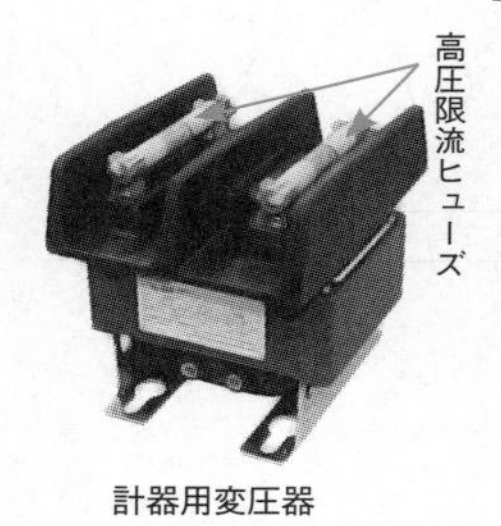

計器用変圧器

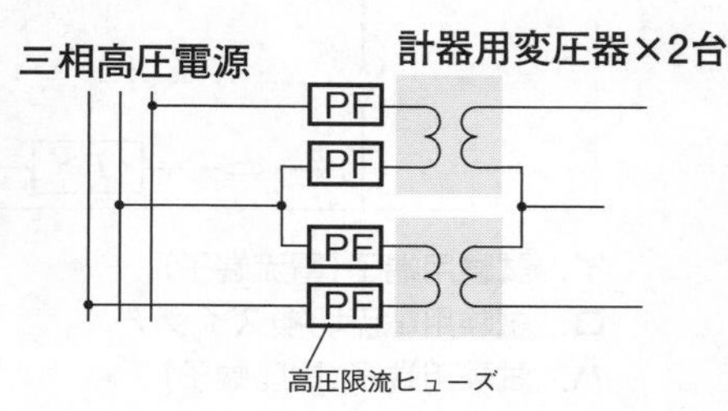

参→P.31

この機器は計器用変圧器(VT)です。計器用変圧器の定格一次電圧は6,600V、定格二次電圧は110Vです。変流器(CT)の定格二次電流5Aもあわせて覚えておきましょう。

■計器用変圧器の定格

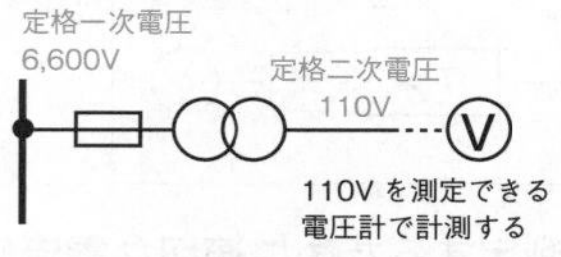

■変流器の定格

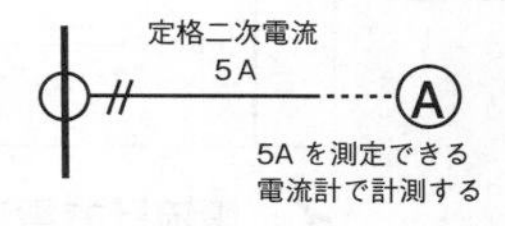

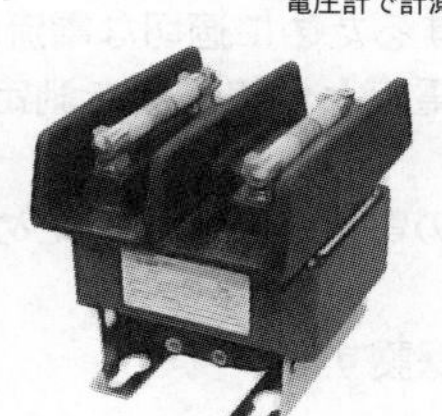

計器用変圧器

変流器

参→P.31

問題 103

①で示す図記号の器具の名称は。

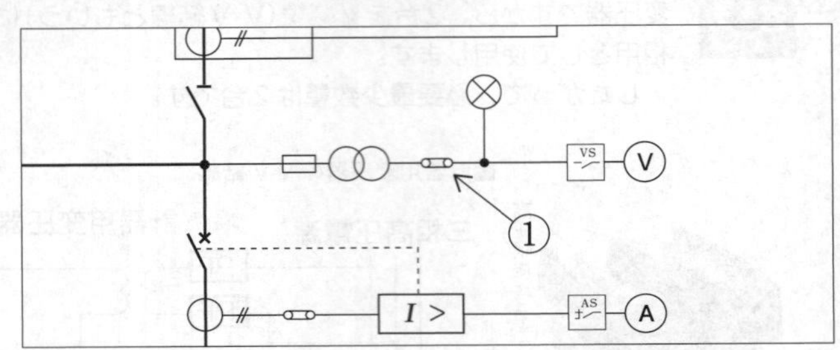

イ．試験用端子（電流端子）
ロ．試験用電流切換スイッチ
ハ．試験用端子（電圧端子）
ニ．試験用電圧切換スイッチ

（R4Am出題）

問題 104

①に設置する機器の役割は。

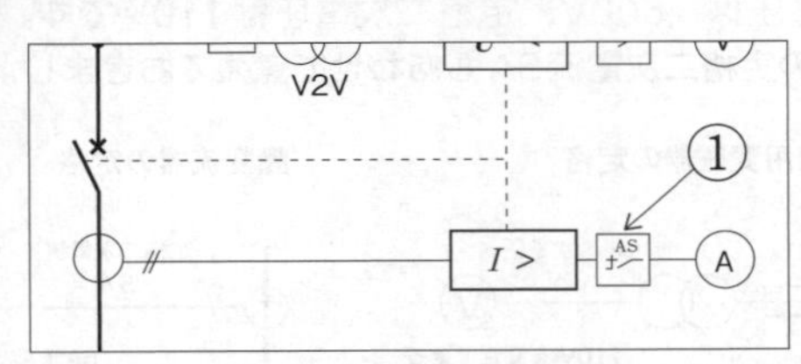

イ．電流計で電流を測定するために適切な電流値に変流する。
ロ．1個の電流計で負荷電流と地絡電流を測定するために切り換える。
ハ．1個の電流計で各相の電流を測定するために相を切り換える。
ニ．大電流から電流計を保護する。

（R3Pm出題）

この図記号は試験用端子です。計器用変圧器(VT)の二次側に設置されていることから、電圧試験端子(VTT)と呼ばれ、竣工検査や定期検査時に、精度の高い計器を取り付けて設備電圧計の校正を行ったり、不足電圧継電器や過電圧継電器を設置している場合には、試験装置を接続してその動作試験を行います。よって、ハが正解です。

なお、通常では、設問の図のように変流器の二次側にも試験用端子(電流試験端子：CTT)を設置して、設備電流計の校正や過電流継電器の動作試験時に使用します。

参→P.187

①は電流計切換スイッチ(AS)です。三相3線配線の3つの相を切り換えて、1台の電流計で相電流を測ります。

電流形切換スイッチ

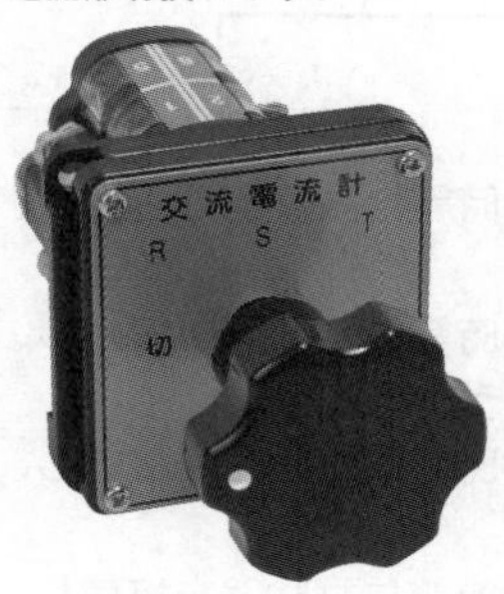

参→P.33

高圧受電設備

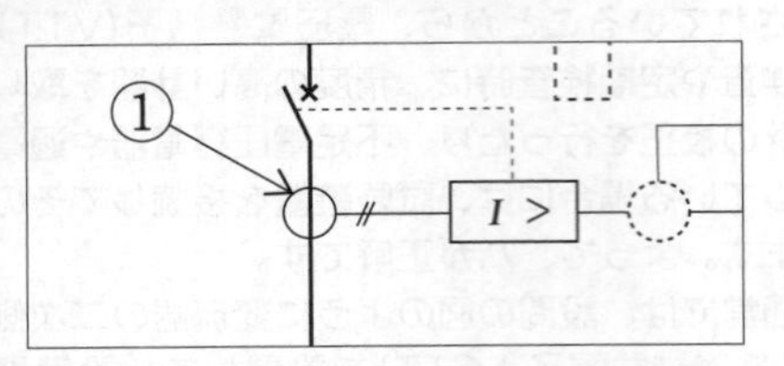

問題 105

①で示す機器の役割は。

イ．高圧電路の電流を変流する。
ロ．電路に侵入した過電圧を抑制する。
ハ．高電圧を低電圧に変圧する。
ニ．地絡電流を検出する。

（H30出題、同問：H22）

問題 106

①で示す機器の役割として、正しいものは。

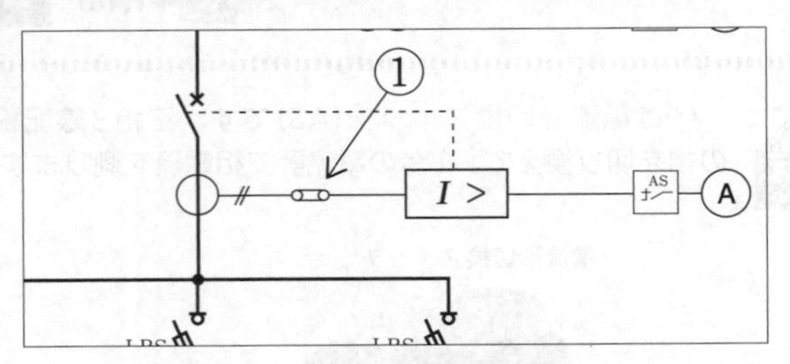

イ．電路の点検時等に試験器を接続し、電圧計の指示校正を行う。
ロ．電路の点検時等に試験器を接続し、電流計切替スイッチの試験を行う。
ハ．電路の点検時等に試験器を接続し、地絡方向継電器の試験を行う。
ニ．電路の点検時等に試験器を接続し、過電流継電器の試験を行う。

（R5Am出題）

出題年度の表記法　R：令和／H：平成、Am：午前／Pm：午後

この図記号は、高圧大電流を小さな電流（定格二次電流5A）に変流する変流器（CT）です。

変流器

参→P.32

答　イ

この図記号は試験用端子です。変流器（CT）の二次側に設置されていることから、電流試験端子（CTT）と呼ばれ、ショートバーで変流器の二次側を短絡して、変流器の二次側が開放状態になることを防ぎながら、計器類の取り付け、取り外しを行い、電流計の校正や過電流継電器の動作試験を行います。よって、ニが正解です。

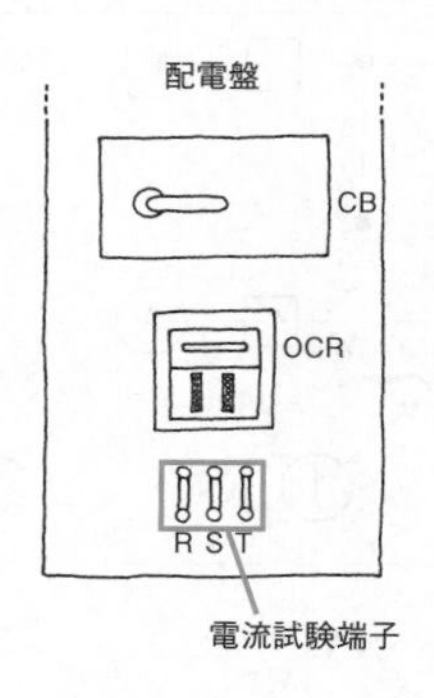

電流試験端子

試験端子には、左の図のように配電盤パネルにあらかじめ端子が設置されている場合や、パネル面にスロットが備えてあって、測定時に下写真のような差込形プラグを挿入して使用するものなどがある

差込形電流試験用プラグ

参→P.187

答　ニ

参マークは、姉妹本『第1種電気工事士学科試験すい〜っと合格2024年版』の該当説明ページを表しています。

問題107

①で示す部分に設置する機器の図記号と略号(文字記号)の組合せは。

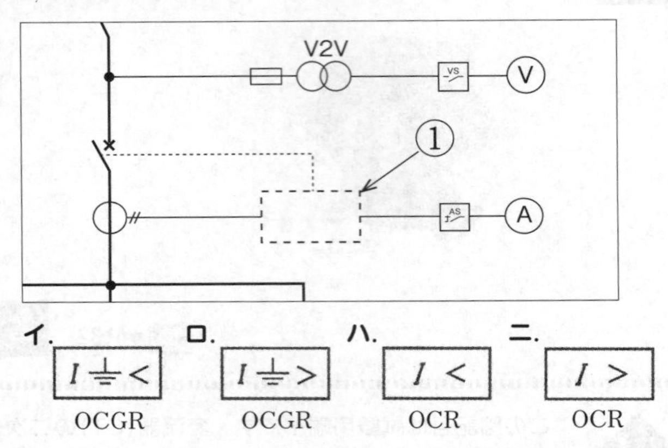

イ. I⏚< OCGR　ロ. I⏚> OCGR　ハ. I< OCR　ニ. I> OCR

(H26出題、類問：H24・H20)

問題108

①の部分に設置する機器の図記号の組合せで、正しいものは。

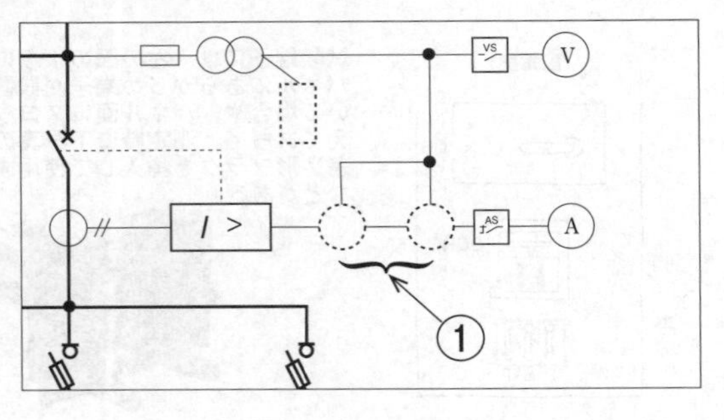

イ.　ロ.　ハ.　ニ.

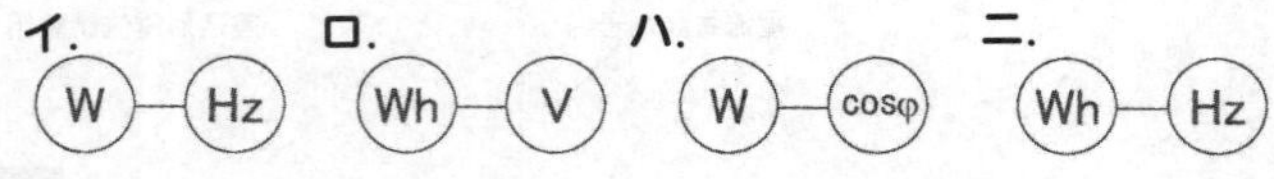

(H30追加出題、同問：H25、類問：H20)

出題年度の表記法　R：令和／H：平成、Am：午前／Pm：午後

ここには変流器(CT)で変流された電流を監視して、遮断器(CB)を動作させる装置、つまり過電流継電器(OCR：オーバー・カレント・リレー)を設置します。

過電流継電器の図記号は、電流 I が大きい(過電流)ときに作動するので、$I >$ です。

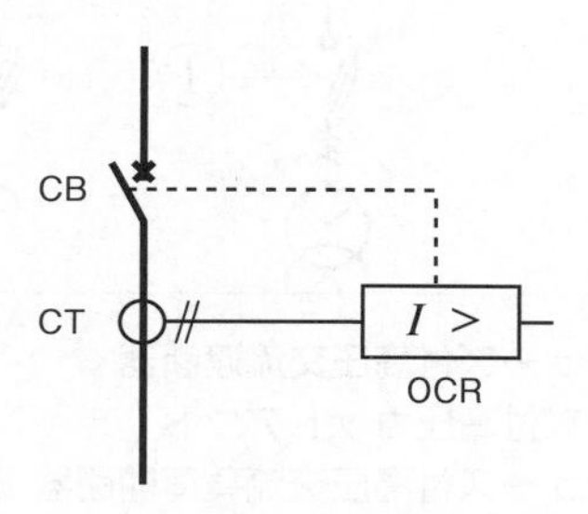

参→P.20

計器用変圧器と変流器につながっているので、電圧と電流の両方を用いて計測する、電力計(W)と力率計(cosφ)が正解です。計器用変圧器から得た電圧を計器の電圧コイルに、変流器から得る電流を計器の電流コイルにつなぎます。

電力計 (W)

力率計 (cosφ)

参→P.20

①で示す機器の名称は。

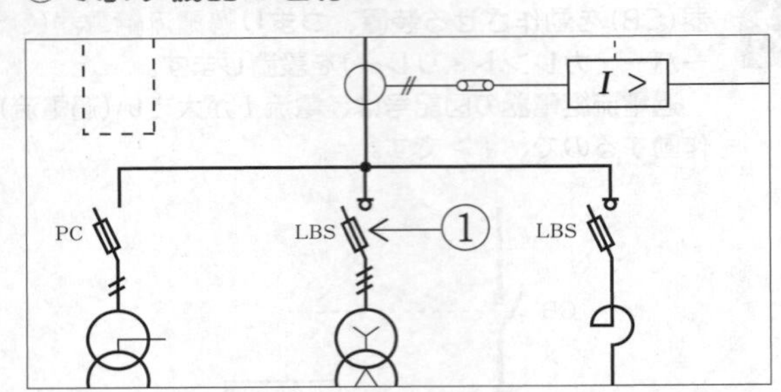

イ．限流ヒューズ付高圧交流遮断器

ロ．ヒューズ付高圧カットアウト

ハ．限流ヒューズ付高圧交流負荷開閉器

ニ．ヒューズ付断路器

（R4Am出題）

①で示す直列リアクトルのリアクタンスとして、適切なものは。

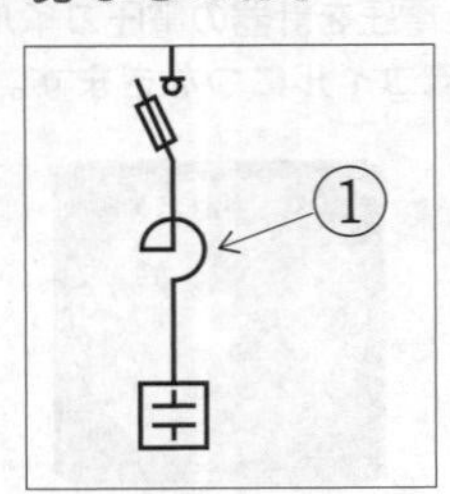

イ．コンデンサリアクタンスの3%

ロ．コンデンサリアクタンスの6%

ハ．コンデンサリアクタンスの18%

ニ．コンデンサリアクタンスの30%

（R3Pm出題）

出題年度の表記法　R：令和／H：平成、Am：午前／Pm：午後

図記号の固定極側に○形の印が付いていますから、ロードブレークスイッチ(LBS：高圧交流負荷開閉器)です。さらに可動極にヒューズが付いていますから、ハの限流ヒューズ付高圧交流負荷開閉器(PF付LBS)です。

PF付LBS(高圧限流ヒューズ付高圧交流負荷開閉器)

参→P.28

答　ハ

直列リアクトルの容量は、コンデンサリアクタンスの6%が標準です。

参→P.41

答　ロ

参 マークは、姉妹本『第1種電気工事士学科試験すい〜っと合格2024年版』の該当説明ページを表しています。

高圧受電設備

111

①で示す部分に設置する機器の図記号として、適切なものは。

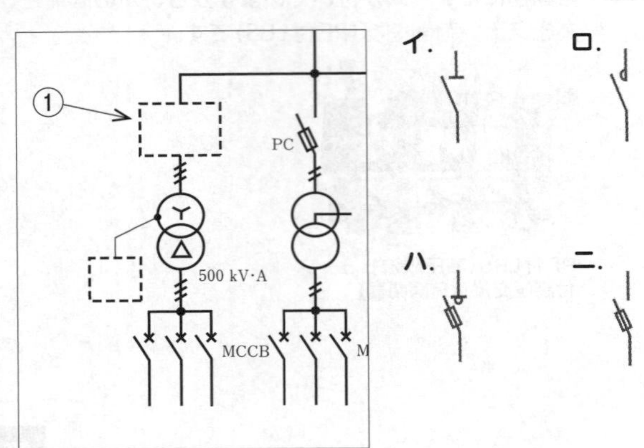

(H29出題)

112

①で示す機器の使用目的は。

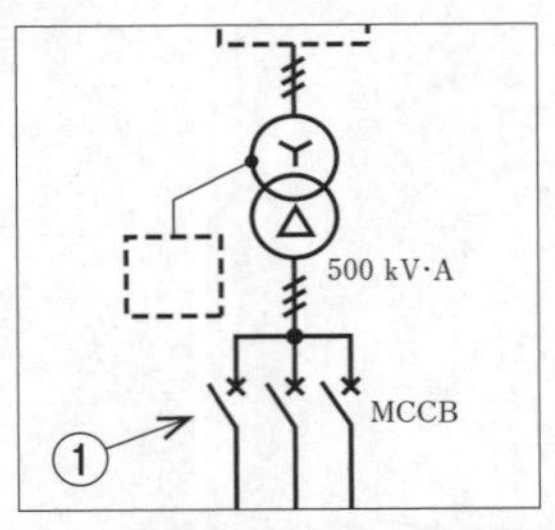

イ. 低圧電路の地絡電流を検出し、電路を遮断する。
ロ. 低圧電路の過電圧を検出し、電路を遮断する。
ハ. 低圧電路の過負荷及び短絡を検出し、電路を遮断する。
ニ. 低圧電路の過負荷及び短絡を開閉器のヒューズにより遮断する。

(H29出題)

ここに施設する開閉器は、負荷電流を遮断する必要があるので、イの断路器は使用できません。また、変圧器の容量が500kV·A(300kV·A超)であることから、この電路の開閉にニの高圧カットアウトは施設できません。ロは電磁接触器の接点を表しますから不適切です。

正解は、ハの限流ヒューズ付高圧交流負荷開閉器を設置します。

参→P.28

答 ハ

この機器は、MCCB(モールド・ケース・サーキット・ブレーカ)つまり配線用遮断器です。電路の許容電流を超えた過電流が流れたときに自動的に電路を開いて保護します。過電流には短絡電流も含まれます。

参→P.90

答 ハ

参 マークは、姉妹本『第1種電気工事士学科試験すい〜っと合格2024年版』の該当説明ページを表しています。

問題 113

①で示す機器の二次側電路に施す接地工事の種類は。

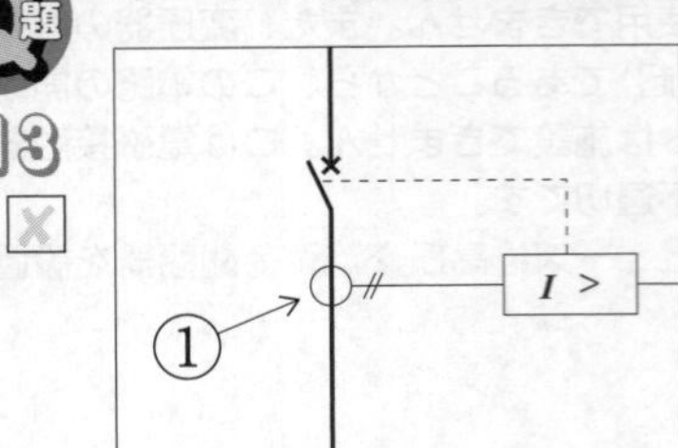

イ．A種接地工事
ロ．B種接地工事
ハ．C種接地工事
ニ．D種接地工事

（H26出題、同問：H17）

問題 114

①で示す機器の接地線（軟銅線）の太さの最小太さは。

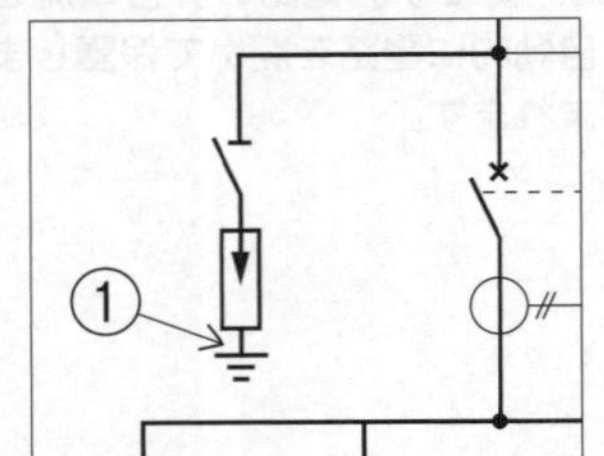

イ．$5.5mm^2$
ロ．$8mm^2$
ハ．$14mm^2$
ニ．$22mm^2$

（R3Am出題）

この図記号は変流器です。変流器の二次側には、D種接地工事を施さなければなりません。

接地工事の種類	対　象
D種接地工事	・300V以下の低圧機器の鉄台や金属製外箱 ・計器用変圧器、変流器の二次側 ・接触防護措置を施した屋内高圧ケーブルの遮へい銅テープ ・架空ケーブルのちょう架用線 ・架空ケーブルの金属被覆

※外箱のない変圧器または計器用変成器にあっては、使用電圧の区分に応じ、鉄心に外箱相当の接地工事を施します。

①は避雷器の接地線ですから、A種接地工事を施設します。A種接地の接地線の太さは2.6mm(5.5mm²)以上と規定されていますが、高圧受電設備規程では避雷器の接地線の太さは14mm²以上とすることが勧告されていて、試験ではこれが正解となります。

<table>
<tr><th>接地工事の種類</th><th>対　象</th><th>接地線の太さ</th></tr>
<tr><td>A種接地工事</td><td>・高圧機器の鉄台や金属製外箱　・避雷器
・屋内配線の高圧ケーブルの遮へい銅テープ</td><td rowspan="2">2.6mm以上
(5.5mm²以上)
避雷器は14mm²以上</td></tr>
<tr><td>B種接地工事</td><td>・変圧器の低圧二次側中性点、あるいは300V以下の二次側1線</td></tr>
<tr><td>C種接地工事</td><td>300Vを超える低圧機器の鉄台や金属製外箱</td><td rowspan="2">1.6mm以上</td></tr>
<tr><td>D種接地工事</td><td>・300V以下の低圧機器の鉄台や金属製外箱
・計器用変圧器、変流器の二次側
・接触防護措置を施した屋内高圧ケーブルの遮へい銅テープ
・架空ケーブルのちょう架用線
・架空ケーブルの金属被覆</td></tr>
</table>

参→P.58

接地工事

①の部分に使用する軟銅線の直径の最小値[mm]は。

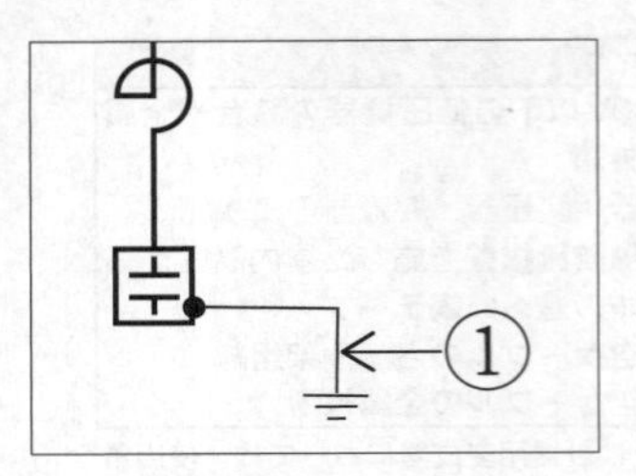

イ. 1.6
ロ. 2.0
ハ. 2.6
ニ. 3.2

(H30出題、同問：H23、類問：H22)

①で示す変圧器の結線図において、B種接地工事を施した図で、正しいものは。

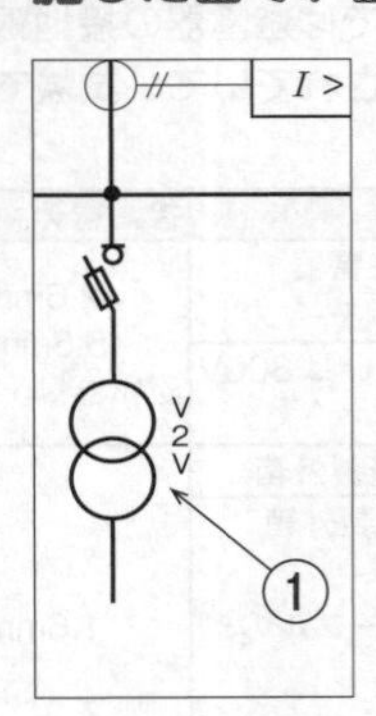

イ.

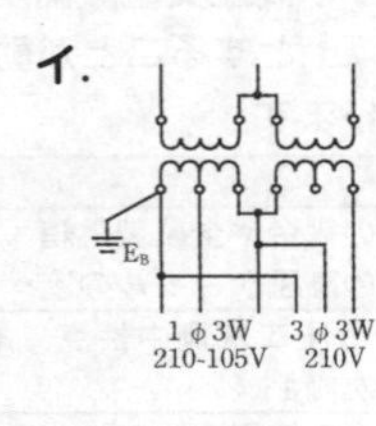

ロ.

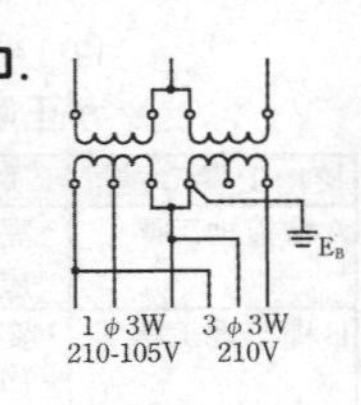

ハ.

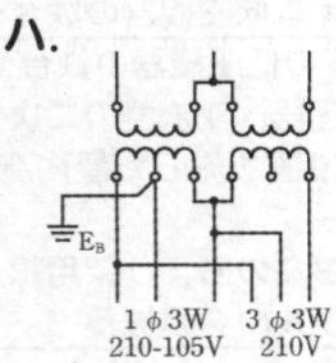

ニ.

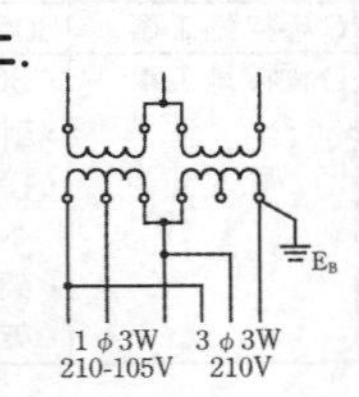

(R1出題、同問：H23)

出題年度の表記法　R：令和／H：平成、Am：午前／Pm：午後

これは高圧コンデンサの外箱の接地です。高圧機器の金属製外箱には、A種接地工事を施さなければなりません。A種接地工事の接地線の最小径は2.6mmです。

■ 接地工事の種類と概要

接地工事の種類	対　象	接地線の太さ
A種接地工事	・高圧機器の鉄台や金属製外箱　・避雷器 ・屋内配線の高圧ケーブルの遮へい銅テープ	2.6mm以上 (5.5mm^{2}以上) 避雷器は14mm^{2}以上
B種接地工事	・変圧器の低圧二次側中性点、あるいは300V以下の二次側1線	
C種接地工事	300Vを超える低圧機器の鉄台や金属製外箱	1.6mm以上
D種接地工事	・300V以下の低圧機器の鉄台や金属製外箱 ・計器用変圧器、変流器の二次側 ・接触防護措置を施した屋内高圧ケーブルの遮へい銅テープ ・架空ケーブルのちょう架用線 ・架空ケーブルの金属被覆	

参→P.58

答　ハ

変圧器の低圧側の中性点には、B種接地工事を施さなければなりません(低圧側の使用電圧が300V以下の場合において、中性点に施し難いときは、低圧側の一端子に施すことができます)。解答肢では、変圧器の低圧二次側に単相3線式の中性点があるので、そこにB種接地を施します。ハが正解です。

参→P.23

答　ハ

参 マークは、姉妹本『第1種電気工事士学科試験すい〜っと合格2024年版』の該当説明ページを表しています。

問題 117

①で示す機器の端子記号を表したもので、正しいものは。

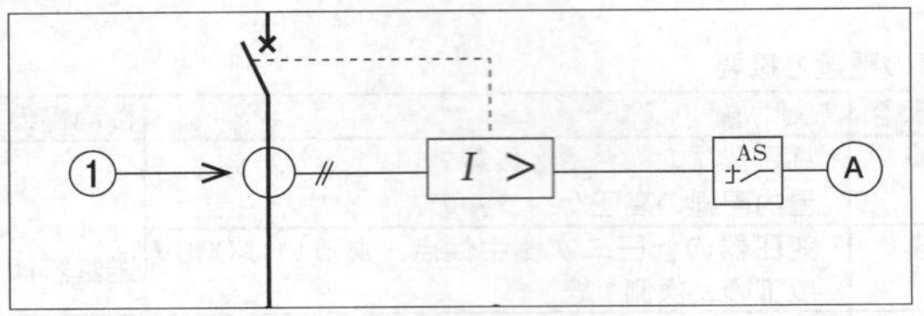

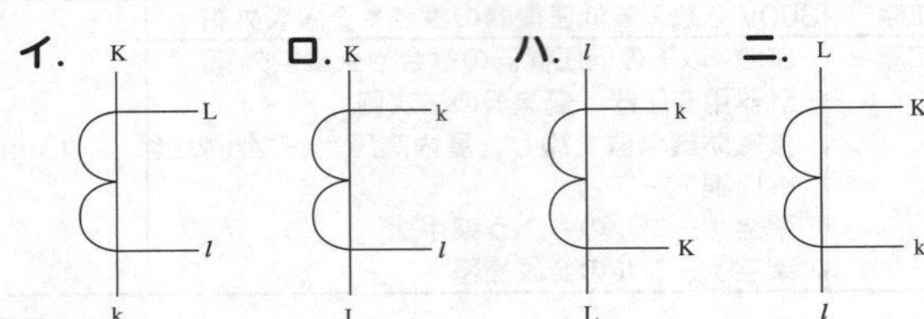

（H29出題、同問：H23）

問題 118

①に設置する機器は。

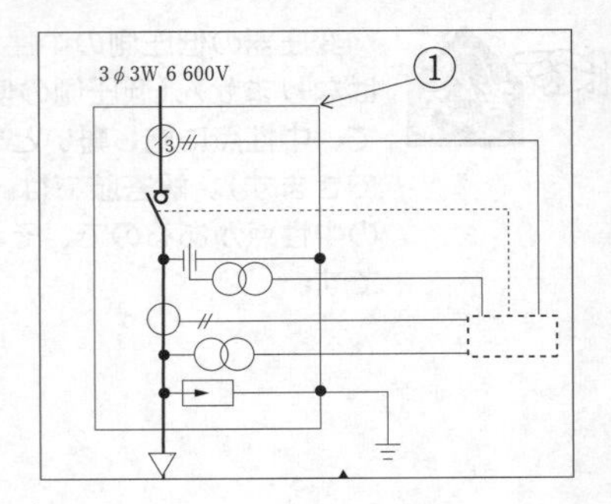

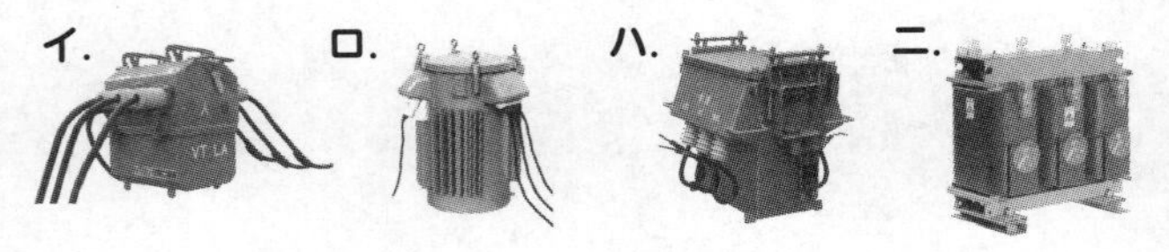

（R3Pm出題）

出題年度の表記法　R：令和／H：平成、Am：午前／Pm：午後

変流器(CT)の一次側(電源側)端子には大文字のK、Lを、二次側(負荷側)には小文字のk、ℓを振ります。

変流器

参→P.32

①は高圧交流負荷開閉器(PAS)です。写真はイになります。写真のロは柱上変圧器、ハは電力需給用計器用変成器、ニはモールド変圧器です。

参→P.26

参 マークは、姉妹本『第1種電気工事士学科試験すい～っと合格2024年版』の該当説明ページを表しています。

写真鑑別

問題 119

①に示す機器と文字記号（略号）の組合せで、正しいものは。

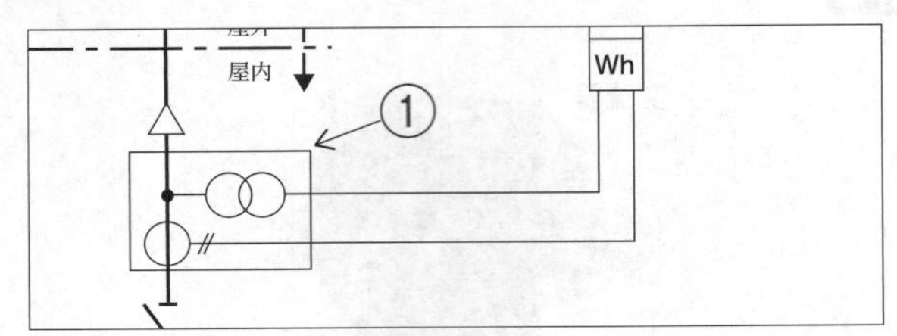

イ.　　ロ.　　ハ.　　ニ.

（R5Pm出題）

問題 120

①に設置する機器は。

イ.

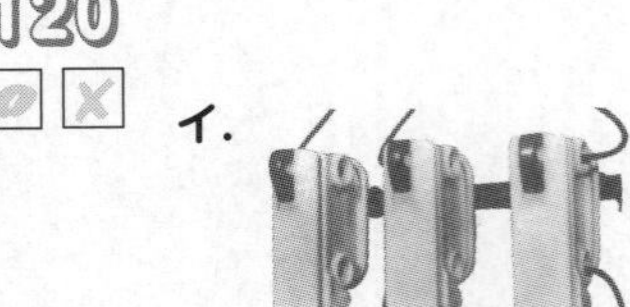

ロ.

ハ.

ニ.

（R3Am出題）

出題年度の表記法　R：令和／H：平成、Am：午前／Pm：午後

この図記号の機器は、電力需給用計器用変成器で、写真はハと二で、文字記号はVCT(コンバインド・ボルテージ・アンド・カレント・トランスフォーマ)ですから、ハが正解です。二次側端子に電力量計を接続し、その需要設備の使用電力量を計量します。イとロの写真は柱上気中開閉器(PAS)です。

参→P.21

答 ハ

①は断路器ですから、ロが正解です。

写真のイは箱形の高圧カットアウト、ハは高圧交流遮断器、二は限流ヒューズ付高圧交流負荷開閉器です。

参→P.21

答 ロ

参 マークは、姉妹本『第1種電気工事士学科試験すい～っと合格2024年版』の該当説明ページを表しています。

①に設置する機器は。

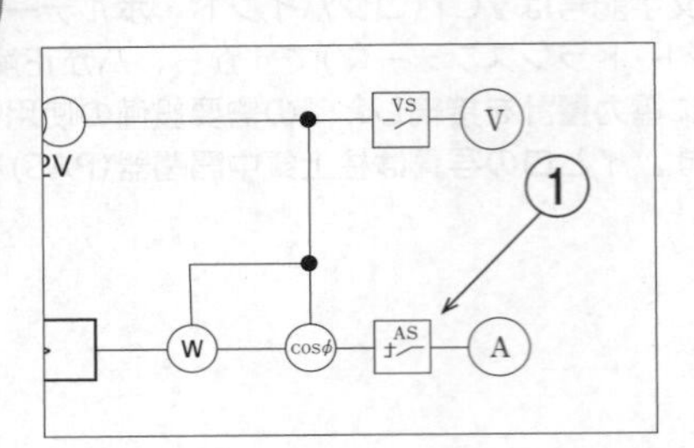

イ.  ロ.  ハ.  ニ. 

(R1出題)

①の機器で使用するヒューズは。

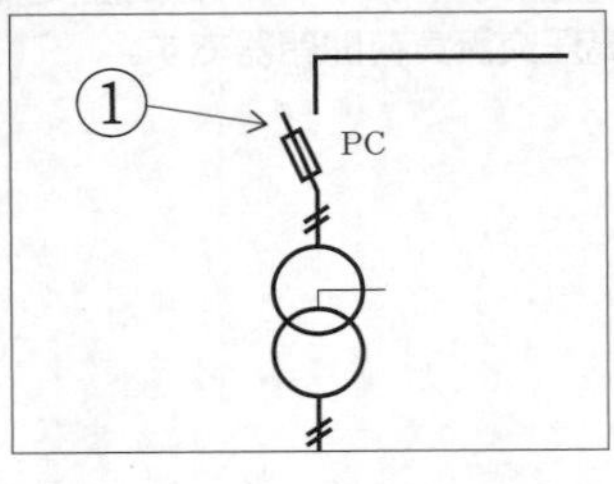

イ.  ロ.  ハ.  ニ. 

(H30追加出題、同問:H23)

出題年度の表記法　R:令和/H:平成、Am:午前/Pm:午後

①は電流計切換スイッチ(AS)で、写真はイです。R、S、T相の電流を切り換えるので、スイッチの盤面にR、S、Tの表記があります。

写真の二も似ていますが、こちらは電圧計切換スイッチで、盤面にはR-S、S-T、T-Rと測定相間の表記があります。

電流計切換スイッチ

電圧計切換スイッチ

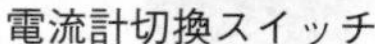→P.33

答 イ

設問の記号は高圧カットアウト(PC)です。高圧カットアウト用ヒューズはイです。ロは栓形プラグヒューズ(エンクローズドヒューズ)、ハは筒形ヒューズ、ニはつめ付ヒューズです。

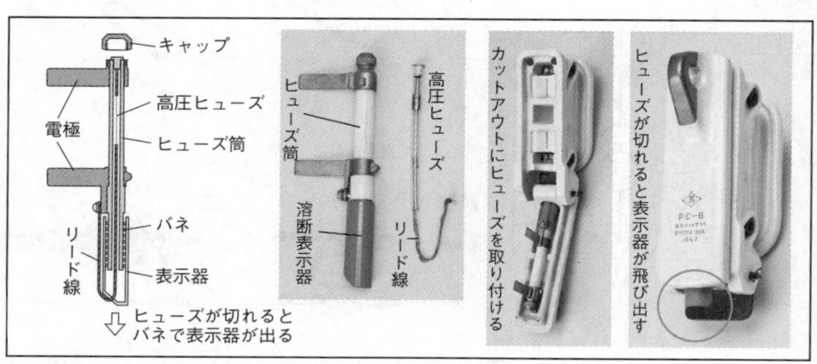

高圧カットアウトはヒューズが溶断すると、バネの力で表示器が飛び出し、離れた場所からでもヒューズ切れが確認できます。

→P.29

答 イ

参 マークは、姉妹本『第1種電気工事士学科試験すい〜っと合格2024年版』の該当説明ページを表しています。

123

①に設置する機器は。

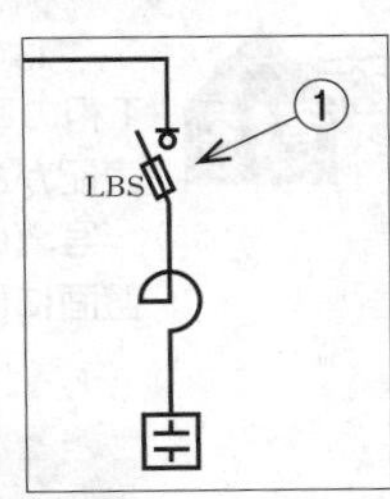

イ.

ロ.

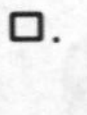

ハ.

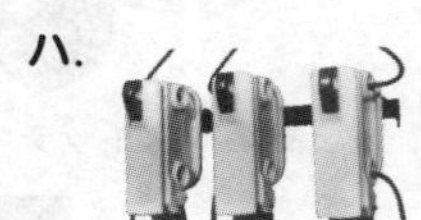

ニ.

（H29出題）

124

①で示す部分の検電確認に用いるものは。

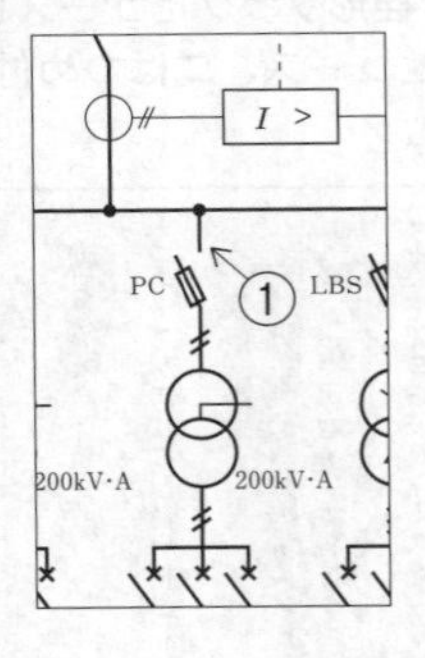

イ.

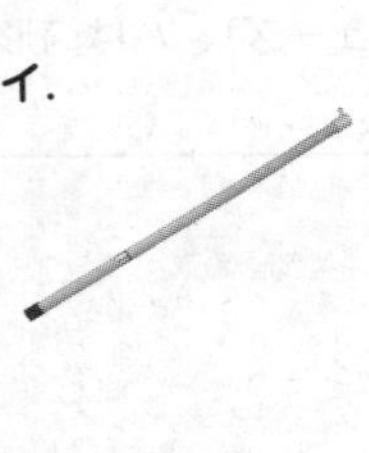

ロ.

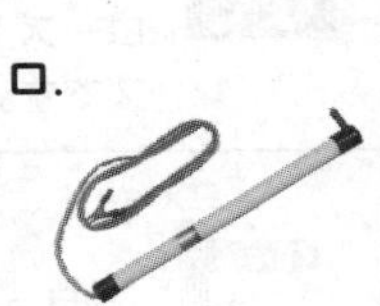

ハ.

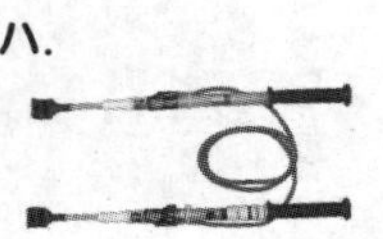

ニ.

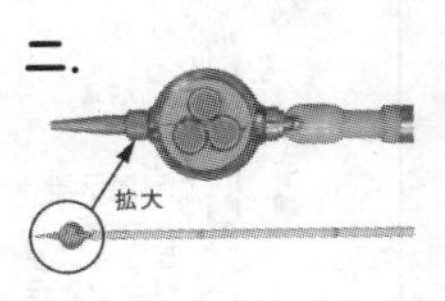

（R4Pm出題）

出題年度の表記法　R：令和／H：平成、Am：午前／Pm：午後

この図記号は、限流ヒューズ付高圧交流負荷開閉器ですから、イが正解です。ロは断路器、ハは高圧カットアウト、ニは高圧交流遮断器です。

以下に開閉器の図記号の覚えかたのヒントを示します。

横一文字に一刀両断……断路器（ＤＳ）
○はロードブレーカ接点……LBS（高圧交流負荷開閉器）
×は通行遮断（交通標識の通行止めから）……高圧交流遮断器（CB）
何もなしは目印カット……高圧カットアウト（PC）

なお、各開閉器図記号の接点可動極に長方形の ━▭━ マークが付いていればヒューズ付きを表します。

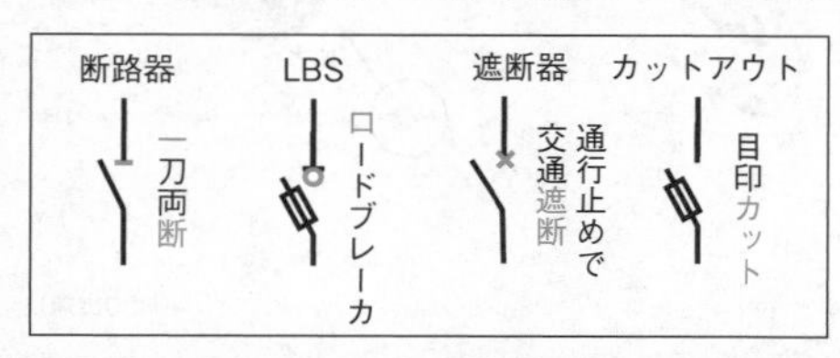

参→P.28

これは変圧器の一次側ですから高圧電路です。高圧電路の充電の有無の確認は、ニの高圧検電器（写真は風車式）を用います。イは断路器を開閉するための操作棒、ロは放電用接地棒、ハは高圧検相器です。

参→P.191

答 ニ

参 マークは、姉妹本『第1種電気工事士学科試験すい〜っと合格2024年版』の該当説明ページを表しています。

125

①で示す部分の相確認に用いるものは。

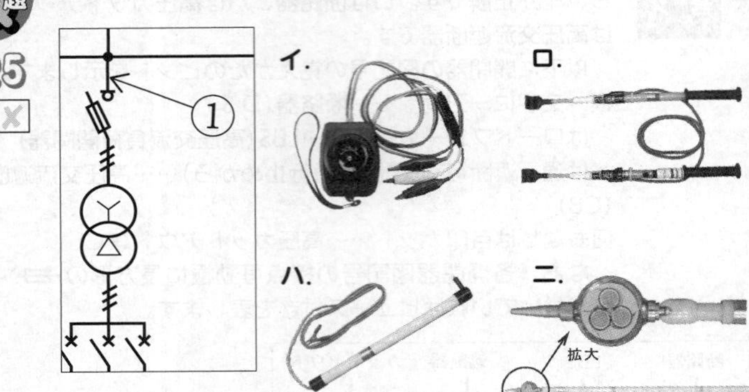

(H30出題)

126

①で示す部分で停電時に放電接地を行うものは。

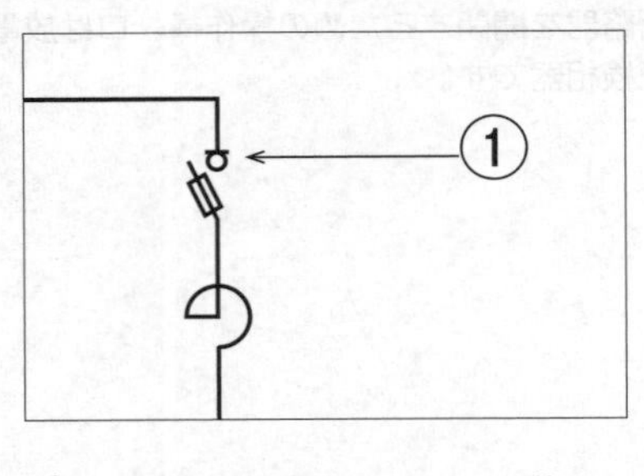

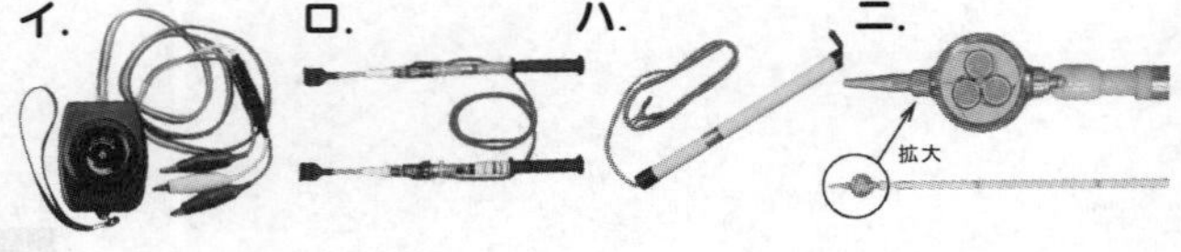

(R1出題)

出題年度の表記法　R：令和／H：平成、Am：午前／Pm：午後

高圧電路の相確認に用いるのは、ロの検相器です。写真のイは低圧用検相器(相回転計)、ハは放電用接地棒、ニは高圧風車式検電器です。

P.191

答 ロ

ハの放電用接地棒を使います。イは低圧検相器、ロは電子式高圧検相器、ニは高圧風車式検電器です。

P.189

答 ハ

参 マークは、姉妹本『第1種電気工事士学科試験すい〜っと合格2024年版』の該当説明ページを表しています。

問題 127

①に示す高圧受電盤内の主遮断装置に、限流ヒューズ付高圧交流負荷開閉器を使用できる受電設備容量の最大値は。

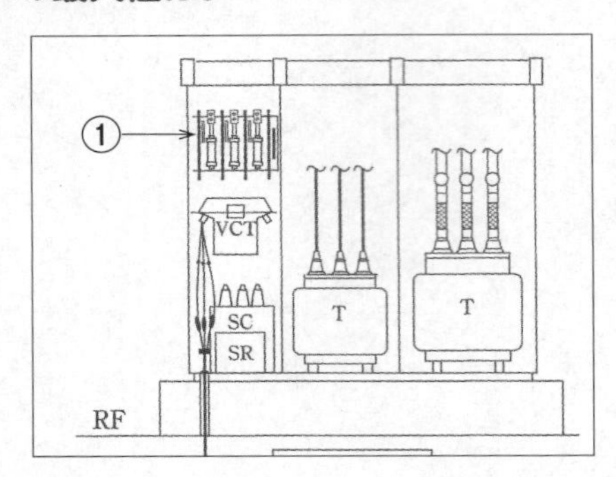

イ．200kW
ロ．300kW
ハ．300kV·A
ニ．500kV·A

（R3Pm出題、同問：H30追加・H23）

問題 128

①に示すPF·S形の主遮断装置として、必要でないものは。

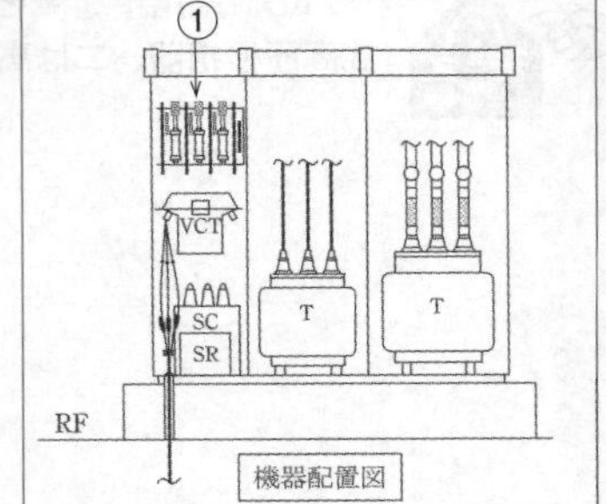

イ．過電流ロック機能
ロ．ストライカによる引外し装置
ハ．相間、側面の絶縁バリア
ニ．高圧限流ヒューズ

（R5Pm出題、同問：R3Am・R1・H27・H21）

主遮断装置に使用する機器の違いによる受電設備容量の制限については、下表のように規定されています。限流ヒューズ付高圧交流負荷開閉器（PF付LBS）を主遮断装置とする高圧受電設備をPF・S形といい、設問の図はキュービクル式ですから、その最大値は300kV·Aです。

受電設備の形式・施設場所＼主遮断装置			CB形	PF-S形
開放形（箱に収めないもの）	屋外式	屋上式	制限なし	150kV·A
		地上式		
	屋内式		制限なし	300kV·A
閉鎖形（箱に収めるもの）	キュービクル式受電設備（JIS C 4620のもの）		4,000kV·A	
	上記以外のもの（JIS C 4620に準ずるもの、またはJEM1425に適合するもの）		制限なし	

参→P.13

答　ハ

LBS（高圧交流負荷開閉器）を受電設備の主遮断器として使う場合は、①絶縁バリア、②限流ヒューズ、③ストライカ引外し機構が必要です。過電流ロック機能は必要ありません。

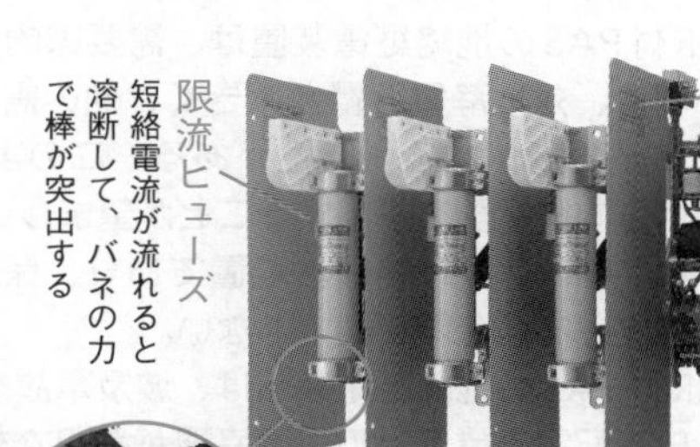

参→P.15

答　イ

参 マークは、姉妹本『第1種電気工事士学科試験すい～っと合格2024年版』の該当説明ページを表しています。

129

①に示す地絡継電装置付き高圧交流負荷開閉器（GR付PAS）に関する記述として、不適切なものは。

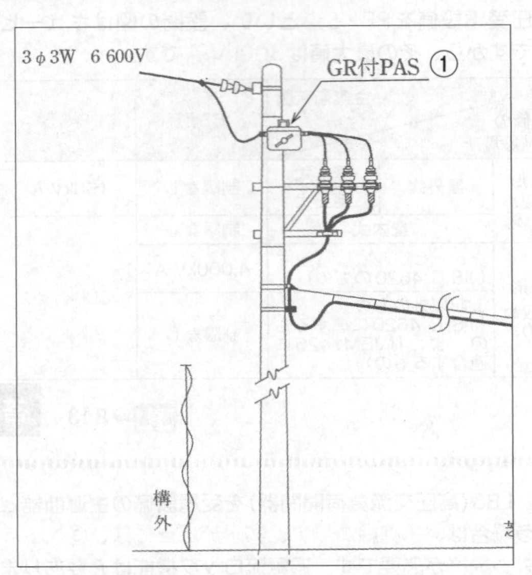

イ. GR付PASの地絡継電装置は、需要家内のケーブルが長い場合、対地静電容量が大きく、他の需要家の地絡事故で不必要動作する可能性がある。このような施設には、地絡方向継電器を設置することが望ましい。

ロ. GR付PASは、地絡保護装置であり、保安上の責任分界点に設ける区分開閉器ではない。

ハ. GR付PASの地絡継電装置は、波及事故を防止するため、一般送配電事業者との保護協調が大切である。

ニ. GR付PASは、短絡等の過電流を遮断する能力を有しないため、過電流ロック機能が必要である。

（H30出題、同問：H24、類問：R3Am）

図の高圧交流負荷開閉器(GR付PAS)は、需要家と一般送配電事業者との保安上の責任分界点に、区分開閉器として施設します。したがってロが不適切です。

イは、GR(地絡継電器)の代わりにDGR(地絡方向継電器)を使用する理由の説明として正しいです。

ハの保護協調(需要家側で地絡発生時に配電用変電所の遮断器より先に作動するように整定しておくこと)は必要です。

ニのGR付PASは負荷開閉器であり、大きな短絡電流を遮断する能力はないので、短絡電流が流れたときは開閉器が開かないよう、いったんロックしておき(過電流ロック機能)、一般送配電事業者の配電用変電所の遮断器が動作して、電路の電流が途絶えてから開閉器を開きます(過電流蓄勢トリップ機能)。

参 マークは、姉妹本『第1種電気工事士学科試験すい〜っと合格2024年版』の該当説明ページを表しています。

130

①に示す地絡継電装置付き高圧交流負荷開閉器(UGS)に関する記述として、不適切なものは。

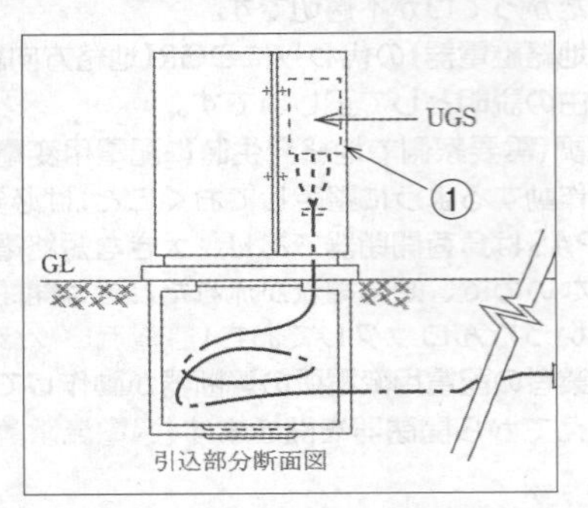

イ. 電路に地絡が生じた場合、自動的に電路を遮断する機能を内蔵している。

ロ. 定格短時間耐電流は、系統(受電点)の短絡電流以上のものを選定する。

ハ. 短絡事故を遮断する能力を有する必要がある。

ニ. 波及事故を防止するため、一般送配電事業者の地絡保護継電装置と動作協調をとる必要がある。

(R4Am出題、同問：R1・H28・H25、類問：H21)

131

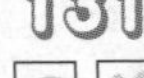

高圧受電設備の受電用遮断器の遮断容量を決定する場合に、必要なものは。

イ. 受電点の三相短絡電流

ロ. 受電用変圧器の容量

ハ. 最大負荷電流

ニ. 小売電気事業者との契約電力

(R4Am出題、同問：R1・H25・H22)

UGS(高圧地中用ガス開閉器)は、地絡事故発生時に自動的に電路を遮断して波及事故を防ぐためのもので、短絡電流を遮断する機能はもっていません。よってハが不適切です。

波及事故を防ぐのが役目ですから、一般送配電事業者の配電用変電所の地絡保護継電装置より先に作動するように保護協調がとられます。

また、アーク消弧機能がないので、短絡電流のような過電流が流れたときには動作しないように、過電流ロック機能を備えています。ただし過電流が流れたときに、過電流遮断器が働くまでの間に焼損してしまってはいけないので、短時間耐電流が短絡電流以上の製品を選ぶ必要があります。

参→P.16

答 ハ

受電用遮断器は、三相短絡電流を遮断することが最も重要な役割ですから、三相短絡事故が起こった場合に流れる短絡電流の大きさから、遮断容量を決定します。

参→P.166

答 イ

問題 132

高圧受電設備の短絡保護装置として、適切な組合せは。

イ. 過電流継電器
高圧柱上気中開閉器

ロ. 地絡継電器
高圧真空遮断器

ハ. 地絡方向継電器
高圧柱上気中開閉器

ニ. 過電流継電器
高圧真空遮断器

（R4Pm出題、同問：H29・H24）

問題 133

CB形高圧受電設備と配電用変電所の過電流継電器との保護協調がとれているものは。
ただし、図中①の曲線は配電用変電所の過電流継電器動作特性を示し、②の曲線は高圧受電設備の過電流継電器とCBの連動遮断特性を示す。

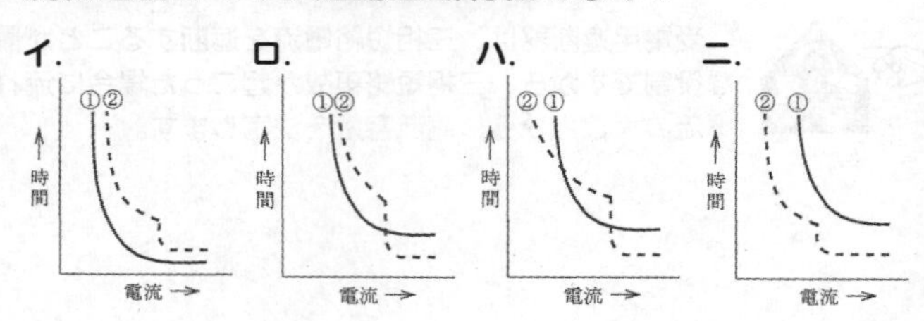

（R2出題、同問：H27・H23）

短絡電流は、過電流継電器(OCR：オーバー・カレント・リレー)で検出して、遮断器(CB：サーキット・ブレーカ)で電路を遮断します。気中開閉器は負荷開閉器ですから、負荷電流の遮断はできますが、大電流になる短絡電流の遮断はできません。

参→P.14

答 ニ

高圧受電設備の負荷側で過電流や短絡事故が発生した場合、この事故の影響が構外に波及するのを防ぐためには、高圧受電設備の主遮断装置であるCB(高圧交流遮断器)で、いち早く遮断する必要があります。そのため一般送配電事業者の配電用変電所の過電流遮断器との関係を表すグラフでは、高圧受電設備のCBが、すべての領域で動作時間、動作電流ともに小さな値で動作する必要があるので、ニが正解になります。

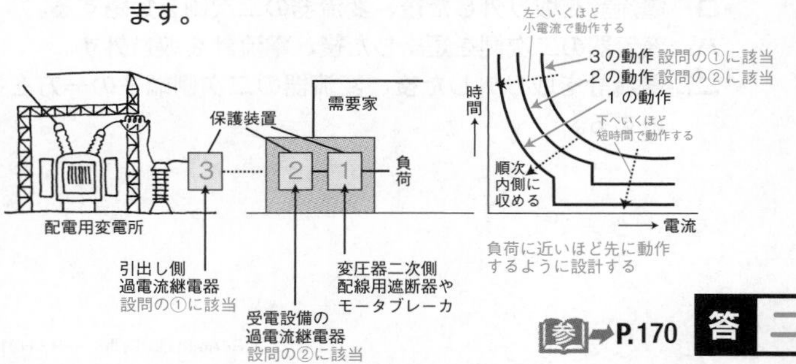

参→P.170

答 ニ

参 マークは、姉妹本『第1種電気工事士学科試験すい〜っと合格2024年版』の該当説明ページを表しています。

①に示す機器(CT)に関する記述として、不適切なものは。

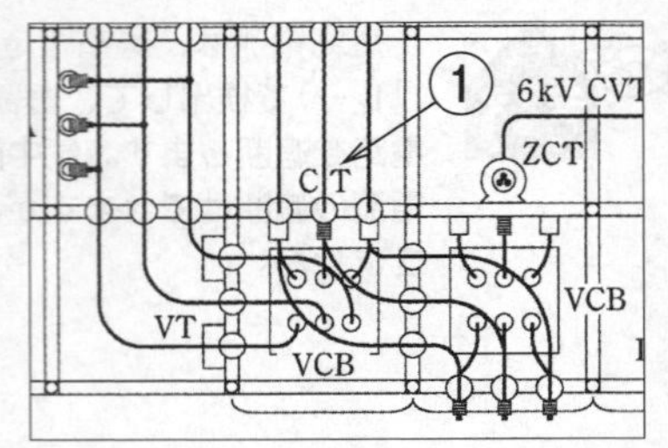

イ. CTには定格負担(単位[V·A])が定められており、計器類の皮相電力[V·A]、二次側電路の損失などの皮相電力[V·A]の総和以上のものを選定した。

ロ. CTの二次側電路に、電路の保護のため定格電流5Aのヒューズを設けた。

ハ. CTの二次側に、過電流継電器と電流計を接続した。

ニ. CTの二次側電路に、D種接地工事を施した。

(R5Am出題、同問：H18)

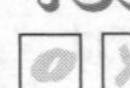

高圧母線に取り付けられた、通電中の変流器の二次側回路に接続されている電流計を取り外す場合の手順として、適切なものは。

イ. 変流器の二次側端子の一方を接地した後、電流計を取り外す。

ロ. 電流計を取り外した後、変流器の二次側を短絡する。

ハ. 変流器の二次側を短絡した後、電流計を取り外す。

ニ. 電流計を取り外した後、変流器の二次側端子の一方を接地する。

(R4Am出題、同問：H29・H21)

高圧受電設備の変流器(CT)と計器用変圧器(VT)には
①変流器は二次側を開放してはいけない
②計器用変圧器は、二次側を短絡してはいけない
という注意事項があります。

ロのように変流器の二次側にヒューズを設けると、それが溶断したときに二次側が開放された状態となり、高電圧が発生して絶縁破壊を起こす危険があるので不適切です。

参→P.32

変流器は、二次側を開放してしまうと高電圧が発生して、絶縁破壊を起こすおそれがあるので開放してはいけません。そのため、二次側に接続された電流計を取り外すときは、まず先に変流器(CT)の二次側端子を短絡させておいてから電流計を取り外します。

変流器の二次側は
開放してはいけない

●電流計や継電器を外すときは

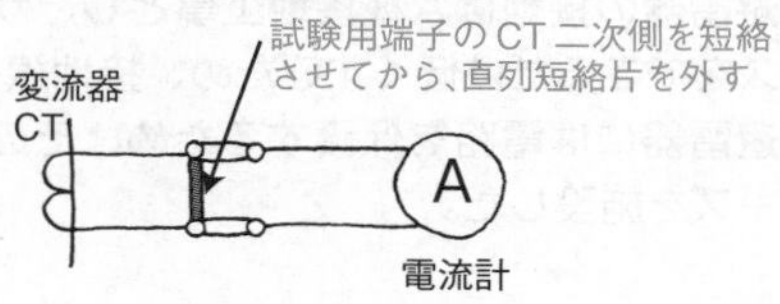

参→P.32

参 マークは、姉妹本『第1種電気工事士学科試験すい〜っと合格2024年版』の該当説明ページを表しています。

①に示す避雷器の設置に関する記述として、不適切なものは。

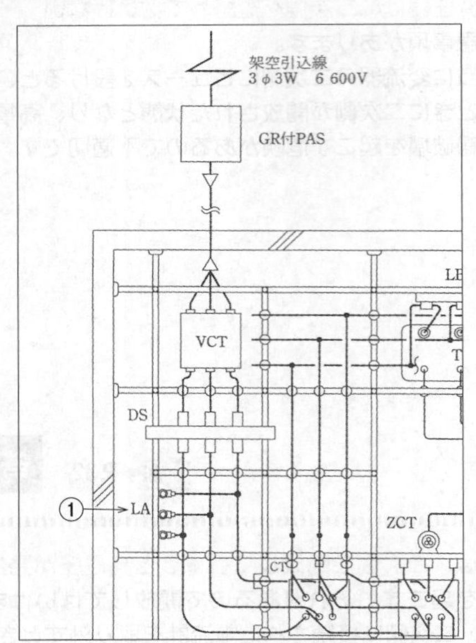

イ. 受電電力500kW未満の需要場所では避雷器の設置義務はないが、雷害の多い地区であり、電路が架空電線路に接続されているので、引込口の近くに避雷器を設置した。

ロ. 保安上必要なため、避雷器には電路から切り離せるように断路器を施設した。

ハ. 避雷器の接地はA種接地工事とし、サージインピーダンスをできるだけ低くするため、接地線を太く短くした。

ニ. 避雷器には電路を保護するため、その電源側に限流ヒューズを施設した。

（R5Am出題、同問：R2・H26・H18、類問：R3Pm・H28）

出題年度の表記法　R：令和／H：平成、Am：午前／Pm：午後

避雷器は、高圧架空電線路から500kW以上の供給を受ける場合の需要家側の引込口、および特別高圧受電時の引込口に設置が義務付けられています(受電機器保護の観点からは、500kW未満であっても設置が望ましい)。

そして、雷電流を安全に大地に逃すために、避雷器にはA種接地工事を施す必要があります。また、一般的には、避雷器の点検や受電設備の検査の際、電源から切り離せるように断路器(DS)を施設します。

限流ヒューズなどの雷電流で溶断してしまうものを施設してしまうと、大地に逃す電流を遮断することになるので、限流ヒューズを施設することはありません。よってニが不適切です。

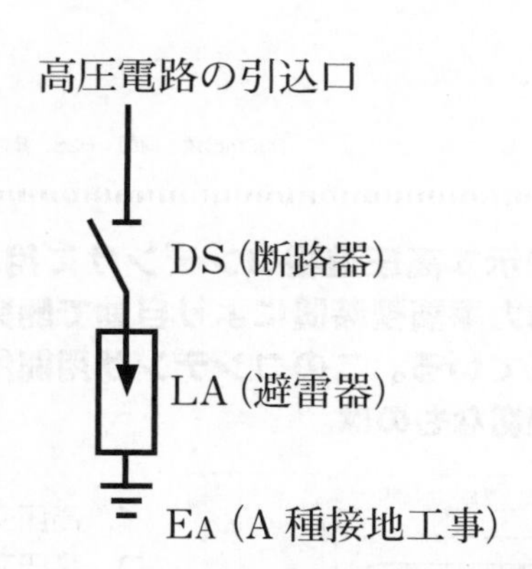

※A種接地工事の接地線の太さは、2.6mm($5.5mm^2$)以上と技術基準に規定されていますが、高圧受電設備規程では、避雷器の接地線の太さを$14mm^2$以上とすることが勧告されており、試験では避雷器の接地線の太さは、$14mm^2$以上が正解となります。

参→P.36

参 マークは、姉妹本『第1種電気工事士学科試験すい〜っと合格2024年版』の該当説明ページを表しています。

問題 137

高圧電路に施設する避雷器に関する記述として、誤っているものは。

イ. 雷電流により、避雷器内部の高圧限流ヒューズが溶断し、電気設備を保護した。

ロ. 高圧架空電線路から電気の供給を受ける受電電力500kWの需要場所の引込口に施設した。

ハ. 近年では酸化亜鉛(ZnO)素子を使用したものが主流となっている。

ニ. 避雷器にはA種接地工事を施した。

(R3Pm出題、同問：H28、類問：R5Am・R2・H26・H18)

問題 138

①で示す高圧進相コンデンサに用いる開閉装置は、自動力率調整装置により自動で開閉できるよう施設されている。このコンデンサ用開閉装置として、最も適切なものは。

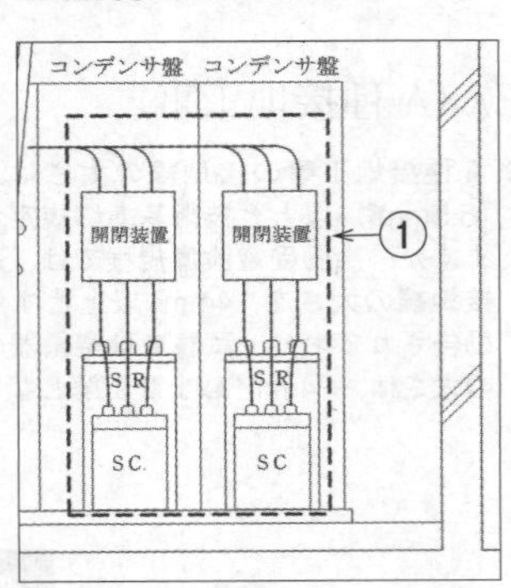

イ. 高圧交流真空電磁接触器

ロ. 高圧交流真空遮断器

ハ. 高圧交流負荷開閉器

ニ. 高圧カットアウト

(R4Pm出題、同問：H29・H24・H18)

高圧架空電線路から電気の供給を受ける500kW以上の需要設備には、避雷器を設置しなければなりません。また、避雷器にはＡ種接地工事を施します。避雷器は、特性が優れている酸化亜鉛(ZnO)素子を使用したギャップレス避雷器が主流です。

避雷器は、雷による異常電圧が発生した際に、それをすみやかに大地に逃がすためのもので、大電流が流れたときに溶断するヒューズを使用していると、電流を大地に流せなくなって避雷器がその役目を果たせなくなります。イが誤りです。

参→P.36

答　イ

自動力率調整装置は、設備の力率を検出し、回路に進相コンデンサを入れたり外したりします。そのために使用する開閉器は、頻繁な開閉が行えるものである必要があります。解答肢の中で制御を目的として自動で繰り返し開閉できるものは、イの電磁接触器だけです。そのほかのものは、電気設備の保護や保安を目的とした開閉器で、異常が発生した際に電路を開放しますが、自動で接点を閉じる機能をもっていません。

高圧交流真空電磁接触器
MC(Electromagnetic contactor)

参→P.40

答　イ

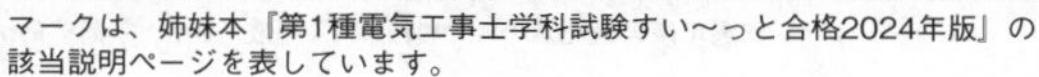

参 マークは、姉妹本『第1種電気工事士学科試験すい〜っと合格2024年版』の該当説明ページを表しています。

次の機器のうち、高頻度開閉を目的に使用されるものは。

イ．高圧断路器
ロ．高圧交流負荷開閉器
ハ．高圧交流真空電磁接触器
ニ．高圧交流遮断器

（R5Pm出題、同問：R2・H30追加・H26）

高調波に関する記述として、誤っているものは。

イ．電力系統の電圧、電流に含まれる高調波は、第５次、第７次などの比較的周波数の低い成分が大半である。
ロ．インバータは高調波の発生源にならない。
ハ．高圧進相コンデンサには高調波対策として、直列リアクトルを設置することが望ましい。
ニ．高調波は、電動機に過熱などの影響を与えることがある。

（R5Am出題、同問：R3Am）

出題年度の表記法　R：令和／H：平成、Am：午前／Pm：午後

高圧電動機の運転・停止制御など、高頻度開閉を目的に使用される開閉器には、高圧交流真空電磁接触器(MC：エレクトロマグネチック・コンタクター)が用いられます。

他の３つの機器は、高圧機器や電路を保護するための開閉器、またはメンテナンス作業時の安全を確保するための開閉器ですので、使用目的がまったく違います。

参→P.40

高調波は急峻な電流変化が生じる機器で発生します。インバータは直流電流をスイッチング回路で交流に変換する装置ですから、高調波の発生源になります。よってロが誤りです。

参→P.41

参 マークは、姉妹本『第1種電気工事士学科試験すい〜っと合格2024年版』の該当説明ページを表しています。

141

①に示す可とう導体を使用した施設に関する記述として、不適切なものは。

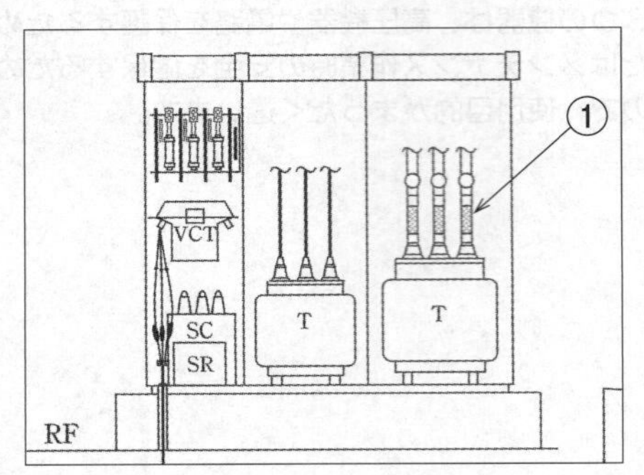

イ. 可とう導体を使用する主目的は、低圧母線に銅帯を使用したとき、過大な外力によりブッシングやがいし等の損傷を防止しようとするものである。

ロ. 可とう導体には、地震による外力等によって、母線が短絡等を起こさないよう、十分な余裕と絶縁セパレータを施設する等の対策が重要である。

ハ. 可とう導体は、低圧電路の短絡等によって、母線に異常な過電流が流れたとき、限流作用によって、母線や変圧器の損傷を防止できる。

ニ. 可とう導体は、防振装置との組合せ設置により、変圧器の振動による騒音を軽減することができる。ただし、地震による機器等の損傷を防止するためには、耐震ストッパの施設と併せて考慮する必要がある。

（R5Pm出題、同問：R3Pm・H27）

出題年度の表記法　R：令和／H：平成、Am：午前／Pm：午後

変圧器の低圧二次側幹線には大きな電流が流れるので、バスダクトや銅帯母線がつながれることが多く、それらを変圧器の二次側端子に直接固定すると、地震の揺れなどによる大きな外力によって、端子のブッシングなどを破損することがあります。可とう導体を介して接続することで、変圧器の破損を防ぎ、また、変圧器の振動による騒音の軽減効果もあります。限流作用はありません。

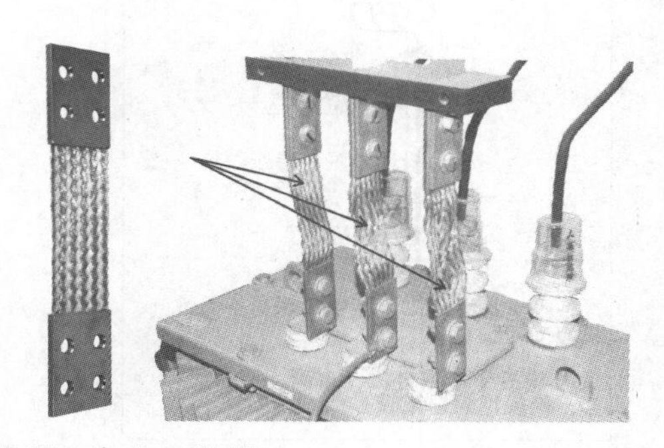

■ 変圧器のブッシング保護

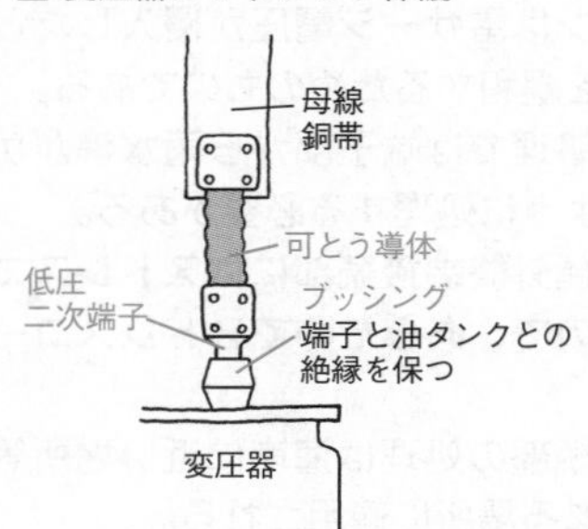

参→P.65

参 マークは、姉妹本『第1種電気工事士学科試験すい〜っと合格2024年版』の該当説明ページを表しています。

①に示すケーブル終端接続部に関する記述として、不適切なものは。

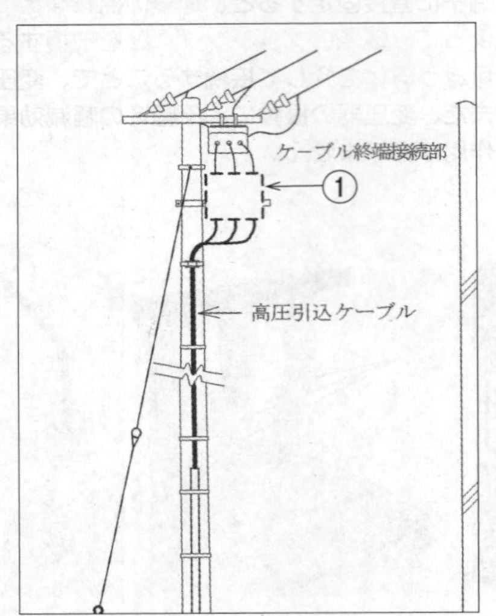

イ. ストレスコーンは雷サージ電圧が侵入したとき、ケーブルのストレスを緩和するためのものである。

ロ. 終端接続部の処理では端子部から雨水等がケーブル内部に浸入しないように処理する必要がある。

ハ. ゴムとう管形屋外終端接続部にはストレスコーン部が内蔵されているので、あらためてストレスコーンを作る必要はない。

ニ. 耐塩害終端接続部の処理は海岸に近い場所等、塩害を受けるおそれがある場所に適用される。

(R4Pm出題、同問：H29・H20)

屋外ケーブルヘッドに関する設問です。

ストレスコーンは、CVケーブルの末端部で、銅遮へい層端に電気力線が集中して絶縁耐力の低下をまねかないよう、銅遮へいテープを円錐状にしておくための材料です。雷サージとは関係ありません。

●ストレスコーンがない場合

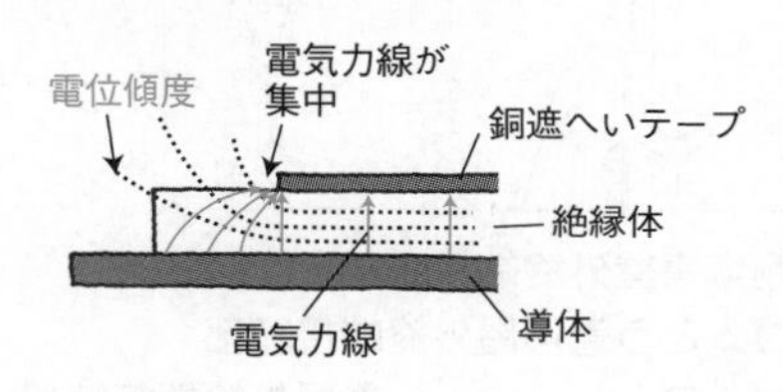

●ストレスコーンを取り付けた場合

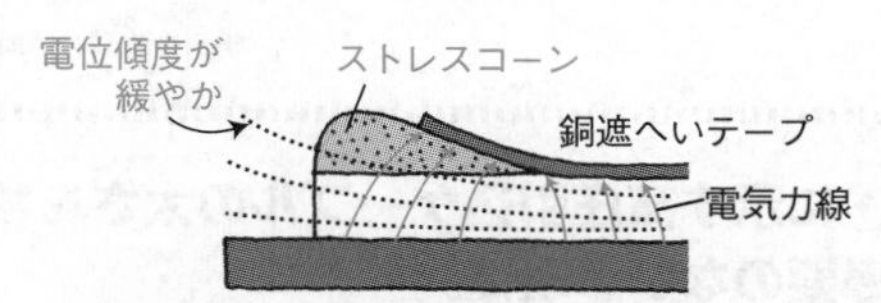

高圧ケーブルの末端部の遮へい層を円錐形にして電気力線の集中を防ぎ、電位傾度を緩和する

参→P.42

答 イ

参 マークは、姉妹本『第1種電気工事士学科試験すい〜っと合格2024年版』の該当説明ページを表しています。

143

①に示すCVTケーブルの終端接続部の名称は。

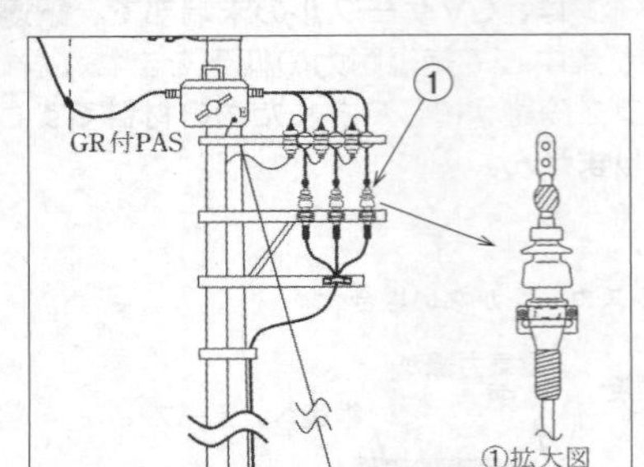

イ．耐塩害屋外終端接続部

ロ．ゴムとう管形屋外終端接続部

ハ．ゴムストレスコーン形屋外終端接続部

ニ．テープ巻形屋外終端接続部

（R5Pm出題、同問：H30追加・H27・H23）

144

①に示す高圧引込ケーブルの太さを検討する場合に、必要のない事項は。

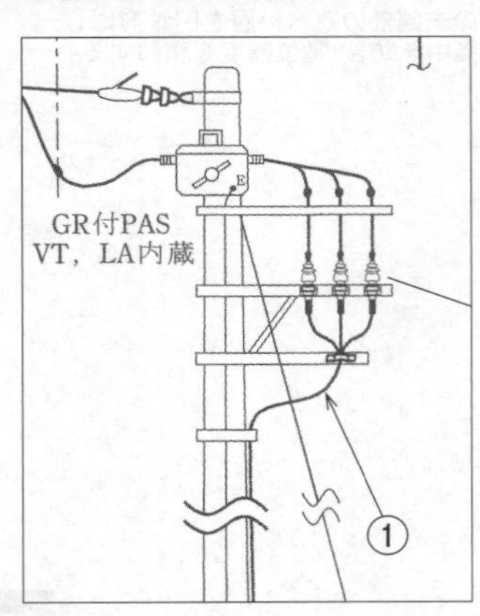

イ．受電点の短絡電流

ロ．電路の完全地絡時の1線地絡電流

ハ．電線の短時間耐電流

ニ．電線の許容電流

（R3Pm出題、同問：H30追加・H29・H19）

これは、ケーブルヘッド（終端接続部）です。拡大図を見ると、中央部に塩害対策のためのおわん型のがいし（がい管）があるので、耐塩害屋外終端接続部用です。他の種類のケーブルヘッドの外観も特徴をとらえて覚えておきましょう。

■屋外終端接続部

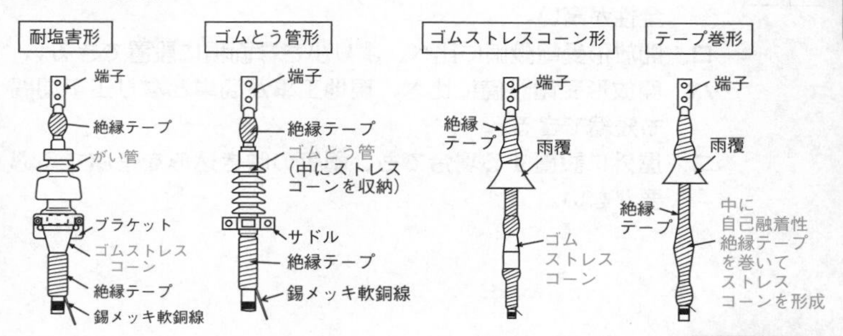

参→P.43

答 イ

高圧ケーブルの太さを検討する場合、負荷設備の最大需要電力から電線の許容電流を、短絡事故が起こった場合に電路に流れると想定される短絡電流（の大きさ）から電線の短時間耐電流を算出してケーブルの太さを決定します。

電路の地絡電流は、短絡電流より小さいので、考慮する必要はありません。

参→P.46

答 ロ

参 マークは、姉妹本『第1種電気工事士学科試験すい〜っと合格2024年版』の該当説明ページを表しています。

キュービクル式高圧受電設備の特徴として、誤っているものは。

145

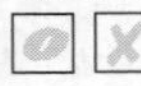

イ. 接地された金属製箱内に機器一式が収容されるので、安全性が高い。

ロ. 開放形受電設備に比べ、より小さな面積に設置できる。

ハ. 開放形受電設備に比べ、現地工事が簡単となり工事期間も短縮できる。

ニ. 屋外に設置する場合でも、雨等の吹き込みを考慮する必要がない。

（R2出題）

零相変流器と組み合わせて使用する継電器の種類は。

146

イ. 過電圧継電器

ロ. 過電流継電器

ハ. 地絡継電器

ニ. 比率差動継電器

（H30出題、同問：H18）

出題年度の表記法　R：令和／H：平成、Am：午前／Pm：午後

キュービクル式高圧受電設備は完全に密閉されているわけではないので、屋外に設置する場合、雨水の侵入は漏電事故につながり大変危険で、十分に考慮する必要があります。

■高圧受電設備の形態別分類と特徴

分類	特徴
開放形	機器の点検や交換・増設が容易 施設に広い床面積が必要 充電部が露出していて危険
キュービクル式	信頼性が高く安価（工場生産） 現場工事が容易（工期短縮が可能） 省スペース 安全性が高い

参→P.12

零相変流器は、地絡発生の漏れ電流を検知する機器なので、地絡継電器と組み合わせて使用します。

参 マークは、姉妹本『第1種電気工事士学科試験すい〜っと合格2024年版』の該当説明ページを表しています。

147

①に示すDSに関する記述として、誤っているものは。

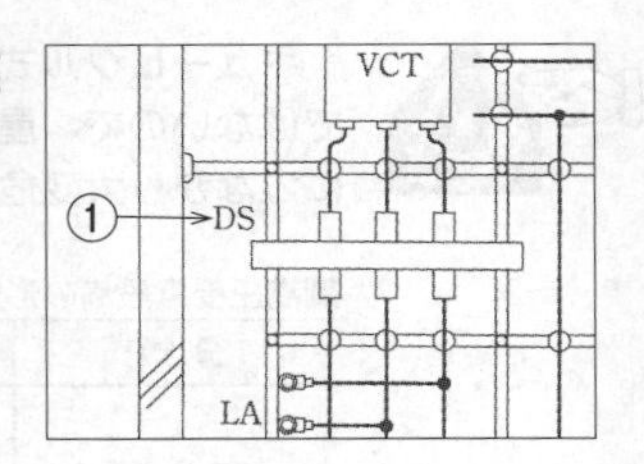

イ．DSは負荷電流が流れている時、誤って開路しないようにする。
ロ．DSの接触子（刃受）は電源側、ブレード（断路刃）は負荷側にして施設する。
ハ．DSは断路器である。
ニ．DSは区分開閉器として施設される。

（R2出題、同問：H22）

148

高圧受電設備における遮断器と断路器の記述に関して、誤っているものは。

イ．断路器が閉の状態で、遮断器を開にする操作を行った。
ロ．断路器が閉の状態で、遮断器を閉にする操作を行った。
ハ．遮断器が閉の状態で、負荷電流が流れているとき、断路器を開にする操作を行った。
ニ．断路器を、開路状態において自然に閉路するおそれがないように施設した。

（R5Am出題）

設問の機器DSは断路器です。断路器にはアーク消弧機能が備わっていないため、負荷電流が流れた状態での開閉ができません。

また、手動開閉時にブレード(可動極)に誤って触れても感電しないように、電源側は接触子(固定極)に接続します。

ニの区分開閉器には、需要家側で発生した地絡事故が電力系統側に及ばないよう、地絡遮断機能を備えていなければなりませんから、電流遮断能力がない断路器は区分開閉器としては使用できません。

区分開閉器には高圧交流負荷開閉器(LBS)を使用します。

遮断器は過電流(負荷電流も)を遮断する機能を有しますが、断路器はアーク消弧機能を備えていないため、負荷電流が流れている状態で接点の開閉はできません。そのため、遮断器が開いて無電流の状態でしか断路器の開閉は行えません。ハが誤りです。

参 マークは、姉妹本『第1種電気工事士学科試験すい〜っと合格2024年版』の該当説明ページを表しています。

問題 149

①に示すVTに関する記述として、誤っているものは。

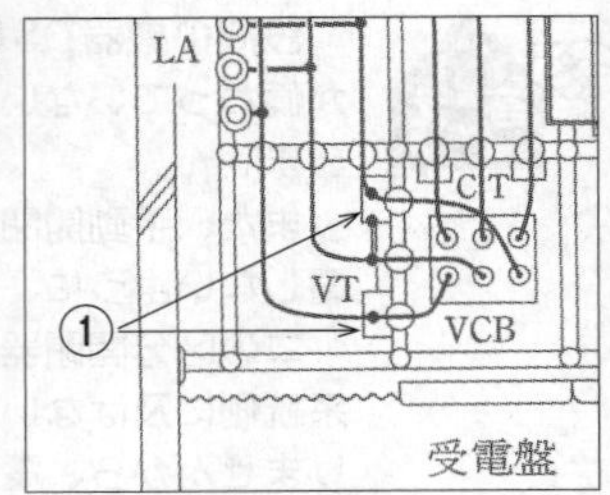

イ．VTには、定格負担(単位[V・A])があり、定格負担以下で使用する必要がある。

ロ．VTの定格二次電圧は、110Vである。

ハ．VTの電源側には、十分な定格遮断電流を持つ限流ヒューズを取り付ける。

ニ．遮断器の操作電源の他、所内の照明電源としても使用することができる。

(H30出題、同問：H22)

問題 150

高圧受電設備に雷その他による異常な過大電圧が加わった場合の避雷器の機能として、適切なものは。

イ．過大電圧に伴う電流を大地へ分流することによって過大電圧を制限し、過大電圧が過ぎ去った後に、電路を速やかに健全な状態に回復させる。

ロ．過大電圧が侵入した相を強制的に切り離し回路を正常に保つ。

ハ．内部の限流ヒューズが溶断して、保護すべき電気機器を電源から切り離す。

ニ．電源から保護すべき電気機器を一時的に切り離し、過大電圧が過ぎ去った後に再び接続する。

(R3Am出題)

出題年度の表記法　R：令和／H：平成、Am：午前／Pm：午後

VT(計器用変圧器)は、名前のとおり電圧計や電力計などの計器用ですから、所内の照明や他の装置の電源に使うことはできません。したがってニが誤りです。

参→P.31

答 ニ

避雷器は、落雷で発生する過大電圧に伴う電流を大地に逃して設備の電位上昇を抑えます。イが正解です。

避雷器には、遮断器や限流ヒューズのように電路を切り離す機能はありません。

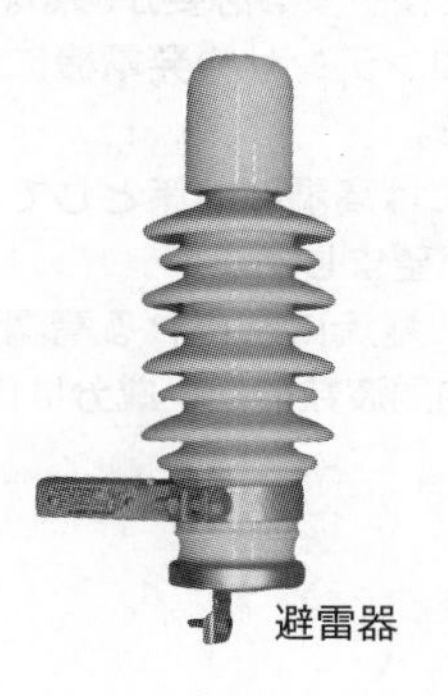

避雷器

参→P.36

答 イ

参 マークは、姉妹本『第1種電気工事士学科試験すい〜っと合格2024年版』の該当説明ページを表しています。

151

①に示す高圧進相コンデンサ設備は、自動力率調整装置によって自動的に力率調整を行うものである。この設備に関する記述として、不適切なものは。

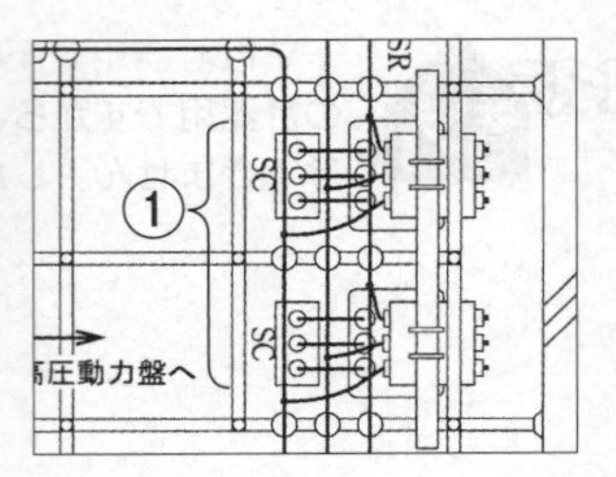

イ. 負荷の力率変動に対してできるだけ最適な調整を行うよう、コンデンサは異容量の２群構成とした。

ロ. 開閉装置は、開閉能力に優れ自動で開閉できる、高圧交流真空電磁接触器を使用した。

ハ. 進相コンデンサの一次側には、限流ヒューズを設けた。

ニ. 進相コンデンサに、コンデンサリアクタンスの5％の直列リアクトルを設けた。

（R5Am出題、同問：H26）

152

高調波に関する記述として、誤っているものは。

イ. 整流器やアーク炉は高調波の発生源となりやすいので、高調波抑制対策を検討する必要がある。

ロ. 高調波は、進相コンデンサや発電機に過熱などの影響を与えることがある。

ハ. 進相コンデンサには高調波対策として、直列リアクトルを設置することが望ましい。

ニ. 電力系統の電圧、電流に含まれる高調波は、第５次、第７次などの比較的周波数の低い成分はほとんど無い。

（H30追加出題）

出題年度の表記法　R：令和／H：平成、Am：午前／Pm：午後

高圧進相コンデンサ(SC)には、高調波対策や突入電流の抑制のために、コンデンサリアクタンス(容量)の6%または13%の直列リアクトル(SR)を直列に施設します。ニの5%は不適切です。

直列リアクトルの電源側には、限流ヒューズ付のLBS(高圧交流負荷開閉器)やPC(高圧カットアウト)を設置します。

また、自動力率調整を目的に進相コンデンサを自動的に入り切り(接続・切離し)する場合には、高圧交流真空電磁接触器を使用します。

参→P.41

高調波は、整流器やアーク炉など波形に急激な変化があるものから発生します。高調波が電力線に流れると、進相コンデンサや変圧器が過負荷状態となって発熱したり、破損してしまうことがあるので、進相コンデンサには直列リアクトルを、変圧器にはアクティブフィルタを設置して高調波を抑制します。

第5次、第7次高調波は、基本波の5倍、7倍の周波数をもつ周波数の正弦波で、設備に与える影響が大きく危険な存在です。

参→P.41

問題 153

高調波の発生源とならない機器は。

イ．交流アーク炉
ロ．半波整流器
ハ．進相コンデンサ
ニ．動力制御用インバータ

（H30出題、同問：H22）

問題 154

①に示す変圧器は、単相変圧器2台を使用して三相200［V］の動力電源を得ようとするものである。この回路の高圧側の結線として、正しいものは。

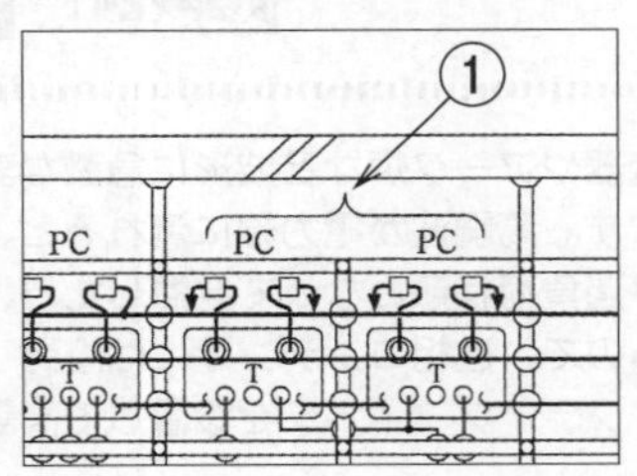

イ．
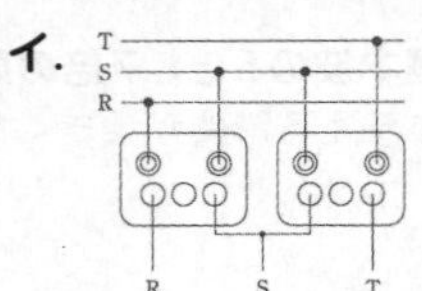

ロ．
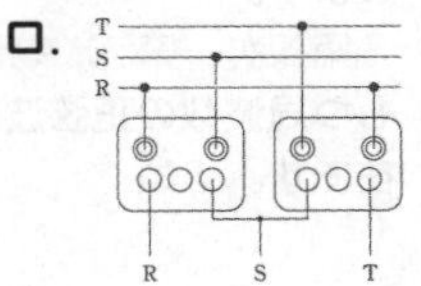

ハ．
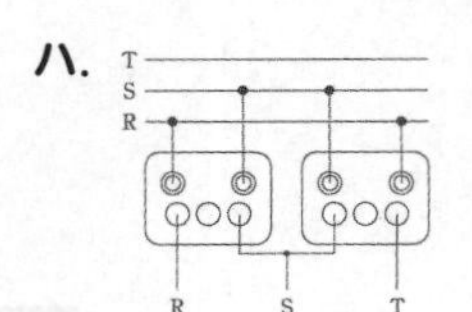

ニ．
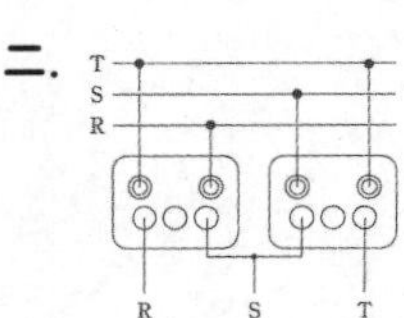

（H26出題）

高調波は、アーク炉や整流器、インバータなど、電流波形に急激な変化が生じる機器から発生します。進相コンデンサは高調波を発生しません。

参→P.41

答 ハ

単相変圧器2台で三相を変圧するには、2台の変圧器をV-V結線します。単相変圧器のV-V結線を複線図で表すと、下図のようになります。

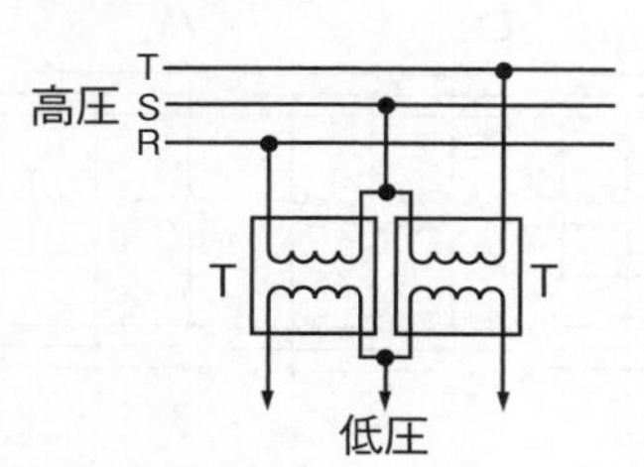

これを、解答肢の実体配線図で表すと、イのような結線になります。

参→P.37

答 イ

変圧器の結線方法のうちΔ－Δ結線は。

155

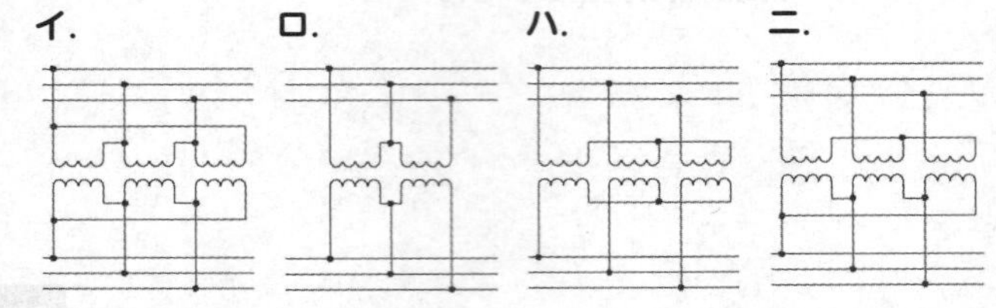

イ. ロ. ハ. ニ.

（H30追加出題、同問：H19）

変圧器の結線方法のうちY－Y結線は。

156

イ. ロ. ハ. ニ.

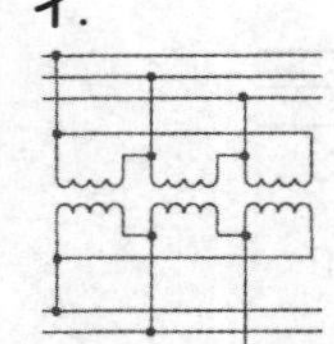

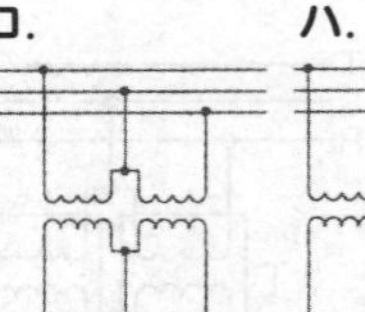

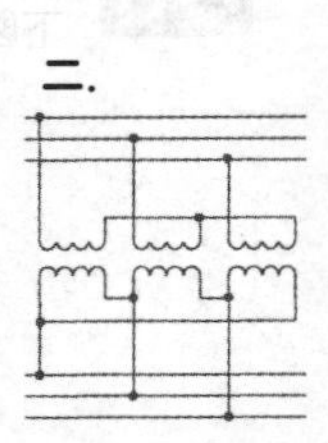

（H28出題）

高圧CVTケーブルの半導電層の機能は。

157

イ. 絶縁体表面の電位の傾きを均一にする。
ロ. 紫外線から絶縁体を保護する。
ハ. 許容電流を増加させる。
ニ. 高調波を防止する。

（H30追加出題）

イがΔ－Δ（デルタ・デルタ）結線になります。
ロはV－V（ブイ・ブイ）結線、ハはY－Y（スター・スター）結線、ニはY－Δ（スター・デルタ）結線です。

■ Δ（デルタ）結線

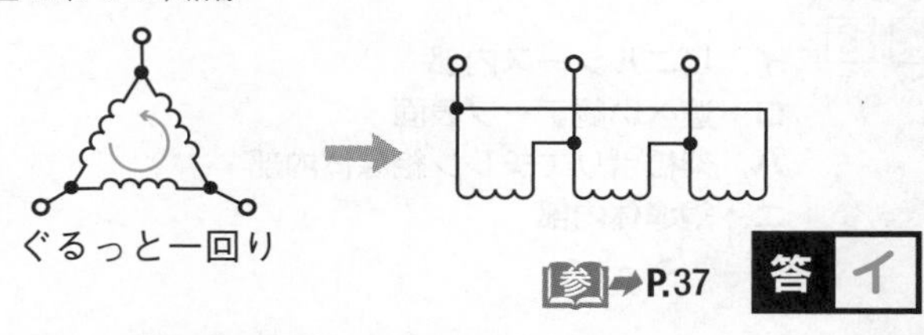

参→P.37

答 イ

Y（スター）結線は、3つのコイルが1点でつながるので、一次側、二次側ともにY結線なのは、ハです。

■ Y（スター）結線

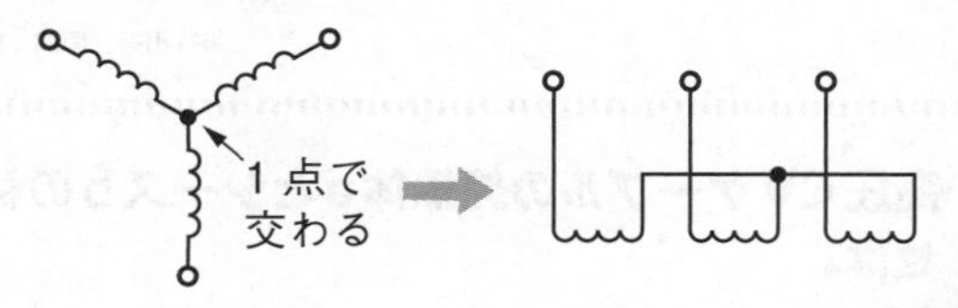

参→P.37

答 ハ

高圧CVTケーブル（CVケーブルを3本より合わせたもの）の半導電層は、導体表面の凹凸を埋めて平らにし、電位傾度を均一にして、部分放電を防いで絶縁破壊を防ぎます。

■ 高圧 CV ケーブル

参→P.47

答 イ

参 マークは、姉妹本『第1種電気工事士学科試験すい～っと合格2024年版』の該当説明ページを表しています。

ケーブル

158

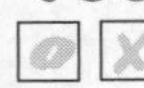

6kV CVTケーブルにおいて、水トリーと呼ばれる樹枝状の劣化が生じる箇所は。

イ. ビニルシース内部
ロ. 遮へい銅テープ表面
ハ. 架橋ポリエチレン絶縁体内部
ニ. 銅導体内部

(R1出題、同問：H30追加・H27)

159

高圧CVケーブルの絶縁体aとシースbの材料の組合せは。

イ. a 架橋ポリエチレン
b 塩化ビニル樹脂

ロ. a 架橋ポリエチレン
b ポリエチレン

ハ. a エチレンプロピレンゴム
b 塩化ビニル樹脂

ニ. a エチレンプロピレンゴム
b ポリクロロプレン

(R4Pm出題、同問：H17)

高圧CVケーブルやCVTケーブルの絶縁劣化の主な事象として、水トリー現象があります。水トリーは、架橋ポリエチレン絶縁体内部に発生し、その名のように樹枝状に亀裂が入り、そこに水分が浸入すると絶縁破壊につながる現象です。

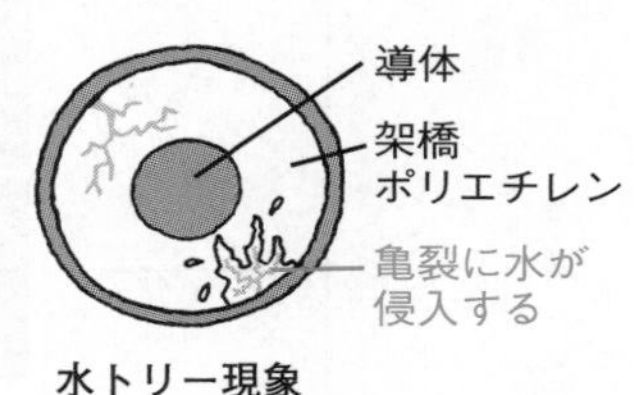

水トリー現象

参→P.47

答 ハ

CVケーブルの名称「架橋ポリエチレン絶縁ビニルシースケーブル」を覚えておくとわかります。高圧CVケーブルの1心の構造は、銅導体の周囲に半導電層が設けられ、その上に絶縁のための架橋ポリエチレン(単なるポリエチレンより強度が良い材質)、その上に半導電層、銅遮へいテープ、押さえテープがあり、シース(外装)として、塩化ビニルで保護しています。

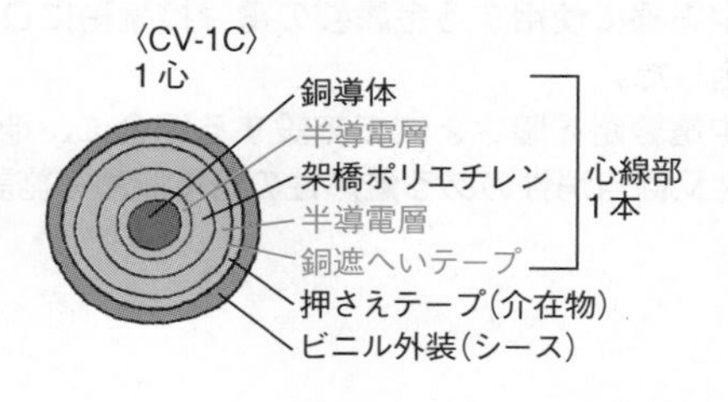

参→P.47

答 イ

参 マークは、姉妹本『第1種電気工事士学科試験すい～っと合格2024年版』の該当説明ページを表しています。

問題160

引込柱の支線工事に使用する材料の組合せとして、正しいものは。

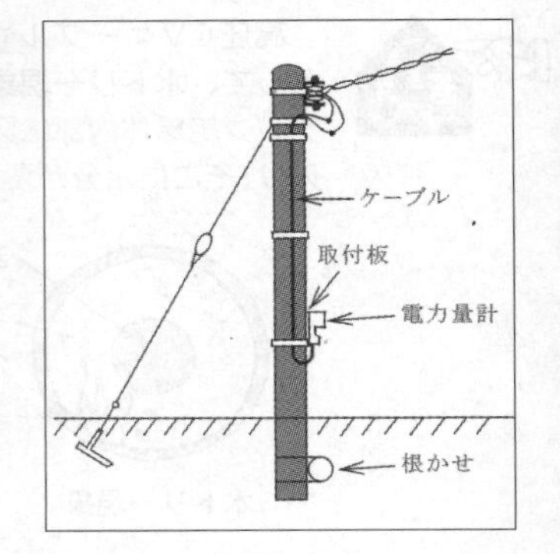

イ. 亜鉛めっき鋼より線、玉がいし、アンカ
ロ. 耐張クランプ、巻付グリップ、スリーブ
ハ. 耐張クランプ、玉がいし、亜鉛めっき鋼より線
ニ. 巻付グリップ、スリーブ、アンカ

（R5Pm出題、同問：R2・H26・H20）

問題161

地中電線路の施設に関する記述として、誤っているものは。

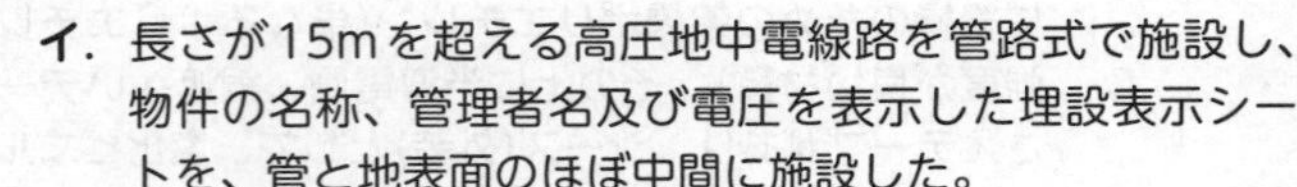

イ. 長さが15mを超える高圧地中電線路を管路式で施設し、物件の名称、管理者名及び電圧を表示した埋設表示シートを、管と地表面のほぼ中間に施設した。
ロ. 地中電線路に絶縁電線を使用した。
ハ. 地中電線に使用する金属製の電線接続箱にD種接地工事を施した。
ニ. 地中電線路を暗きょ式で施設する場合に、地中電線を不燃性又は自消性のある難燃性の管に収めて施設した。

（R2出題、同問：H29・H27・H20）

引込柱の支線には、亜鉛めっき鋼より線を使用し(内線規程による)、巻付グリップで玉がいしに絡げて絶縁し、アンカを地中に打ち込んで固定します。よってイが正解です。耐張クランプは架空電線を耐張がいしに固定する金具。スリーブは架空電線相互を圧縮接続する材料で、どちらも支線工事には使いません。

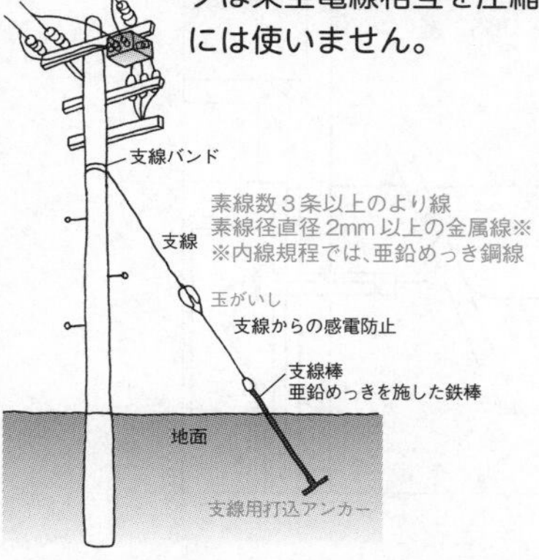

参→P.51

地中電線路の施設を直接埋設方式または管路式で行う場合は、ケーブルを使用しなければなりません。ロの絶縁電線は使用できません。

参→P.54

①に示す構内の高圧地中引込線を施設する場合の施工方法として、不適切なものは。

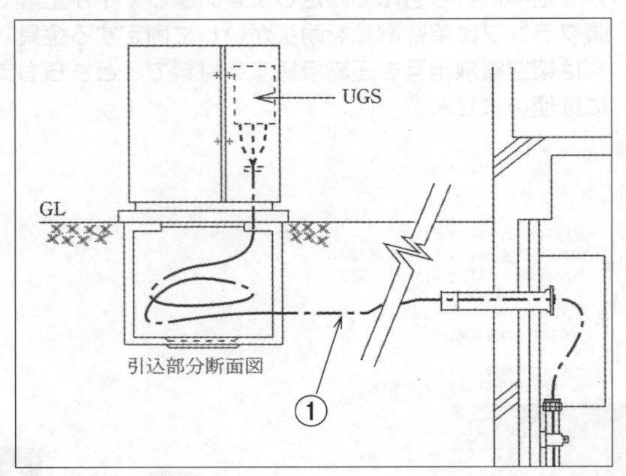

イ. 地中電線に堅ろうながい装を有するケーブルを使用し、埋設深さ(土冠)を1.2mとした。

ロ. 地中電線を収める防護装置に鋼管を使用した管路式とし、管路の接地を省略した。

ハ. 地中電線を収める防護装置に波付硬質合成樹脂管(FEP)を使用した。

ニ. 地中電線路を直接埋設式により施設し、長さが20mであったので電圧の表示を省略した。

(R4Am出題、同問：R4Pm・R1・H23)

出題年度の表記法　R：令和／H：平成、Am：午前／Pm：午後

高圧地中引込線の施設方法について、高圧地中電線路を直接埋設方式により施設する場合、長さ15mを超えるものは、埋設表示をしなければなりません。表示は省略できないのでニが不適切です。

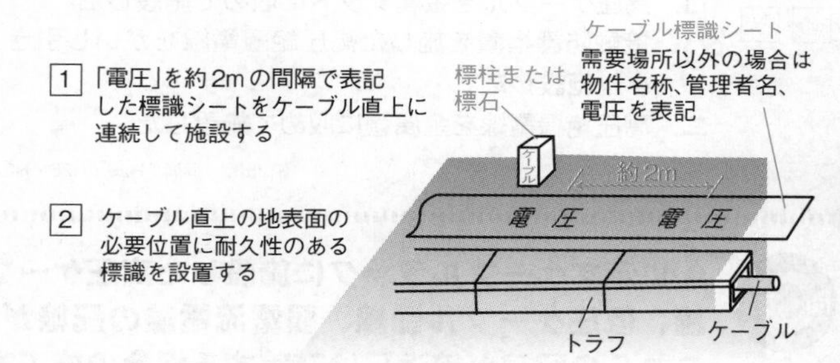

参 マークは、姉妹本『第1種電気工事士学科試験すい～っと合格2024年版』の該当説明ページを表しています。

163

高圧屋内配線を、乾燥した場所であって展開した場所に施設する場合の記述として、不適切なものは。

イ．高圧ケーブルを金属管に収めて施設した。

ロ．高圧ケーブルを金属ダクトに収めて施設した。

ハ．接触防護措置を施した高圧絶縁電線をがいし引き工事により施設した。

ニ．高圧絶縁電線を金属管に収めて施設した。

（R2出題、同問：H29・H26・H23・H18）

164

①に示すケーブルラックに施設した高圧ケーブル配線、低圧ケーブル配線、弱電流電線の配線がある。これらの配線が接近又は交差する場合の施工方法に関する記述で、不適切なものは。

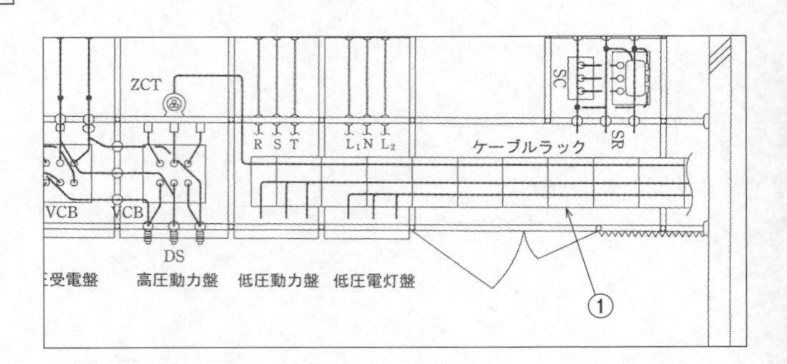

イ．高圧ケーブルと低圧ケーブルを15cm離隔して施設した。

ロ．複数の高圧ケーブルを離隔せずに施設した。

ハ．高圧ケーブルと弱電流電線を10cm離隔して施設した。

ニ．低圧ケーブルと弱電流電線を接触しないように施設した。

（R2出題、類問：H25・H19・H17）

高圧屋内配線工事は、ケーブル工事が原則ですが、乾燥した展開場所で接触防護措置を施す場合に限り、がいし引き工事が認められます。高圧絶縁電線を金属管に収めると金属管工事となり、屋内配線には施設できません。よって、ニが不適切です。（ケーブルは、管に収めてもケーブル工事となります。）

参➡P.57

答　ニ

ケーブル工事による高圧屋内配線が他の高圧屋内配線、低圧屋内配線、管灯回路の配線、弱電流電線または水管、ガス管もしくはこれらに類するものと接近または交差する場合は、次のいずれかによることと定められています。

①高圧屋内配線と他の屋内電線等との離隔距離は、15cm以上であること。
②ケーブルと他の屋内電線等との間に耐火性のある堅ろうな隔壁を設けること。
③ケーブルを耐火性のある堅ろうな管に収めること。
④他の高圧屋内配線の電線がケーブルであること。

ハは離隔距離が15cmに足りないので不適切です。

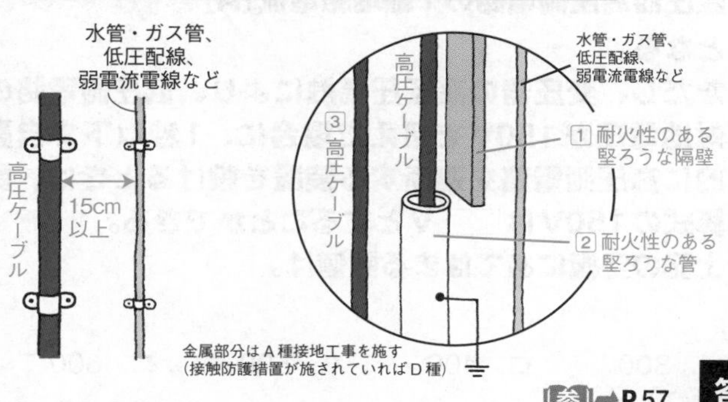

参➡P.57

答　ハ

参 マークは、姉妹本『第1種電気工事士学科試験すい～っと合格2024年版』の該当説明ページを表しています。

165

①に示す高圧引込ケーブルに関する施工方法等で、不適切なものは。

架空引込線
3φ3W　6 600V
G付PAS
①

イ. ケーブルには、トリプレックス形6600V架橋ポリエチレン絶縁ビニルシースケーブルを使用して施工した。

ロ. 施設場所が重汚損を受けるおそれのある塩害地区なので、屋外部分の終端処理はゴムとう管形屋外終端処理とした。

ハ. 電線の太さは、受電する電流、短時間耐電流などを考慮し、一般送配電事業者と協議して選定した。

ニ. ケーブルの引込口は、水の浸入を防止するためケーブルの太さ、種類に適合した防水処理を施した。

（R5Am出題、同問：H26）

166

一般にB種接地抵抗値の計算式は、

$$\frac{150\text{V}}{\text{変圧器高圧側電路の1線地絡電流[A]}}\ [\Omega]$$

となる。

ただし、変圧器の高低圧混触により、低圧側電路の対地電圧が150Vを超えた場合に、1秒以下で自動的に高圧側電路を遮断する装置を設けるときは、計算式の150Vは□Vとすることができる。

上記の空欄にあてはまる数値は。

イ. 300　　ロ. 400　　ハ. 500　　ニ. 600

（R4Pm出題、同問：H27）

塩害のおそれのある場所で、屋外で使用するケーブルヘッドは、塩害対策用に「がい管」を取り付け、耐塩害屋外終端接続部接続を行います。ゴムとう管を使用するのは一般用の屋外終端接続部のケーブルヘッドです。

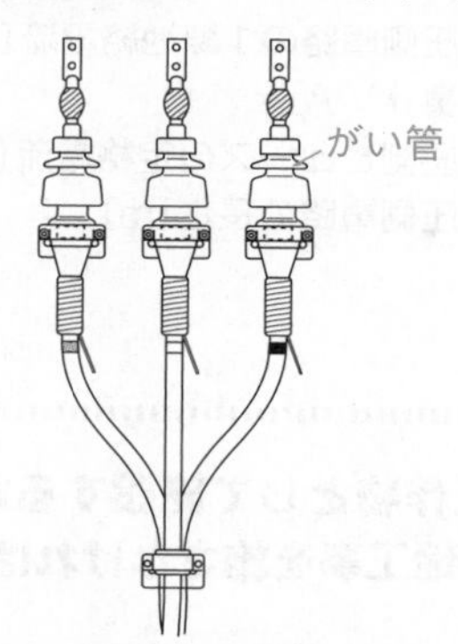

耐塩害屋外終端接続部

→P.43

答 ロ

B種接地工事の接地抵抗値の求め方はよく出題されます。計算式の分子は、保護装置の有無や、その性能によって600V、300V、150Vの3通りあります。違いをしっかり覚えておきましょう。

■ B種接地工事の接地抵抗値

保護装置の有無、その性能		接地抵抗値
保護装置なし		$150/I$［Ω］以下
変圧器内で高低圧混触時に	1秒を超え2秒以内に遮断する装置あり	$300/I$［Ω］以下
	1秒以内に遮断する装置あり	$600/I$［Ω］以下

I：高圧側1線地絡電流[A]

参→P.59

答 ニ

B種接地工事の接地抵抗値を求めるのに必要とするものは。

イ．変圧器の高圧側電路の１線地絡電流[A]
ロ．変圧器の容量[kV·A]
ハ．変圧器の高圧側ヒューズの定格電流[A]
ニ．変圧器の低圧側電路の長さ[m]

（R5Pm出題、同問：R3Pm・H23）

自家用電気工作物として施設する電路又は機器について、D種接地工事を施さなければならない箇所は。

イ．高圧電路に施設する外箱のない変圧器の鉄心
ロ．使用電圧400Vの電動機の鉄台
ハ．高圧計器用変成器の二次側電路
ニ．6.6kV/210V変圧器の低圧側の中性点

（R3Am出題、同問：H30追加・H28・H23）

地中に埋設又は打ち込みをする接地極として、不適切なものは。

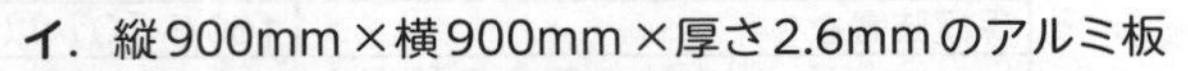

イ．縦900mm×横900mm×厚さ2.6mmのアルミ板
ロ．縦900mm×横900mm×厚さ1.6mmの銅板
ハ．直径14mm長さ1.5mの銅溶覆鋼棒
ニ．内径36mm長さ1.5mの厚鋼電線管

（R3Pm出題、同問：H30・H22）

B種接地工事の接地抵抗R_Bは、以下の計算で求めます。

$$R_B \leqq \frac{150(\text{または}300、600)}{\text{変圧器の高圧一次側の1線地絡電流}}$$

つまりイが正解です。上式で150Vまたは300V、600Vを選ぶ条件は、変圧器の混触発生時に、1秒を超え2秒以内に高圧側電路を遮断する装置を設けているときは300V。1秒以内に高圧側電路を遮断する装置を設けているときは600V。

それ以外は150Vで計算します。

参→P.59

接地工事の対象と種類は197ページ問題183の解説文中の表のとおりです。高圧計器用変成器は、計器用変圧器と変流器で構成されているので、二次側電路にD種接地工事を施します。

よって、ハが正解です。イはA種(197ページ問題183の解説文中表の欄外注参照)、ロはC種、ニはB種の接地工事になります。

参→P.58

内線規程では、接地極の材質として、銅板、銅棒、鉄管、鉄棒、炭素被覆鋼棒などを用いるように定めていて、アルミ製のものは定められていません。

参→P.59

参 マークは、姉妹本『第1種電気工事士学科試験すい～っと合格2024年版』の該当説明ページを表しています。

170

①に示す高圧ケーブル内で地絡が発生した場合、確実に地絡事故を検出できるケーブルシールドの接地方法として、正しいものは。

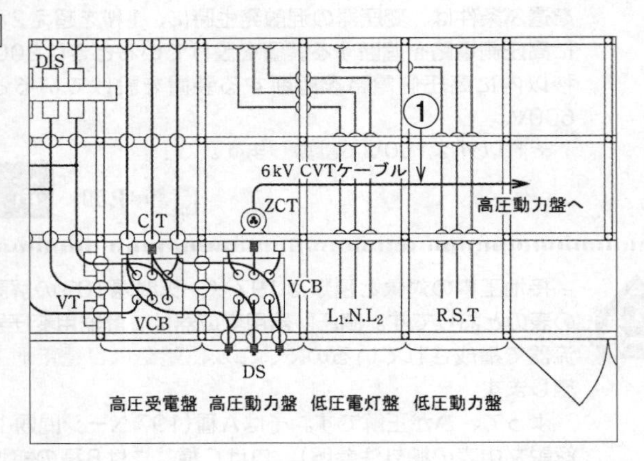

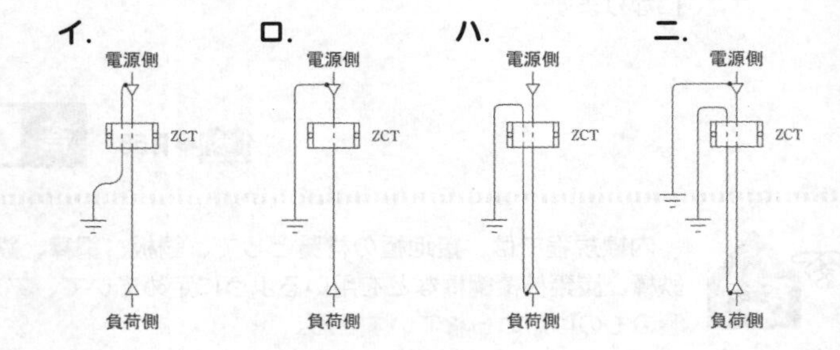

（R5Am出題、同問：R2・H29・H26）

出題年度の表記法　R：令和／H：平成、Am：午前／Pm：午後

ZCT(零相変流器)は、電流の往復のバランスを監視しています(正常時は往復の電流が等しく、総和は零となる)。地絡が発生するとこのバランスが崩れるので、ZCTがそれを検出します。

高圧ケーブルのシールド層(銅遮へいテープ)の接地は、ケーブル内で発生した地絡事故まで確実に検知できるように、電源側から接地を取る場合には、下図右のように、接地線をZCTにくぐらせてから接地します(負荷側で接地を取る場合には、下図左のようにZCTをくぐらせずに接地)。

イ以外の接地では、ケーブル内で発生した地絡電流はZCTを通って戻ってしまうため、検知できません。

■ 高圧ケーブルのシールド層の接地方法

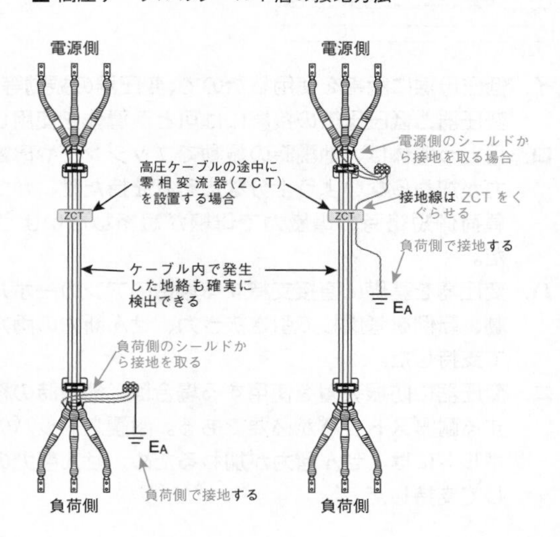

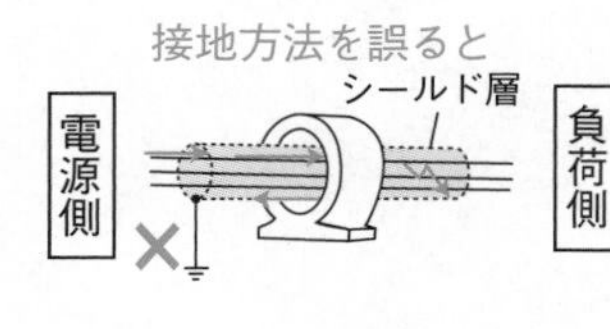

ケーブル内部で発生した地絡電流がZCTを通して戻ってしまい、検知できない。

参 → P.60

①に示す変圧器の防振又は、耐震対策等の施工に関する記述として、適切でないものは。

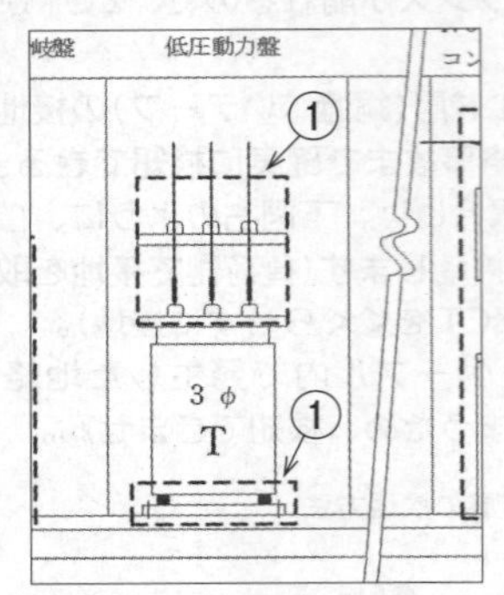

イ. 低圧母線に銅帯を使用したので、変圧器の振動等を考慮し、変圧器と低圧母線の接続には可とう導体を使用した。

ロ. 可とう導体は、地震時の振動でブッシングや母線に異常な力が加わらないよう十分なたるみを持たせ、かつ、振動や負荷側短絡時の電磁力で母線が短絡しないように施設した。

ハ. 変圧器を基礎に直接支持する場合のアンカーボルトは、移動、転倒を考慮して引き抜き力、せん断力の両方を検討して支持した。

ニ. 変圧器に防振装置を使用する場合は、地震時の移動を防止する耐震ストッパが必要である。耐震ストッパのアンカーボルトには、せん断力が加わるため、せん断力のみを検討して支持した。

（R4Pm出題、同問：H29・H18）

出題年度の表記法　R：令和／H：平成、Am：午前／Pm：午後

高圧の変圧器は、重量物なので、地震対策としてアンカーボルトは、引き抜き力とせん断力の両方を考慮して選択する必要があります。よって二が不適切です。イ、ロは、可とう導体に関する正しい記述です。

※せん断力：部材の軸に対して直角方向にずれるように働く力

参→P.161

①に示すケーブルの引込口などに、必要以上の開口部を設けない主な理由は。

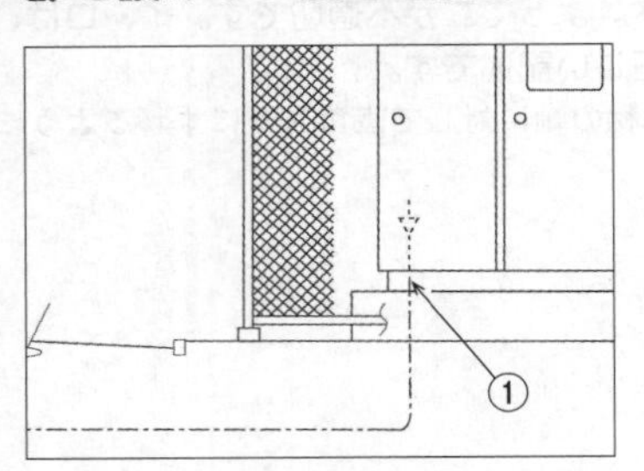

イ. 火災時の放水、洪水等で容易に水が浸入しないようにする。

ロ. 鳥獣類などの小動物が進入しないようにする。

ハ. ケーブルの外傷を防止する。

ニ. キュービクルの底板の強度を低下させないようにする。

(H30追加出題、同問：H27・H25・H21)

①の高圧屋内受電設備の施設又は表示について、電気設備の技術基準の解釈で示されていないものは。

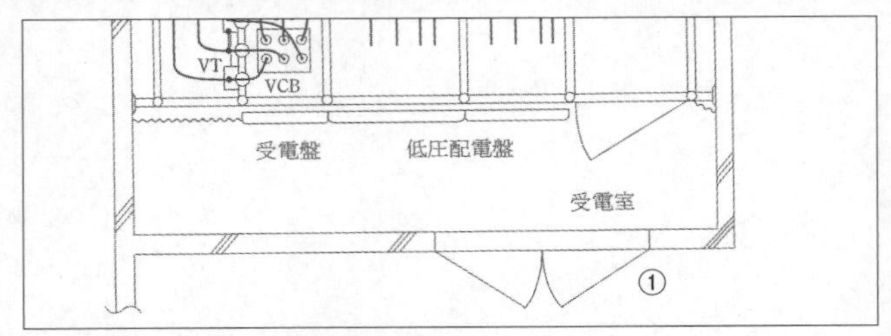

イ. 出入口に火気厳禁の表示をする。

ロ. 出入口に立ち入りを禁止する旨を表示する。

ハ. 出入口に施錠装置等を施設して施錠する。

ニ. 堅ろうな壁を施設する。

(H30出題、同問：H17)

屋外に設置されるキュービクル(高圧受電設備)で起こる停電事故原因の約20%は、小動物の侵入による事故です。したがって、鳥獣類などの小動物の侵入を防ぐため、ケーブル引込口などに必要以上に開口部を設けないようにします。

参→P.48

高圧受電設備のある場所は、以下のような取扱者以外の者の立ち入り防止措置を講じておかなければいけません。

①さく・塀・堅ろうな壁を設ける
②立ち入り禁止の表示をする
③施錠装置で施錠する

火気厳禁の表示は規定にありません。

参→P.49

参 マークは、姉妹本『第1種電気工事士学科試験すい〜っと合格2024年版』の該当説明ページを表しています。

架空引込線

174

①に示す高圧架空引込ケーブルによる、引込線の施工に関する記述として、不適切なものは。

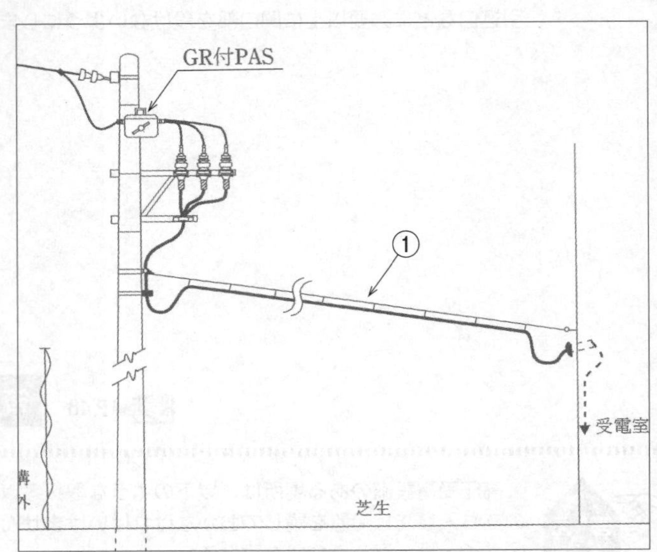

イ. ちょう架用線に使用する金属体には、D種接地工事を施した。

ロ. 高圧架空電線のちょう架用線は、積雪などの特殊条件を考慮した想定荷重に耐える必要がある。

ハ. 高圧ケーブルは、ちょう架用線の引き留め箇所で、熱収縮と機械的振動ひずみに備えてケーブルにゆとりを設けた。

ニ. 高圧ケーブルをハンガーにより、ちょう架用線に1mの間隔で支持する方法とした。

（H30出題、類問：H24）

イ、ロ、ハは正しい表記です。ちょう架用線の支持点間距離は0.5m以下にする必要があるので、ニの1mは不適切です。

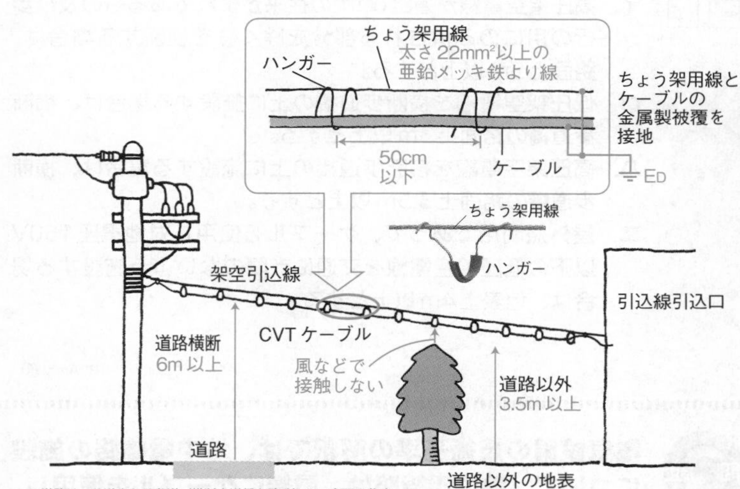

※道路は、公道または私道（横断歩道橋を除く）で、車両の往来がまれであるもの及び歩行の用にのみ供される部分を除く。

参→P.52

答　ニ

架空引込線／地中引込線

175

低圧又は高圧架空電線の高さの記述として、不適切なものは。

イ．高圧架空電線が道路（車両の往来がまれであるもの及び歩行の用にのみ供される部分を除く。）を横断する場合は、路面上5m以上とする。

ロ．低圧架空電線を横断歩道橋の上に施設する場合は、横断歩道橋の路面上3m以上とする。

ハ．高圧架空電線を横断歩道橋の上に施設する場合は、横断歩道橋の路面上3.5m以上とする。

ニ．屋外照明用であって、ケーブルを使用し対地電圧150V以下の低圧架空電線を交通に支障のないよう施設する場合は、地表上4m以上とする。

（R5Am出題）

176

電気設備の技術基準の解釈では、地中電線路の施設について「地中電線路は、電線にケーブルを使用し、かつ、管路式、暗きょ式又は＿＿＿＿により施設すること。」と規定されている。
上記の空欄にあてはまる語句として、正しいものは。

イ．深層埋設式　　ロ．間接埋設式
ハ．直接埋設式　　ニ．浅層埋設式

（H28出題）

出題年度の表記法　R：令和／H：平成、Am：午前／Pm：午後

架空電線が道路を横断するときには、電線の高さは路面から6m以上に施設しなければいけません。よってイが誤りです。

■ 低高圧架空電線の高さ

道路横断		路面上6m
鉄道または軌道横断		レール面上5.5m
横断歩道橋の上	低圧	歩道橋路面上3m
	高圧	歩道橋路面上3.5m
交通に支障のない対地電圧150V以下の屋外照明電線		地表上4m
道路以外の低圧電線		
その他		地表上5m

参→P.52

地中電線路には、管路式、暗きょ式、直接埋設式があります。よって、ハの直接埋設式が正解です。

地中引込線

問題 177

①に示す地中にケーブルを施設する場合、使用する材料と埋設深さの組合せとして、不適切なものは。ただし、材料はJIS規格に適合するものとする。

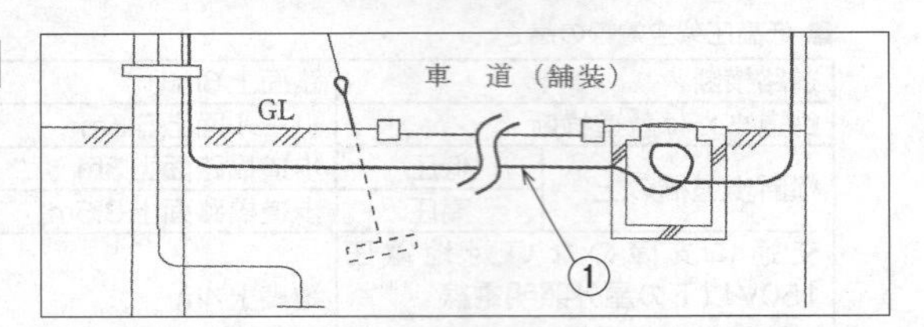

イ. ポリエチレン被覆鋼管
舗装下面から0.3m

ロ. 硬質ポリ塩化ビニル電線管
舗装下面から0.3m

ハ. 波付硬質合成樹脂管
舗装下面から0.6m

ニ. コンクリートトラフ
舗装下面から0.6m

（R3Am出題、類問：H25・H20）

問題 178

①に示す地中高圧ケーブルが屋内に引き込まれる部分に使用される材料として、最も適切なものは。

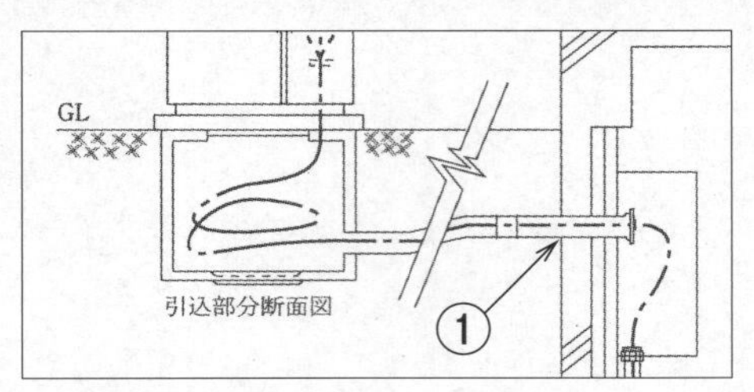

イ. 合成樹脂管
ロ. 防水鋳鉄管
ハ. 金属ダクト
ニ. シーリングフィッチング

（H28出題、同問：H19）

出題年度の表記法　R：令和／H：平成、Am：午前／Pm：午後

引込電線路を管路式で地中に埋設する場合はケーブルを使用し、管の埋設深さは地表面あるいは舗装面下から0.3m以上でなければいけません。また、コンクリートトラフを使用した直接埋設方式の場合は、地表面から1.2m以上(重量物の圧力を受けないときは0.6m以上)となります。設問では車道の下に施設しているので、埋設深さは1.2m以上必要で、ニは不適切です。

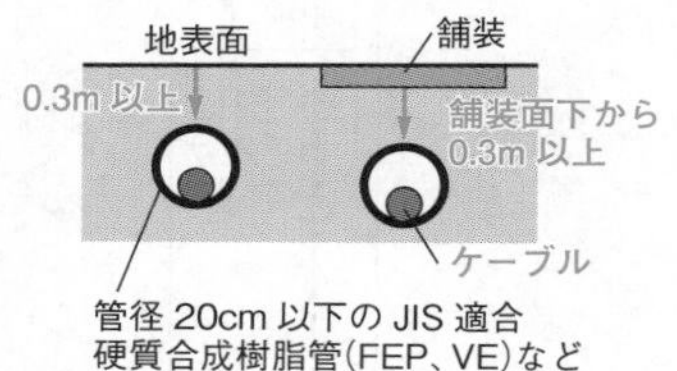

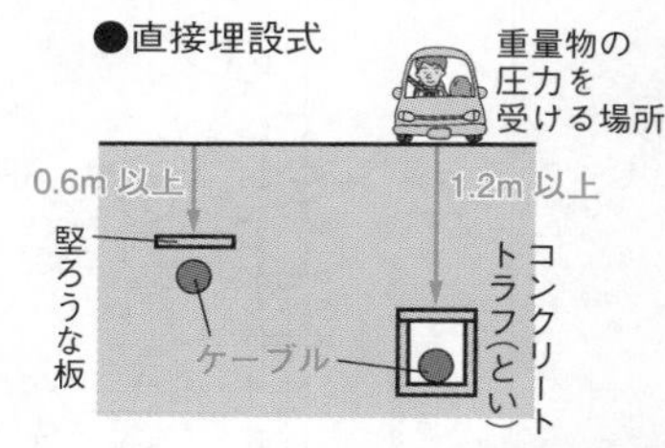

参→P.54

答 ニ

地中からケーブルを建物に引き込む場合、貫通箇所で水漏れを起こすおそれがあるので、防水機能をもった保護管(防水鋳鉄管)を使用します。

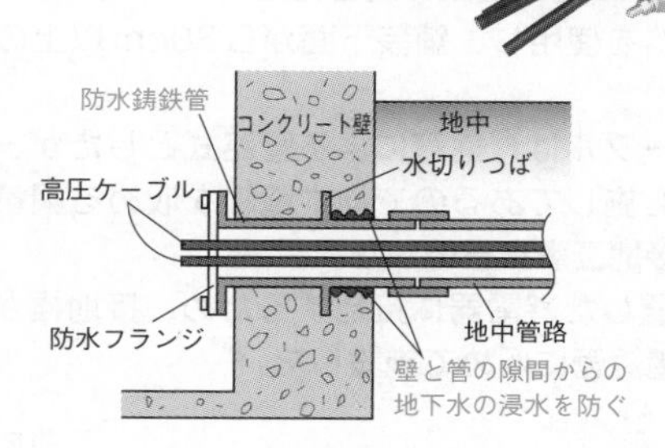

参→P.68

答 ロ

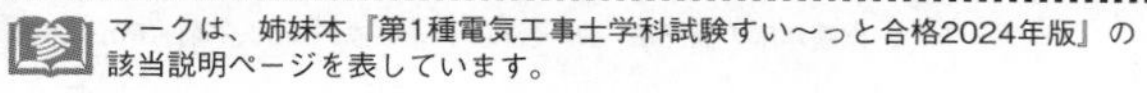
参 マークは、姉妹本『第1種電気工事士学科試験すい〜っと合格2024年版』の該当説明ページを表しています。

地中引込線

①に示す引込柱及び引込ケーブルの施工に関する記述として、不適切なものは。

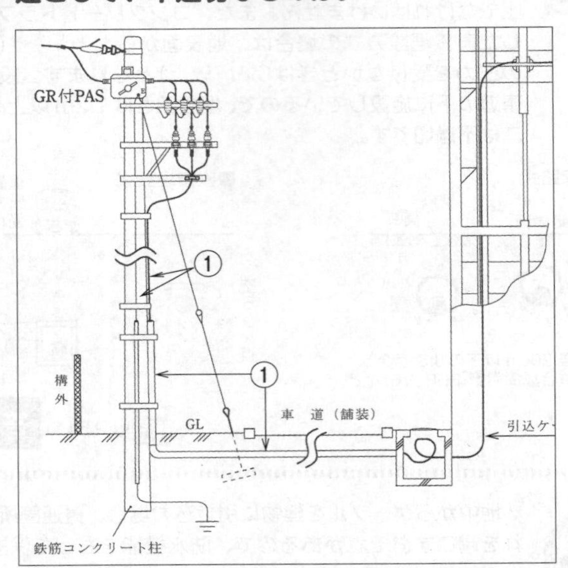

イ. 引込ケーブル立ち上がり部分を防護するため、地表からの高さ2m、地表下0.2mの範囲に防護管(鋼管)を施設し、雨水の浸入を防止する措置を行った。

ロ. 引込ケーブルの地中埋設部分は、需要設備構内であるので、「電力ケーブルの地中埋設の施工方法(JIS C 3653)」に適合する材料を使用し、舗装下面から30cm以上の深さに埋設した。

ハ. 地中引込ケーブルは、鋼管による管路式としたが、鋼管に防食措置を施してあるので地中電線を収める鋼管の金属製部分の接地工事を省略した。

ニ. 引込柱に設置した避雷器に接地するため、接地極からの電線を薄鋼電線管に収めて施設した。

(H27出題)

出題年度の表記法　R：令和／H：平成、Am：午前／Pm：午後

引込柱による高圧ケーブルやアース線の地中引込み方法には、下図のような規定があります。A種・B種接地工事の接地線は、厚さ2mm以上の合成樹脂管(CD管を除く)に収める必要があるので、金属管に収めた二が誤りです。

■引込柱の接地線および高圧ケーブル工事の概要

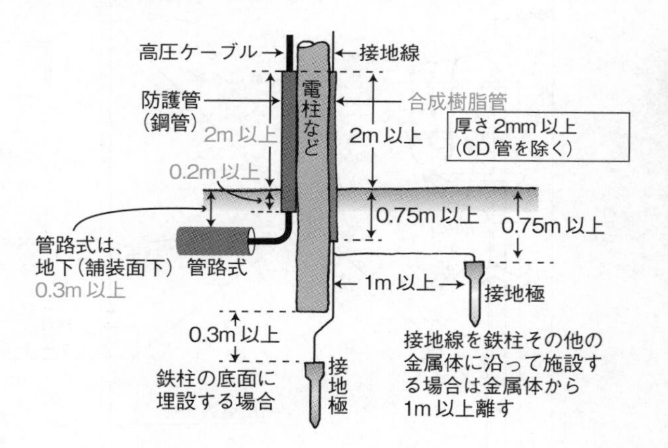

参→P.60

答 二

参 マークは、姉妹本『第1種電気工事士学科試験すい〜っと合格2024年版』の該当説明ページを表しています。

屋側・屋上電線路

①に示す引込柱及び高圧引込ケーブルの施工に関する記述として、不適切なものは。

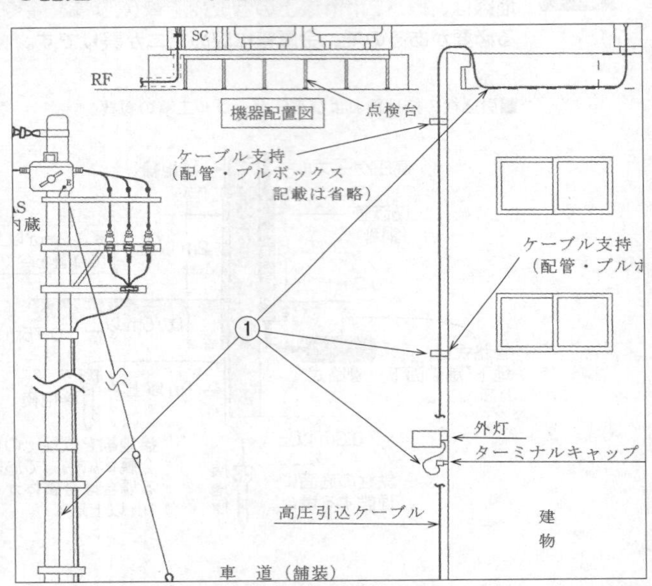

イ. A種接地工事に使用する接地線を人が触れるおそれがある引込柱の側面に立ち上げるため、地表からの高さ2m、地表下0.75mの範囲を厚さ2mm以上の合成樹脂管（CD管を除く）で覆った。

ロ. 造営物に取り付けた外灯の配線と高圧引込ケーブルを0.1m離して施設した。

ハ. 高圧引込ケーブルを造営材の側面に沿って垂直に支持点間6mで施設した。

ニ. 屋上の高圧引込ケーブルを造営材に堅ろうに取り付けた堅ろうなトラフに収め、トラフには取扱者以外の者が容易に開けることができない構造の鉄製のふたを設けた。

（R3Am出題）

出題年度の表記法　R：令和／H：平成、Am：午前／Pm：午後

高圧屋側電線路のケーブルと、その電線路を施設する造営物に施設される他の低圧または特別高圧の電線であって屋側に施設されるもの、管灯回路の配線、弱電流電線等または水管、ガス管もしくはこれらに類するものとの離隔距離は、0.15m以上が必要です。よって、ロが不適切です。

参→P.57

参 マークは、姉妹本『第1種電気工事士学科試験すい〜っと合格2024年版』の該当説明ページを表しています。

高圧屋内配線／接地工事

問題 181

高圧屋内配線をケーブル工事で施設する場合の記述として、誤っているものは。

イ. 電線を電気配線用のパイプシャフト内に施設（垂直につり下げる場合を除く）し、8mの間隔で支持をした。

ロ. 他の弱電流電線との離隔距離を30cmで施設した。

ハ. 低圧屋内配線との間に耐火性の堅ろうな隔壁を設けた。

ニ. ケーブルを耐火性のある堅ろうな管に収め施設した。

（R4Pm出題）

問題 182

①に示すケーブルラックの施工に関する記述として、誤っているものは。

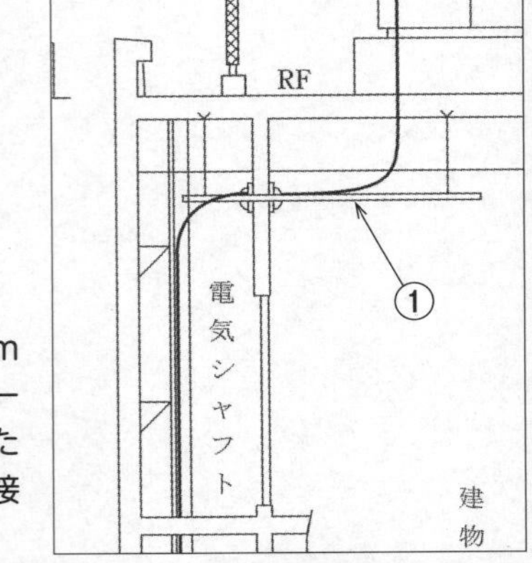

イ. 長さ3m、床上2.1mの高さに設置したケーブルラックを乾燥した場所に施設し、A種接地工事を省略した。

ロ. ケーブルラック上の高圧ケーブルと弱電流電線を15cm離隔して施設した。

ハ. ケーブルラック上の高圧ケーブルの支持点間の距離を、ケーブルが移動しない距離で施設した。

ニ. 電気シャフトの防火壁のケーブルラック貫通部に防火措置を施した。

（R5Pm出題）

出題年度の表記法　R：令和／H：平成、Am：午前／Pm：午後

ケーブル工事の支持点間距離は2m以下で、接触防護措置を施した場所に垂直に取り付ける場合は6m以下でなければならないので、イが誤りです。

なお、電気配線用のパイプシャフト(EPS)内は、種々の電線と作業者の共有スペースですから、高圧ケーブルの接触防護措置は個別に必要です。

参→P.114

答 イ

ケーブルラックはケーブル工事に該当し、その金属部分は高圧ケーブル工事の金属製防護管と同様にA種接地工事が必要です(接触防護措置が施されている場合はD種接地工事)。使用電圧300V超の配線では、接地工事の省略はできないので、イが誤りです。

なお、ケーブル(高圧・低圧問わず)をケーブルラックに施設する場合の支持点間の距離は、ケーブルが移動しないように固定するよう内線規程で定められています。

参→P.57

答 イ

参 マークは、姉妹本『第1種電気工事士学科試験すい〜っと合格2024年版』の該当説明ページを表しています。

接地工事

183

人が触れるおそれがある場所に施設する機械器具の金属製外箱等の接地工事について、電気設備の技術基準の解釈に適合するものは。
ただし、絶縁台は設けないものとする。

イ. 使用電圧200Vの電動機の金属製の台及び外箱には、B種接地工事を施す。

ロ. 使用電圧6kVの変圧器の金属製の台及び外箱には、C種接地工事を施す。

ハ. 使用電圧400Vの電動機の金属製の台及び外箱には、D種接地工事を施す。

ニ. 使用電圧6kVの外箱のない乾式変圧器の鉄心には、A種接地工事を施す。

(H29出題、類問：H25)

184

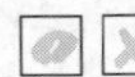

①に示す電路及び接地工事の施工として、不適切なものは。

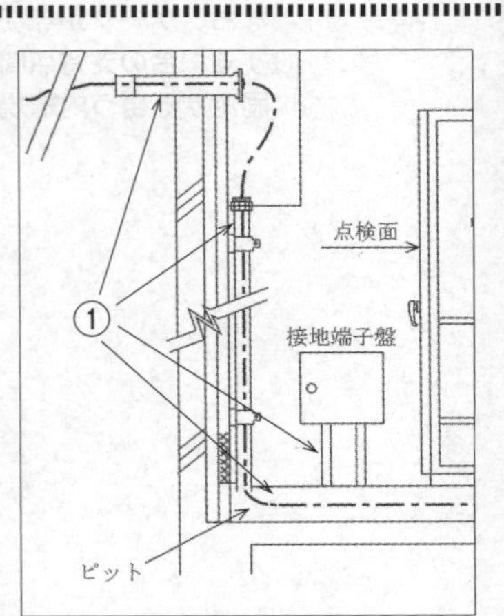

イ. 建物内への地中引込の壁貫通に防水鋳鉄管を使用した。

ロ. 電気室内の高圧引込ケーブルの防護管(管の長さが2mの厚鋼電線管)の接地工事を省略した。

ハ. ピット内の高圧引込ケーブルの支持に樹脂製のクリートを使用した。

ニ. 接地端子盤への接地線の立上りに硬質ポリ塩化ビニル電線管を使用した。

(R4Am出題)

出題年度の表記法　R：令和／H：平成、Am：午前／Pm：午後

イは使用電圧200V(300V以下)ですからD種接地工事、ロの高圧機器の金属外箱(外箱のない変圧器はその鉄心)はA種接地工事、ハの使用電圧400V(300V超)の電動機(低圧機器)にはC種接地工事を施します。よって二が適合します。

接地工事の種類	対　象
A種接地工事	・高圧機器の鉄台や金属製外箱　・避雷器 ・屋内配線の高圧ケーブルの遮へい銅テープ
B種接地工事	・変圧器の低圧二次側中性点、あるいは300V以下の二次側1線
C種接地工事	300Vを超える低圧機器の鉄台や金属製外箱
D種接地工事	・300V以下の低圧機器の鉄台や金属製外箱 ・計器用変圧器、変流器の二次側 ・接触防護措置を施した屋内高圧ケーブルの遮へい銅テープ ・架空ケーブルのちょう架用線 ・架空ケーブルの金属被覆

※外箱のない変圧器または計器用変成器にあっては、使用電圧の区分に応じ、鉄心に外箱相当の接地工事を施します。

参→P.58

答　二

高圧ケーブルを収めた金属製防護管にはA種接地工事(接触防護措置が施されている場合はD種接地工事)が必要になります。使用電圧300V超では、接地の省略はできません。

参→P.58

答　ロ

参 マークは、姉妹本『第1種電気工事士学科試験すい〜っと合格2024年版』の該当説明ページを表しています。

問題 185

受電設備内に使用される機器類などに施す接地に関する記述で、不適切なものは。

イ．高圧電路に取り付けた変流器の二次側電路の接地は、D種接地工事である。

ロ．計器用変圧器の二次側電路の接地は、B種接地工事である。

ハ．高圧変圧器の外箱の接地の主目的は、感電保護であり、接地抵抗値は10Ω以下と定められている。

ニ．高圧電路と低圧電路を結合する変圧器の低圧側の中性点又は低圧側の1端子に施す接地は、混触による低圧側の対地電圧の上昇を制限するための接地であり、故障の際に流れる電流を安全に通じることができるものであること。

（R2出題、同問：H24）

問題 186

図に示す高圧キュービクル内に設置した機器の接地工事において、使用する接地線の太さ及び種類について、適切なものは。

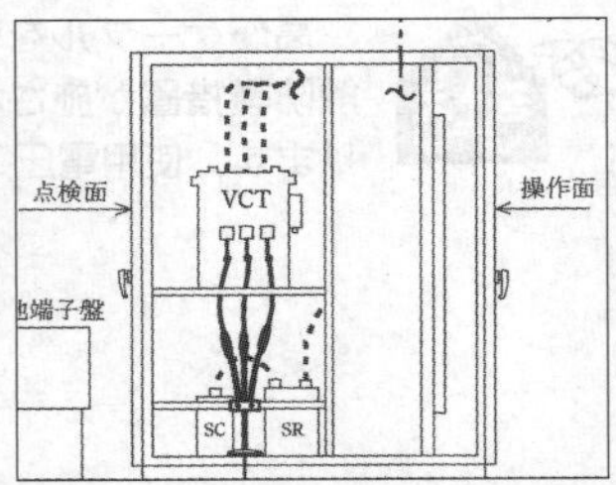

イ．変圧器二次側、低圧の1端子に施す接地線に、断面積3.5mm²の軟銅線を使用した。

ロ．変圧器の金属製外箱に施す接地線に、直径2.0mmの硬アルミ線を使用した。

ハ．LBSの金属製部分に施す接地線に、直径1.6mmの硬銅線を使用した。

ニ．高圧進相コンデンサの金属製外箱に施す接地線に、断面積5.5mm²の軟銅線を使用した。

（H28出題、同問：H21）

出題年度の表記法　R：令和／H：平成、Am：午前／Pm：午後

下表より、計器用変圧器(VT)の二次側にはD種接地工事を施します。よって、ロが誤りです。

接地工事の種類	対　象
A種接地工事	・高圧機器の鉄台や金属製外箱　・避雷器 ・屋内配線の高圧ケーブルの遮へい銅テープ
B種接地工事	・変圧器の低圧二次側中性点、あるいは300V以下の二次側1線
C種接地工事	300Vを超える低圧機器の鉄台や金属製外箱
D種接地工事	・300V以下の低圧機器の鉄台や金属製外箱 ・計器用変圧器、変流器の二次側 ・接触防護措置を施した屋内高圧ケーブルの遮へい銅テープ ・架空ケーブルのちょう架用線 ・架空ケーブルの金属被覆

※外箱のない変圧器または計器用変成器にあっては、使用電圧の区分に応じ、鉄心に外箱相当の接地工事を施します。

参→P.58

イはB種接地工事、ロ、ハ、ニはA種接地工事の接地線に関する記述です。

電気設備の技術基準では、A種およびB種の接地線は、直径2.6mm以上の軟銅線と規定されています。

ただし内線規程によれば、A種接地の接地線は、断面積5.5mm²以上のより線でもよいとされています。つまり、規程を満たしているのはニのみとなります。

■ 接地工事の種類と概要

接地種	接地抵抗値	接地線の太さ
A	10Ω以下	2.6mm(5.5mm²)以上 (避雷器は14mm²以上)
B	150／I[Ω]以下 (300／I、600／I) Iは高圧側1線地絡電流[A]	
C	10Ω以下＊	1.6mm以上
D	100Ω以下＊	
＊0.5秒以内に自動的に電路を遮断する装置があれば500Ω以下にできる		

参→P.58

接地工事

①に示す高圧キュービクル内に設置した機器の接地工事に使用する軟銅線の太さに関する記述として、適切なものは。

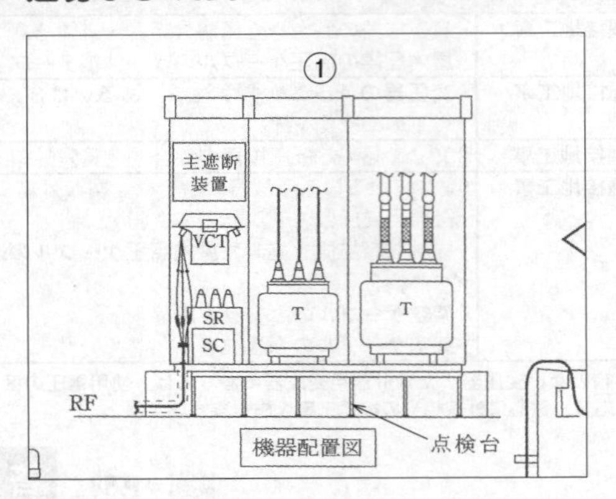

イ. 高圧電路と低圧電路を結合する変圧器の金属製外箱に施す接地線に、直径2.0mmの軟銅線を使用した。

ロ. LBSの金属製部分に施す接地線に、直径2.0mmの軟銅線を使用した。

ハ. 高圧進相コンデンサの金属製外箱に施す接地線に、3.5mm^{2}の軟銅線を使用した。

ニ. 定格負担100V·Aの高圧計器用変成器の２次側電路に施す接地線に、3.5mm^{2}の軟銅線を使用した。

(R3Am出題)

イ、ロ、ハの高圧機器の金属製外箱や金属部分はA種接地工事を施しますから、その接地線の太さは2.6mm（$5.5mm^2$）以上が必要です。計器用変成器や変圧器の二次側にはD種接地工事を施しますから、接地線の太さは1.6mm（$2mm^2$）以上です。よってニが適切です。

■ 接地工事の種類と概要

<table>
<tr><th>接地工事の種類</th><th>対　象</th><th>接地線の太さ</th></tr>
<tr><td>A種接地工事</td><td>・高圧機器の鉄台や金属製外箱　・避雷器
・屋内配線の高圧ケーブルの遮へい銅テープ</td><td rowspan="2">2.6mm以上
（$5.5mm^2$以上）
避雷器は$14mm^2$以上</td></tr>
<tr><td>B種接地工事</td><td>・変圧器の低圧二次側中性点、あるいは300V以下の二次側1線</td></tr>
<tr><td>C種接地工事</td><td>300Vを超える低圧機器の鉄台や金属製外箱</td><td rowspan="2">1.6mm以上</td></tr>
<tr><td>D種接地工事</td><td>・300V以下の低圧機器の鉄台や金属製外箱
・計器用変圧器、変流器の二次側
・接触防護措置を施した屋内高圧ケーブルの遮へい銅テープ
・架空ケーブルのちょう架用線
・架空ケーブルの金属被覆</td></tr>
</table>

参 → P.58

接地工事

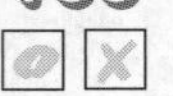

自家用電気工作物として施設する電路又は機器について、C種接地工事を施さなければならないものは。

イ. 使用電圧400Vの電動機の鉄台

ロ. 6.6kV/210Vの変圧器の低圧側の中性点

ハ. 高圧電路に施設する避雷器

ニ. 高圧計器用変成器の二次側電路

(R2出題)

接地工事に関する記述として、不適切なものは。

イ. 人が触れるおそれのある場所で、B種接地工事の接地線を地表上2mまで金属管で保護した。

ロ. D種接地工事の接地極をA種接地工事の接地極(避雷器用を除く)と共用して、接地抵抗を10Ω以下とした。

ハ. 地中に埋設する接地極に大きさ900mm×900mm×1.6mmの銅板を使用した。

ニ. 接触防護措置を施していない400V低圧屋内配線において、電線を収めるための金属管にC種接地工事を施した。

(R1出題、同問：H26・H23・H20)

出題年度の表記法　R：令和／H：平成、Am：午前／Pm：午後

C種接地工事は、300Vを超える低圧用機器に施すものですからイが該当します。ロはB種接地工事、ハはA種接地工事、ニはD種接地工事の対象です。

接地工事の種類	対　象
A種接地工事	・高圧機器の鉄台や金属製外箱　・避雷器 ・屋内配線の高圧ケーブルの遮へい銅テープ
B種接地工事	・変圧器の低圧二次側中性点、あるいは300V以下の二次側1線
C種接地工事	300Vを超える低圧機器の鉄台や金属製外箱
D種接地工事	・300V以下の低圧機器の鉄台や金属製外箱 ・計器用変圧器、変流器の二次側 ・接触防護措置を施した屋内高圧ケーブルの遮へい銅テープ ・架空ケーブルのちょう架用線 ・架空ケーブルの金属被覆

※外箱のない変圧器または計器用変成器にあっては、使用電圧の区分に応じ、鉄心に外箱相当の接地工事を施します。

参→P.58

A種およびB種の接地工事では、接地線に人が触れるおそれがある場所では、厚さ2mm以上の合成樹脂管（CD管を除く）を用いて地上2m以上、地下0.75m以上を保護しなければなりません。イの金属管は使用できません。

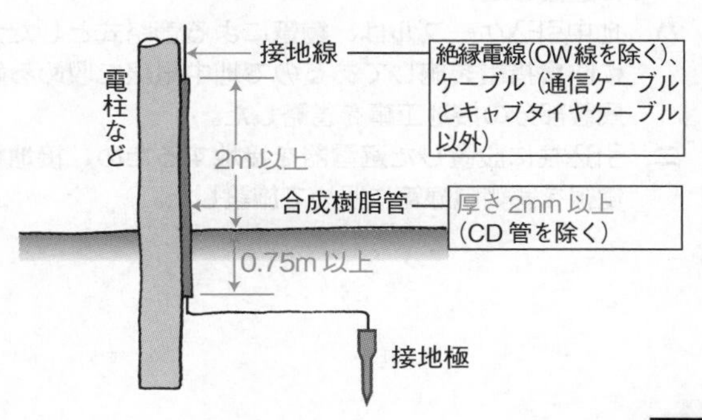

参→P.60

参マークは、姉妹本『第1種電気工事士学科試験すい〜っと合格2024年版』の該当説明ページを表しています。

高圧ケーブル工事

①に示す引込柱及び引込ケーブルの施工に関する記述として、不適切なものは。

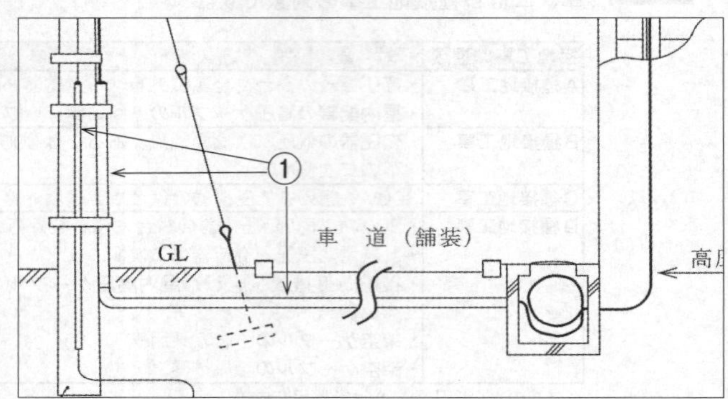

イ. 引込ケーブル立ち上がり部分を防護するため、地表からの高さ2m、地表下0.2mの範囲に防護管（鋼管）を施設し、雨水の侵入を防止する措置を行った。

ロ. 引込ケーブルの地中埋設部分は、需要設備構内であるので、「電力ケーブルの地中埋設の施工方法（JIS C 3653）」に適合する材料を使用し、舗装下面から30cm以上の深さに埋設した。

ハ. 地中引込ケーブルは、鋼管による管路式としたが、鋼管に防食措置を施してあるので地中電線を収める鋼管の金属製部分の接地工事を省略した。

ニ. 引込柱に設置した避雷器を接地するため、接地極からの電線を薄鋼電線管に収めて施設した。

（R5Pm出題）

出題年度の表記法　R：令和／H：平成、Am：午前／Pm：午後

避雷器の接地線や柱上変圧器の低圧側一線の接地線など、A種およびB種の接地線を人が触れるおそれがある場所に施設する場合は、厚さ2mm以上の合成樹脂管（CD管を除く）に収めなければいけません（地上2m以上、地下75cm以上）。薄鋼電線管などの金属管には収められません。

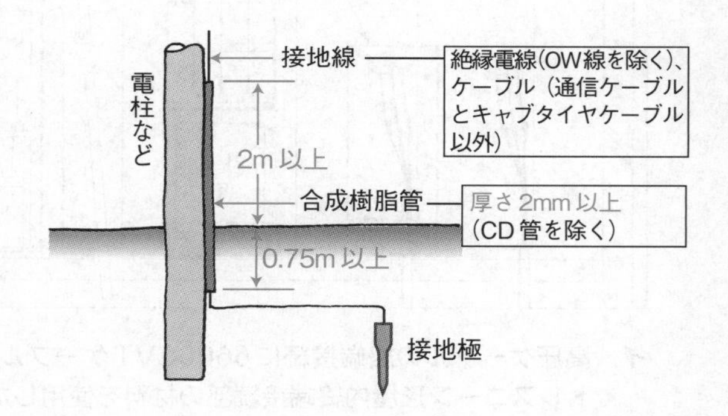

参マークは、姉妹本『第1種電気工事士学科試験すい～っと合格2024年版』の該当説明ページを表しています。

高圧ケーブル工事

191

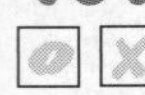

①に示す高圧ケーブルの施工として、不適切なものは。ただし、高圧ケーブルは6600V CVTケーブルを使用するものとする。

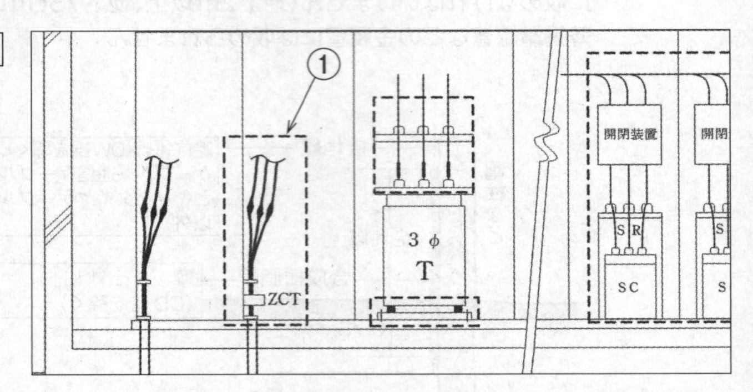

イ. 高圧ケーブルの終端接続に6600CVTケーブル用ゴムストレスコーン形屋内終端接続部の材料を使用した。

ロ. 高圧分岐ケーブル系統の地絡電流を検出するための零相変流器をR相とT相に設置した。

ハ. 高圧ケーブルの銅シールドに、A種接地工事を施した。

ニ. キュービクル内の高圧ケーブルの支持にケーブルブラケットを使用し、3線一括で固定した。

（R4Pm出題）

零相変流器は、R相、S相、T相の3本すべてを貫通させて地絡発生を感知します。よって、ロが不適切です。

■回路正常時

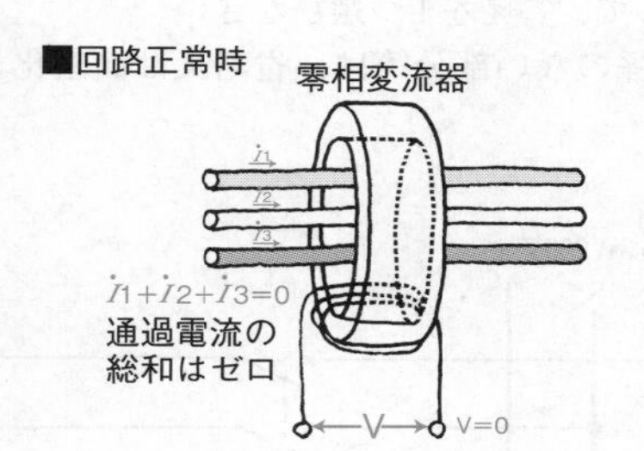

■地絡発生時

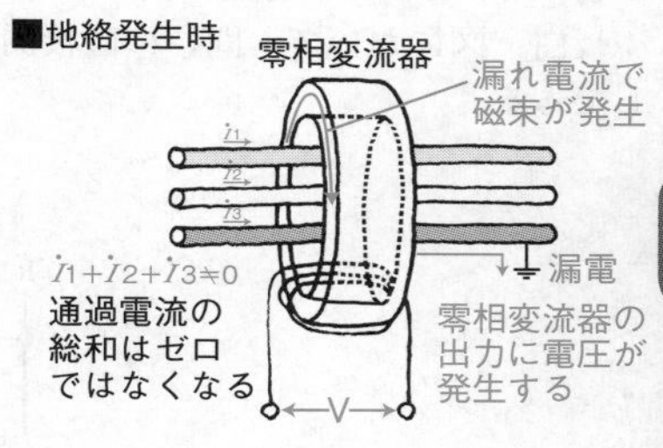

参→P.60

答 ロ

問い192から問い203までは、下の図に関する問題である。

図は、三相誘導電動機（Y－Δ始動）の始動制御回路図である。この図の矢印で示す10箇所に関する各問いには、4通りの答え（イ、ロ、ハ、ニ）が書いてある。それぞれの問いに対して、答えを1つ選びなさい。

［注］ 図において、問いに直接関係のない部分等は、省略又は簡略化してある。

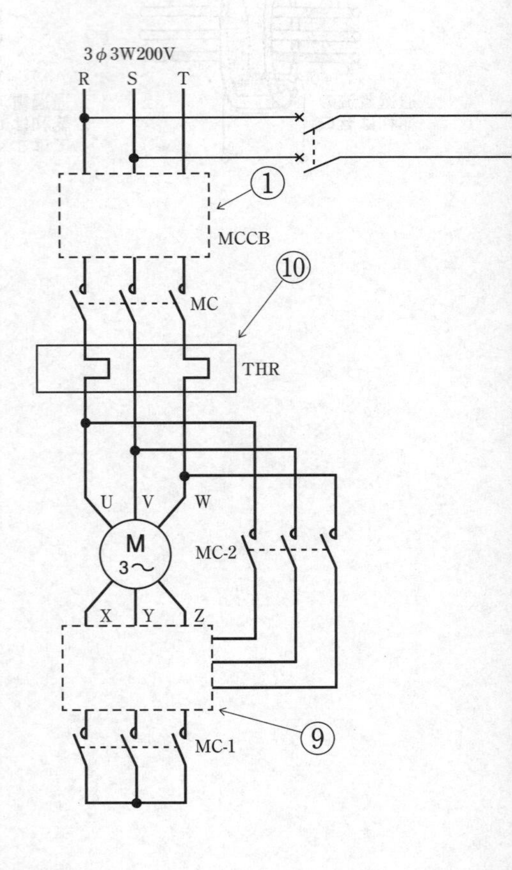

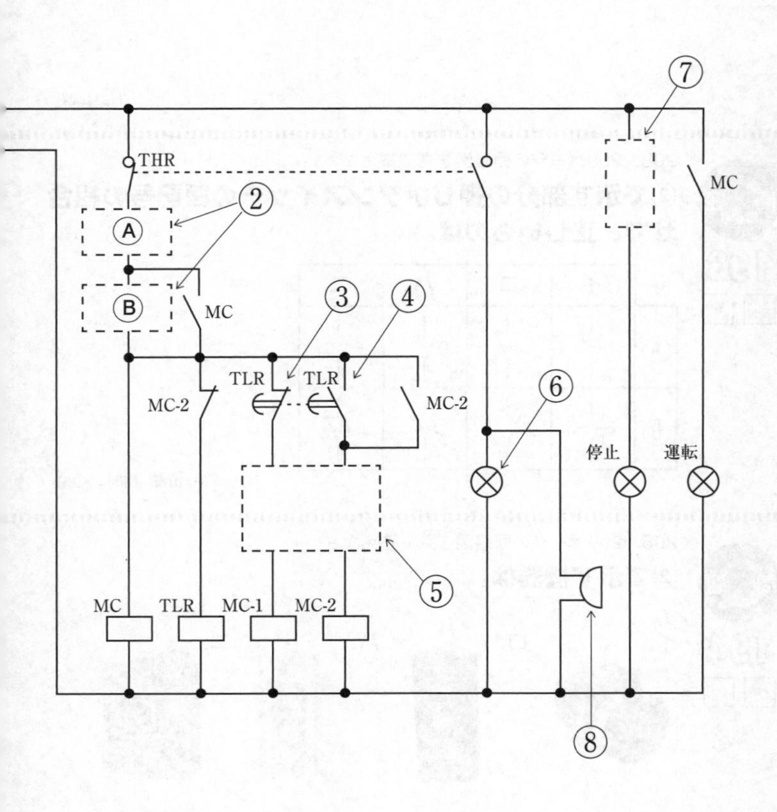

(R2・R1・H25・H21出題)

208、209ページの回路図を見て答えなさい

問題192 ①の部分に設置する機器の図記号は。

イ.　　　ロ.　　　ハ.　　　ニ.

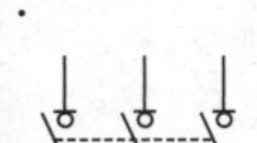

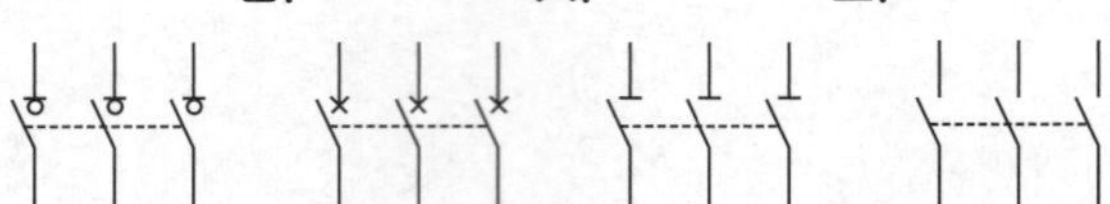

(H21出題)

208、209ページの回路図を見て答えなさい

問題193 ②で示す部分の押しボタンスイッチの図記号の組合せで、正しいものは。

	イ	ロ	ハ	ニ
Ⓐ				
Ⓑ				

(R1出題、同問：H25)

208、209ページの回路図を見て答えなさい

問題194 ②で示す機器は。

イ.

ロ.

ハ.

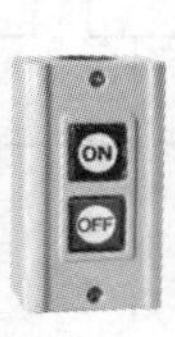

ニ.

(H21出題、同問：R5Pm)

出題年度の表記法　R：令和／H：平成、Am：午前／Pm：午後

MCCB(Molded-Case Circuit Breakers：モールドケース・サーキット・ブレーカ)は、配線用遮断器です。

したがって、ロが正解です。

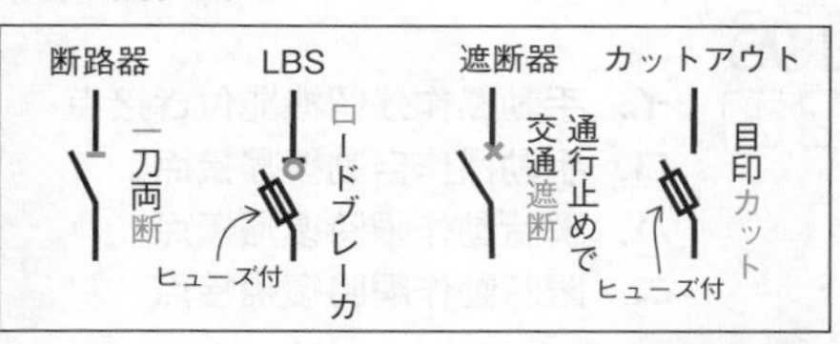

参→P.90

②にはメーク接点タイプまたはブレーク接点タイプの押しボタンスイッチが入りますが、MC(電磁接触器)のメーク接点で自己保持をする Ⓑ の部分に入るのは、電動機を始動させる運転ボタン(メーク接点)が入ります。 Ⓐ には、電動機を停止させる停止ボタン(ブレーク接点)が入ります。ロとハの図記号は、非自動復帰ひねりスイッチです。

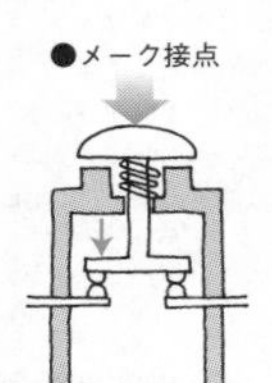

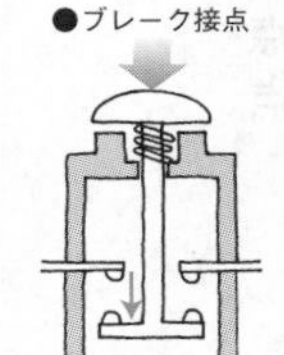

参→P.88

解答肢はいずれも押しボタンスイッチですが、設問の場所にはメーク接点とブレーク接点が1つずつあって、電動機の始動と停止を行う回路ですから、ハが正解です。

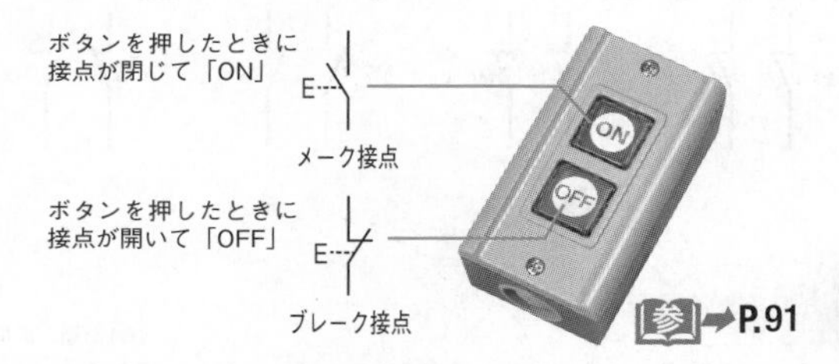

参→P.91

答 ハ

参 マークは、姉妹本『第1種電気工事士学科試験すい～っと合格2024年版』の該当説明ページを表しています。

208、209ページの回路図を見て答えなさい

③で示すブレーク接点は。

問題 195

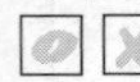

イ．手動操作残留機能付き接点
ロ．手動操作自動復帰接点
ハ．瞬時動作限時復帰接点
ニ．限時動作瞬時復帰接点

（R1出題、同問：H18）

208、209ページの回路図を見て答えなさい

④で示す図記号の接点は。

問題 196

イ．残留機能付きメーク接点
ロ．自動復帰するメーク接点
ハ．限時動作瞬時復帰のメーク接点
ニ．瞬時動作限時復帰のメーク接点

（H25出題）

208、209ページの回路図を見て答えなさい

⑤の部分のインタロック回路の結線図は。

問題 197

イ．MC-1　MC-2
ロ．MC-2　MC-1
ハ．MC-2　MC-1
ニ．MC-2　MC-1

（R1出題、同問：H21）

③の図記号は、限時継電器(TLR：タイム・ラグ・リレー)の限時動作瞬時復帰するブレーク接点です。

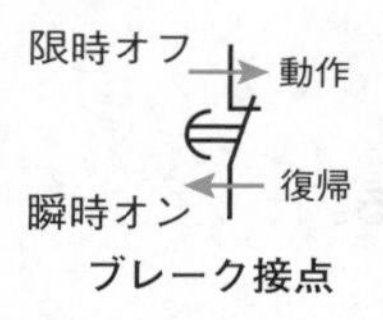

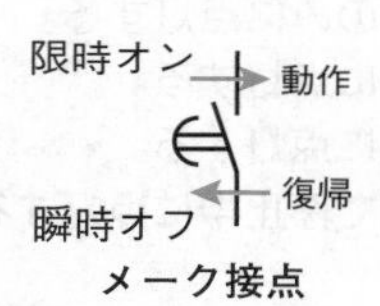

パラシュートがゆっくり(限時)下降するようすをイメージするとよい

参→P.83

④の図記号は、限時継電器(TLR)の限時動作瞬時復帰するメーク接点です。

限時継電器

参→P.83

MC-1とMC-2が同時に通電すると電源がショートするので、必ず、どちらか一方しか入らないよう、接点駆動用コイルとブレーク接点をお互いにたすきがけしてインタロックを組みます。正解はロです。

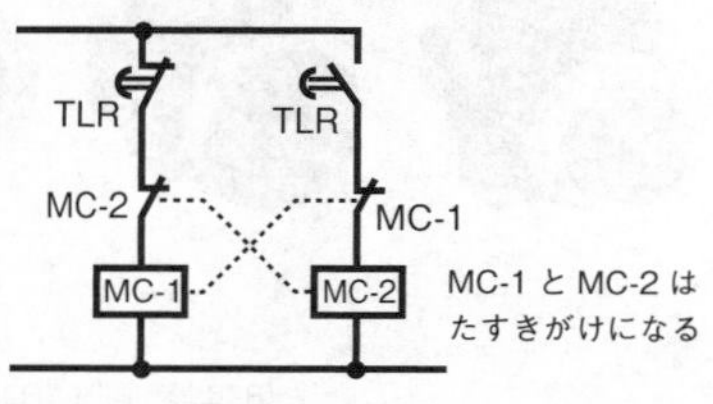

MC-1 と MC-2 は
たすきがけになる

参→P.88

208、209ページの回路図を見て答えなさい

⑥の表示灯が点灯するのは。

198

イ．電動機が始動中のみに点灯する。
ロ．電動機が停止中に点灯する。
ハ．電動機が運転中に点灯する。
ニ．電動機が過負荷で停止中に点灯する。

（H21出題）

208、209ページの回路図を見て答えなさい

⑦で示す部分の結線図は。

199

イ．

MC-1　MC-2

ロ．

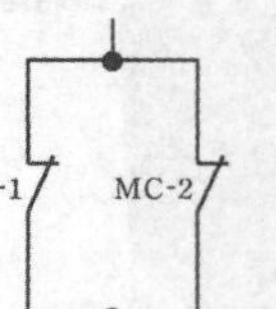

ハ．　ニ．

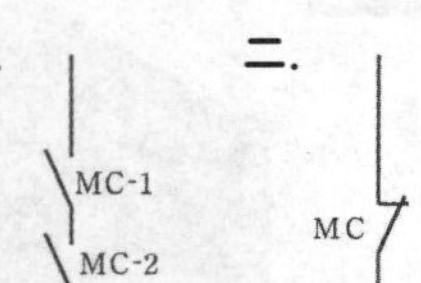

（H25出題）

208、209ページの回路図を見て答えなさい

⑧で示す図記号の機器は。

200

イ．

ロ．

ハ．

ニ．

（R2出題、同問：H25、類問：H28）

出題年度の表記法　R：令和／H：平成、Am：午前／Pm：午後

この表示灯は熱動継電器(THR)の接点と連動しているので、電動機に過電流が流れたときに接点が作動して点灯します。

参→P.89

⑦が導通状態になると、「停止」を表す表示灯が点灯するので、電動機が動いていないときにつながっている接点を選びます。

スター結線(MC-1がオン)、デルタ結線(MC-2がオン)にかかわらず、MCがオン状態でないと電動機は回転しませんし、MCがオフのときには停止します。したがってこの部分には、MCがオフのときに接点がつながる、MCのブレーク接点が入ります。

参→P.88

⑧はブザーを表す図記号なので、写真はイです。

写真のロは表示灯、ハは押しボタンスイッチ、ニは警報ベルです。

参 マークは、姉妹本『第1種電気工事士学科試験すい〜っと合格2024年版』の該当説明ページを表しています。

問題 201

208、209ページの回路図を見て答えなさい

⑨の部分の結線図で、正しいものは。

イ.　　ロ.　　ハ.　　ニ.

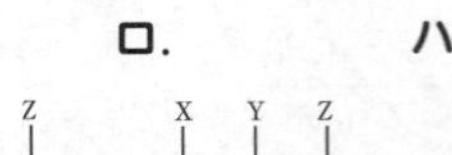

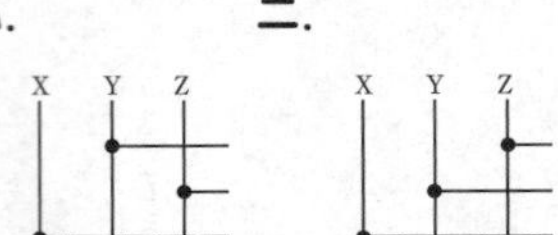

(R1出題、同問：H21)

問題 202

208、209ページの回路図を見て答えなさい

⑩で示す図記号の機器は。

イ.　　ロ.　　ハ.　　ニ.

(R1出題、同問：H26、類問：H25)

問題 203

208、209ページの回路図を見て答えなさい

⑩の部分に設置する機器は。

イ.　電磁接触器
ロ.　限時継電器
ハ.　熱動継電器
ニ.　始動継電器

(H25出題、類問：R1・H26)

MC-2が閉じてΔ(デルタ)結線になる配線を考えます。Δ結線は電動機内の3つのコイルを1周まわるように結線します。したがってMC-2が閉じたとき、Δ結線になるのはハだけです。なお、MC-1が閉じると3つのコイルは1点で交わりY(スター)結線になります。

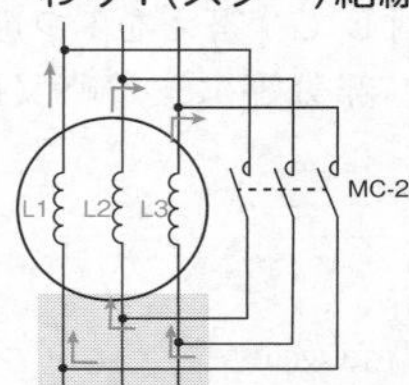

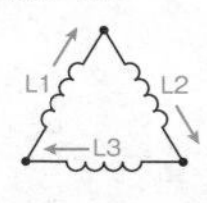

参→P.88

⑩のTHRは熱動継電器(サーマルリレー)ですから、写真はハです。

熱動継電器の丸いダイヤルは電流調整ダイヤルで、その右側にあるのはリセットボタンです。安全確保や異常発生の確認のため、通常、リセットボタンを押して手動でリセットします。

写真イは電磁継電器(リレー)、ロは電磁接触器と熱動継電器を組み合わせた電磁開閉器、ニは限時継電器(タイマリレー)です。

参→P.81

⑩の図記号とTHR(THR:サーマルリレー)の表記は、熱動継電器を表しています。熱動継電器は、電動機に過電流が流れたときに検知して、接点を開放します。

参→P.81

参 マークは、姉妹本『第1種電気工事士学科試験すい〜っと合格2024年版』の該当説明ページを表しています。

運転制御回路

問い204から問い213までは、下の図に関する問題である。

図は、三相誘導電動機を、押しボタンの操作により始動させ、タイマの設定時間で停止させる制御回路である。

この図の矢印で示す8箇所に関する各問いには、4通りの答え(イ、ロ、ハ、ニ)が書いてある、それぞれの問いに対して、答えを1つ選びなさい。

[注]図において、問いに直接関係のない部分等は、省略又は簡略化してある。

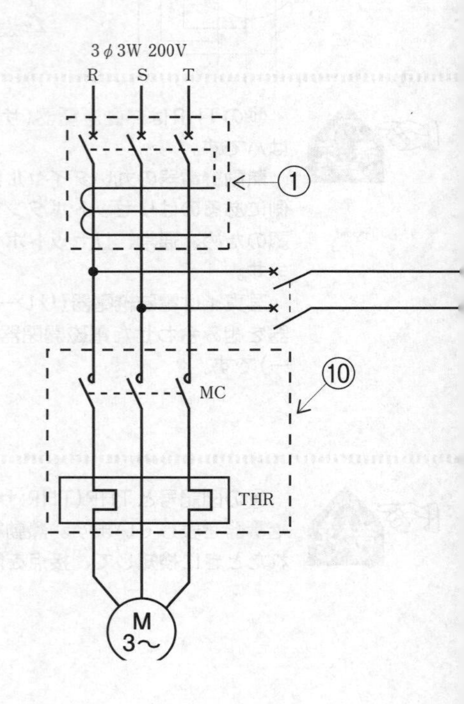

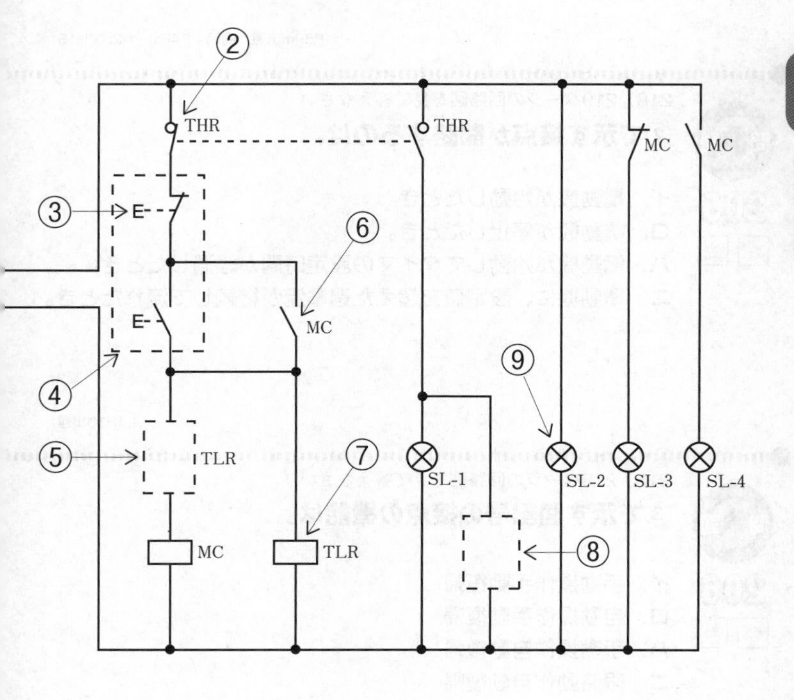

（R5Pm・R4Pm・H28、H18出題）

運転制御回路

218、219ページの回路図を見て答えなさい

問題204 ①の部分に設置する機器は。

イ．配線用遮断器
ロ．電磁接触器
ハ．電磁開閉器
ニ．漏電遮断器（過負荷保護付）

（R5Pm出題、同問：P4Pm・H28・H18）

218、219ページの回路図を見て答えなさい

問題205 ②で示す接点が開路するのは。

イ．電動機が始動したとき。
ロ．電動機が停止したとき。
ハ．電動機が始動してタイマの設定時間が経過したとき。
ニ．電動機に、設定値を超えた過電流が継続して流れたとき。

（H18出題）

218、219ページの回路図を見て答えなさい

問題206 ③で示す図記号の接点の機能は。

イ．手動操作手動復帰
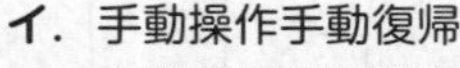
ロ．自動操作手動復帰

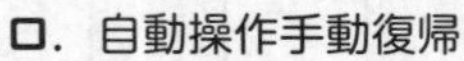
ハ．手動操作自動復帰
ニ．限時動作自動復帰

（R5Pm出題）

出題年度の表記法　R：令和／H：平成、Am：午前／Pm：午後

①の図記号は、漏電遮断器(過負荷保護付)です。零相変流器で漏電電流(地絡電流)を検知して、漏電発生時に遮断器を開き電路を遮断します。また、遮断器は過電流を検知して電路を遮断する過負荷保護機能を有しています。

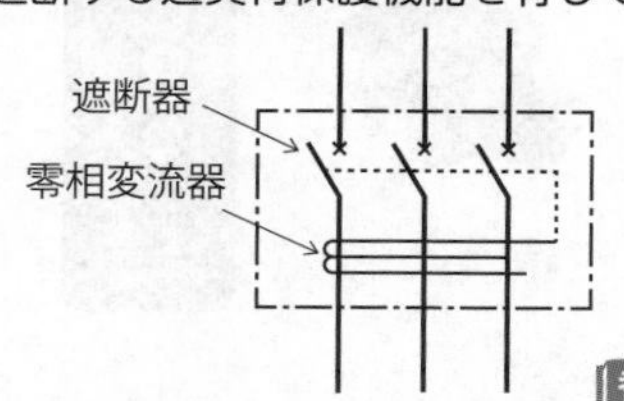

参 P.90

この接点は、THRの表記があることから、熱動継電器(THR:サーマルリレー)のブレーク接点であることがわかります。熱動継電器は、電動機に過電流が流れると継電器内部のヒータでバイメタルが湾曲して接点を開きます。正解はニです。

③の接点は、手動操作(動作)自動復帰型のブレーク接点です。押しボタンを押している間だけ接点が開き、押すのをやめると接点が閉じます。

電動機制御

 マークは、姉妹本『第1種電気工事士学科試験すい〜っと合格2024年版』の該当説明ページを表しています。

運転制御回路

218、219ページの回路図を見て答えなさい

問題207 ④で示す機器は。

イ.

ロ.

ハ.

ニ.
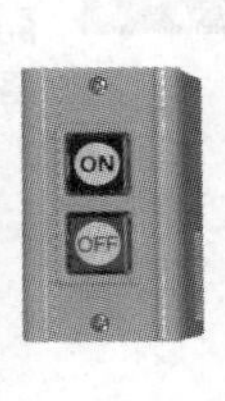

(R5Pm出題、同問：H21)

218、219ページの回路図を見て答えなさい

問題208 ⑤で示す部分に使用される接点の図記号は。

イ.
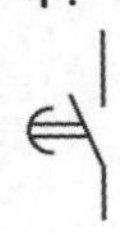

ロ.

ハ.
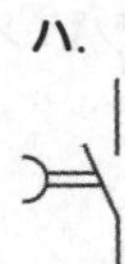

ニ.

(R5Pm出題、同問：R4Pm・H28)

218、219ページの回路図を見て答えなさい

問題209 ⑥で示す接点の役割は。

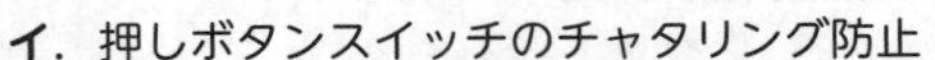

イ. 押しボタンスイッチのチャタリング防止

ロ. タイマの設定時間経過前に電動機が停止しないためのインタロック

ハ. 電磁接触器の自己保持

ニ. 押しボタンスイッチの故障防止

(R4Pm出題、同問：H28)

出題年度の表記法　R：令和／H：平成、Am：午前／Pm：午後

④はメーク接点とブレーク接点が1つずつあって、電動機の始動と停止を行う回路ですから、ニが正解です。

参→P.91

⑤の部分に入る接点は、TLR(限時継電器：タイム・ラグ・リレー)の限時動作瞬時復帰のブレーク接点です。TLRが設定時間になると接点が開き、MC(電磁接触器)がオフになり電動機が停止します。図記号はロになります。

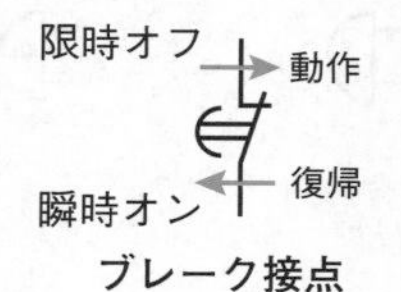

限時オン 動作 瞬時オフ 復帰 メーク接点

パラシュートがゆっくり(限時)下降するようすをイメージするとよい

参→P.83

⑥は、MC(電磁接触器)の自己保持接点です。左隣にある始動用押しボタンを押し、指を離して接点が自動復帰しても、この自己保持接点によりMCに電気が流れ続け、電動機は回転を続けます。

参 マークは、姉妹本『第1種電気工事士学科試験すい〜っと合格2024年版』の該当説明ページを表しています。

運転制御回路

218、219ページの回路図を見て答えなさい

問題 210

⑦に設置する機器は。

イ.

ロ.

ハ.

ニ.

(R4Pm出題、同問：H28)

218、219ページの回路図を見て答えなさい

問題 211

⑧で示す部分に使用されるブザーの図記号は。

イ.　　ロ.　　ハ.　　ニ.

(R5Pm出題、同問：R4Pm・H28)

218、219ページの回路図を見て答えなさい

問題 212

⑨で示すランプの表示は。

イ. 電源　　ロ. 故障　　ハ. 停止　　ニ. 運転

(H18出題)

出題年度の表記法　R：令和／H：平成、Am：午前／Pm：午後

⑦のTLR（限時継電器：タイムラグリレー）の写真はニです。
写真のイは電磁継電器（リレー）、ロは電磁接触器、ハはタイムスイッチです。

参→P.81

日本工業規格（JIS） C0617-1 ～ 13＜電気用図記号＞による制御回路用のブザーの図記号はイです。なお、住宅配線図で玄関ブザーなどを表すときは、JIS C0303：2000＜構内電気設備の配線用図記号＞に基づく図記号を使用します。

	JIS C0617	JIS C0303
ブザー		
ベル		

参→P.93

このランプは、電源に並列に接続されているので、電源表示ランプです。

運転制御回路

213

218、219ページの回路図を見て答えなさい

⑩に設置する機器は。

イ.

ロ.

ハ.

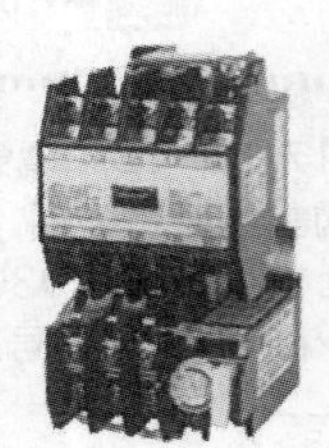

ニ.

(H18出題)

出題年度の表記法　R：令和／H：平成、Am：午前／Pm：午後

図中の⑩は、電磁接触器(MC:エレクトロマグネチック・コンタクト)と熱動継電器(THR)とを組み合わせた電磁開閉器(MS:エレクトロマグネチック・スイッチ)です。

電磁接触器は単なる電磁リレーと違い、モータの大電流用接点のほか、制御回路用の補助接点をもっています。

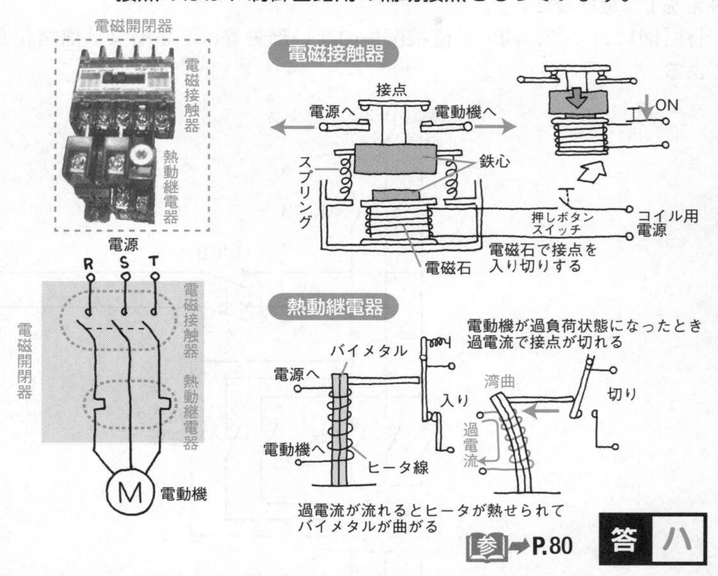

参→P.80

答 ハ

参 マークは、姉妹本『第1種電気工事士学科試験すい～っと合格2024年版』の該当説明ページを表しています。

問い214から問い221までは、下の図に関する問題である。

図は、三相誘導電動機を、押しボタンスイッチの操作により正逆運転させる制御回路である。この図の矢印で示す8箇所に関する各問いには、4通りの答え(イ、ロ、ハ、ニ)が書いてある。それぞれの問いに対して、答えを1つ選びなさい。

[注]図において、問いに直接関係のない部分等は、省略又は簡略化してある。

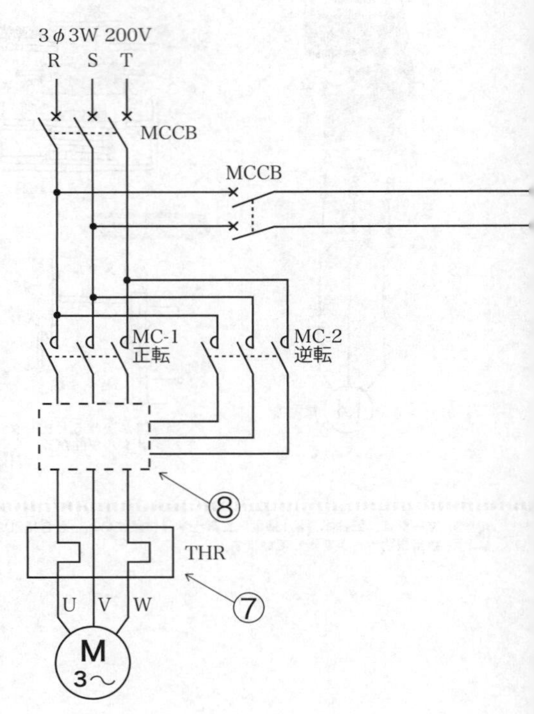

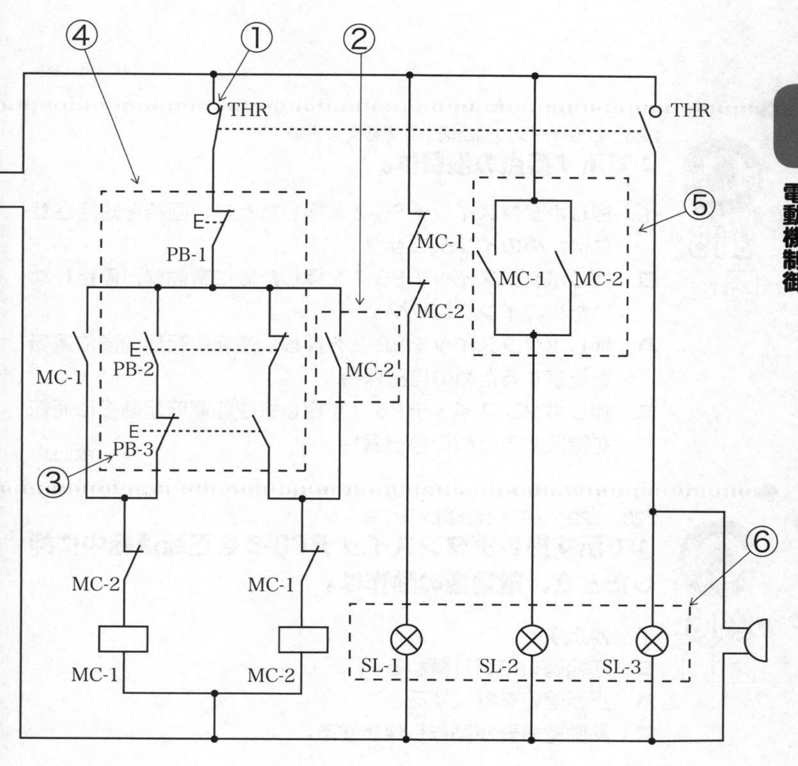
④
①
②
THR
THR
E
PB-1
MC-1
MC-2
⑤
MC-1
MC-2
E
PB-2
MC-1
MC-2
E
PB-3
③
⑥
MC-2
MC-1
MC-1
MC-2
SL-1
SL-2
SL-3

（R2・H26出題）

運転制御回路

214

228、229ページの回路図を見て答えなさい

①で示す接点が開路するのは。

イ. 電動機が正転運転から逆転運転に切り替わったとき
ロ. 電動機が停止したとき
ハ. 電動機に、設定値を超えた電流が継続して流れたとき
ニ. 電動機が始動したとき

（R2出題）

問題 215

228、229ページの回路図を見て答えなさい

②で示す接点の役目は。

イ. 押しボタンスイッチPB-2を押したとき、回路を短絡させないためのインタロック
ロ. 押しボタンスイッチPB-1を押した後に電動機が停止しないためのインタロック
ハ. 押しボタンスイッチPB-2を押し、逆転運転起動後に運転を継続するための自己保持
ニ. 押しボタンスイッチPB-3を押し、逆転運転起動後に運転を継続するための自己保持

（R2出題）

216

228、229ページの回路図を見て答えなさい

③で示す押しボタンスイッチPB-3を正転運転中に押したとき、電動機の動作は。

イ. 停止する。
ロ. 逆転運転に切り替わる。
ハ. 正転運転を継続する。
ニ. 熱動継電器が動作し停止する。

（R2出題）

①は熱動継電器(THR：サーマルリレー)の接点です。熱動継電器は、電動機に過電流が継続して流れたときに動作しますので、ハが正解です。

参→P.86

②の接点は、押しボタンスイッチPB-3を押した後にMC-2(逆転運転)のON状態を自己保持します。

参→P.86

正転中はMC-1がON状態であり、逆転ボタンPB-3を押しても、MC-2の動作コイルの上にあるMC-1のブレーク接点が切れているので逆転することはなく、正転を継続します。このような回路をインタロック回路といいます。

参→P.86

228、229ページの回路図を見て答えなさい

217

④で示す押しボタンスイッチの操作で、停止状態から正転運転した後、逆転運転までの手順として、正しいものは。

イ. PB-3→PB-2→PB-1
ロ. PB-3→PB-1→PB-2
ハ. PB-2→PB-1→PB-3
ニ. PB-2→PB-3→PB-1

(H26出題)

228、229ページの回路図を見て答えなさい

218

⑤で示す回路の名称として、正しいものは。

イ. AND回路
ロ. OR回路
ハ. NAND回路
ニ. NOR回路

(H26出題)

228、229ページの回路図を見て答えなさい

219

⑥で示す各表示灯の用途は。

イ.	SL-1 停止表示	SL-2 運転表示	SL-3 故障表示
ロ.	SL-1 運転表示	SL-2 故障表示	SL-3 停止表示
ハ.	SL-1 正転運転表示	SL-2 逆転運転表示	SL-3 故障表示
ニ.	SL-1 故障表示	SL-2 正転運転表示	SL-3 逆転運転表示

(H26出題)

制御回路図より、押しボタンPB-2を押すと、MC-1のコイルに電流が流れ、PB-2に並列に入っているMC-1のメーク接点で自己保持して電動機が正転を続けます。

この状態(モータが正転中)でPB-3を押してもMC-1のブレーク接点でインタロックがかかっているので、MC-2は入りません。

PB-1でMC-1の自己保持を切って電動機を停止させてから、PB-3を押すことでMC-2が入り、逆転が開始し、自己保持して逆転を続けます。

参→P.87

答 ハ

この回路は、MC-1とMC-2のメーク接点が並列に接続されており、並列回路はOR(オア)回路といいます。なお、直列回路はAND(アンド)回路といいます。

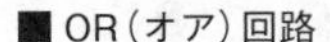
■ OR(オア)回路

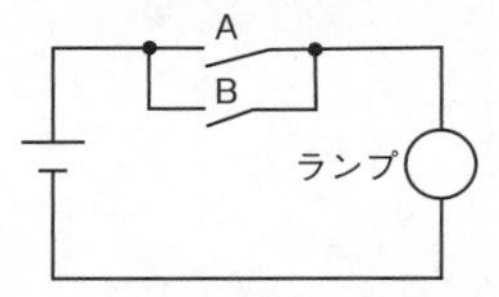

A または B がオンでランプ点灯
└→(OR)

■ AND(アンド)回路

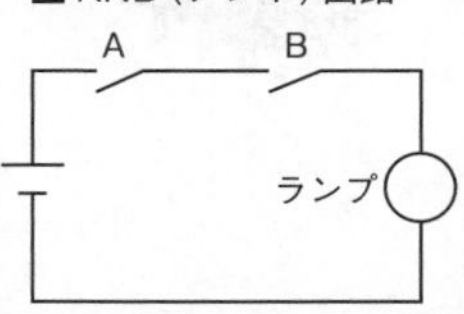

A と B がオンでランプ点灯
└→(AND)

参→P.82

答 ロ

表示灯SL-1は、MC-1とMC-2がともに入っていないとき(電動機が正転も逆転もしていないとき)に点灯するので、停止表示です。

SL-2は、MC-1またはMC-2が入っているときに点灯するので、運転表示になります。

SL-3は、熱動継電器(THR)が過電流により作動したときに点灯しますので、故障表示です。

参→P.87

答 イ

参 マークは、姉妹本『第1種電気工事士学科試験すい〜っと合格2024年版』の該当説明ページを表しています。

228、229ページの回路図を見て答えなさい

⑦で示す図記号の機器は。

220

イ.

ロ.

ハ.

ニ.

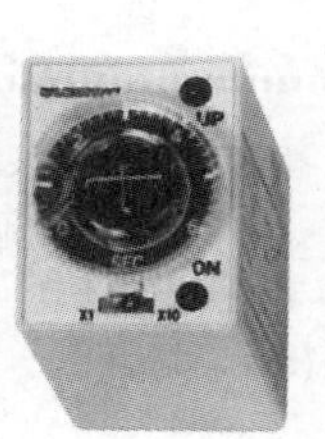

（H26出題、同問：R1、類問：H25）

228、229ページの回路図を見て答えなさい

⑧で示す部分の結線図は。

221

イ.

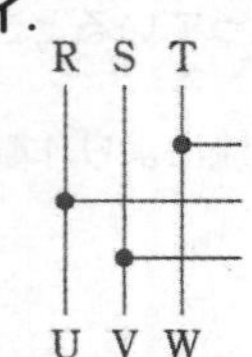

ロ.

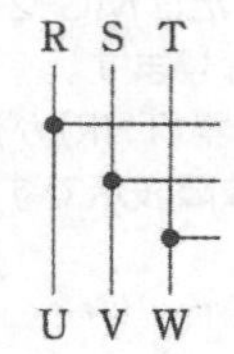

ハ.

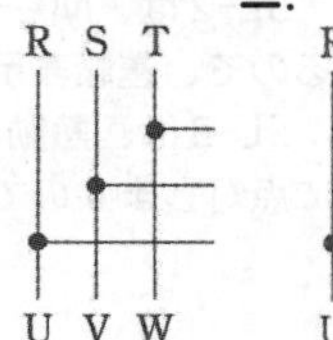

ニ.

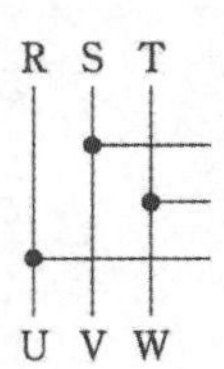

（R2出題、同問：H26）

⑦のTHRは熱動継電器(サーマルリレー)ですから、写真はロです。

熱動継電器の丸いダイヤルは電流調整ダイヤルで、その右側にあるのはリセットボタンです。安全確保や異常発生の確認のため、通常、リセットボタンを押して手動でリセットします。

写真イはリミットスイッチ、ハは電磁継電器(リレー)、ニは限時継電器(タイマリレー)です。

➡P.81

答 ロ

三相誘導電動機を逆転させるためには、動力線3本の内、いずれか2本を入れ替えればよいので、ハがS相はそのままで、R相とT相が入れ替わっているので電動機は逆転します。

参➡P.86

答 ハ

繰り返し出る！必須問題

問題222

600V以下で使用される電線又はケーブルの記号に関する記述として、誤っているものは。

イ．IVとは、主に屋内配線に使用する塩化ビニル樹脂を主体としたコンパウンドで絶縁された単心(単線、より線)の絶縁電線である。

ロ．DVとは、主に架空引込線に使用する塩化ビニル樹脂を主体としたコンパウンドで絶縁された多心の絶縁電線である。

ハ．VVFとは、移動用電気機器の電源回路などに使用する塩化ビニル樹脂を主体としたコンパウンドを絶縁体およびシースとするビニル絶縁ビニルキャブタイヤケーブルである。

ニ．CVとは、架橋ポリエチレンで絶縁し、塩化ビニル樹脂を主体としたコンパウンドでシースを施した架橋ポリエチレン絶縁ビニルシースケーブルである。

（R4Am出題、同問：R4Pm・H21）

問題223

配線器具に関する記述として、誤っているものは。

イ．遅延スイッチは、操作部を「切り操作」した後、遅れて動作するスイッチで、トイレの換気扇などに使用される。

ロ．熱線式自動スイッチは、人体の体温等を検知し自動的に開閉するスイッチで、玄関灯などに使用される。

ハ．引掛形コンセントは、刃受が円弧状で、専用のプラグを回転させることによって抜けない構造としたものである。

ニ．抜止形コンセントは、プラグを回転させることによって容易に抜けない構造としたもので、専用のプラグを使用する。

（R3Am出題、同問：H24・H18）

出題年度の表記法　R：令和／H：平成、Am：午前／Pm：午後

それぞれの文字記号の意味を理解しておけば解ける問題です。

IV：インドア・ビニルの略で、屋内配線用のビニル絶縁電線です。

DV：ドロップワイヤ・ビニルの略で、絶縁電線を撚りあわせた屋外引込用のビニル絶縁電線です。

VVF：ビニル絶縁ビニル外装平形(フラット)ケーブルです。屋内・屋外配線のほか地中用にも使えます。

CV：クロスリンクド(架橋)・ポリエチレン・ビニルの略で、屋外・屋内を問わず使えます。

キャブタイヤケーブルの文字記号はCTあるいはVCTですからハが誤りです。

参→P.96

答 ハ

抜け止め形コンセントは、専用のプラグは必要ないので、ニが誤りです。

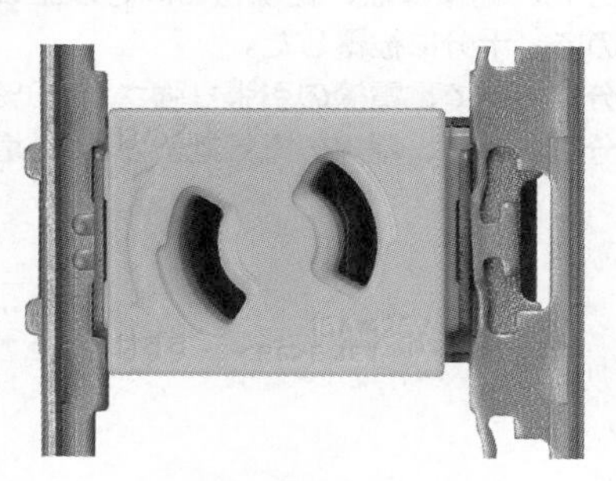

抜止形コンセント

参→P.99

答 ニ

参 マークは、姉妹本『第1種電気工事士学科試験すい～っと合格2024年版』の該当説明ページを表しています。

600Vビニル絶縁電線の許容電流（連続使用時）に関する記述として、適切なものは。

224

イ．電流による発熱により、電線の絶縁物が著しい劣化をきたさないようにするための限界の電流値。

ロ．電流による発熱により、絶縁物の温度が80℃となる時の電流値。

ハ．電流による発熱により、電線が溶断する時の電流値。

ニ．電圧降下を許容範囲に収めるための最大の電流値。

（R5Am出題、同問：R3Am・H27・H19）

絶縁電線相互の接続に関する記述として、不適切なものは。

225

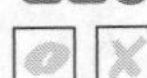

イ．接続部分には、接続管を使用した。

ロ．接続部分を、絶縁電線の絶縁物と同等以上の絶縁効力のあるもので、十分に被覆した。

ハ．接続部分において、電線の引張り強さが10％減少した。

ニ．接続部分において、電線の電気抵抗が20％増加した。

（R3Pm出題、同問：H27、類問：H22・H17）

出題年度の表記法　R：令和／H：平成、Am：午前／Pm：午後

電線やケーブルの許容電流値は、「電流による発熱により、電線の絶縁物が著しい劣化をきたさないようにするための限界の電流値」と定められています。

→P.100

答　イ

絶縁電線相互の接続部分においては以下の規定に沿った施工が必要です。

①電線の電気抵抗が増加しないこと。

②電線の引張り強さが20%以上減少しないこと。

③接続部分は、絶縁電線の絶縁物と同等以上の絶縁効力のあるもので十分に被覆すること。

ニは上記の条件①に当てはまらないので、誤りです。

→P.101

答　ニ

「電気設備の技術基準の解釈」では、C種接地工事について「接地抵抗値は、10Ω(低圧電路において、地絡を生じた場合に0.5秒以内に当該電路を自動的に遮断する装置を施設するときは、□Ω)以下であること。」と規定されている。上記の空欄にあてはまる数値として、正しいものは。

イ．50　ロ．150　ハ．300　ニ．500

(R5Am出題、同問：H30)

「電気設備の技術基準の解釈」において、D種接地工事に関する記述として、誤っているものは。

イ．D種接地工事を施す金属体と大地との間の電気抵抗値が10Ω以下でなければ、D種接地工事を施したものとみなされない。
ロ．接地抵抗値は、低圧電路において、地絡を生じた場合に0.5秒以内に当該電路を自動的に遮断する装置を施設するときは、500Ω以下であること。
ハ．接地抵抗値は、100Ω以下であること。
ニ．接地線は故障の際に流れる電流を安全に通じることができるものであること。

(R5Pm出題、同問：R4Am・R1・H26)

出題年度の表記法　R：令和／H：平成、Am：午前／Pm：午後

地絡発生時に0.5秒以内に電路を遮断する装置が施設してある場合のC種接地工事の接地抵抗値は、500Ω以下です。

■ C種接地工事の要件

使用電圧	接地抵抗値	要件	接地線の太さ
300V超～600V以下	10Ω以下	一般	直径1.6mm以上（軟銅線）
	500Ω以下	0.5秒以内に電路を遮断する装置を施設する場合	

参→P.108

答 ニ

D種接地工事の接地抵抗値は、100Ω以下です。ただし、地絡を生じた場合に、0.5秒以内に電路を自動的に遮断する装置を有するときは、500Ω以下にできます。また、接地線の太さは、地絡の際に流れる電流を安全に通じることができるもの（直径1.6mm以上）である必要があります。イが誤りです。

■ D種接地工事の要件

使用電圧	接地抵抗値	要件	接地線の太さ
300V以下	100Ω以下	一般	直径1.6mm以上（軟銅線）
	500Ω以下	0.5秒以内に電路を遮断する装置を施設する場合	

参→P.108

答 イ

マークは、姉妹本『第1種電気工事士学科試験すい～っと合格2024年版』の該当説明ページを表しています。

問題228

点検できる隠ぺい場所で、湿気の多い場所又は水気のある場所に施す使用電圧300V以下の低圧屋内配線工事で、施設することができない工事の種類は。

イ．金属管工事
ロ．金属線ぴ工事
ハ．ケーブル工事
ニ．合成樹脂管工事

（R4Am出題、同問：R4Pm・H30）

問題229

合成樹脂管工事に使用できない絶縁電線の種類は。

イ．600Vビニル絶縁電線
ロ．600V二種ビニル絶縁電線
ハ．600V耐燃性ポリエチレン絶縁電線
ニ．屋外用ビニル絶縁電線

（R5Pm出題、同問：R5Am。R4Pm・H30）

金属線ぴ工事は、乾燥した場所以外では施設できません。

使用電圧300V以下の低圧屋内配線工事では、金属管工事、ケーブル工事はすべての場所で施工できます。合成樹脂管工事(CD管除く)は、爆燃性粉じんのある場所などの特殊場所を除き施工できます。

■ 場所ごとの施工できる工事の種類

施設場所 / 工事の種類	展開場所、点検できる隠ぺい場所		点検できない隠ぺい場所	
	乾燥した場所	その他の場所	乾燥した場所	その他の場所
ケーブル工事(キャブタイヤケーブルを除く) 金属管工事 合成樹脂管(CD管を除く) 2種金属製可とう電線管	◎	◎	◎	◎
がいし引き	◎	◎		
金属ダクト	◎			
金属線ぴ ライティングダクト 平形保護層(注)	300V以下に限り○			

(注)展開した場所には施設できない。

参→P.113

屋外用ビニル絶縁電線(OW)は、屋内用ビニル絶縁電線(IV)に比べて絶縁被覆の厚みが薄いので、合成樹脂管などの電線管やダクト、金属線ぴに収納することは禁止されています。OWは、耐候性(屋外使用の耐久性)に優れており、低圧架空電線路に使用されます。

参→P.114

展開した場所のバスダクト工事に関する記述として、誤っているものは。

230

イ. 低圧屋内配線の使用電圧が400Vで、かつ、接触防護措置を施したので、ダクトにはD種接地工事を施した。

ロ. 低圧屋内配線の使用電圧が200Vで、かつ、湿気が多い場所での施設なので、屋外用バスダクトを使用し、バスダクト内部に水が浸入してたまらないようにした。

ハ. 低圧屋内配線の使用電圧が200Vで、かつ、接触防護措置を施したので、ダクトの接地工事を省略した。

ニ. ダクトを造営材に取り付ける際、ダクトの支持点間の距離を2mとして施設した。

（R3Am出題、同問：H30追加・H28・H24・H19）

使用電圧が300V以下の低圧屋内配線のケーブル工事の施工方法に関する記述として、誤っているものは。

231

イ. ケーブルを造営材の下面に沿って水平に取り付け、その支持点間の距離を3mにして施設した。

ロ. ケーブルの防護装置に使用する金属製部分にD種接地工事を施した。

ハ. ケーブルに機械的衝撃を受けるおそれがあるので、適当な防護装置を設けた。

ニ. ケーブルを接触防護措置を施した場所に垂直に取り付け、その支持点間の距離を5mにして施設した。

（R3Pm出題、同問：H28・H25・H21、類問：R3Am）

出題年度の表記法　R：令和／H：平成、Am：午前／Pm：午後

バスダクトの接地工事は、使用電圧が300V以下ではD種接地工事、使用電圧が300Vを超えるものはC種接地工事が必要です（接触防護措置を施す場合はD種接地工事でも可）。どちらも接地工事の省略はできません。したがって、ハが誤りです。

なお、湿気の多い場所または水気のある場所にバスダクトを施設する場合には屋外用を使用し、バスダクト内部に水が浸入して溜まらないようにする必要があります。また、水平支持点間距離は3m以下です。

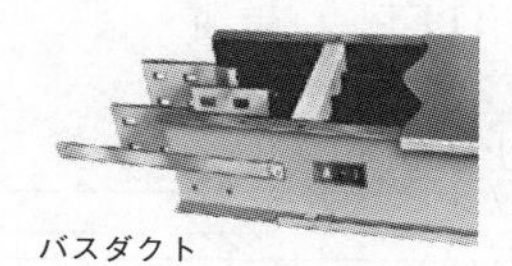

バスダクト

参→P.115 

答 ハ

低圧屋内配線のケーブル工事では、ケーブル支持点間の距離は、水平（造営材の側面、下面）の場合は2m以下、接触防護措置を施した垂直の場合は6m以下です。そして防護装置に使用する金属製部分には、使用電圧が300V以下の場合はD種接地工事を施します。よって、イが誤りです。

参→P.114 

答 イ

①に示すケーブルラックの施工に関する記述として、誤っているものは。

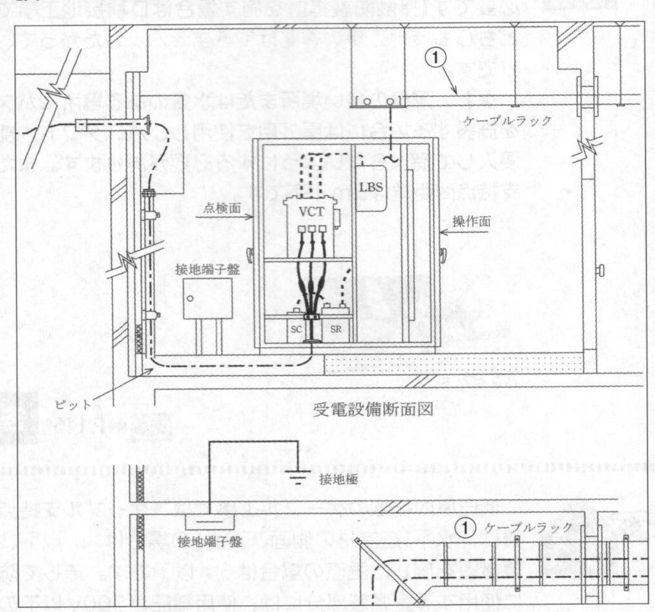

イ. ケーブルラックの長さが15mであったが、乾燥した場所であったため、D種接地工事を省略した。

ロ. ケーブルラックは、ケーブル重量に十分耐える構造とし、天井コンクリートスラブからアンカーボルトで吊り、堅固に施設した。

ハ. 同一のケーブルラックに電灯幹線と動力幹線のケーブルを布設する場合、両者の間にセパレータを設けなくてもよい。

ニ. ケーブルラックが受電室の壁を貫通する部分は、火災延焼防止に必要な防火措置を施した。

(R4Am出題、同問：R1、類問：H28・H22)

出題年度の表記法　R：令和／H：平成、Am：午前／Pm：午後

ケーブルラックの金属部分には、載せるケーブルが300V以下の場合はD種、300Vを超える場合はC種（接触防護措置時D種）の接地工事を施す必要があります。

ただし、使用電圧が300V以下で、下記の場合は接地を省略できます。

①ラックの金属部分が4m以下で乾燥した場所に施設した場合

②屋内配線の対地電圧が150V以下で、ラックの金属部分が8m以下で乾燥した場所に施設した場合か簡易接触防止措置を施した場合

③ラックの金属製部分を合成樹脂などの絶縁物で被覆した場合

イの15m（4m超）のケーブルラックはD種接地工事を省略できません。

参→P.115

参 マークは、姉妹本『第1種電気工事士学科試験すい～っと合格2024年版』の該当説明ページを表しています。

問題233

金属管工事の施工方法に関する記述として、適切なものは。

イ. 金属管に、屋外用ビニル絶縁電線を収めて施設した。

ロ. 金属管に、高圧絶縁電線を収めて、高圧屋内配線を施設した。

ハ. 金属管内に接続点を設けた。

ニ. 使用電圧が400Vの電路に使用する金属管に接触防護措置を施したので、D種接地工事を施した。

（R3Pm出題、同問：R1・H21）

問題234

可燃性ガスが存在する場所に低圧屋内電気設備を施設する施工方法として、不適切なものは。

イ. スイッチ、コンセントは、電気機械器具防爆構造規格に適合するものを使用した。

ロ. 可搬形機器の移動電線には、接続点のない3種クロロプレンキャブタイヤケーブルを使用した。

ハ. 金属管工事により施工し、厚鋼電線管を使用した。

ニ. 金属管工事により施工し、電動機の端子箱との可とう性を必要とする接続部に金属製可とう電線管を使用した。

（R5Am出題、同問：R3Am・H28・H18、類問：H25）

ニが適切です。イの金属管工事に屋外用電線（OW線）は使用できません。ロの高圧屋内配線は、ケーブル工事が原則ですから金属管工事は施設できません。ハの金属管内には接続点を設けてはいけません。

参→P.119

答　ニ

可燃性ガスが存在する場所（特殊場所）の低圧屋内配線工事は、ケーブル工事または金属管工事で行います。スイッチやコンセントは防爆構造のものを使用し、移動電線には、接続点のない3種または4種のキャブタイヤケーブル、もしくは3種または4種のクロロプレンキャブタイヤケーブルを使用します。また、電動機に接続する部分で可とう性を必要とする部分の配線には、耐圧防爆型または安全増防爆型のフレキシブルフィッチングを使用します。ニの金属製可とう電線管は使用できません。

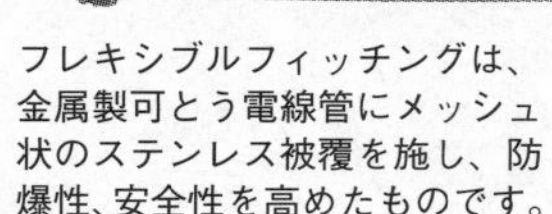

フレキシブルフィッチングは、金属製可とう電線管にメッシュ状のステンレス被覆を施し、防爆性、安全性を高めたものです。

参→P.130

答　ニ

参 マークは、姉妹本『第1種電気工事士学科試験すい〜っと合格2024年版』の該当説明ページを表しています。

低圧配電盤に、CVケーブル又はCVTケーブルを接続する作業において、一般に使用しない工具は。

イ．電工ナイフ
ロ．油圧式圧着工具
ハ．油圧式パイプベンダ
ニ．トルクレンチ

（R4Pm出題、同問：R1・H28・H25・H17）

出題年度の表記法　R：令和／H：平成、Am：午前／Pm：午後

低圧配電盤にCVまたはCVTケーブルを接続する際は、電工ナイフで被覆をはぎ取り、油圧式圧着工具で圧着端子を取り付けて、それをトルクレンチで端子にねじ止めして接続します。油圧式パイプベンダは、金属管を曲げる装置ですから、ケーブルの接続作業には使用しません。

参→P.72

参 マークは、姉妹本『第1種電気工事士学科試験すい〜っと合格2024年版』の該当説明ページを表しています。

236

人体の体温を検知して自動的に開閉するスイッチで、玄関の照明などに用いられるスイッチの名称は。

イ. 熱線式自動スイッチ
ロ. 自動点滅器
ハ. リモコンセレクタスイッチ
ニ. 遅延スイッチ

(R1出題、同問：H26)

237

定格電圧250V、定格電流20Aの単相接地極付きコンセントの標準的な極配置は。

イ.
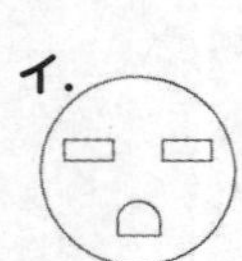
ロ.
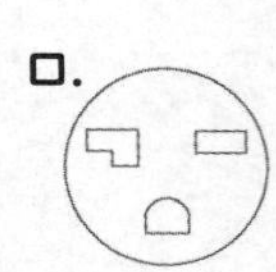
ハ.

ニ.
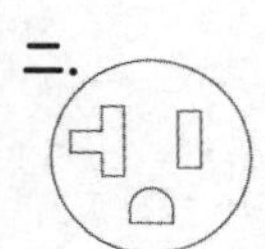

(H30追加出題)

出題年度の表記法　R：令和／H：平成、Am：午前／Pm：午後

人の体温を検知して自動的に開閉するスイッチは、熱線式自動スイッチです。

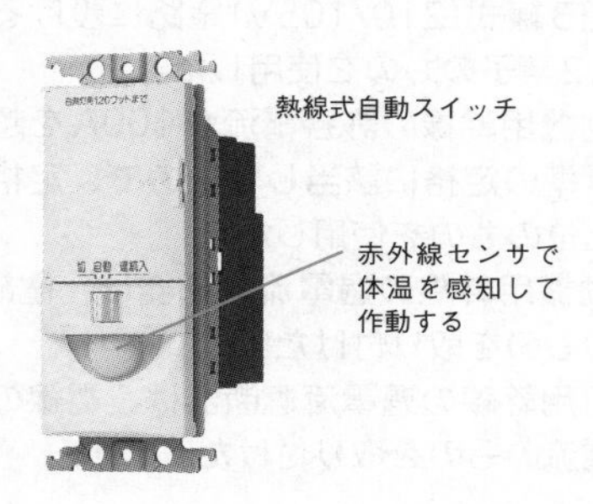

参→P.98

答 イ

定格電圧250V、定格電流20Aの接地極付コンセントの極配置(刃受形状)は、ロです。

単相200Vの刃受形状

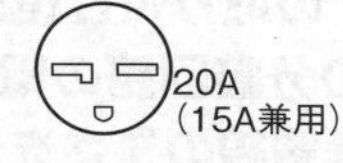

参→P.99

答 ロ

低圧配電盤に設ける過電流遮断器として、不適切なものは。

問題238

イ. 単相3線式(210/105V)電路に設ける配線用遮断器には3極2素子のものを使用した。

ロ. 電動機用幹線の許容電流が100Aを超え、過電流遮断器の標準の定格に該当しないので、定格電流はその値の直近上位のものを使用した。

ハ. 電動機用幹線の過電流遮断器は、電線の許容電流の3.5倍のものを取り付けた。

ニ. 電灯用幹線の過電流遮断器は、電線の許容電流以下の定格電流のものを取り付けた。

(H30出題、同問：H19)

問題239

図のような低圧屋内幹線を保護する配線用遮断器 B_1 （定格電流 100A）の幹線から分岐するA～Dの分岐回路がある。A～Dの分岐回路のうち、配線用遮断器 B の取り付け位置が不適切なものは。ただし、図中の分岐回路の電流値は電線の許容電流を示し、距離は電線の長さを示す。

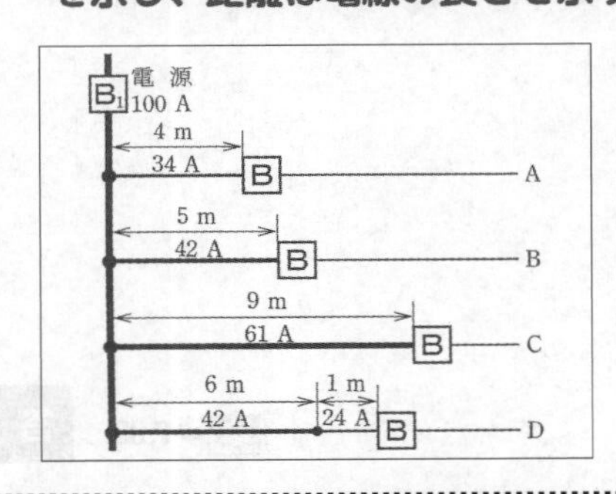

イ. A

ロ. B

ハ. C

ニ. D

(H30出題)

電動機幹線の過電流遮断器の定格電流I_Bは、下記①②のどちらか小さいほう、あるいは③となっています。

①幹線許容電流I_Wの2.5倍以下

②(電動機の総定格電流I_Mの3倍＋電動機以外の総定格電流I_H)以下

③幹線の許容電流I_Wが100Aを超える場合は、直近上位の定格でもよい

よって、ハが誤りです。

■幹線の過電流遮断器の定格電流の求め方

条　件	幹線に施設する過電流遮断器の定格電流
電動機なし	$I_B \leqq I_W$
電動機あり	I_Bは$(3I_M+I_H)$か$(2.5I_W)$のどちらか小さいほう以下
	I_Wが100Aを超えるときは直近上位の定格でもよい

参→P.106

答　ハ

分岐回路の配線用遮断器（開閉器及び過電流遮断器）は、幹線との分岐点から原則3m以内に設置しますが、分岐点からの電線の許容電流値が、幹線の過電流遮断器の定格電流（設問では100A）の35%以上あれば8m以下の距離に、55%以上あれば距離に制限なく任意の位置に設置できます。Aの許容電流34Aは35%に満たないので、配線用遮断器は分岐点から3m以下の場所に設置しなければいけません(257ページの解説図参照)。よって、イが不適切です。

なお、Dのようなケースは、1段目は幹線であり、その許容電流42Aが元の幹線の過電流遮断器の定格の35%以上あるため、8m以下なら幹線に施設する過電流遮断器は省略できます。そして、そこからつながる分岐回路の配線用遮断器が3m以内に設置されているので、適正配線になります。

参→P.107

答　イ

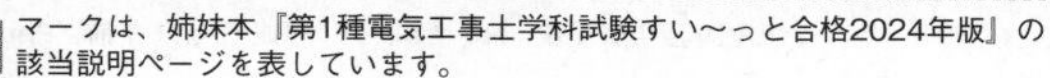

分岐回路

図のような、低圧屋内幹線からの分岐回路において、分岐点から配線用遮断器までの分岐回路を600Vビニル絶縁ビニルシースケーブル丸形（VVR）で配線する。この電線の長さaと太さbの組合せとして、誤っているものは。

ただし、幹線を保護する配線用遮断器の定格電流は100Aとし、VVRの太さと許容電流は表のとおりとする。

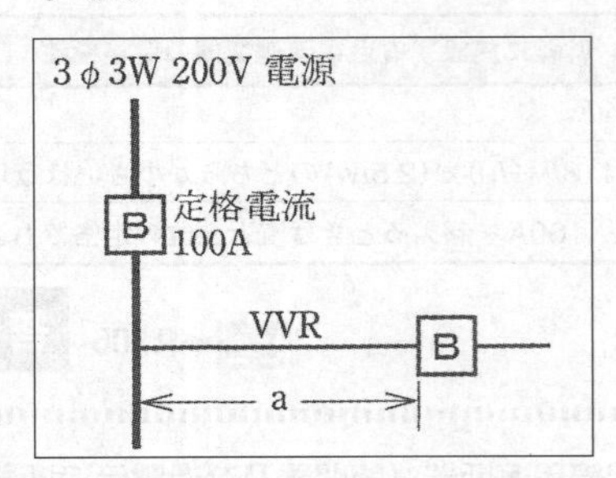

電線太さ b	許容電流
直径 2.0 mm	24 A
断面積 5.5 mm²	34 A
断面積 8 mm²	42 A
断面積 14 mm²	61 A

イ. a：2m　b：2.0mm
ロ. a：5m　b：5.5mm²
ハ. a：7m　b：8mm²
ニ. a：10m　b：14mm²

（H27出題）

出題年度の表記法　R：令和／H：平成、Am：午前／Pm：午後

分岐回路は、幹線との分岐点から原則3m以内に配線用遮断器（開閉器および過電流遮断器）を施設しなければなりません。ただし、分岐回路の電線の許容電流が、幹線を保護する過電流遮断器の定格電流の

①35％以上の場合は分岐点から8m以内に施設

②55％以上の場合は施設場所に制限なし

ロの断面積5.5mm²は許容電流34Aで、幹線の過電流遮断器の定格電流100Aの35％未満ですから、分岐点から3m以内に施設しなければなりません。

■ 分岐回路の過電流遮断器の設置位置

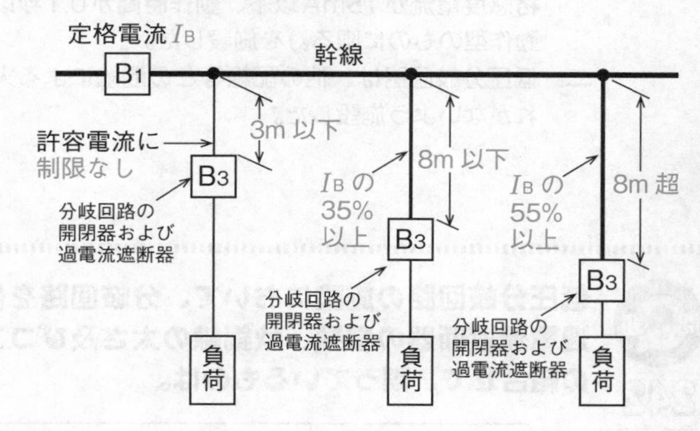

参→P.107

低圧屋内工事

参 マークは、姉妹本『第1種電気工事士学科試験すい〜っと合格2024年版』の該当説明ページを表しています。

分岐回路

自家用電気工作物において、低圧の幹線から分岐して、水気のない場所に施設する低圧用の電気機械器具に至る低圧分岐回路を設置する場合において、不適切なものは。

イ. 低圧分岐回路の適切な箇所に開閉器を施設した。

ロ. 低圧分岐回路に過電流が生じた場合に幹線を保護できるよう、幹線にのみ過電流遮断器を施設した。

ハ. 低圧分岐回路に、<PS>Eの表示のある漏電遮断器(定格感度電流が15mA以下、動作時間が0.1秒以下の電流動作型のものに限る。)を施設した。

ニ. 低圧分岐回路は、他の配線等との混触による火災のおそれがないよう施設した。

(R5Pm出題)

低圧分岐回路の施設において、分岐回路を保護する過電流遮断器の種類、軟銅線の太さ及びコンセントの組合せで、誤っているものは。

	分岐回路を保護する過電流遮断器の種類	軟銅線の太さ	コンセント
イ	定格電流 15A	直径 1.6mm	定格 15A
ロ	定格電流 20A の配線用遮断器	直径 2.0mm	定格 15A
ハ	定格電流 30A	直径 2.0mm	定格 20A
ニ	定格電流 30A	直径 2.6mm	定格 20A(定格電流が 20A 未満の差込みプラグが接続できるものを除く。)

(R2出題、同問：H29)

出題年度の表記法　R：令和／H：平成、Am：午前／Pm：午後

負荷が直接つながる分岐回路には、幹線との分岐点近く（原則3m以内）に開閉器と過電流遮断器を設置しなければいけません。これは事故や点検時に負荷回路を小分けにして切り離せるようにするためで、過電流遮断器の省略はできません。よってロが不適切です。なお、分岐回路ではなく、元の幹線から分岐した幹線の過電流遮断器は、分岐した幹線電線の許容電流と長さによって省略できる場合があります。

参 ➡P.107

答 ロ

過電流遮断器の容量で定まる分岐回路は、過電流遮断器の定格電流ごとにコンセント容量や電線の太さが下表のように規定されています。30A配線用遮断器分岐回路に太さ2.0mm（2.6mm未満）の電線は使用できません。

■ 分岐回路の種類と概要

分岐回路の種類	コンセントの定格電流	電線太さ（軟銅線）
15Aのヒューズまたは配線用遮断器分岐回路	15A以下	直径1.6mm以上
20Aの配線用遮断器分岐回路	20A以下	直径1.6mm以上
20Aのヒューズ分岐回路	20A	直径2.0mm以上
30Aのヒューズまたは配線用遮断器分岐回路	20A以上～30A以下	直径2.6mm以上（断面積5.5mm²以上）
40Aのヒューズまたは配線用遮断器分岐回路	30A以上～40A以下	断面積8mm²以上

参 ➡P.107

答 ハ

参 マークは、姉妹本『第1種電気工事士学科試験すい～っと合格2024年版』の該当説明ページを表しています。

適用工事

243

合成樹脂管工事に使用する材料と管との施設に関する記述として、誤っているものは。

イ. PF管を直接コンクリートに埋め込んで施設した。
ロ. CD管を直接コンクリートに埋め込んで施設した。
ハ. PF管を点検できない二重天井内に施設した。
ニ. CD管を点検できる二重天井内に施設した。

(R4Am出題)

244

展開した場所で、湿気の多い場所又は水気のある場所に施す使用電圧300[V]以下の低圧屋内配線工事で、施設することができない工事の種類は。

イ. 金属管工事
ロ. ケーブル工事
ハ. 平形保護層工事
ニ. 合成樹脂管工事

(H25出題)

CD管は自己消火性がない（非耐燃性）ので、原則としてコンクリート埋設専用です。よって、ニが誤りです。

参→P.113

答 ニ

低圧屋内配線工事では、金属管工事、ケーブル工事、合成樹脂管工事、2種金属可とう電線管工事はすべての場所で施設できます。これだけ覚えておけば、この問題は解けます。平形保護層工事は、点検できる隠ぺい場所で、乾燥した場所でしか行うことができません。

■ 場所ごとの施工できる工事の種類

施設場所 / 工事の種類	展開場所、点検できる隠ぺい場所		点検できない隠ぺい場所	
	乾燥した場所	その他の場所	乾燥した場所	その他の場所
ケーブル工事（キャブタイヤケーブルを除く） 金属管工事 合成樹脂管（CD管を除く） 2種金属製可とう電線管	◎	◎	◎	◎
がいし引き	◎	◎		
金属ダクト	◎			
金属線ぴ ライティングダクト 平形保護層（注）	300V以下に限り○			

（注）展開した場所には施設できない。

参→P.113

答 ハ

参 マークは、姉妹本『第1種電気工事士学科試験すい～っと合格2024年版』の該当説明ページを表しています。

適用工事

245

点検できない隠ぺい場所において、使用電圧400Vの低圧屋内配線工事を行う場合、不適切な工事方法は。

イ．合成樹脂管工事

ロ．金属ダクト工事

ハ．金属管工事

ニ．ケーブル工事

（H30追加出題、同問：H22・H18）

246

乾燥した場所であって展開した場所に施設する使用電圧100Vの金属線ぴ工事の記述として、誤っているものは。

イ．電線にはケーブルを使用しなければならない。

ロ．使用するボックスは、「電気用品安全法」の適用を受けるものであること。

ハ．電線を収める線ぴの長さが12mの場合、D種接地工事を施さなければならない。

ニ．線ぴ相互を接続する場合、堅ろうに、かつ、電気的に完全に接続しなければならない。

（R2出題）

ケーブル工事、合成樹脂管工事、金属管工事はすべての場所で施設できます。

金属ダクトは乾燥した展開場所と点検できる隠ぺい場所にしか施設できません。点検できない隠ぺい場所や乾燥していない場所では金属ダクト工事は適用できません。

■ 場所ごとの施工できる工事の種類

施設場所 / 工事の種類	展開場所、点検できる隠ぺい場所		点検できない隠ぺい場所	
	乾燥した場所	その他の場所	乾燥した場所	その他の場所
ケーブル工事(キャブタイヤケーブルを除く) 金属管工事 合成樹脂管(CD管を除く) 2種金属製可とう電線管	◎	◎	◎	◎
がいし引き	◎	◎		
金属ダクト	◎			
金属線ぴ ライティングダクト 平形保護層(注)	300V以下に限り○			

(注)展開した場所には施設できない。

参→P.113

答 ロ

金属線ぴ工事は、OW(屋外用ビニル絶縁電線)を除く絶縁電線を使用します。使用電圧300V以下の場合は、D種接地工事を施します。ただし、線ぴの長さが4m以下、または対地電圧が150V以下のときは線ぴの長さが8m以下で、簡易接触防護措置を施す、または乾燥した場所に設置する場合は接地工事を省略できます。

参→P.114

答 イ

適用工事／施工法

問題 247

金属線ぴ工事の記述として、誤っているものは。

イ．電線には絶縁電線（屋外用ビニル絶縁電線を除く。）を使用した。

ロ．電気用品安全法の適用を受けている金属製線ぴ及びボックスその他の附属品を使用して施工した。

ハ．湿気のある場所で、電線を収める線ぴの長さが12mなので、D種接地工事を省略した。

ニ．線ぴとボックスを堅ろうに、かつ、電気的に完全に接続した。

（H27出題）

問題 248

使用電圧300V以下のケーブル工事による低圧屋内配線において、不適切なものは。

イ．架橋ポリエチレン絶縁ビニルシースケーブルをガス管と接触しないように施設した。

ロ．ビニル絶縁ビニルシースケーブル（丸形）を造営材の側面に沿って、支持点間を1.5mにして施設した。

ハ．乾燥した場所で長さ2mの金属製の防護管に収めたので、金属管のD種接地工事を省略した。

ニ．点検できない隠ぺい場所にビニルキャブタイヤケーブルを使用して施設した。

（R1出題、同問：H20、類問：H29）

金属線ぴ工事の施工可能な場所は、展開した場所、または点検できる隠ぺい場所で、乾燥した場所に限定されます。したがって、ハの湿気のある場所には施工できません。

■ 場所ごとの施工できる工事の種類

施設場所 / 工事の種類	展開場所、点検できる隠ぺい場所		点検できない隠ぺい場所	
	乾燥した場所	その他の場所	乾燥した場所	その他の場所
ケーブル工事(キャブタイヤケーブルを除く) 金属管工事 合成樹脂管(CD管を除く) 2種金属製可とう電線管	◎	◎	◎	◎
がいし引き	◎	◎		
金属ダクト	◎			
金属線ぴ ライティングダクト 平形保護層(注)	300V以下に限り○			

(注)展開した場所には施設できない。

参→P.113 答 ハ

ビニルキャブタイヤケーブル(VCT)は、300V以下の展開した場所、または点検できる隠ぺい場所にのみ施設できることになっているので、ニが誤りです。

電線の種類		使用電圧300V以下で展開した場所または点検できる隠ぺい場所	その他の場所
ビニルキャブタイヤケーブル		○	
(ゴム)キャブタイヤケーブル	2種	○	
	3種・4種	○	○
クロロプレンキャブタイヤケーブル	2種	○	
	3種・4種	○	○
クロロスルホン化ポリエチレンキャブタイヤケーブル	2種	○	
	3種・4種	○	○
耐燃性エチレンゴムキャブタイヤケーブル	2種	○	
	3種	○	○
耐燃性ポリオレフィンキャブタイヤケーブル		○	

参 マークは、姉妹本『第1種電気工事士学科試験すい〜っと合格2024年版』の該当説明ページを表しています。

①に示すケーブルラックの施工に関する記述として、誤っているものは。

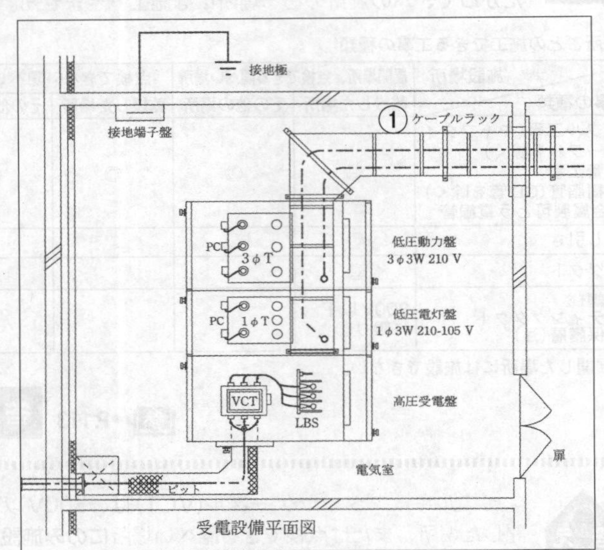

受電設備平面図

イ. 同一のケーブルラックに電灯幹線と動力幹線のケーブルを布設する場合、両者の間にセパレータを設けなければならない。

ロ. ケーブルラックは、ケーブル重量に十分耐える構造とし、天井コンクリートスラブからアンカーボルトで吊り、堅固に施設した。

ハ. ケーブルラックには、D種接地工事を施した。

ニ. ケーブルラックが受電室の壁を貫通する部分は、火災の延焼防止に必要な耐火処理を施した。

（H28出題、同問：H22、類問：R4Am・R1）

出題年度の表記法　R：令和／H：平成、Am：午前／Pm：午後

ケーブルラックは、電気設備の技術基準上独立の工事分類はありませんので、ケーブル工事とみなされます。電灯幹線(1φ3W 210/105V)と動力幹線(3φ3W 210V)はいずれも600V以下の低圧なので、接触しないためのセパレータは不要です。

したがって、イが誤りです。

また、ケーブルラックの接地については、内線規程上300V以下の電圧を印加しているケーブルを載せている場合はD種、300Vを超える場合はC種の接地工事が必要です。

■電線の離隔距離

電線の種類	離隔距離の対象		
	高圧ケーブル	低圧ケーブル/低圧電線	弱電流電線 水管、ガス管
高圧ケーブル	制約なし	15cm以上。または隔壁設置か管に収容	
低圧ケーブル	15cm以上。または隔壁設置か管に収容	制約なし	接触しないこと
低圧電線			10cm以上。または、300V以下なら同一管内に隔壁設置か別個の管に収容

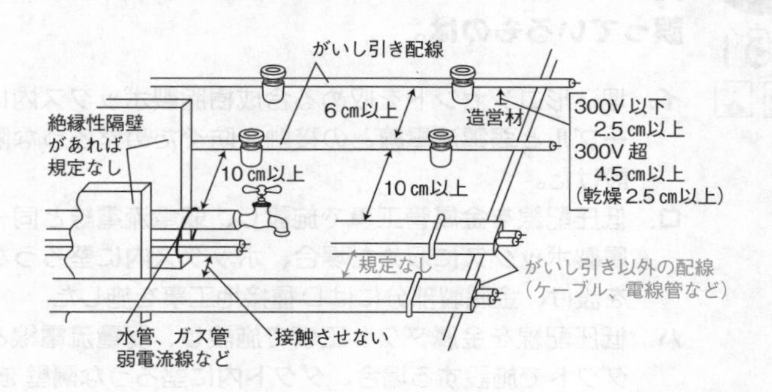

参→P.115

参 マークは、姉妹本『第1種電気工事士学科試験すい～っと合格2024年版』の該当説明ページを表しています。

使用電圧が300V以下の低圧屋内配線のケーブル工事の施工方法に関する記述として、誤っているものは。

イ．ケーブルを造営材の下面に沿って水平に取り付け、その支持点間の距離を3mにして施設した。

ロ．ケーブルの防護装置に使用する金属製部分にD種接地工事を施した。

ハ．ケーブルに機械的衝撃を受けるおそれがあるので、適当な防護装置を設けた。

ニ．ケーブルを接触防護措置を施した場所に垂直に取り付け、その支持点間の距離を5mにして施設した。

（R3Am出題、類問：R3Am・H28・H25・H21）

低圧配線と弱電流電線とが接近又は交差する場合、又は同一ボックスに収める場合の施工方法として、誤っているものは。

イ．埋込形コンセントを収める合成樹脂製ボックス内に、ケーブルと弱電流電線との接触を防ぐため堅ろうな隔壁を設けた。

ロ．低圧配線を金属管工事で施設し、弱電流電線と同一の金属製ボックスに収めた場合、ボックス内に堅ろうな隔壁を設け、金属製部分にはD種接地工事を施した。

ハ．低圧配線を金属ダクト工事で施設し、弱電流電線と同一ダクトで施設する場合、ダクト内に堅ろうな隔壁を設け、金属製部分にはC種接地工事を施した。

ニ．絶縁電線と同等の絶縁効力があるケーブルを使用したリモコンスイッチ用弱電流電線（識別が容易にできるもの）を、低圧配線と同一の配管に収めて施設した。

（R5Pm出題）

低圧屋内配線のケーブル工事では、ケーブル支持点間の距離は、水平（造営材の側面、下面）の場合は2m以下、接触防護措置を施した垂直の場合は6m以下です。そして防護装置に使用する金属製部分には、使用電圧が300V以下の場合はD種接地工事を施します。よって、イが誤りです。

参→P.114

答 イ

低圧配線と弱電流電線は、混触防止の観点から触れないように施設することが定められています。そのため、同一の電線管や線ぴ、ダクト、ボックスに一緒に収容することは、原則禁じられています。ただし、バスダクト工事以外で、以下に該当する場合はこの限りではありません。

①ダクトやボックス、プルボックスの中に施設する場合には、堅ろうな隔壁を設け、金属部分にC種接地工事を施す
②弱電流電線が低圧絶縁電線と同等以上の絶縁効力を有し、低圧配線と容易に識別できる
③金属製電気的遮へい層にC種接地を施した通信用ケーブル
ロのD種接地では上記①を満たしません。

参→P.116

答 ロ

参 マークは、姉妹本『第1種電気工事士学科試験すい～っと合格2024年版』の該当説明ページを表しています。

施工法

アクセスフロア内の低圧屋内配線等に関する記述として、不適切なものは。

問題 252

イ. フロア内のケーブル配線にはビニル外装ケーブル以外の電線を使用できない。

ロ. 移動電線を引き出すフロアの貫通部分は、移動電線を損傷しないよう適切な処置を施す。

ハ. フロア内では、電源ケーブルと弱電流電線が接触しないようセパレータ等による接触防止措置を施す。

ニ. 分電盤は原則としてフロア内に施設しない。

(H30追加出題、同問：H23)

平形保護層工事の記述として、誤っているものは。

問題 253

イ. 旅館やホテルの宿泊室には施設できない。

ロ. 壁などの造営材を貫通させて施設する場合は、適切な防火区画処理等の処理を施さなければならない。

ハ. 対地電圧150V以下の電路でなければならない。

ニ. 定格電流20Aの過負荷保護付漏電遮断器に接続して施設できる。

(R4Am出題)

アクセスフロア内の配線にはケーブルだけでなく、キャブタイヤケーブルも使用できます。

<300V以下の場合>

ビニル外装ケーブル、ポリエチレン外装ケーブルなどのケーブル、ビニルキャブタイヤケーブル、2種以上のキャブタイヤケーブルを用います。

<300Vを超える場合>

ケーブルまたは、3種以上のキャブタイヤケーブルを用います。

参→P.126

答　イ

平形保護層工事は、造営材を貫通させて施設することはできません。ロが誤りです。

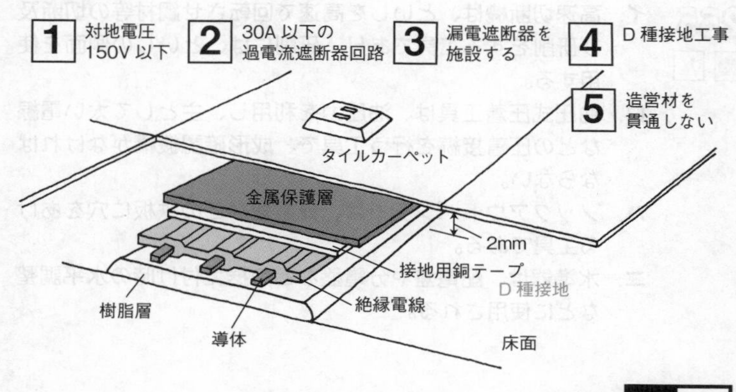

参→P.127

答　ロ

施工法／工具

問題254

ライティングダクト工事の記述として、不適切なものは。

イ. ライティングダクトを1.5mの支持間隔で造営材に堅ろうに取り付けた。

ロ. ライティングダクトの終端部を閉そくするために、エンドキャップを取り付けた。

ハ. ライティングダクトにD種接地工事を施した。

ニ. 接触防護措置を施したので、ライティングダクトの開口部を上向きに取り付けた。

（H30出題、同問：H26・H21）

問題255

工具類に関する記述として、誤っているものは。

イ. 高速切断機は、といしを高速で回転させ鋼材等の切断及び研削をする工具であり、研削には、といしの側面を使用する。

ロ. 油圧式圧着工具は、油圧力を利用し、主として太い電線などの圧着接続を行う工具で、成形確認機構がなければならない。

ハ. ノックアウトパンチャは、分電盤などの鉄板に穴をあける工具である。

ニ. 水準器は、配電盤や分電盤などの据え付け時の水平調整などに使用される。

（H30出題、同問：H23）

ライティングダクト工事の規定の主なものは、
①ダクトの支持点間距離は２ｍ以下
②ダクトの終端部は閉そくする
③開口部は、下に向ける
④造営材を貫通しない
⑤ダクトにはＤ種接地工事を施す。ただし対地電圧150V以下で長さ４ｍ以下の場合は省略できる
上記③から、ニが誤りです

参 → P.128

答 ニ

高速切断機は、鋼材などの切断専用であり、側面を用いての研削などはしてはいけません。

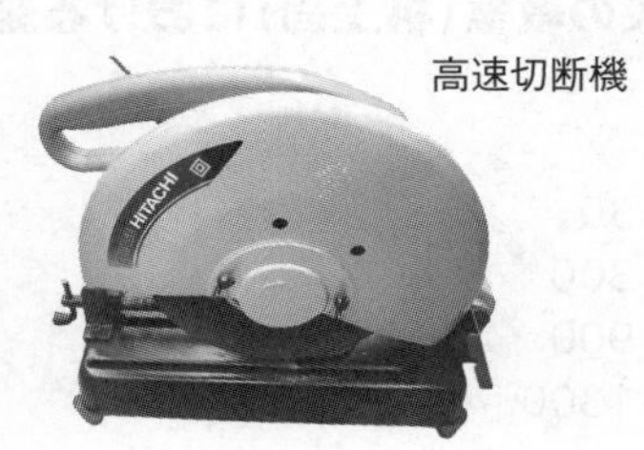

高速切断機

参 → P.71

答 イ

256

照度に関する記述として、正しいものは。

イ．被照面に当たる光束を一定としたとき、被照面が黒色の場合の照度は、白色の場合の照度より小さい。
ロ．屋内照明では、光源から出る光束が２倍になると、照度は４倍になる。
ハ．$1m^2$ の被照面に 1lm の光束が当たっているときの照度が 1lx である。
ニ．光源から出る光度を一定としたとき、光源から被照面までの距離が２倍になると、照度は $\frac{1}{2}$ 倍になる。

（R5Am出題、同問：H18）

257

「日本産業規格（JIS）」では照明設計基準の一つとして、維持照度の推奨値を示している。同規格で示す学校の教室（机上面）における維持照度の推奨値［lx］は。

イ．30
ロ．300
ハ．900
ニ．1300

（R5Pm出題、同問：R2）

面積A[m²]に光束F[lm]（ルーメン）が入射しているときの照度E[lx]（ルクス）は、$E=F/A$の関係にあります。また照度は、光源の明るさに比例し、距離rの二乗に反比例します。

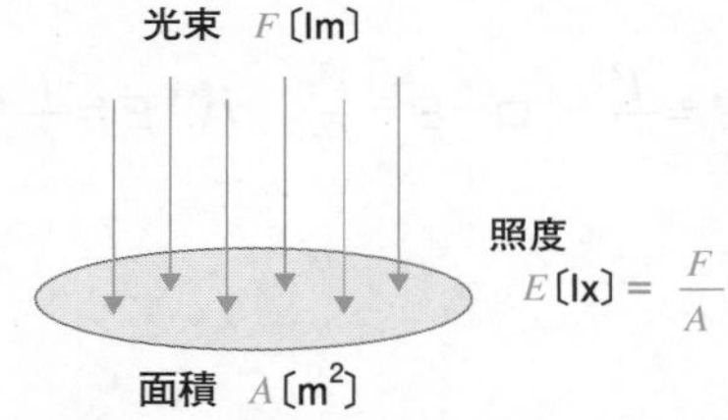

これを理解した上で設問をみると、イは被照面の色は照度に無関係なので誤り。ロは照度は光源の明るさに比例するので誤り。ニは距離の二乗に反比例するので誤りです。

よって、ハが正しく正解です。

参→P.142

維持照度とは、ある面の平均照度を使用期間中に下回らないように維持する値です。日本産業規格（JIS）では、学校の学習空間である教室の維持照度を300lxとしています。

■ JIS 維持照度基準例

維持照度	工場［作業］	学校［学習空間］	商業施設
300 lx	倉庫内の事務	教室・体育館	商談室
500 lx	普通の視作業	図書閲覧室 実験実習室 電子計算機室	大型店の店内全般
750 lx	選別・検査・分析などの細かい視作業	製図室	重要陳列部 レジスタ

参→P.143

床面上r[m]の高さに、光度I[cd]の点光源がある。光源直下の床面照度E[lx]を示す式は。

258

イ．$E=\frac{I^2}{r}$　ロ．$E=\frac{I^2}{r^2}$　ハ．$E=\frac{I}{r}$　ニ．$E=\frac{I}{r^2}$

（R4Am出題、同問：H30追加・H28）

電磁調理器（IH調理器）の加熱方式は。

259

イ．アーク加熱
ロ．誘導加熱
ハ．抵抗加熱
ニ．赤外線加熱

（R3Pm出題、同問：H23）

出題年度の表記法　R：令和／H：平成、Am：午前／Pm：午後

点光源の真下の照度Eは、光度Iに比例し、距離rの2乗に反比例します。

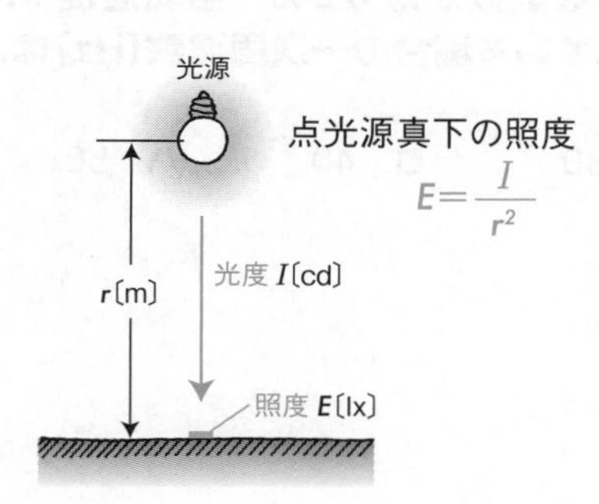

P.143

答 ニ

電磁調理器（IH）は誘導加熱方式の熱電機器です。

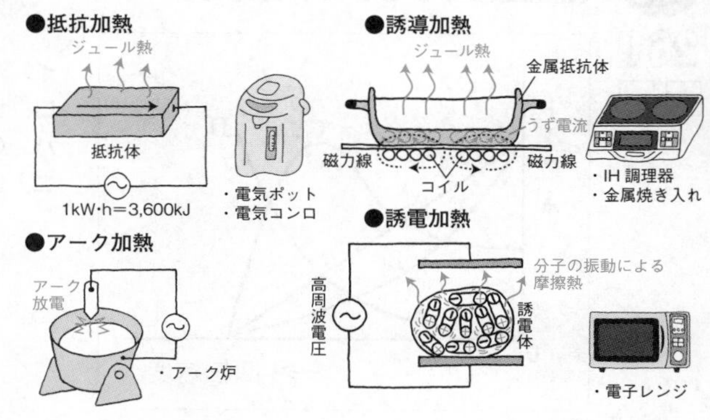

P.146

答 ロ

260

6極の三相かご形誘導電動機があり、その一次周波数がインバータで調整できるようになっている。
この電動機が滑り5%、回転速度1140min^{-1}で運転されている場合の一次周波数[Hz]は。

イ. 30　ロ. 40　ハ. 50　ニ. 60

(R4Pm出題、同問：H30、類問：H24・H22)

261

図において、一般用低圧三相かご形誘導電動機の回転速度に対するトルク曲線は。

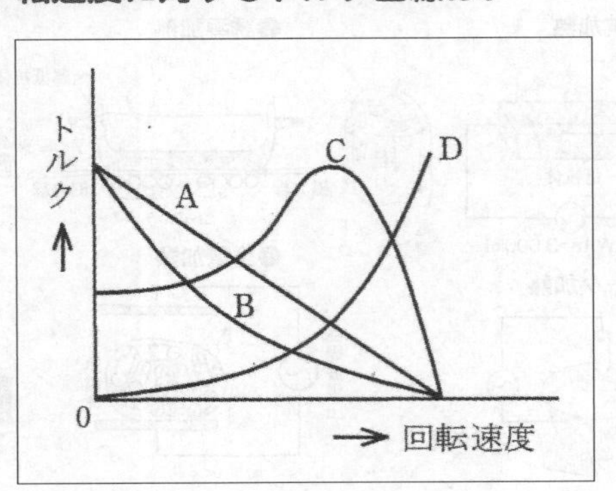

イ. A
ロ. B
ハ. C
ニ. D

(R5Pm出題、同問：R1・H29・H24・H18)

出題年度の表記法　R：令和／H：平成、Am：午前／Pm：午後

三相誘導電動機の回転速度N[min^{-1}]は、

$$N=\frac{120f}{P}(1-s)\ \ [\text{min}^{-1}]$$

設問では、回転速度N：1,140[min^{-1}]、極数P：6、すべりs：0.05[小数]ですから、これより求める一次周波数fは、

$$f=\frac{NP}{120(1-s)}=\frac{1140\times6}{120\times(1-0.05)}=60\ \ [\text{Hz}]$$

参→P.148

答 ニ

三相かご形誘導電動機は、最も多く使われている電動機であり、その速度特性はよく出題されます。

回転速度N(すべりs)の変化にともなうトルクと電流の変化を表すグラフ(曲線)は覚えておきましょう。

誘導電動機の速度特性

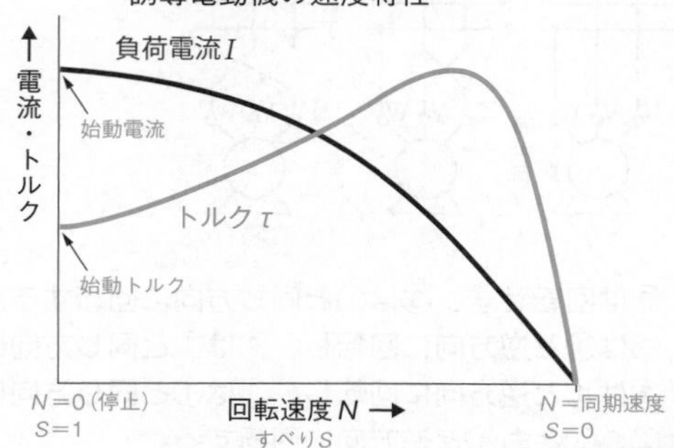

参→P.149

答 ハ

三相かご形誘導電動機の始動方法として、用いられないものは。

イ．全電圧始動（直入れ）
ロ．スターデルタ始動
ハ．リアクトル始動
ニ．二次抵抗始動

（R3Pm出題、同問：H26）

三相誘導電動機の結線①を②、③のように変更した時、①の回転方向に対して、②、③の回転方向の記述として、正しいものは。

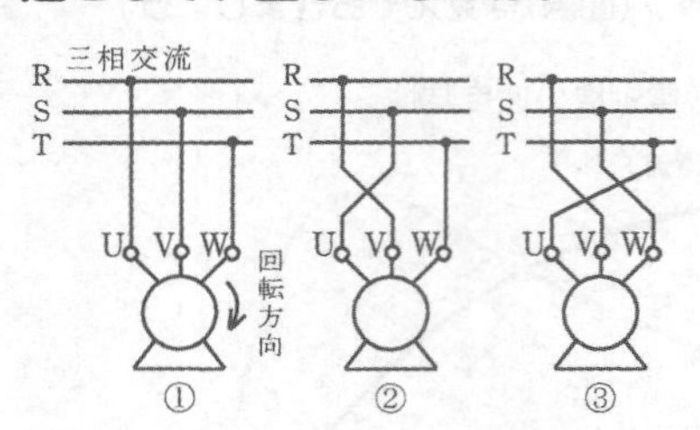

イ．②は回転せず、③は①と同じ方向に回転する。
ロ．③は①と逆方向に回転し、②は①と同じ方向に回転する。
ハ．②は①と逆方向に回転し、③は①と同じ方向に回転する。
ニ．②、③とも①と逆方向に回転する。

（H30追加出題、同問：H27・H19）

出題年度の表記法　R：令和／H：平成、Am：午前／Pm：午後

三相かご形誘導電動機の始動法には、次のような方法があります。

①直入れ(全電圧始動)

②スターデルタ(Y－Δ)始動

③始動補償器による始動

④リアクトルによる始動

ニの二次抵抗始動法は、巻線形誘導電動機の始動法の１つで、かご形誘導電動機には用いられません。

参→P.94

三相誘導電動機は、３本の電源線の内、どれか２本を入れ替えると回転方向が反転します。

②はモータ端子で、U-Vの結線を入れ替えているので反転します。

③は、②の状態からさらにU-Wの結線を入れ替えているので、さらに反転して①と同じ回転方向になります。

参→P.78

マークは、姉妹本『第1種電気工事士学科試験すい〜っと合格2024年版』の該当説明ページを表しています。

同期発電機を並行運転する条件として、必要でないものは。

264

イ．周波数が等しいこと。
ロ．電圧の大きさが等しいこと。
ハ．電圧の位相が一致していること。
ニ．発電容量が等しいこと。

（R3Pm出題、同問：H22・H17）

蓄電池に関する記述として、正しいものは。

265

イ．鉛蓄電池の電解液は、希硫酸である。
ロ．アルカリ蓄電池の放電の程度を知るためには、電解液の比重を測定する。
ハ．アルカリ蓄電池は、過放電すると充電が不可能になる。
ニ．単一セルの起電力は、鉛蓄電池よりアルカリ蓄電池の方が高い。

（R4Am出題、同問：H30・H17）

出題年度の表記法　R：令和／H：平成、Am：午前／Pm：午後

同期発電機の並行運転条件は、
①起電力の大きさが等しい
②起電力の位相（周波数）が等しい
③電圧波形が等しい
④三相発電の場合は相回転が等しい
ニの発電容量は条件には含まれません。

参→P.153 答 ニ

イが正解です。電解液の比重で放電程度がわかるのは鉛蓄電池（蓄電するほど比重大）です。アルカリ蓄電池の特徴は、過充電・過放電に強いことです。起電力は、鉛蓄電池が約2V、アルカリ蓄電池が約1.2Vです。

項目	鉛蓄電池	アルカリ蓄電池 （ニッケル－カドミウム）
電解液	希硫酸	水酸化カリウム水溶液（か性カリ水溶液）
起電力	約2V	約1.2V
内部抵抗	低い	高い
電圧変動	小さい	大きい
自己放電	大きい	小さい
寿命	普通	長い
対過充電・過放電	弱い	強い
その他の特徴	大電流の放電に耐えられる	重負荷特性がよい 低温特性がよい 振動・衝撃に強い
価格	安価	高価

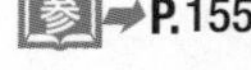
参→P.155 
答 イ

参マークは、姉妹本『第1種電気工事士学科試験すい～っと合格2024年版』の該当説明ページを表しています。

問題 266

巻上荷重W[kN]の物体を毎秒v[m]の速度で巻き上げているとき、この巻上用電動機の出力[kW]を示す式は。
ただし、巻上機の効率はη[%]であるとする。

イ. $\dfrac{100W \cdot v}{\eta}$　　ロ. $\dfrac{100W \cdot v^2}{\eta}$

ハ. $100\eta W \cdot v$　　ニ. $100\eta W^2 \cdot v^2$

（R5Am出題、同問：H30）

問題 267

図のような整流回路において、電圧v_oの波形は。
ただし、電源電圧vは実効値100V、周波数50Hzの正弦波とする。

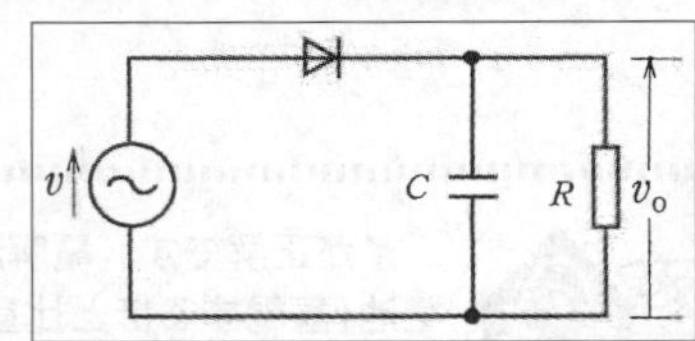

イ.

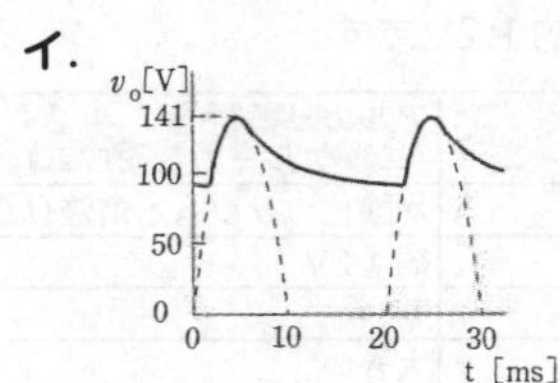

ロ.

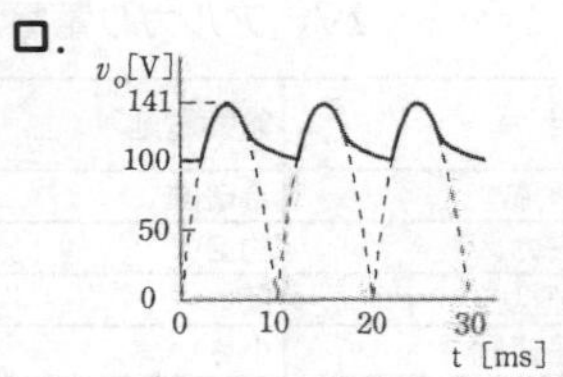

ハ.

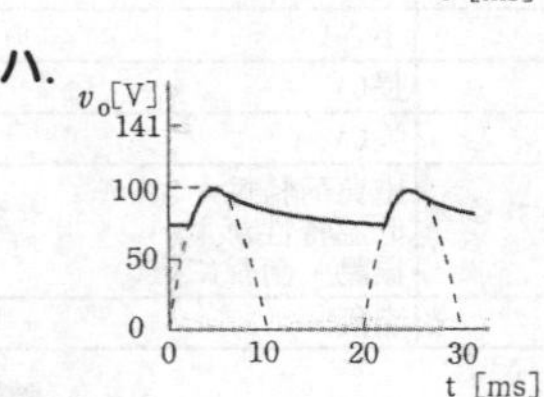

ニ.

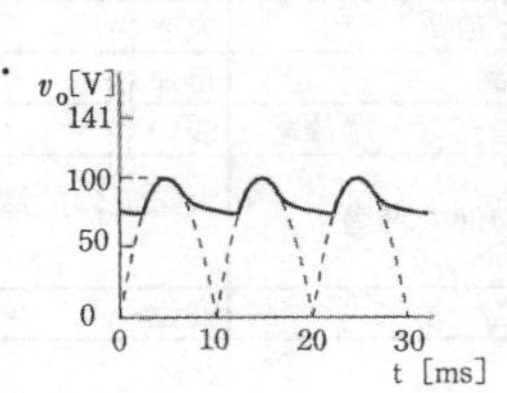

（R3Am出題、同問：H21）

出題年度の表記法　R：令和／H：平成、Am：午前／Pm：午後

巻上用電動機の所要出力P[kW]は、

$P=\frac{W\cdot v}{\eta}\times 10^{-3}$　です。　W：巻上荷重[N]、v：巻上速度[m/s]
η：巻上機効率[小数]

設問では、巻上荷重が[kN]で、効率が[%]で与えられていますから、

$$P=\frac{W\times 10^3\times v}{\eta/100}\times 10^{-3}=\frac{100W\cdot v}{\eta}$$

参→P.151　答　イ

図の回路は、ダイオード1つを使った半波整流回路です。平滑コンデンサもあり、脈流波形を平滑にします。ロとニは全波整流の波形ですから誤りです。また、電源電圧の実効値が100Vですから、ピーク値(最大値)は100[V]×$\sqrt{2}$≒141[V]となります。これに合致するのは、イです。

参→P.156

答　イ

参 マークは、姉妹本『第1種電気工事士学科試験すい〜っと合格2024年版』の該当説明ページを表しています。

268

図に示すサイリスタ（逆阻止3端子サイリスタ）回路の出力電圧v_0の波形として、得ることのできない波形は。
ただし、電源電圧は正弦波交流とする。

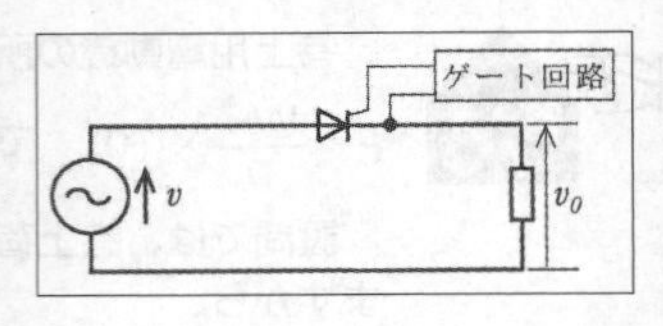

イ.
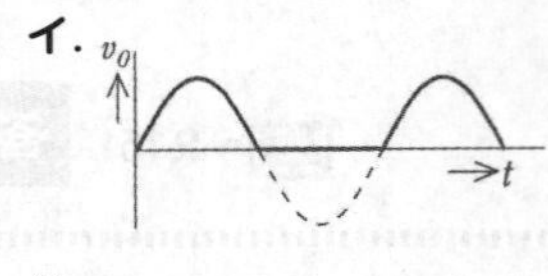

ロ.
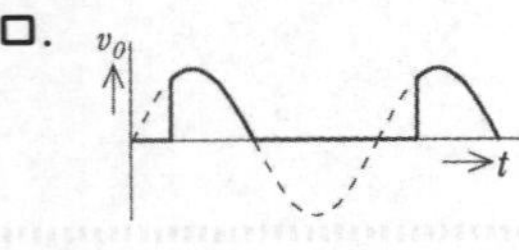

ハ.
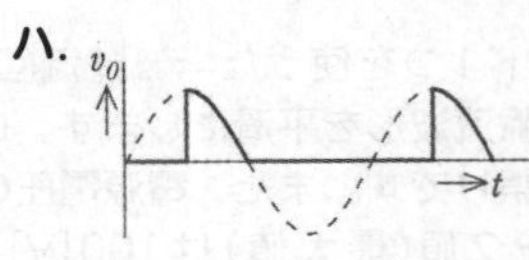

ニ.
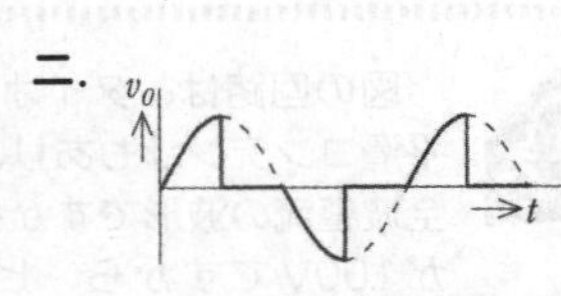

（R4Pm出題、同問：H29・H26）

269

同一容量の単相変圧器を並行運転するための条件として、必要でないものは。

イ. 各変圧器の極性を一致させて結線すること。
ロ. 各変圧器の変圧比が等しいこと。
ハ. 各変圧器のインピーダンス電圧が等しいこと。
ニ. 各変圧器の効率が等しいこと。

（R5Pm出題、同問：R4Pm・H26）

出題年度の表記法　R：令和／H：平成、Am：午前／Pm：午後

サイリスタは、ゲート端子に信号を加えることにより整流機能を制御できます。

逆阻止３端子サイリスタは、ダイオードのように逆方向の電流を阻止し、順方向にのみ電流を流します(イの波形)。さらにゲート信号で順方向の電流を流すタイミングを変えることができます(ロ、ハの波形のように、ゲートに信号を加えるまでは順方向の導通を阻止することができる)。

ニのような双方向の出力はできません。

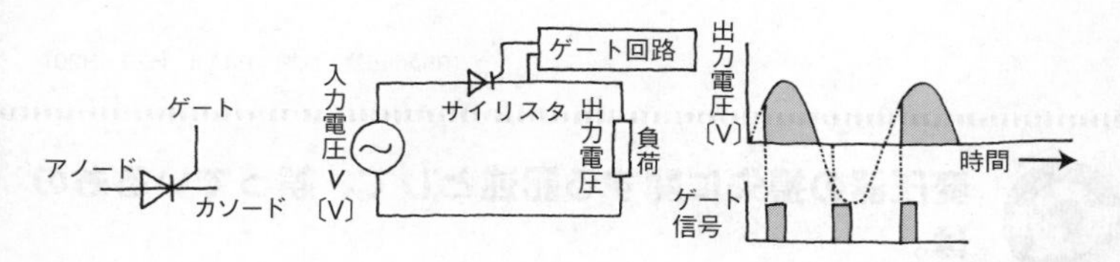

参 → P.157

答　ニ

単相変圧器の並行運転を行うための条件は、

①極性が一致している
②一次側、二次側の定格電圧が等しい(巻数比が等しい)
③インピーダンス電圧(または％インピーダンス)が等しい

つまり、各変圧器の効率や容量が等しい必要はありません。

※インピーダンス電圧とは、変圧器の二次側を短絡し、一次側の電圧を上げたとき、二次側に定格電流が流れるときの一次側電圧をいう。
※％インピーダンスは、インピーダンス電圧を一次側定格電圧で割った値をパーセント表示したものです。

参 → P.161

参 マークは、姉妹本『第1種電気工事士学科試験すい〜っと合格2024年版』の該当説明ページを表しています。

同容量の単相変圧器2台をV結線し、三相負荷に電力を供給する場合の変圧器1台当たりの最大の利用率は。

イ．$\frac{1}{2}$　ロ．$\frac{\sqrt{2}}{2}$　ハ．$\frac{\sqrt{3}}{2}$　ニ．$\frac{2}{\sqrt{3}}$

（R5Am出題、同問：R4Am・H29・H20）

変圧器の損失に関する記述として、誤っているものは。

イ．銅損と鉄損が等しいときに変圧器の効率が最大となる。
ロ．無負荷損の大部分は鉄損である。
ハ．鉄損にはヒステリシス損と渦電流損がある。
ニ．負荷電流が2倍になれば銅損は2倍になる。

（R3Am出題、同問：H25）

変圧器の鉄損に関する記述として、正しいものは。

イ．一次電圧が高くなると鉄損は増加する。
ロ．鉄損はうず電流損より小さい。
ハ．鉄損はヒステリシス損より小さい。
ニ．電源の周波数が変化しても鉄損は一定である。

（R5Pm出題、同問：H30）

出題年度の表記法　R：令和／H：平成、Am：午前／Pm：午後

V結線の2台の変圧器から取り出せる供給電力は、小さいほうの変圧器容量の$\sqrt{3}$倍です。

本来、同じ容量の変圧器2台で出力できる容量は、変圧器2台分（2倍）あるわけですが、それが$\sqrt{3}$倍しか負荷に供給できないので、1台あたりの利用率は$\sqrt{3}$／2になります。

参→P.163

変圧器の損失には、鉄損と銅損があります。鉄損は変圧器の鉄心部分で生じる損失で、うず電流損とヒステリシス損があります。鉄損は無負荷損ともいい、出力に関係なく一定です。いっぽう銅損は負荷損であり、巻線の抵抗によって生じる熱損失で、出力（負荷）電流の２乗に比例して増加します（負荷電流が2倍になれば銅損は4倍）。よって、ニが誤りです。

参→P.164

変圧器の鉄損の主なものは、うず電流損とヒステリシス損ですから、ロとハは誤りです。また、ヒステリシス損は電源周波数に反比例するのでニも誤りです。うず電流損とヒステリシス損のどちらも、一次電圧の２乗に比例します。

参→P.164

参 マークは、姉妹本『第1種電気工事士学科試験すい～っと合格2024年版』の該当説明ページを表しています。

図のように、単相変圧器の二次側に20 Ωの抵抗を接続して、一次側に2000Vの電圧を加えたら一次側に1Aの電流が流れた。この時の単相変圧器の二次電圧V_2[V]は。
ただし、巻線の抵抗や損失を無視するものとする。

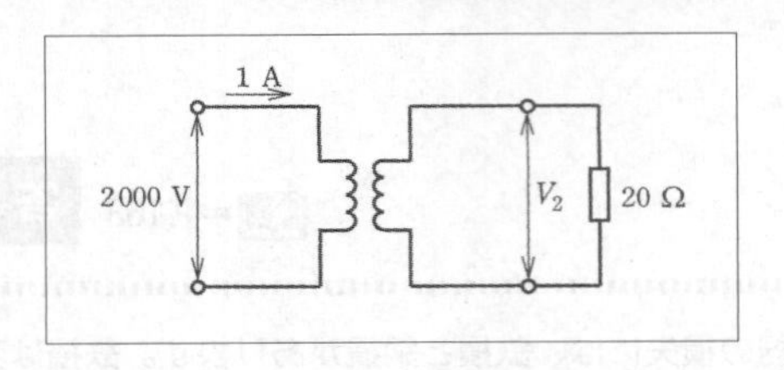

イ. 50　　ロ. 100　　ハ. 150　　ニ. 200

（R3Pm出題、同問：H18）

図のような配電線路において、抵抗負荷R_1に50A、抵抗負荷R_2には70Aの電流が流れている。変圧器の一次側に流れる電流I[A]の値は。
ただし、変圧器と配電線路の損失及び変圧器の励磁電流は無視するものとする。

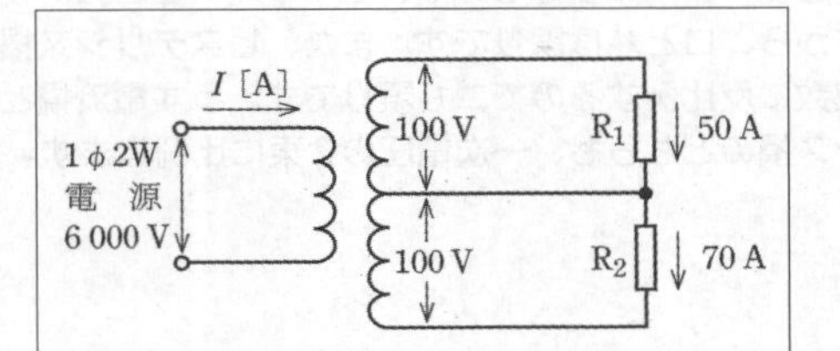

イ. 1
ロ. 2
ハ. 3
ニ. 4

（R4Pm出題、類問：H30追加）

変圧器の損失が無視できる場合には、一次側(入力)と二次側(出力)の電力(皮相電力[V・A])は等しくなります。

一次側入力電力=2,000[V]×1[A] =2,000[V・A]

二次側出力電力= V_2^2 / 20[Ω] =2,000[V・A]

よって、V_2^2=2,000×20=40,000

$V_2 = \sqrt{40,000} = 200$[V]

正解は二です。

参→P.158

答 二

変圧器は、電力損失を無視できれば、入力(一次)側と出力(二次)側の電力(皮相電力[V・A])は等しくなります。

設問の二次側(低圧側)の電力は、

R_1が100[V]×50[A]=5,000[V・A]、

R_2が100[V]×70[A]=7,000[V・A]で、

合計12,000V・Aになります。

これと一次側(高圧側)の電力が等しくなるので、

6,000[V]×I[A]=12,000[V・A]。

よって、一次電流Iは、2Aです。

参→P.158

答 ロ

参 マークは、姉妹本『第1種電気工事士学科試験すい〜っと合格2024年版』の該当説明ページを表しています。

光源

LEDランプの記述として、誤っているものは。

イ. LEDランプは、発光ダイオードを用いた照明用光源である。

ロ. 白色LEDランプは、一般に青色のLEDと黄色の蛍光体による発光である。

ハ. LEDランプの発光効率は、白熱灯の発光効率に比べて高い。

ニ. LEDランプの発光原理は、ホトルミネセンスである。

(H27出題)

LEDランプの記述として、誤っているものは。

イ. LEDランプはpn接合した半導体に電圧を加えることにより発光する現象を利用した光源である。

ロ. LEDランプに使用されるLEDチップ(半導体)の発光に必要な順方向電圧は、直流100V以上である。

ハ. LEDランプの発光原理はエレクトロルミネセンスである。

ニ. LEDランプには、青色LEDと黄色を発光する蛍光体を使用し、白色に発光させる方法がある。

(R3Pm出題)

床面上2mの高さに、光度1000cdの点光源がある。点光源直下の床面照度[lx]は。

イ. 250　　ロ. 500　　ハ. 750　　ニ. 1000

(R3Am出題)

LEDは発光ダイオード(Light Emitting Diode)の略で、LEDランプは発光ダイオードを用いた照明用光源です。その発光原理は、電界ルミネセンス(電界を印加すると発光する現象)です。白熱灯に比べて発光効率が高く、市販の白色LEDランプは、青色のLEDと黄色の蛍光体による発光で、自然に近い白色光をつくっています。ホトルミネセンスは、蛍光灯のように紫外線を照射して発光する現象です。

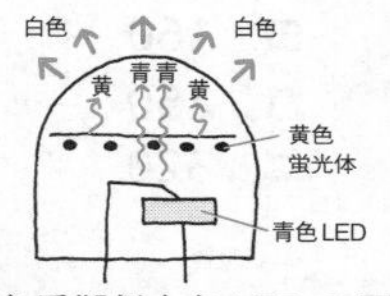

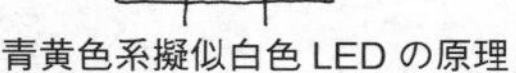
青黄色系擬似白色 LED の原理

P.141

答 ニ

LEDランプの光源は、発光ダイオード(LED)です。その順方向電圧は、赤色で約2V、青色で3V程度です。よってロが誤りです。

P.141

答 ロ

点光源直下の照度E[lx](ルクス)は、点光源の光度をI[cd](カンデラ)、点光源の床面上高さをh[m]とすると、

$E = \frac{I}{h^2} = \frac{1,000}{2^2} = 250$[lx]　と求まります。

P.143

答 イ

光源／電熱源

278

図のQ点における水平面照度が8[lx]であった。点光源Aの光度I[cd]は。

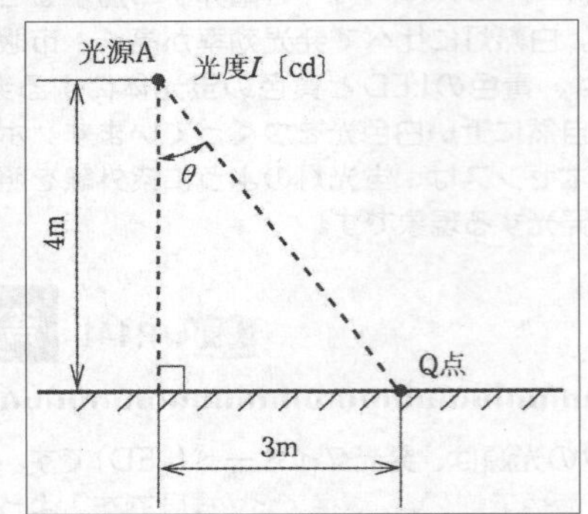

イ．50
ロ．160
ハ．250
ニ．320

（H26出題）

279

電子レンジの加熱方式は。

イ．誘電加熱
ロ．誘導加熱
ハ．抵抗加熱
ニ．赤外線加熱

（R1出題、同問：H19）

出題年度の表記法　R：令和／H：平成、Am：午前／Pm：午後

光度I[cd](カンデラ)と照度E[lx](ルクス)との間には次の関係があります。

$$E=\frac{I}{r^2}$$ (r：光源からの距離)

光の角度が垂直方向からθ度傾くと、

水平面照度　$Eh=\frac{I\cos\theta}{r^2}$

鉛直面照度　$Ev=\frac{I\sin\theta}{r^2}$

したがってこの問題では、水平面照度を求めますから、$\cos\theta=4/5$(右図参照)を代入すると、

$$8\,[\mathrm{lx}]=\frac{I}{5^2}\times\frac{4}{5}$$

よって、$I=250$[cd]となります。

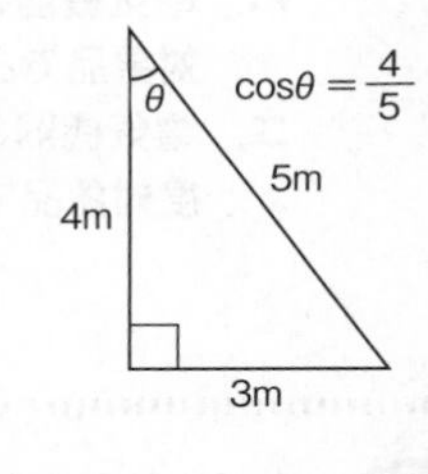

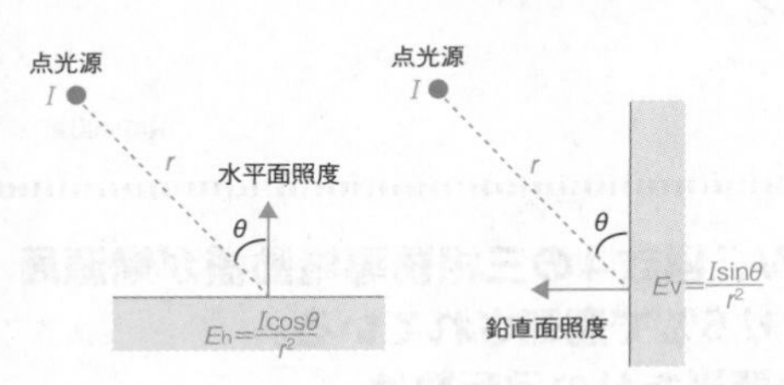

 →P.143

電子レンジは、高周波で食品中の水の分子を振動させ、熱を発生させるもので、誘電加熱法です。

 →P.146

参 マークは、姉妹本『第1種電気工事士学科試験すい～っと合格2024年版』の該当説明ページを表しています。

三相誘導電動機

280

トップランナー制度に関する記述について、誤っているものは。

イ．トップランナー制度では、エネルギー消費効率の向上を目的として省エネルギー基準を導入している。

ロ．トップランナー制度では、エネルギーを多く使用する機器ごとに、省エネルギー性能の向上を促すための目標基準を満たすことを、製造事業者と輸入事業者に対して求めている。

ハ．電気機器として交流電動機は、全てトップランナー制度対象品である。

ニ．電気機器として変圧器は、一部を除きトップランナー制度対象品である。

（R4Pm出題）

281

定格出力22kW、極数4の三相誘導電動機が電源周波数60Hz、滑り5%で運転されている。
このときの1分間当たりの回転数は。

イ．1620　　ロ．1710　　ハ．1800　　ニ．1890

（H29出題）

トップランナー制度は、エネルギー消費効率の向上を目的として、機械器具等(自動車、家電製品や建材等) 32品目を対象に、目標となるエネルギー消費効率基準(省エネ基準)を定め、製造事業者や輸入事業者に対して目標の達成を促すとともに、エネルギー消費効率の表示を求める制度です。基準値は、現在商品化されている製品のうち、エネルギー消費効率が最も優れているもの(トップランナー)の性能に加え、技術開発の将来見通しなどを勘案して定めています。

変圧器は、油入変圧器とモールド変圧器が対象となり、交流電動機は定格出力が0.75kW以上のものが対象となります。どちらも「全て」が対象ではないので、ハが誤りです。

参→P.165 答 ハ

三相誘導電動機の回転速度(毎分の回転数) N[min^{-1}]は、同期速度Ns(回転磁界の速度)とすべりsで決まります。

$Ns=\dfrac{120f}{P}$ [min^{-1}] 、$N=Ns(1-s)$ [min^{-1}]、

設問では、周波数f：60[Hz]、極数P：4、すべりs：5%

ですから、$Ns=\dfrac{120\times60}{4}=1{,}800$[min^{-1}]

よって、$N=1{,}800(1-0.05)=1{,}710$[min^{-1}]となります。

※三相誘導電動機は、回転磁界の速度(同期速度)よりすべりs[%]だけ遅れて回転します。

参→P.148 答 ロ

三相誘導電動機

282

定格出力22kW、極数6の三相誘導電動機が電源周波数50Hz、滑り5%で運転している。このときの、この電動機の同期速度Ns[min^{-1}]と回転速度N[min^{-1}]との差$Ns-N$[min^{-1}]は。

イ. 25　ロ. 50　ハ. 75　ニ. 100

（H28出題、同問：H17）

283

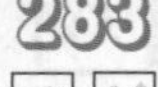

三相かご形誘導電動機が、電圧200V、負荷電流10A、力率80%、効率90%で運転されているとき、この電動機の出力[kW]は。

イ. 1.4　ロ. 2.0　ハ. 2.5　ニ. 4.3

（R3Am出題）

284

定格電圧200V、定格出力11kWの三相誘導電動機の全負荷時における電流[A]は。
ただし、全負荷時における力率は80%、効率は90%とする。

イ. 23　ロ. 36　ハ. 44　ニ. 81

（R2出題）

三相誘導電動機では、同期速度(回転磁界の速度)Nsと実際の回転速度Nとの差($Ns-N$)が滑りsです。滑りは、同期速度に対する割合(%)で表すので、同期速度Nsがわかれば、滑りの回転数は$Ns\times s$(小数)で求めることができます。

同期速度Ns[min^{-1}]は、極数をP、周波数f[Hz]とすると、

$$Ns=\frac{120f}{P}=\frac{120\times 50[\mathrm{Hz}]}{6[\text{極}]}=1{,}000[\mathrm{min}^{-1}]$$

よって、滑り5%は、

$1{,}000\times 0.05=50[\mathrm{min}^{-1}]$

参→P.148

三相誘導電動機の出力Poは、$Po=\sqrt{3}VI\cos\theta\eta$
($\cos\theta$：力率、η(イータ)：効率(小数))

よって求める出力は、

$Po=\sqrt{3}\times 200\times 10\times 0.8\times 0.9\fallingdotseq 2{,}490[\mathrm{W}]\fallingdotseq 2.5[\mathrm{kW}]$

よって、ハが正解です。

※$\sqrt{3}=1.73$とする

参→P.149

三相誘導電動機の出力Poは、$Po=\sqrt{3}VI\cos\theta\eta$
($\cos\theta$：力率、η(イータ)：効率(小数))

よって電流Iは、

$$I=\frac{Po}{\sqrt{3}V\cos\theta\eta}=\frac{11\times 10^3}{\sqrt{3}\times 200\times 0.8\times 0.9}\fallingdotseq 44[\mathrm{A}]$$

※$\sqrt{3}=1.73$とする

参→P.149

参マークは、姉妹本『第1種電気工事士学科試験すい〜っと合格2024年版』の該当説明ページを表しています。

三相誘導電動機／蓄電池

285

かご型誘導電動機のインバータによる速度制御に関する記述として、正しいものは。

イ. 電動機の入力の周波数を変えることによって速度を制御する。
ロ. 電動機の入力の周波数を変えずに電圧を変えることによって速度を制御する。
ハ. 電動機の滑りを変えることによって速度を制御する。
ニ. 電動機の極数を切り換えることによって速度を制御する。

（R4Am出題）

286

全揚程200m、揚水流量が150m³/sである揚水式発電所の揚水ポンプの電動機の入力[MW]は。ただし、電動機の効率を0.9、ポンプの効率を0.85とする。

イ. 23　　ロ. 39　　ハ. 225　　ニ. 384

（R2出題）

鉛蓄電池の電解液は。

287

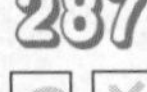

イ. 水酸化ナトリウム水溶液
ロ. 水酸化カリウム水溶液
ハ. 塩化亜鉛水溶液
ニ. 希硫酸

（R1出題、同問：H18）

インバータは直流を交流に変換する装置です。インバータ制御は、交流電源を整流回路で直流にした後、インバータ回路で任意の周波数の交流電源に変換して機器に供給します。

周波数をインバータで可変して、電動機の回転速度を制御するしくみです。

参→P.149

答 イ

揚水ポンプの電動機の入力Pは、電動機の効率をη_m、ポンプの効率をη_pとすると、

$$P=\frac{9.8QH}{\eta_m \cdot \eta_p}\ [\mathrm{kW}]$$

(Q：揚水量[m^3/s]、 H：揚程[m])

よって、

$$P=\frac{9.8\times150\times200}{0.9\times0.85}\fallingdotseq 384{,}000[\mathrm{kW}]=384\ [\mathrm{MW}]$$

参→P.150

答 ニ

鉛蓄電池は、正極に二酸化鉛、負極に鉛、電解液に希硫酸(H_2SO_4)を使った蓄電池です。

参→P.154

答 ニ

参マークは、姉妹本『第1種電気工事士学科試験すい〜っと合格2024年版』の該当説明ページを表しています。

蓄電池／電源装置

アルカリ蓄電池に関する記述として、正しいものは。

問題 288

イ．過充電すると電解液はアルカリ性から中性に変化する。
ロ．充放電によって電解液の比重は著しく変化する。
ハ．１セル当たりの公称電圧は鉛蓄電池より低い。
ニ．過放電すると充電が不可能になる。

（H30追加出題、同問：H19）

浮動充電方式の直流電源装置の構成図として、正しいものは。

問題 289

イ．

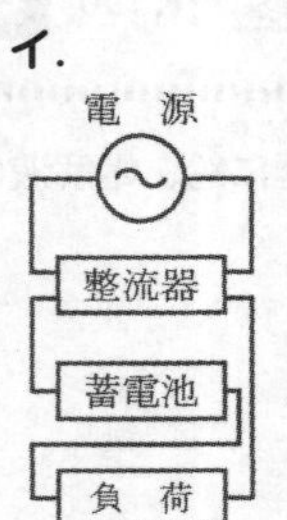

ロ．

ハ．

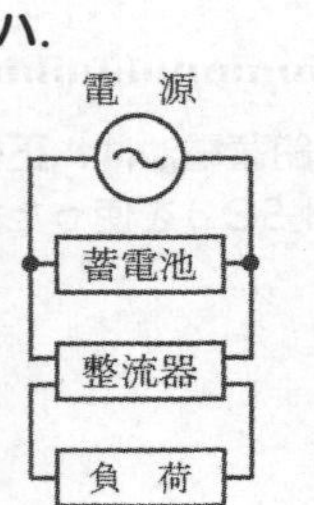

ニ．

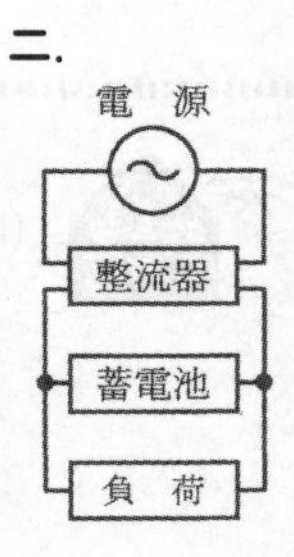

（H28出題、同問：H26）

アルカリ蓄電池の1セルあたりの起電力は約1.2Vで、鉛蓄電池の約2Vに比べて低いので、ハが正解です。

項目	鉛蓄電池	アルカリ蓄電池 (ニッケルーカドミウム)
電解液	希硫酸	水酸化カリウム水溶液（か性カリ水溶液）
起電力	約2V	約1.2V
内部抵抗	低い	高い
電圧変動	小さい	大きい
自己放電	大きい	小さい
寿命	普通	長い
対過充電・過放電	弱い	強い
その他の特徴	大電流の放電に耐えられる	重負荷特性がよい 低温特性がよい 振動・衝撃に強い
価格	安価	高価

P.155

答 ハ

蓄電池を整流器と負荷に並列につなぐ充電回路が浮動充電方式です。発電機（交流電源）から負荷に電力供給しながら、余剰分を蓄電池に充電します。発電機が動いていないときや発電量が不足しているときは、蓄電池から負荷に電力を供給します。蓄電池と負荷は直流ですから、発電機の交流電源は整流（交流から直流に変換）して供給されます。したがって、構成としてはニのようになります。

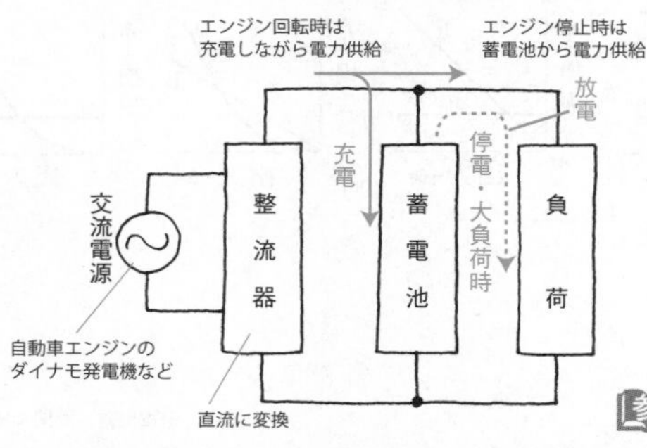

参→P.155

答 ニ

参 マークは、姉妹本『第1種電気工事士学科試験すい～っと合格2024年版』の該当説明ページを表しています。

変圧器

問題 290

定格二次電圧が210Vの配電用変圧器がある。変圧器の一次タップ電圧が6600Vのとき、二次電圧は200Vであった。一次タップ電圧を6300Vに変更すると、二次電圧の変化は。
ただし、一次側の供給電圧は変わらないものとする。

イ. 約10V上昇する。
ロ. 約10V降下する。
ハ. 約20V上昇する。
ニ. 約20V降下する。

(R1出題、類問：H19)

問題 291

変圧器の出力に対する損失の特性曲線において、aが鉄損、bが銅損を表す特性曲線として、正しいものは。

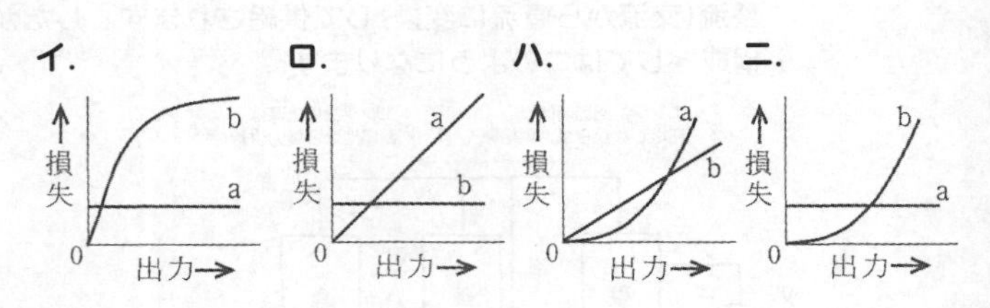

(R2出題、同問：H30)

一次タップ電圧値と定格二次電圧値は、変圧器の巻数比を表します。そして変圧器の入力電圧V_1と出力電圧V_2は巻数比に比例するので、設問の変圧器に入力された電圧V_1は、
6,600：210＝V_1：200より、
V_1＝6,600×200／210≒6,286［V］
一次側タップ電圧を6,300Vに変更すると、
6,300：210＝6,286：V_2となり、
V_2＝210×6,286／6,300≒209.5
よってニ次側出力電圧は約10V上昇します。

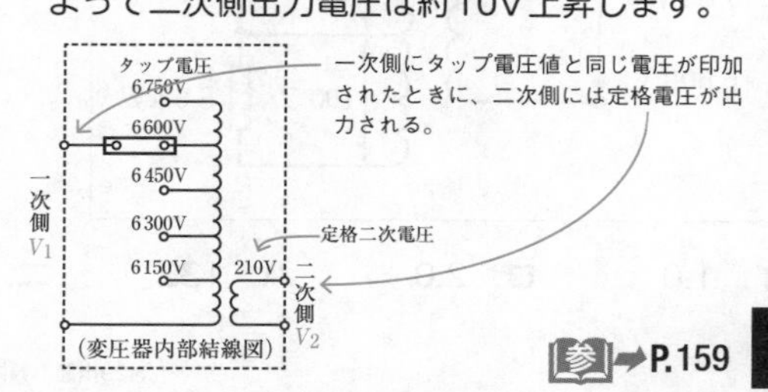

参→P.159 答 イ

変圧器損失には鉄損と銅損があります。鉄損は変圧器の鉄心部分で生じる損失で、出力（負荷電流）に関係なく一定です。銅損は、巻線（銅線）の抵抗によって生じる熱損失で、出力電流の２乗に比例して増加します。よってニが正解です。

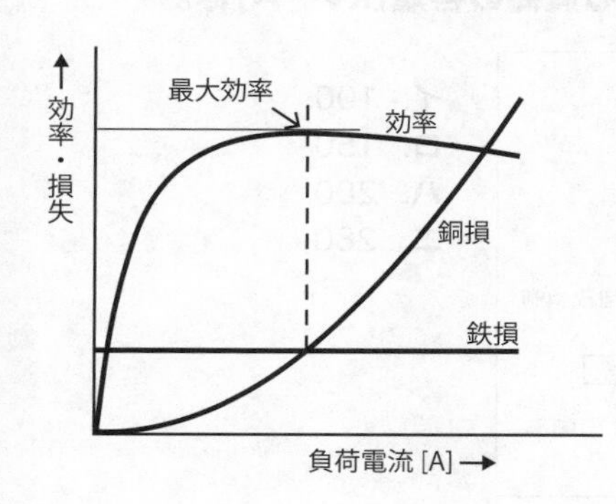

最大効率条件
鉄損＝銅損
全負荷のn〔%〕のときに
最大効率になるとすると
鉄損＝$\left(\frac{n}{100}\right)^2$× 銅損

参→P.165

答 ニ

変圧器

問題 292

図のような配電線路において、変圧器の一次電流I_1[A]は。
ただし、負荷はすべて抵抗負荷であり、変圧器と配電線路の損失及び変圧器の励磁電流は無視する。

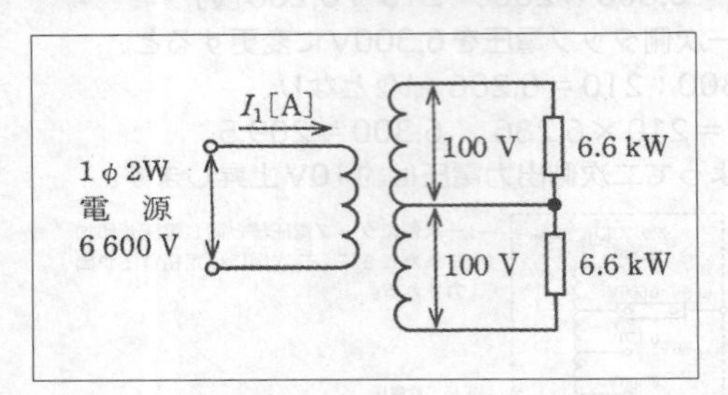

イ．1.0　　ロ．2.0　　ハ．132　　ニ．8712

（H29出題、類問：H24・H17）

問題 293

ある変圧器の負荷は、有効電力90kW、無効電力120kvar、力率は60%（遅れ）である。いま、ここに有効電力70kW、力率100%の負荷を増設した場合、この変圧器にかかる負荷の容量[kV・A]は。

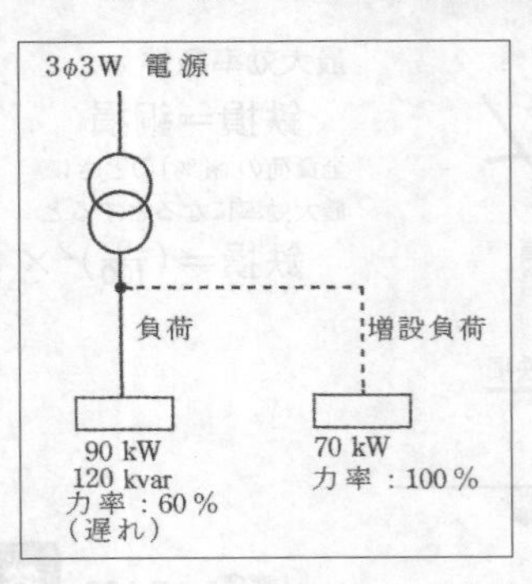

イ．100
ロ．150
ハ．200
ニ．280

（R1出題）

出題年度の表記法　R：令和／H：平成、Am：午前／Pm：午後

変圧器は、電力損失を無視できれば、入力（一次）側と出力（二次）側の電力（皮相電力[V·A]）は等しくなります。設問は抵抗負荷で力率$\cos\theta = 1$ですから、二次側（低圧側）の電力は、6.6[kW] ×2＝13.2[kW] ＝13.2[kV·A]（13,200[V·A]）になります。これと一次側（高圧側）の電力が等しくなるので、6,600[V]×I_1[A]＝13,200[V·A]。

よって、一次電流I_1は、2.0Aです。

参→P.158 答 ロ

変圧器の負荷を電力の三角形で表すと、下図の(a)になります。これに有効電力70kW（力率100%）負荷を増設すると、電力の三角形は(b)のようになります。

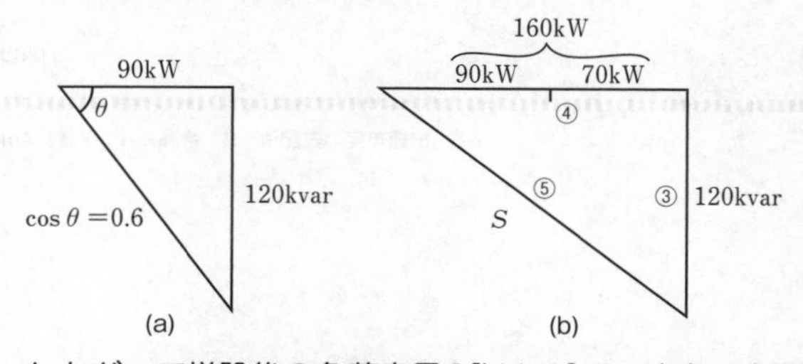

(a) (b)

したがって増設後の負荷容量S[kV·A]は、直角三角形の辺の比④：③：⑤より、200kV·Aになります。
$(S = \sqrt{160^2 + 120^2} = 200)$

参→P.160 答 ハ

参 マークは、姉妹本『第1種電気工事士学科試験すい～っと合格2024年版』の該当説明ページを表しています。

絶縁材料

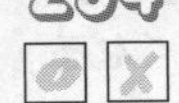

電気機器の絶縁材料の耐熱クラスは、JISに定められている。選択肢のなかで、最高連続使用温度[℃]が最も高い、耐熱クラスの指定文字は。

イ．A　　ロ．E　　ハ．F　　ニ．Y

（R1出題）

電気機器の絶縁材料として耐熱クラスごとに最高連続使用温度[℃]の低いものから高いものの順に左から右に並べたものは。

イ．H、E、Y
ロ．Y、E、H
ハ．E、Y、H
ニ．E、H、Y

（H28出題、同問：H21）

出題年度の表記法　R：令和／H：平成、Am：午前／Pm：午後

JISで定められている絶縁材料の耐熱クラスは、温度が低い順に、Y、A、E、B、F、H、N、Rです。よって、Fが正解です。「八重歯(YAEB)かわいい、ふっくら(F)ほっぺ(H)、ノー(N)リターン(R)」と覚えましょう。

P.172

答 ハ

絶縁材料の耐熱クラスと最高連続使用温度は、最高連続使用温度の低い順に、Y、A、E、B、F、H、N、Rです。正解はロです。

P.172

答 ロ

マークは、姉妹本『第1種電気工事士学科試験すい〜っと合格2024年版』の該当説明ページを表しています。

問題 296

水力発電所の水車の種類を、適用落差の最大値の高いものから低いものの順に左から右に並べたものは。

イ.	ペルトン水車	フランシス水車	プロペラ水車
ロ.	ペルトン水車	プロペラ水車	フランシス水車
ハ.	プロペラ水車	フランシス水車	ペルトン水車
ニ.	フランシス水車	プロペラ水車	ペルトン水車

（R3Pm出題、同問：H21）

問題 297

水力発電の水車の出力Pに関する記述として、正しいものは。
ただし、Hは有効落差、Qは流量とする。

イ. PはQHに比例する。
ロ. PはQH^2に比例する。
ハ. PはQHに反比例する。
ニ. PはQ^2Hに比例する。

（R4Pm出題、同問：H28、類問：H19）

問題 298

有効落差100m、使用水量20m^3/sの水力発電所の発電機出力[MW]は。
ただし、水車と発電機の総合効率は85%とする。

イ. 1.9　　ロ. 12.7　　ハ. 16.7　　ニ. 18.7

（R5Pm出題、同問：R4Am・H30）

水力発電所の水車は、その種類によって適用できる水の落差と流量があり、立地条件に合った水車が選定されます。

適用落差の高い順に、ペルトン→フランシス→プロペラと覚えましょう。正解はイです。

水車の種類	水車の適用落差
ペルトン水車	高(200m以上)
フランシス水車	中(50～500m)
プロペラ水車	低(3～90m)

参→P.195

水力発電の水車の出力P[kW]は、以下の式で求めます。

$P=9.8QH\eta_t$[kW]

Q：流量[m^3/s]、H：有効落差[m]

η_t：水車効率[小数]

つまり、イが正解です。

参→P.195

水力発電機の出力P[kW]は、有効落差をH[m]、流量をQ[m^3/s]、総合効率(水車効率×発電機効率)をη(イータ)[小数]とすると、$P=9.8QH\eta$で求められます。よって、

$P=9.8\times20\times100\times0.85=16,660$ [kW]

$\fallingdotseq 16.7$[MW]

参→P.195

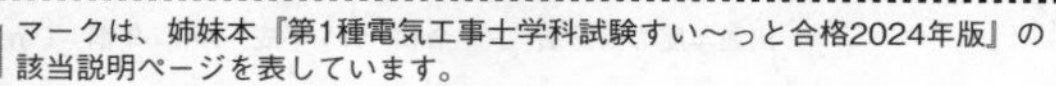

ディーゼル発電装置に関する記述として、誤っているものは。

イ．ディーゼル機関は点火プラグが不要である。
ロ．ディーゼル機関の動作工程は、吸気→爆発(燃焼)→圧縮→排気である。
ハ．回転むらを滑らかにするために、はずみ車が用いられる。
ニ．ビルなどの非常用予備発電装置として、一般に使用される。

(R3Pm出題、同問：H25・H20)

コージェネレーションシステムに関する記述として、最も適切なものは。

イ．受電した電気と常時連系した発電システム
ロ．電気と熱を併せ供給する発電システム
ハ．深夜電力を利用した発電システム
ニ．電気集じん装置を利用した発電システム

(R5Am出題、同問：H26)

出題年度の表記法　R：令和／H：平成、Am：午前／Pm：午後

ディーゼル機関の動作工程は、吸気→圧縮→爆発（燃焼）→排気、です。よって、ロが誤りです。

■ 4サイクル機関の動作工程

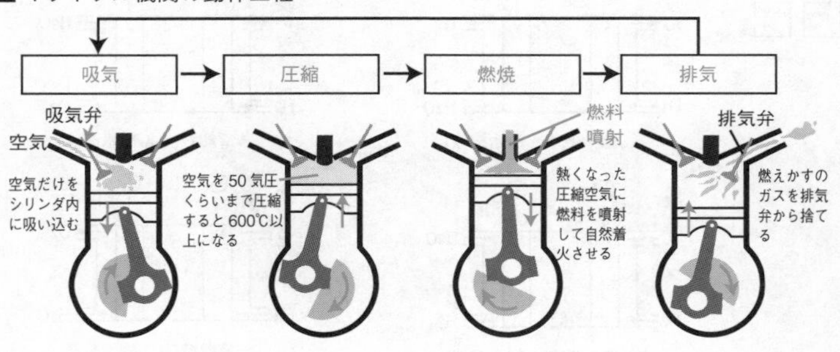

コージェネレーションとは、電気と熱を併せて供給するシステムです。発電時に発生する熱を有効活用するので、環境に優しいシステムです。

英語のCO-（コー）は、「共同、ともに」の意味の接頭語です。２つのものを併せて発生させて利用することから、この名前が付けられています。

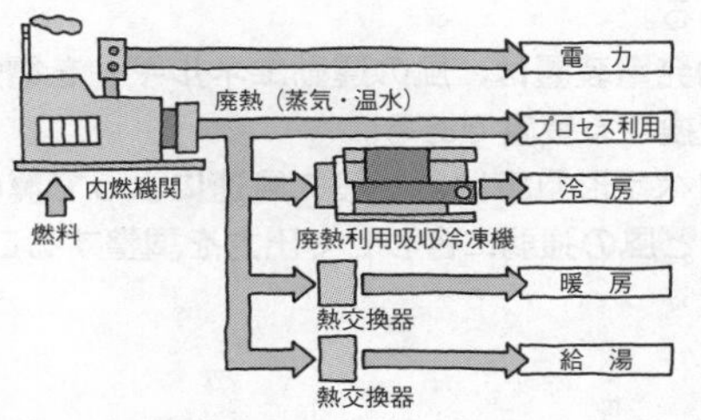

出典：一般財団法人 コージェネレーション・エネルギー高度利用センター

問題301

りん酸形燃料電池の発電原理図として、正しいものは。

イ.

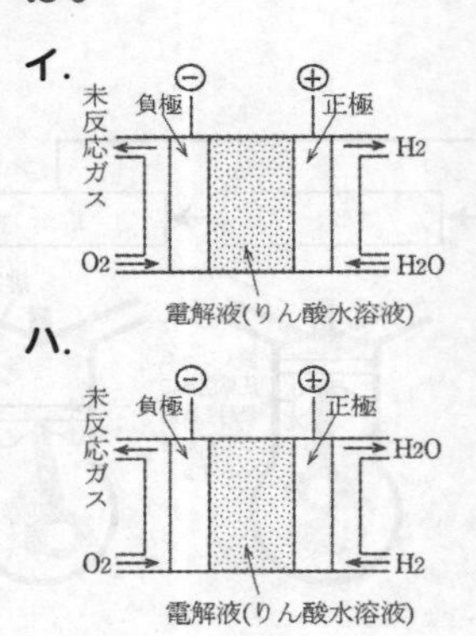

ロ.

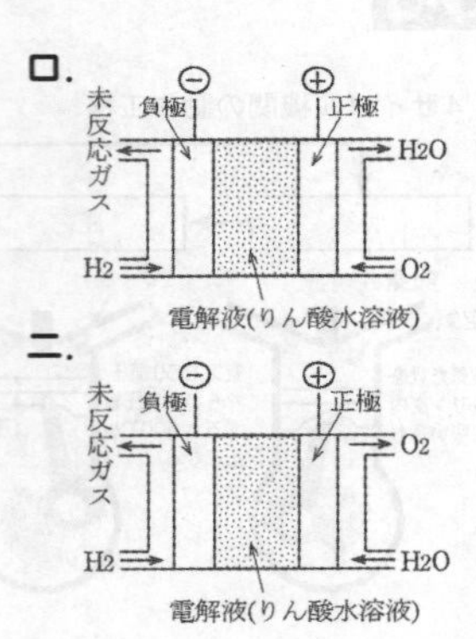

(R5Pm出題、同問：R5Am・H27・H22)

問題302

風力発電に関する記述として、誤っているものは。

イ. 風力発電装置は、風速等の自然条件の変化により発電出力の変動が大きい。

ロ. 一般に使用されているプロペラ形風車は、垂直軸形風車である。

ハ. 風力発電装置は、風の運動エネルギーを電気エネルギーに変換する装置である。

ニ. プロペラ形風車は、一般に風速によって翼の角度を変えるなど風の強弱に合わせて出力を調整することができる。

(R5Am出題、同問：R1・H27・H21・H18)

出題年度の表記法　R：令和／H：平成、Am：午前／Pm：午後

水素(H_2)と酸素(O_2)を取り込んで、電気と水(H_2O)をつくるのが燃料電池です。

電解質にリン酸水溶液を利用するリン酸形燃料電池が普及しています。負極側に水素(H_2)、正極側に酸素(O_2)を供給するので、ロが正解です。

参 → P.201

答 ロ

一般的なプロペラ形風車風力発電システムは、回転軸水平形です。よって、ロが誤りです。

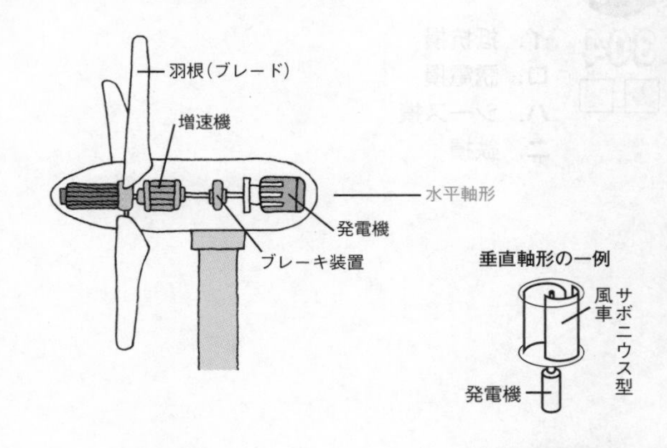

参 → P.201

答 ロ

参 マークは、姉妹本『第1種電気工事士学科試験すい〜っと合格2024年版』の該当説明ページを表しています。

単導体方式と比較して、多導体方式を採用した架空送電線路の特徴として、誤っているものは。

イ．電流容量が大きく、送電容量が増加する。

ロ．電線表面の電位の傾きが下がり、コロナ放電が発生しやすい。

ハ．電線のインダクタンスが減少する。

ニ．電線の静電容量が増加する。

（R5Am出題、同問：R3Pm）

高圧ケーブルの電力損失として、該当しないものは。

イ．抵抗損

ロ．誘電損

ハ．シース損

ニ．鉄損

（R5Pm出題、同問：R1）

出題年度の表記法　R：令和／H：平成、Am：午前／Pm：午後

架空送電線に用いられる裸電線は、高圧になると表面で接している空気が絶縁破壊を起こして放電が始まります。これがコロナ放電で、細い電線や素線数が多い電線ほど発生しやすくなります。対策として、電線を太くする、中空にする、多導体にして見かけの太さを大きくする、といった方法が取られます。ロが誤りです。

■ 多導体送電方式（4導体方式）

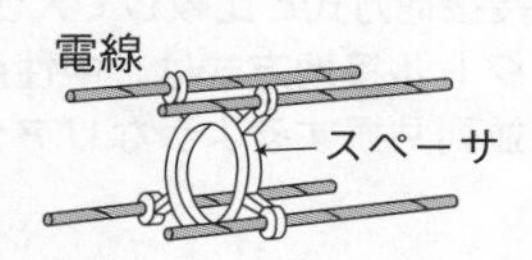

２導体や４導体、６導体などがある

P.204

高圧ケーブルの電力損としては、抵抗損、誘電損、シース損があります。鉄損は該当しません。

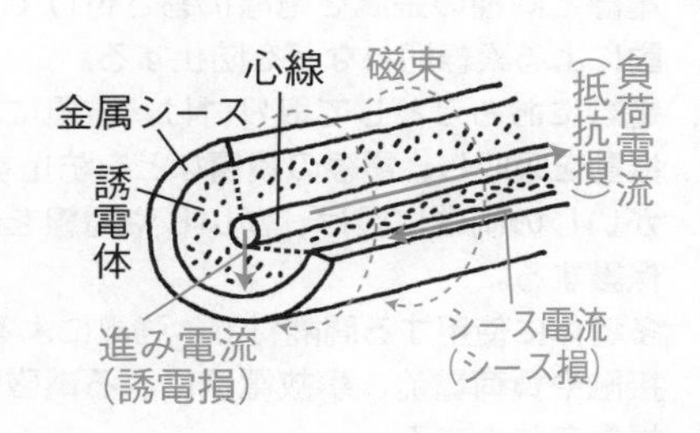

P.203

305

送電用変圧器の中性点接地方式に関する記述として、誤っているものは。

イ. 非接地方式は、中性点を接地しない方式で、異常電圧が発生しやすい。

ロ. 直接接地方式は、中性点を導線で接地する方式で、地絡電流が大きい。

ハ. 抵抗接地方式は、地絡故障時、通信線に対する電磁誘導障害が直接接地方式と比較して大きい。

ニ. 消弧リアクトル接地方式は、中性点を送電線路の対地静電容量と並列共振するようなリアクトルで接地する方式である。

（R4Am出題、同問：H30、類問：H23）

306

架空送電線路に使用されるアークホーンの記述として、正しいものは。

イ. 電線と同種の金属を電線に巻き付けて補強し、電線の振動による素線切れなどを防止する。

ロ. 電線におもりとして取り付け、微風により生ずる電線の振動を吸収し、電線の損傷などを防止する。

ハ. がいしの両端に設け、がいしや電線を雷の異常電圧から保護する。

ニ. 多導体に使用する間隔材で、強風による電線相互の接近・接触や負荷電流、事故電流による電磁吸引力から素線の損傷を防止する。

（R4Pm出題、同問：R1・H22）

出題年度の表記法　R：令和／H：平成、Am：午前／Pm：午後

抵抗接地方式は、直接接地方式と比べ地絡電流が小さくなり、三相電路の非平衡が少ないので、通信線への誘導電流が少なく、電磁誘導障害は小さくなります。

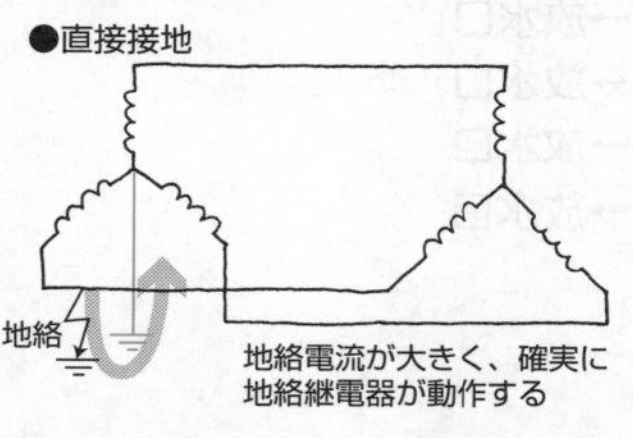

●抵抗接地（消弧リアクトル接地）

地絡電流は
小さくなる

地絡

抵抗
またはリアクトル

確実に地絡継電器が
動作する
消弧リアクトルなら
アークの消弧が早い

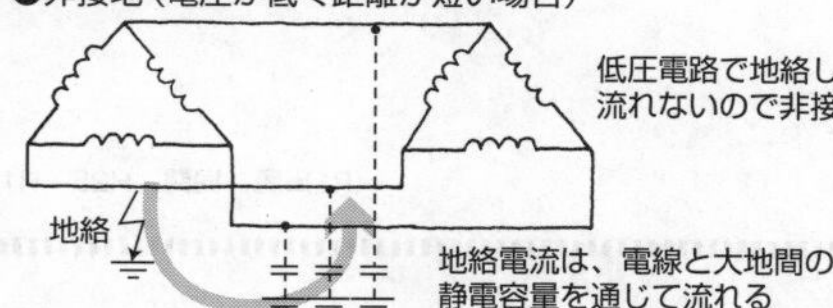

参→P.206

雷などの異常電圧をがいしが受けると、がいし表面で火花放電（フラッシオーバ）が起こり、熱でがいしが破壊されるので、アークホーンでアークを発生させ、がいしを守ります。

イはアーマロッド、ロはダンパ、ニはスペーサの説明です。

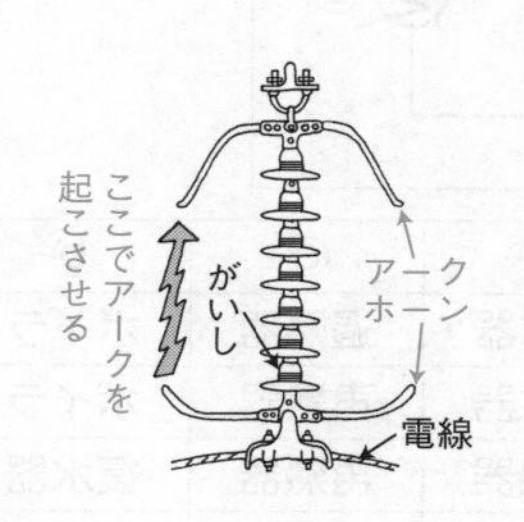

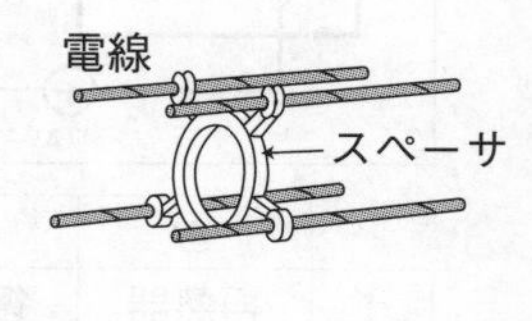

参→P.204

参 マークは、姉妹本『第1種電気工事士学科試験すい～っと合格2024年版』の該当説明ページを表しています。

発電

問題 307

水力発電所の発電用水の経路の順序として、正しいものは。

イ．水車→取水口→水圧管路→放水口
ロ．取水口→水車→水圧管路→放水口
ハ．取水口→水圧管路→水車→放水口
ニ．水圧管路→取水口→水車→放水口

（R1出題、同問：H25・H18）

問題 308

図は汽力発電所の再熱サイクルを表したものである。図中の Ⓐ、Ⓑ、Ⓒ、Ⓓ の組合せとして、正しいものは。

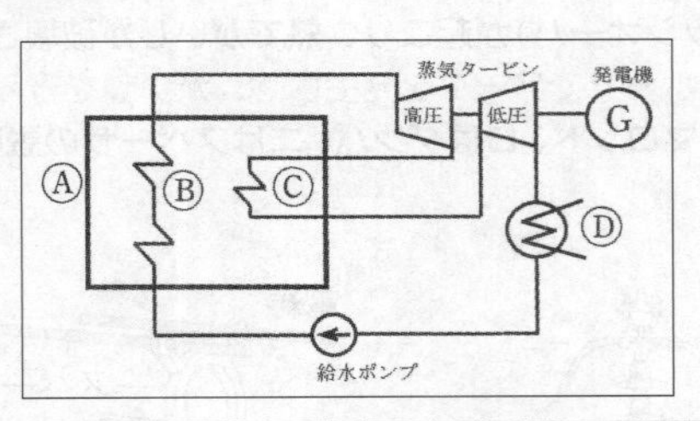

	Ⓐ	Ⓑ	Ⓒ	Ⓓ
イ	再熱器	復水器	過熱器	ボイラ
ロ	過熱器	復水器	再熱器	ボイラ
ハ	ボイラ	過熱器	再熱器	復水器
ニ	復水器	ボイラ	過熱器	再熱器

（H30出題、同問：H20）

水力発電では、取水口から水を取り込み、水圧管路で水圧のある状態で導水し、水車を回して、放水口より河川などに放水します。

■水の流れ

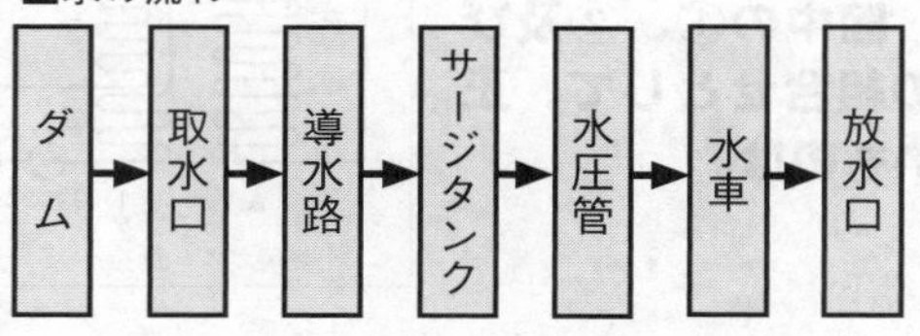

参→P.194

答 ハ

再熱サイクルは、高圧タービンを回した後の蒸気を再熱器に送り、再加熱して低圧タービンを回すことで、エネルギー効率を上げるものです。よって、再熱サイクルの各部の名称は、ハが正解です。

参→P.197

答 ハ

参 マークは、姉妹本『第1種電気工事士学科試験すい〜っと合格2024年版』の該当説明ページを表しています。

309

図は、ボイラの水の循環方式のうち、自然循環ボイラの構成図である。図中の①、②及び③の組合せとして、正しいものは。

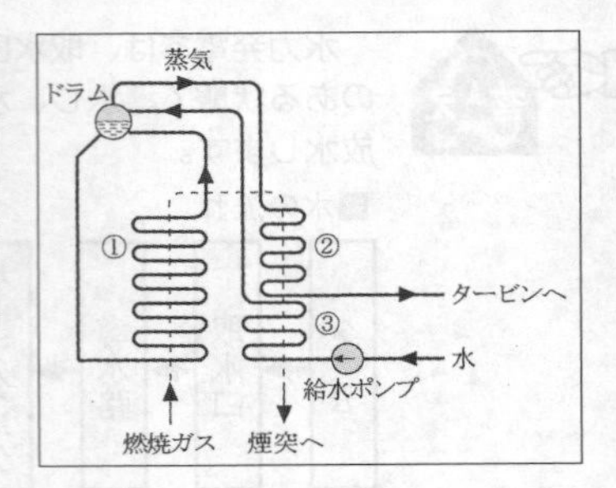

イ．①蒸発管　②節炭器　③過熱器
ロ．①過熱器　②蒸発管　③節炭器
ハ．①過熱器　②節炭器　③蒸発管
ニ．①蒸発管　②過熱器　③節炭器

(H27出題)

310

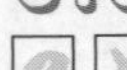

火力発電所で採用されている大気汚染を防止する環境対策として、誤っているものは。

イ．電気集じん器を用いて二酸化炭素の排出を抑制する。
ロ．排煙脱硝装置を用いて窒素酸化物を除去する。
ハ．排煙脱硫装置を用いて硫黄酸化物を除去する。
ニ．液化天然ガス(LNG)など硫黄酸化物をほとんど排出しない燃料を使用する。

(R3Am出題)

設問の①は、ドラムの水を加熱して蒸気を発生させる蒸発管です。②は、発生した蒸気をさらに加熱し、高圧蒸気にしてタービンに送ります。この装置は過熱器と呼ばれます。③は、ボイラーに供給する水を、燃焼ガスの排熱を利用して加熱する装置です。燃料を節約する意味で節炭器と呼ばれます。

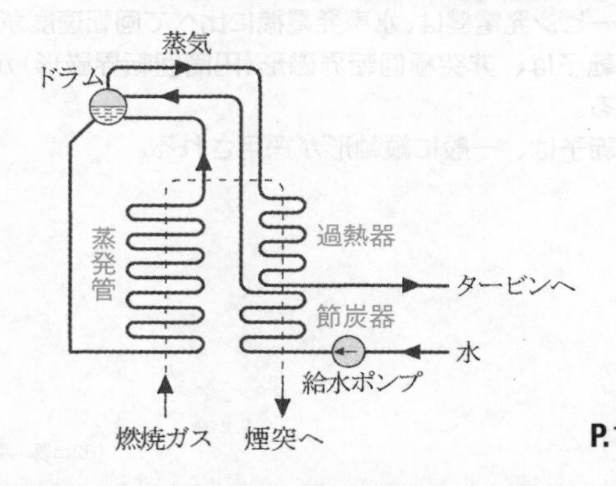

P.196

火力発電所で採用されている電気集じん器は、燃料を燃やしたあとの煤煙（粉じん）を除去する装置ですから、イが誤りです。二酸化炭素の排出抑制は、熱効率の向上で燃料消費を抑えて対応します。

参 マークは、姉妹本『第1種電気工事士学科試験すい〜っと合格2024年版』の該当説明ページを表しています。

発電

問題 311

タービン発電機の記述として、誤っているものは。

イ. タービン発電機は、駆動力として蒸気圧などを利用している。
ロ. タービン発電機は、水車発電機に比べて回転速度が大きい。
ハ. 回転子は、非突極回転界磁形（円筒回転界磁形）が用いられる。
ニ. 回転子は、一般に縦軸形が採用される。

（R2出題、同問：H26）

問題 312

ディーゼル機関のはずみ車（フライホイール）の目的として、正しいものは。

イ. 停止を容易にする。
ロ. 冷却効果を良くする。
ハ. 始動を容易にする。
ニ. 回転のむらを滑らかにする。

（H30出題）

汽力発電所(火力、原子力など)のタービン発電機は、駆動力として高圧蒸気を利用します。

タービン発電機は、水車発電機に比べて回転速度が速いので、発電機は直径を小さく、軸方向に長くし、軸を水平方向に寝かせたもの(横軸型)が一般的です。回転子は、風損を減らすため非突極形の円筒形回転界磁形が用いられます。

■ 円筒形回転界磁形発電機

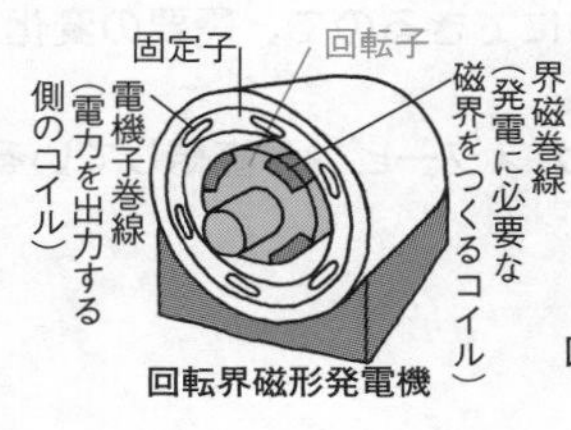

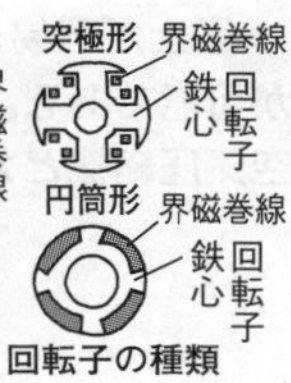

タービン発電機外観：三菱電機

参→P.196

ディーゼルエンジンは、ピストンの往復運動を回転に変えるので、トルクや回転速度にむらが生まれてしまうため、フライホイール(はずみ車)で一定にします。

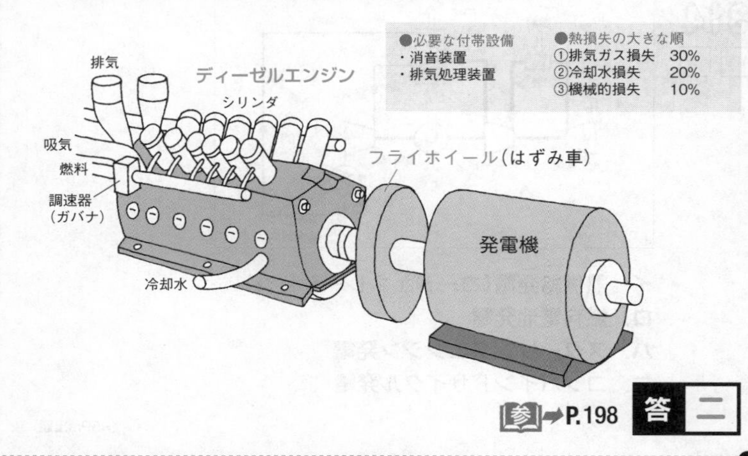

参→P.198

答 ニ

コンバインドサイクル発電の特徴として、誤っているものは。

イ. 主に、ガスタービン発電と汽力発電を組み合わせた発電方式である。

ロ. 同一出力の火力発電に比べ熱効率は劣るが、LNGなどの燃料が節約できる。

ハ. 短時間で運転・停止が容易にできるので、需要の変化に対応した運転が可能である。

ニ. 回転軸には、空気圧縮機とガスタービンが直結している。

(R4Pm出題)

図に示す発電方式の名称で、最も適切なものは。

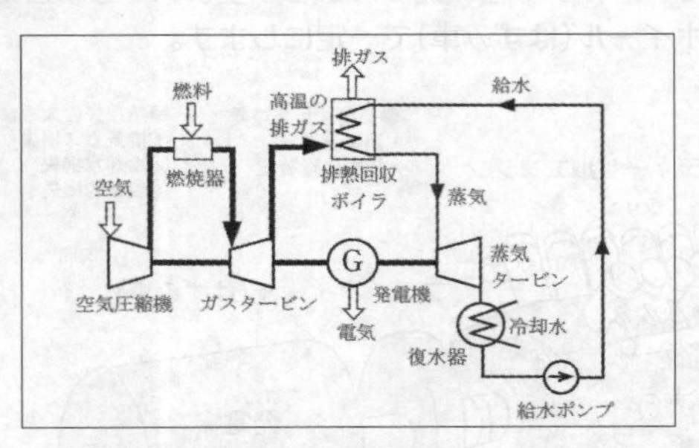

イ. 熱併給発電(コージェネレーション)

ロ. 燃料電池発電

ハ. スターリングエンジン発電

ニ. コンバインドサイクル発電

(R5Pm出題)

出題年度の表記法　R：令和／H：平成、Am：午前／Pm：午後

コンバインド(複合)サイクルは、ガスタービン発電から出る高温の排ガスで水蒸気を発生させて、併設の蒸気タービンでも発電を行うしくみです。同一出力の火力発電に比べ、熱効率が勝るので、ロが誤りです。

参→P.199

図を見ると、ガスタービン発電で出る高温の排ガスで水蒸気を発生させて、併設の蒸気タービンでも発電を行っていることから、コンバインド(複合)サイクル発電にあてはまります。同一出力の火力発電に比べ、熱効率が勝ります。

参 マークは、姉妹本『第1種電気工事士学科試験すい〜っと合格2024年版』の該当説明ページを表しています。

太陽電池を使用した太陽光発電に関する記述として、誤っているものは。

315

イ．太陽電池は、一般に半導体のpn接合部に光が当たると電圧を生じる性質を利用し、太陽光エネルギーを電気エネルギーとして取り出している。

ロ．太陽電池の出力は直流であり、交流機器の電源として用いる場合は、インバータを必要とする。

ハ．太陽光発電設備を一般送配電事業者の系統と連系させる場合は、系統連系保護装置を必要とする。

ニ．太陽電池を使用して1kWの出力を得るには、一般的に1m²程度の表面積の太陽電池を必要とする。

（H30追加出題、同問：H29・H23・H17）

燃料電池の発電原理に関する記述として、誤っているものは。

316

イ．燃料電池本体から発生する出力は交流である。

ロ．燃料の化学反応により発電するため、騒音はほとんどない。

ハ．負荷変動に対する応答性にすぐれ、制御性が良い。

ニ．りん酸形燃料電池は発電により水を発生する。

（H29出題、同問：H20）

出題年度の表記法　R：令和／H：平成、Am：午前／Pm：午後

地上に降り注ぐ太陽光は、1m²あたり1kW程度のエネルギーをもっています。現在、広く普及している太陽電池パネルの変換効率は、高性能なものでも20%程度ですから、実際に1m²の太陽電池パネルから電気として取り出せるエネルギーは200W程度となります。したがって二が誤りです。

実際に市販されている太陽電池パネル1枚（1.6［m］×0.8［m］＝1.28［m²］）を例にみれば、高性能なもので出力250W程度、1m²に換算すれば195.3Wとなります。

なお、今後さらに効率は上がっていくものと考えられますが、半導体ソーラセルの発電効率の理論的限界は約30%とされていて、実際に製品になったときのモジュール変換効率はこれより下がります。

参→P.200

電解質にリン酸水溶液を利用するリン酸形燃料電池が普及しており、このリン酸形燃料電池は、水素（H_2）と酸素（O_2）の化学反応により、電気と水（H_2O）を発生させます。発生する電気は直流になり、イが誤りです。高効率で負荷変動に強く、環境にやさしく、振動や騒音も少ない特長があります。

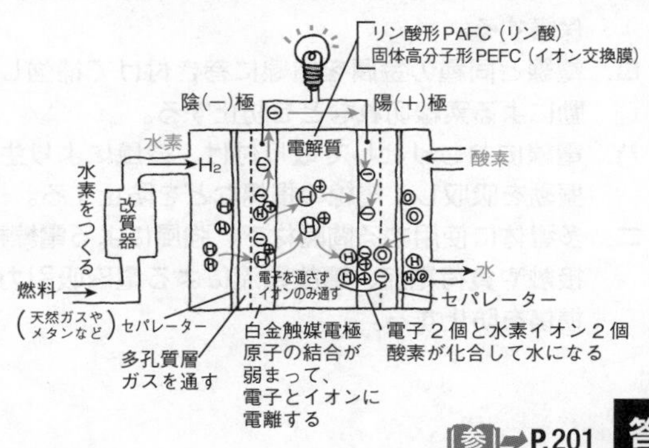

参→P.201

答 イ

電力系統

問題 317

送電線に関する記述として、誤っているものは。

イ. 交流電流を流したとき、電線の中心部より外側の方が単位断面積当たりの電流は大きい。

ロ. 同じ容量の電力を送電する場合、送電電圧が低いほど送電損失が小さくなる。

ハ. 架空送電線路のねん架は、全区間の各相の作用インダクタンスと作用静電容量を平衡させるために行う。

ニ. 直流送電は、長距離・大電力送電に適しているが、送電端、受電端にそれぞれ交直変換装置が必要となる。

(H28出題、同問：H20)

問題 318

架空送電線路に使用されるダンパの記述として、正しいものは。

イ. がいしの両端に設け、がいしや電線を雷の異常電圧から保護する。

ロ. 電線と同種の金属を電線に巻き付けて補強し、電線の振動による素線切れなどを防止する。

ハ. 電線におもりとして取り付け、微風により生じる電線の振動を吸収し、電線の損傷などを防止する。

ニ. 多導体に使用する間隔材で、強風による電線相互の接近・接触や負荷電流、事故電流による電磁吸引力から素線の損傷を防止する。

(H29出題)

イは、表皮効果についての正しい記述です。ロは、同じ電力を送電する場合、送電電圧が低いと大電流を流す必要があり、電力損失が大きくなります(電力損失は電流の２乗に比例します)から誤りです。ハのねん架とは、三相架空送電線の位置を交互に入れ替えるもので、その説明として正しい記述です。ニは、直流送電の長所短所を説明した、正しい記述です。

参→P.203 

答 ロ

ダンパは、風で送電線が上下方向に振動して(微風振動という)電線が損傷するのを防ぐための重りですから、ハが正解です。

イはアークホーンの説明、ロはアーマロッドの説明、ニはスペーサの説明です。

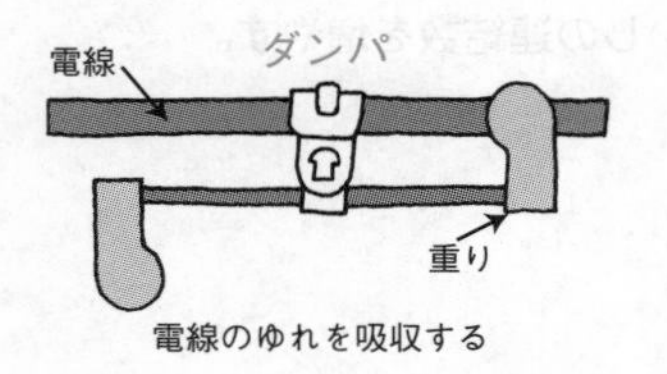

電線のゆれを吸収する

参→P.204  

答 ハ

参 マークは、姉妹本『第1種電気工事士学科試験すい〜っと合格2024年版』の該当説明ページを表しています。

架空送電線路に使用されるアーマロッドの記述として、正しいものは。

イ. がいしの両端に設け、がいしや電線を雷の異常電圧から保護する。
ロ. 電線と同種の金属を電線に巻きつけ補強し、電線の振動による素線切れなどを防止する。
ハ. 電線におもりとして取付け、微風により生じる電線の振動を吸収し、電線の損傷などを防止する。
ニ. 多導体に使用する間隔材で強風による電線相互の接近・接触や負荷電流、事故電流による電磁吸引力のための素線の損傷を防止する。

(H26出題、同問：H18)

架空送電線のスリートジャンプ現象に対する対策として、適切なものは。

イ. アーマロッドにて補強する。
ロ. 鉄塔では上下の電線間にオフセットを設ける。
ハ. 送電線にトーショナルダンパを取り付ける。
ニ. がいしの連結数を増やす。

(R4Am出題)

 出題年度の表記法　R：令和／H：平成、Am：午前／Pm：午後

風による振動や、送電線からの落雪による振動から送電線を守るため、鉄塔の支持点前後の電線にアーマロッドという金属線を巻き付けて補強します。よって正解はロです。

イはアークホーン、ハはダンパ、ニはスペーサの記述です。

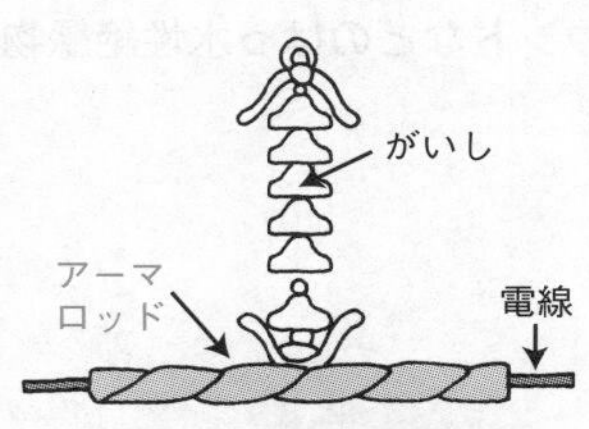

電線に同系の金属線を巻き付けて把持点を補強する

参→P.204
答 ロ

スリートジャンプは、架空送電線に付着した雪が落ちるときに、その反動で電線が大きく垂直にはね上がる現象です。他の電線に触れると相間短絡を起こす危険があるため、鉄塔では電線相互の上下距離と水平距離（オフセット）を大きくとり、電線相互に相間スペーサを取り付けます。

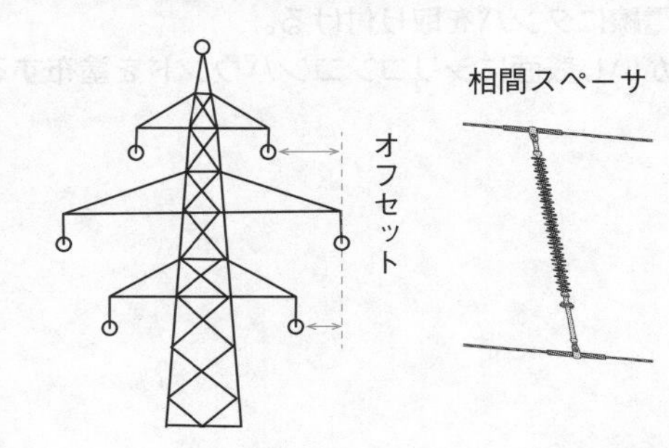

参→P.204
答 ロ

参 マークは、姉妹本『第1種電気工事士学科試験すい〜っと合格2024年版』の該当説明ページを表しています。

送電・配電及び変電設備に使用するがいしの塩害対策に関する記述として、誤っているものは。

イ．沿面距離の大きいがいしを使用する。
ロ．がいしにアークホーンを取り付ける。
ハ．定期的にがいしの洗浄を行う。
ニ．シリコンコンパウンドなどのはっ水性絶縁物質をがいし表面に塗布する。

（R2出題、同問：H24・H19）

架空送電線の雷害対策として、適切なものは。

イ．がいしにアークホーンを取り付ける。
ロ．がいしの洗浄装置を施設する。
ハ．電線にダンパを取り付ける。
ニ．がいし表面にシリコンコンパウンドを塗布する。

（H28出題、同問：H21）

出題年度の表記法　R：令和／H：平成、Am：午前／Pm：午後

がいしの塩害対策として、次の対策が施されています。
①表面にシリコンコンパウンドを塗布する
②がいしを直列に連結数を増やす
③表面漏れ距離の長いがいしを使う
④洗浄装置を施設する
　アークホーンは落雷時にがいしを守るためのもので、塩害対策はできません。よってロが誤りです。

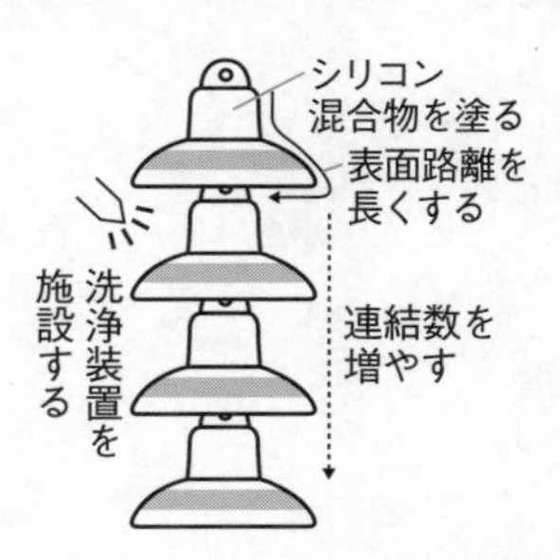

参→P.204

　雷などの異常電圧からがいしを守るためのものは、アークホーンです。ロとニは塩害対策、ハのダンパは、微風時の送電線の振動を抑える目的で電線に取り付けるもので、雷害対策ではありません。

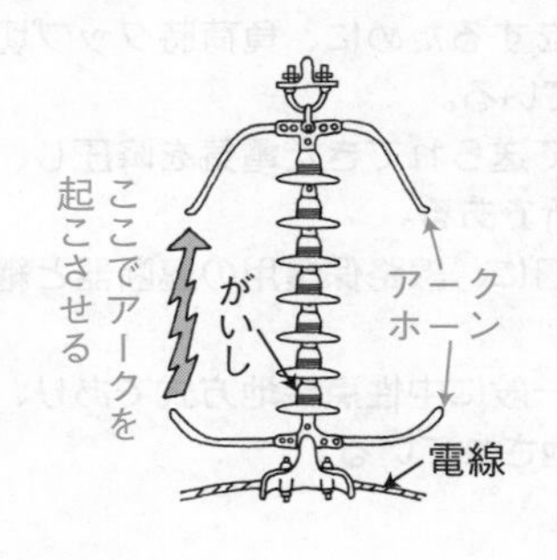

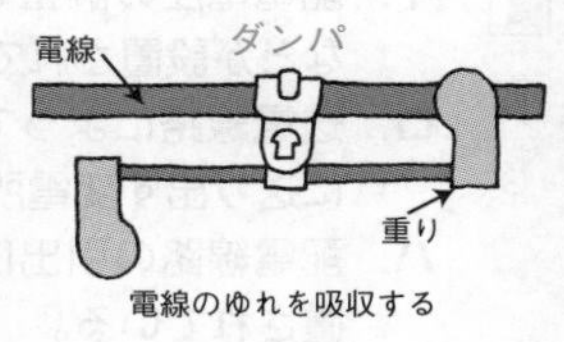

参→P.204

参 マークは、姉妹本『第1種電気工事士学科試験すい〜っと合格2024年版』の該当説明ページを表しています。

電力系統

323

架空送電線の雷害対策として、誤っているものは。

イ．架空地線を設置する。
ロ．避雷器を設置する。
ハ．電線相互に相間スペーサを取り付ける。
ニ．がいしにアークホーンを取り付ける。

（R3Am出題）

324

配電用変電所に関する記述として、誤っているものは。

イ．配電電圧の調整をするために、負荷時タップ切換変圧器などが設置されている。
ロ．送電線路によって送られてきた電気を降圧し、配電線路に送り出す変電所である。
ハ．配電線路の引出口に、線路保護用の遮断器と継電器が設置されている。
ニ．高圧配電線路は一般に中性点接地方式であり、変電所内で大地に直接接地されている。

（R2出題）

相間スペーサは、架空送電線の電線相互の間隔を確保するためのもので、氷着や積雪した電線が風にあおられて大きく揺れるギャロッピング現象や、積もった雪が落ちた反動で大きく揺れるスリートジャンプなどの送電線の異常な揺れで、電線相互が触れて混触や短絡事故を起こすことを防ぎます。よってハが誤りです。

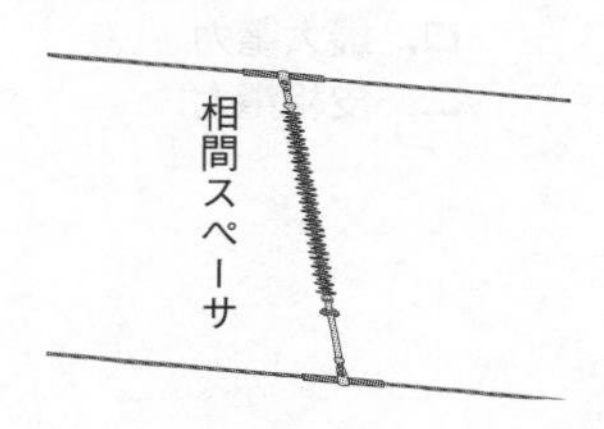

参 P.204

配電用変電所は、特別高圧で送られてきた電気を6,600Vに降圧し、配電線路に送り出します。変電所には保護装置として、遮断器や各種継電器が設置されています。また、需要家が受電する電圧を一定に保つために、負荷時タップ切換変圧器や調相設備などが設置されています。そして6,600Vの高圧配電線路は、非接地方式が採用されています。

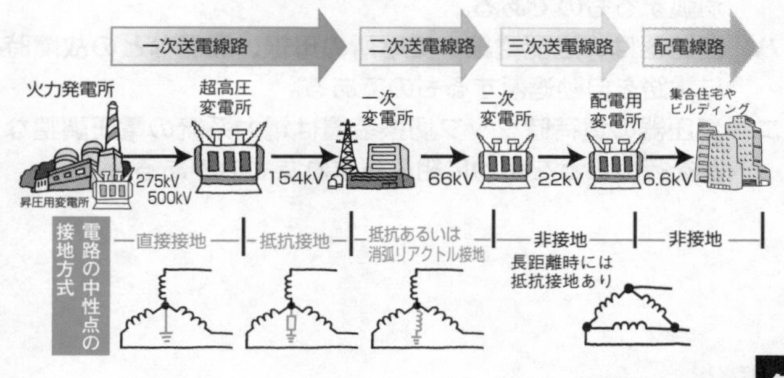

参 P.205

参 マークは、姉妹本『第1種電気工事士学科試験すい～っと合格2024年版』の該当説明ページを表しています。

変電設備

問題 325

次の文章は、「電気設備の技術基準」で定義されている調相設備についての記述である。「調相設備とは、[　　　]を調整する電気機械器具をいう。」
上記の空欄にあてはまる語句として、正しいものは。

イ．受電電力　　ロ．最大電力
ハ．無効電力　　ニ．皮相電力

(R5Am出題、同問：H26)

問題 326

変電設備に関する記述として、誤っているものは。

イ．開閉設備類をSF_6ガスで充たした密閉容器に収めたGIS式変電所は、変電所用地を縮小できる。
ロ．空気遮断器は、発生したアークに圧縮空気を吹き付けて消弧するものである。
ハ．断路器は、送配電線や変電所の母線、機器などの故障時に電路を自動遮断するものである。
ニ．変圧器の負荷時タップ切換装置は電力系統の電圧調整などを行うことを目的に組み込まれたものである。

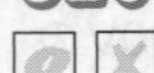

(H29出題)

出題年度の表記法　R：令和／H：平成、Am：午前／Pm：午後

「調相」とは、位相調整のことで、位相は無効電力によって変わるので、□の中には「無効電力」が入ります。

参→P.206

断路器は、設備の点検時などに電路を手動で開閉するためのもので、自動遮断はできません。また、アーク消弧機能がないので、電流が流れているときに開閉操作は行えません。

参→P.27

参マークは、姉妹本『第1種電気工事士学科試験すい〜っと合格2024年版』の該当説明ページを表しています。

需要家の月間などの1期間における平均力率を求めるのに必要な計器の組合せは。

イ．電力計
電力量計

ロ．電力量計
無効電力量計

ハ．無効電力量計
最大需要電力計

ニ．最大需要電力計
電力計

（R4Am出題、同問：H28・H20・H17）

①に示す受電設備の維持管理に必要な定期点検のうち、年次点検で通常行わないものは。

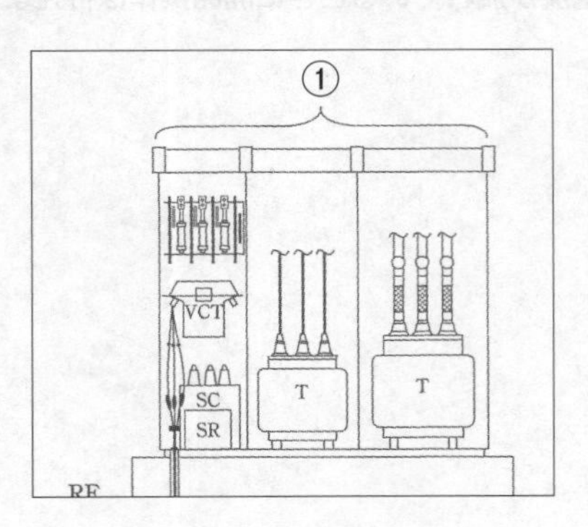

イ．絶縁耐力試験
ロ．保護継電器試験
ハ．接地抵抗の測定
ニ．絶縁抵抗の測定

（R3Pm出題、同問：H30追加・H28・H23）

ある期間の平均力率は、

$$平均力率=\frac{有効電力量}{皮相電力量}$$ で求めます。

$皮相電力量=\sqrt{(有効電力量)^2+(無効電力量)^2}$ ですから、電力量計で計測する有効電力と、無効電力量計で計測する無効電力量がわかれば、平均力率を求められます。

※(有効、皮相、無効)電力量は、同一期間における値

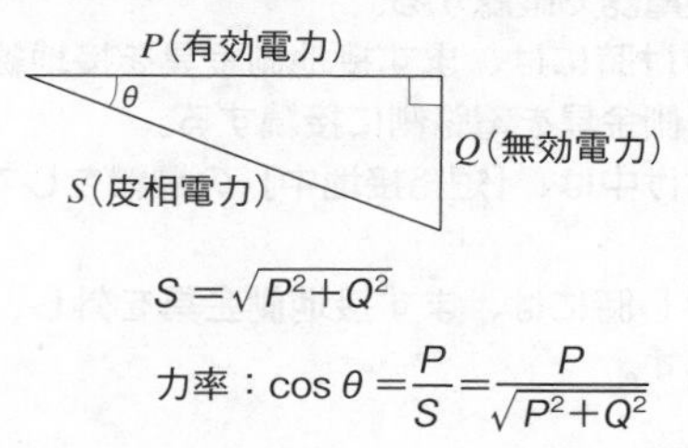

$$S=\sqrt{P^2+Q^2}$$

$$力率：\cos\theta=\frac{P}{S}=\frac{P}{\sqrt{P^2+Q^2}}$$

参 → P.237 答 ロ

定期点検時では絶縁耐力試験は必要ありません。竣工検査と定期検査の実施項目の違いと、使用する計測器を覚えましょう。

■ 自家用電気工作物の検査項目

検査項目	竣工検査	定期検査	使用測定器
外観検査	○	○	なし(目視)
接地抵抗測定	○	○	接地抵抗計
絶縁抵抗測定	○	○	絶縁抵抗計
絶縁耐力試験	○		電流計、電圧計、試験用変圧器
保護継電器試験	○	○	サイクルカウンタほか(継電器試験装置)
遮断器関係試験	○	○	
絶縁油の試験		○	絶縁油耐電圧試験装置

参 → P.178

繰り返し出る! 必須問題

問題 329

高圧受電設備の年次点検において、電路を開放して作業を行う場合は、感電事故防止の観点から、作業箇所に短絡接地器具を取り付けて安全を確保するが、この場合の作業方法として、誤っているものは。

イ. 取り付けに先立ち、短絡接地器具の取り付け箇所の無充電を検電器で確認する。

ロ. 取り付け時には、まず接地側金具を接地線に接続し、次に電路側金具を電路側に接続する。

ハ. 取り付け中は、「短絡接地中」の標識をして注意喚起を図る。

ニ. 取り外し時には、まず接地側金具を外し、次に電路側金具を外す。

(R4Pm出題、同問:R1・H24)

問題 330

高圧受電設備の定期点検で通常用いないものは。

イ. 高圧検電器

ロ. 短絡接地器具

ハ. 絶縁抵抗計

ニ. 検相器

(R4Pm出題、同問:H20)

出題年度の表記法　R:令和/H:平成、Am:午前/Pm:午後

短絡接地器具は、より安全に作業を行うために、取り付けの際は接地側を先に接続し、取り外しの際には接地側を最後に外します。よって、ニが誤りです。（この手順は接地極付プラグの抜き挿しをイメージできれば容易に解けます。プラグでは接地極が長くなっています。これはプラグをコンセントに挿すとき、接地極が先につながり、その後に電路がつながるようにするためです。抜くときは電路が先に外れます。）

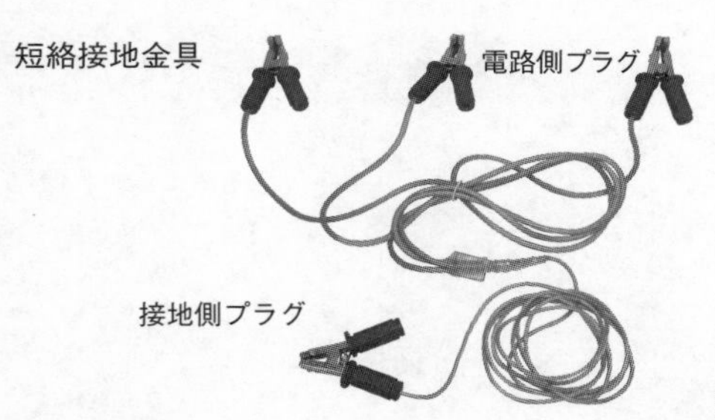

参 → P.189

答 ニ

相順の検査は竣工時のみで、定期点検では通常行いません。よってニが正解です。

参 → P.178

答 ニ

参 マークは、姉妹本『第1種電気工事士学科試験すい～っと合格2024年版』の該当説明ページを表しています。

331

「電気設備の技術基準の解釈」において、停電が困難なため低圧屋内配線の絶縁性能を、使用電圧が加わった状態における漏えい電流を測定して判定する場合、使用電圧が200Vの電路の漏えい電流の上限値[mA]として、適切なものは。

イ．0.1
ロ．0.2
ハ．0.4
ニ．1.0

（R4Am出題、同問：R3Pm・H29・H26・H19）

332

高圧ケーブルの絶縁抵抗の測定を行うとき、絶縁抵抗計の保護端子(ガード端子)を使用する目的として、正しいものは。

イ．絶縁物の表面を流れる漏れ電流も含めて測定するため。
ロ．高圧ケーブルの残留電荷を放電するため。
ハ．絶縁物の表面を流れる漏れ電流による誤差を防ぐため。
ニ．指針の振切れによる焼損を防ぐため。

（R3Am出題、同問：H27・H22）

出題年度の表記法　R：令和／H：平成、Am：午前／Pm：午後

低圧配線の絶縁性能は、
①低圧電線路においては、電線1条あたりの漏えい電流が、最大供給電流の2千分の1を超えないこと。
②開閉器または過電流遮断器で区切ることができる低圧電路ごとに、絶縁抵抗値が下表の値以上でなければならない。ただし、停電できないなど絶縁抵抗の測定が困難な場合は、漏えい電流が1mA以下であればよい。
　この問題では最大供給電流が不明なので、1mAを適用します。

■ 技術基準で定められる低圧電路の絶縁抵抗値

電路の使用電圧の区分		絶縁抵抗値
300V以下	対地電圧150V以下	0.1MΩ以上
	その他の場合	0.2MΩ以上
300Vを超えるもの		0.4MΩ以上

*単相2線式100Vと単相3線式100V/200V配線は対地電圧が150V以下なので、絶縁抵抗は0.1MΩ以上
*三相3線式200V配線は対地電圧が200Vなので絶縁抵抗は0.2MΩ以上

参 P.180

答 ニ

　絶縁抵抗計で高圧ケーブルの絶縁抵抗を測定する場合、絶縁物表面の漏れ電流が大きくなり、測定誤差が生じてしまいます。その誤差を防ぐために保護端子(ガード端子)を使って、下図のようにガード回路をつくり、誤差を防ぎます。ハが正解です。

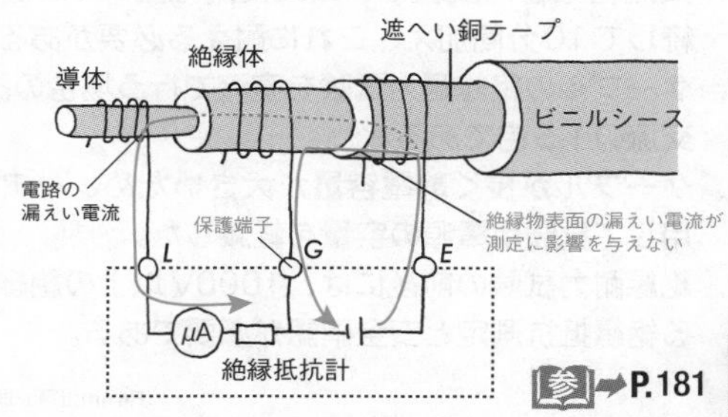

参 P.181
答 ハ

検査

参 マークは、姉妹本『第1種電気工事士学科試験すい～っと合格2024年版』の該当説明ページを表しています。

繰り返し出る！必須問題

問題333

最大使用電圧6900Vの高圧受電設備の高圧電路を一括して、交流で絶縁耐力試験を行う場合の試験電圧と試験時間の組合せとして、適切なものは。

イ．試験電圧：8625V　試験時間：連続１分間
ロ．試験電圧：8625V　試験時間：連続10分間
ハ．試験電圧：10350V　試験時間：連続１分間
ニ．試験電圧：10350V　試験時間：連続10分間

（R5Am出題、同問：H19）

問題334

①に示す高圧受電設備の絶縁耐力試験に関する記述として、不適切なものは。

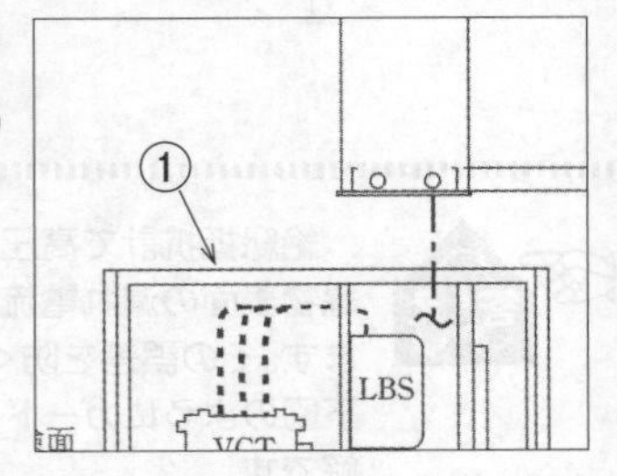

イ．交流絶縁耐力試験は、最大使用電圧の1.5倍の電圧を連続して10分間加え、これに耐える必要がある。。
ロ．ケーブルの絶縁耐力試験を直流で行う場合の試験電圧は、交流の1.5倍である。
ハ．ケーブルが長く静電容量が大きいため、リアクトルを使用して試験用電源の容量を軽減した。
ニ．絶縁耐力試験の前後には、1000V以上の絶縁抵抗計による絶縁抵抗測定と安全確認が必要である。

（R4Am出題、同問：R1・H20）

出題年度の表記法　R：令和／H：平成、Am：午前／Pm：午後

高圧の電路・機械器具の絶縁耐力試験は、最大使用電圧の1.5倍の交流電圧を10分間連続印加して試験します。最大使用電圧が6,900Vですから、試験電圧は6,900×1.5＝10,350[V]となり、ニが正解です。

P.182

最大使用電圧が7,000V以下の機器の絶縁耐力試験では、

①最大使用電圧の1.5倍の交流電圧を心線相互間および心線と大地間に10分間加えたとき、これに耐えること。

②試験対象がケーブルの場合で、試験に直流電圧を使う場合は、交流試験電圧のさらに2倍の電圧で行うこと。

となっているので、ロが不適切です。

P.182

マークは、姉妹本『第1種電気工事士学科試験すい〜っと合格2024年版』の該当説明ページを表しています。

繰り返し出る！必須問題

問題 335

公称電圧6.6kVの交流電路に使用するケーブルの絶縁耐力試験を直流電圧で行う場合の試験電圧[V]の計算式は。

イ．$6600 \times 1.5 \times 2$

ロ．$6600 \times \frac{1.15}{1.1} \times 1.5 \times 2$

ハ．$6600 \times 2 \times 2$

ニ．$6600 \times \frac{1.15}{1.1} \times 2 \times 2$

(R5Pm出題、同問：R3Am)

問題 336

変圧器の絶縁油の劣化診断に直接関係のないものは。

イ．油中ガス分析
ロ．真空度測定
ハ．絶縁耐力試験
ニ．酸価度試験（全酸価試験）

(R5Pm出題、同問：R3Pm・H30・H20)

出題年度の表記法　R：令和／H：平成、Am：午前／Pm：午後

高圧の電路および機械器具の絶縁性能を検査するための絶縁耐力試験は、最大使用電圧の1.5倍の交流電圧を連続して10分間印加して電路や機械器具に異常が発生しないかを試験します。試験電圧は、こう長が長いケーブルなどの場合は、交流試験電圧の2倍の直流電圧でもよいことになっています。

設問は、公称電圧が示されていますから、

最大使用電圧＝公称電圧×$\frac{1.15}{1.1}$ より、

直流試験電圧＝$6{,}600 \times \frac{1.15}{1.1} \times 1.5 \times 2$ が正解です。

参→P.182

変圧器の絶縁油の劣化診断としては、

①外観試験：濁りやゴミの点検

②絶縁破壊電圧試験：採取した試料油を絶縁油耐電圧試験装置にかけて絶縁破壊が起こる電圧を測定する。

③全酸価試験（酸価度測定）：採取した試料油の酸価度を測る。

※全酸価とは、試料油1グラム中に含まれる全酸性成分を中和するのに要する水酸化カリウムのミリグラム数

④水分試験：試料油中の水分量を測定する。

により行います。ロの真空度測定は行いません。

参→P.185

繰り返し出る！必須問題

337

過電流継電器の最小動作電流の測定と限時特性試験を行う場合、必要でないものは。

イ．電力計
ロ．電流計
ハ．サイクルカウンタ
ニ．可変抵抗器

（R3Pm出題、同問：H22・H19）

出題年度の表記法　R：令和／H：平成、Am：午前／Pm：午後

過電流継電器の最小動作電流値と動作時間の測定をする場合、電圧調整器と可変抵抗器で電流量を調整しながら電流値を電流計で測り、サイクルカウンタで時間を測るので、イの電力計が不要です。

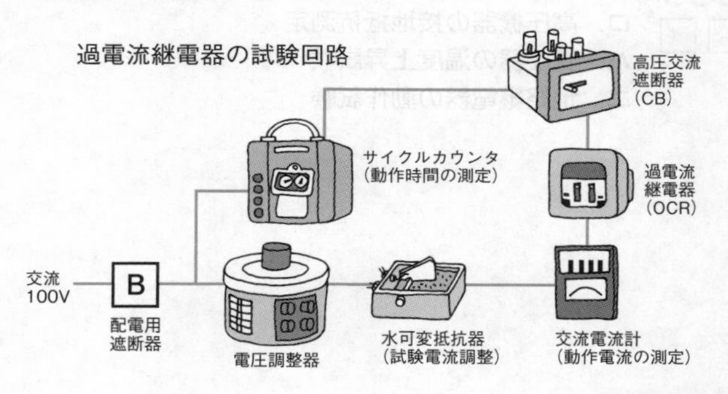

参 ➡P.186

参 マークは、姉妹本『第1種電気工事士学科試験すい〜っと合格2024年版』の該当説明ページを表しています。

検査／絶縁抵抗測定

338

受電電圧6600Vの受電設備が完成した時の自主検査で、一般に行わないものは。

イ．高圧電路の絶縁耐力試験
ロ．高圧機器の接地抵抗測定
ハ．変圧器の温度上昇試験
ニ．地絡継電器の動作試験

（R2出題、同問：H21）

339

電気使用場所における対地電圧が200Vの三相3線式電路の、開閉器又は過電流遮断器で区切ることのできる電路ごとに、電線相互間及び電路と大地との間の絶縁抵抗の最小限度値[MΩ]は。

イ．0.1　　ロ．0.2　　ハ．0.4　　ニ．1.0

（H30追加出題、同問：H24・H17）

ハの変圧器の温度上昇試験は、メーカで確認して保証すべきものですから一般的には行われません。

■ 自家用電気工作物の検査項目

検査項目	竣工検査	定期検査	使用測定器
外観検査	○	○	なし（目視）
接地抵抗測定	○	○	接地抵抗計
絶縁抵抗測定	○	○	絶縁抵抗計
絶縁耐力試験	○		電流計、電圧計、試験用変圧器
保護継電器試験	○	○	サイクルカウンタほか（継電器試験装置）
遮断器関係試験	○	○	
絶縁油の試験		○	絶縁油耐電圧試験装置

参→P.178

答 ハ

開閉器または過電流遮断器で区切ることのできる低圧電路の絶縁抵抗値は、電気設備の技術基準では下表のように定められています。

電路の使用電圧の区分		絶縁抵抗値
300V以下	対地電圧150V以下	0.1MΩ以上
	その他の場合	0.2MΩ以上
300Vを超えるもの		0.4MΩ以上

＊単相２線式100Vと単相３線式100V/200V配線は対地電圧が150V以下なので、絶縁抵抗は0.1MΩ以上

＊三相３線式200V配線は対地電圧が200Vなので絶縁抵抗は0.2MΩ以上

設問の場合は三相３線式で、使用電圧200V（300V以下）で、対地電圧が200V（150V超）ですから、0.2MΩ以上となります。

参→P.180

答 ロ

参 マークは、姉妹本『第1種電気工事士学科試験すい〜っと合格2024年版』の該当説明ページを表しています。

絶縁抵抗測定

340

低圧屋内配線の開閉器又は過電流遮断器で区切ることができる電路ごとの絶縁性能として、電気設備の技術基準（解釈を含む）に適合しないものは。

イ．対地電圧100Vの電灯回路の漏えい電流を測定した結果、0.8mAであった。

ロ．対地電圧100Vの電灯回路の絶縁抵抗を測定した結果、0.15MΩであった。

ハ．対地電圧200Vの電動機回路の絶縁抵抗を測定した結果、0.18MΩであった。

ニ．対地電圧200Vのコンセント回路の漏えい電流を測定した結果、0.4mAであった。

（H30出題、同問：H25、類問：H28・H22・H18）

341

「電気設備の技術基準を定める省令」において、電気使用場所における使用電圧が低圧の開閉器又は過電流遮断器で区切ることのできる電路ごとに、電路と大地との間の絶縁抵抗値として、不適切なものは。

イ．使用電圧が300V以下で対地電圧が150V以下の場合 0.1MΩ以上

ロ．使用電圧が300V以下で対地電圧が150Vを超える場合 0.2MΩ以上

ハ．使用電圧が300Vを超え450V以下の場合 0.3MΩ以上

ニ．使用電圧が450Vを超える場合 0.4MΩ以上

（R4Pm出題）

開閉器または過電流遮断器で区切ることができる低圧電路の絶縁抵抗値は、下表のように定められています。

また、停電できないなどの理由で絶縁抵抗の測定が困難なときは、漏えい電流が１mA以下であればよいと定められています。

したがって、ハの対地電圧200Vでは、絶縁抵抗値は0.2MΩ以上なければならないので0.18MΩでは不適合です。

■ 低圧屋内電路の絶縁抵抗値

電路の使用電圧の区分		絶縁抵抗値
300V以下	対地電圧150V以下	0.1MΩ以上
	その他の場合	0.2MΩ以上
300Vを超えるもの		0.4MΩ以上

参→P.180

答　ハ

電気設備の技術基準で使用電圧が300Vを超える電路に求められる絶縁抵抗値は0.4MΩ以上ですから、ハが不適切です。

■ 低圧屋内電路の絶縁抵抗値

電路の使用電圧の区分		絶縁抵抗値
300V以下	対地電圧150V以下	0.1MΩ以上
	その他の場合	0.2MΩ以上
300Vを超えるもの		0.4MΩ以上

参→P.180

答　ハ

絶縁抵抗測定 / 絶縁耐力試験

問題 342

低圧屋内配線の開閉器又は過電流遮断器で区切ることができる電路ごとの絶縁性能として、電気設備の技術基準(解釈を含む)に適合するものは。

イ. 使用電圧100Vの電灯回路は、使用中で絶縁抵抗測定ができないので、漏えい電流を測定した結果、1.2mAであった。

ロ. 使用電圧100V(対地電圧100V)のコンセント回路の絶縁抵抗を測定した結果、0.08MΩであった。

ハ. 使用電圧200V(対地電圧200V)の空調機回路の絶縁抵抗を測定した結果、0.17MΩであった。

ニ. 使用電圧400Vの冷凍機回路の絶縁抵抗を測定した結果、0.43MΩであった。

(R1出題、同問：H28、類問：H25・H22・H18)

問題 343

高圧電路の絶縁耐力試験の実施方法に関する記述として、不適切なものは。

イ. 最大使用電圧が6.9kVのCVケーブルを直流10.35kVの試験電圧で実施する。

ロ. 試験電圧を印加後、連続して10分間に満たない時点で試験電源が停電した場合は、試験電源が復電後、試験電圧を再度連続して10分間印加する。

ハ. 一次側6kV、二次側3kVの変圧器の一次側巻線に試験電圧を印加する場合、二次側巻線を一括して接地する。

ニ. 定格電圧1000Vの絶縁抵抗計で、試験前と試験後に絶縁抵抗測定を実施する。

(H30追加出題、同問：H21)

出題年度の表記法　R：令和／H：平成、Am：午前／Pm：午後

イは1mA以下、ロは0.1MΩ以上、ハは0.2MΩ以上、ニは0.4MΩ以上でなければなりません。よってニが技術基準に適合します。

■ 低圧屋内電路の絶縁抵抗値

電路の使用電圧の区分		絶縁抵抗値
300V以下	対地電圧150V以下	0.1MΩ以上
	その他の場合	0.2MΩ以上
300Vを超えるもの		0.4MΩ以上

＊単相２線式100Vと単相３線式100V/200V配線は対地電圧が150V以下なので、絶縁抵抗は0.1MΩ以上

＊三相３線式200V配線は対地電圧が200Vなので絶縁抵抗は0.2MΩ以上

参→P.180

最大使用電圧が7,000V以下の場合の交流高圧電路の絶縁耐力試験は、最大使用電圧の1.5倍の交流電圧を心線相互間および心線と大地間に10分間加えたとき、これに耐えることが必要です。

このとき、電線がケーブルの場合は、交流試験電圧の２倍（最大使用電圧の３倍）の直流電圧で行ってもよいことになっています。

イの試験直流電圧は、

6,900×1.5×2＝20,700[V]＝20.7[kV]

となりますから、イの10.35kVでは足りません。

ロ～ニは適切です。

参→P.182

マークは、姉妹本『第1種電気工事士学科試験すい〜っと合格2024年版』の該当説明ページを表しています。

検査

絶縁耐力試験

344

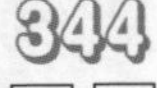

最大使用電圧6900Vの交流電路に使用するケーブルの絶縁耐力試験を直流電圧で行う場合の試験電圧[V]の計算式は。

イ．6900×1.5
ロ．6900×2
ハ．6900×1.5×2
ニ．6900×2×2

（H29出題、同問：H23）

345

公称電圧6.6[kV]で受電する高圧受電設備の遮断器、変圧器などの高圧側機器（避雷器を除く）を一括で絶縁耐力試験を行う場合、試験電圧[V]の計算式は。

イ．6600×1.5

ロ．$6600\times\frac{1.15}{1.1}\times1.5$

ハ．6600×1.5×2

ニ．$6600\times\frac{1.15}{1.1}\times2$

（H26出題）

出題年度の表記法　R：令和／H：平成、Am：午前／Pm：午後

高圧の電路および機械器具の絶縁性能を検査するための絶縁耐力試験は、最大使用電圧の1.5倍の交流電圧を連続して10分間印加して電路や機械器具に異常が発生しないかを試験します。試験電圧は、こう長が長いケーブルなどの場合は、交流試験電圧の2倍の直流電圧でもよいことになっています。

したがって、6,900×1.5×2が正解です。

なお、最大使用電圧＝公称電圧×$\frac{1.15}{1.1}$も覚えておきましょう。

＊公称電圧＝使用電圧

参→P.182

答 ハ

公称電圧6.6kV(最大使用電圧7kV以下)で受電する高圧受電設備の遮断器、変圧器などの高圧機器および電線路の絶縁耐力試験電圧は、交流で最大使用電圧の1.5倍と定められています。

最大使用電圧は、公称電圧の$\frac{1.15}{1.1}$倍ですから、

交流試験電圧＝$6{,}600\times\frac{1.15}{1.1}\times1.5$

参→P.183

答 ロ

参マークは、姉妹本『第1種電気工事士学科試験すい〜っと合格2024年版』の該当説明ページを表しています。

絶縁劣化診断

6600V CVTケーブルの直流漏れ電流測定の結果として、ケーブルが正常であることを示す測定チャートは。

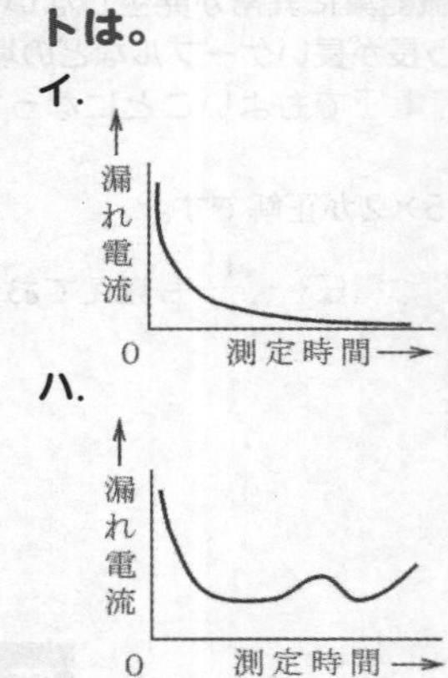

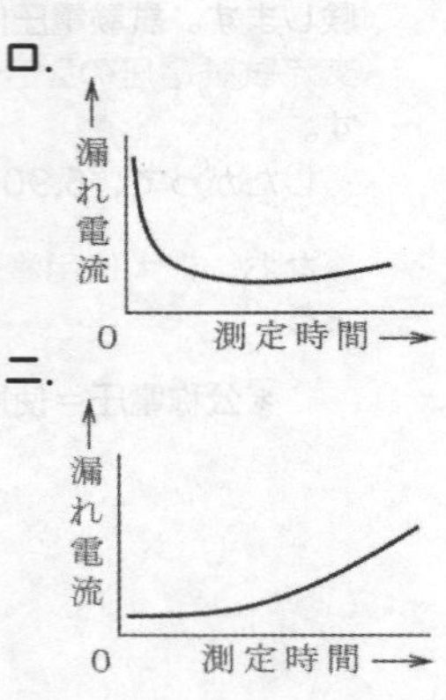

（R5Am出題）

出題年度の表記法　R：令和／H：平成、Am：午前／Pm：午後

直流漏れ電流測定は、高圧ケーブルの導体と金属遮へい層間に直流高電圧を印加して、漏れ電流の時間変化を記録して絶縁状態を確認します。ケーブルの絶縁が正常なら、印加直後にケーブルの静電容量で充電電流が流れ、時間経過とともに漏れ電流のみになって一定になります。これを示すのはイです。

参→P.184 答 イ

参 マークは、姉妹本『第1種電気工事士学科試験すい～っと合格2024年版』の該当説明ページを表しています。

問題 347

「電気設備に関する技術基準」において、交流電圧の高圧の範囲は。

イ．750Vを超え7000V以下
ロ．600Vを超え7000V以下
ハ．750Vを超え6600V以下
ニ．600Vを超え6600V以下

（R3Am出題、同問：H30追加・H29・H20・H17）

問題 348

「電気事業法」において、電線路維持運用者が行う一般用電気工作物の調査に関する記述として、不適切なものは。

イ．一般用電気工作物の調査が４年に１回以上行われている。
ロ．登録点検業務受託法人が点検業務を受託している一般用電気工作物についても調査する必要がある。
ハ．電線路維持運用者は、調査業務を登録調査機関に委託することができる。
ニ．一般用電気工作物が設置された時に調査が行われなかった。

（R4Am出題、同問：H30・H26）

出題年度の表記法　R：令和／H：平成、Am：午前／Pm：午後

交流電圧の種別は以下のとおり規定されています。

種別	交流	直流
低圧	600V以下	750V以下
高圧	600Vを超えて 7,000V以下	750Vを超えて 7,000V以下
特別高圧	7,000Vを超えるもの	

参→P.210

電線路維持運用者として義務を負うのは一般送配電事業者です。一般送配電事業者は、一般用電気工作物が設置されたときには、必ず調査(竣工検査)を、そして安全点検を4年に1回以上実施しなければいけません。よってニが不適切です。

ロにある登録点検業務受託法人とは、ユーザー自身がやるべき点検業務を代行する業者を、ハにある登録調査機関とは、一般送配電事業者がやるべき調査(検査)を代行する業者を示します。

※電気事業法H28年改正により、電気事業者(総称)は、発電事業者、送配電事業者(電力網提供)、小売電気事業者(メニュー提供と料金徴収)の3業態に分類されるようになりました。また送配電事業者は、一般送配電事業者(1地区1社で電力計を設置し検針を行う従来の電力会社)、特定送配電事業者、送電事業者に分類されます。

参→P.178

問題 349

「電気工事士法」及び「電気用品安全法」において、正しいものは。

イ．電気用品のうち、危険及び障害の発生するおそれが少ないものは、特定電気用品である。

ロ．特定電気用品には、(PS) Eと表示されているものがある。

ハ．第一種電気工事士は、「電気用品安全法」に基づいた表示のある電気用品でなければ、一般用電気工作物の工事に使用してはならない。

ニ．定格電圧が600Vのゴム絶縁電線（公称断面積22mm²）は、特定電気用品ではない。

（R4Pm出題、同問：R2・H27）

問題 350

「電気工事士法」において、第一種電気工事士免状の交付を受けている者でなければ、従事できない作業は。

イ．最大電力800kWの需要設備の6.6kV変圧器に電線を接続する作業

ロ．出力500kWの発電所の配電盤を造営材に取り付ける作業

ハ．最大電力400kWの需要設備の6.6kV受電用ケーブルを電線管に収める作業

ニ．配電電圧6.6kVの配電用変電所内の電線相互を接続する作業

（R4Am出題、同問：H29、類問：R2・H30・H23・H22・H19）

特定電気用品とは、電気用品のうち、一般の人たちに危険および障害が発生するおそれが多いものであり、その製品には以下の表示がなくてはいけません。

または、<PS>E

電線類では、私たちの身近な場所で使われるコードや比較的細い電線類が特定電気用品に指定されています。また、電気便座や電気マッサージ器など、直接体に触れるものや、水を扱うものなども特定電気用品に指定されています。

電気工事士は、電気用品安全法に基づいた表示のある電気用品でなければ、一般用電気工作物(等)の工事に使用してはなりません。

参 ➡P.214

第一種電気工事士免状は、最大電力500kW未満の需要設備の電気工事を行う資格です。したがって、500kW以上の需要設備や、需要設備でない発電所や変電所では、第一種電気工事士の資格は必要ありません。

参 ➡P.212

参 マークは、姉妹本『第1種電気工事士学科試験すい〜っと合格2024年版』の該当説明ページを表しています。

351

「電気工事士法」において、第一種電気工事士に関する記述として、誤っているものは。

イ. 第一種電気工事士試験に合格したが所定の実務経験がなかったので、第一種電気工事士免状は、交付されなかった。
ロ. 自家用電気工作物で最大電力500kW未満の需要設備の電気工事の作業に従事するときに、第一種電気工事士免状を携帯した。
ハ. 第一種電気工事士免状の交付を受けた日から4年目に、自家用電気工作物の保安に関する講習を受けた。
ニ. 第一種電気工事士の免状を持っているので、自家用電気工作物で最大電力500kW未満の需要設備の非常用予備発電装置工事の作業に従事した。

（R5Am出題、同問：R3Pm・H30追加・H25・H22）

352

「電気工事士法」において、電圧600V以下で使用する自家用電気工作物に係る電気工事の作業のうち、第一種電気工事士又は認定電気工事従事者でなくても従事できるものは。

イ. ダクトに電線を収める作業
ロ. 電線管を曲げ、電線管相互を接続する作業
ハ. 金属製の線ぴを、建造物の金属板張りの部分に取り付ける作業
ニ. 電気機器に電線を接続する作業

（R5Pm出題、同問：R3Am・H24・H21）

出題年度の表記法　R：令和／H：平成、Am：午前／Pm：午後

この非常用予備発電装置の工事は、特殊電気工事となるため、特種電気工事資格が必要です。第一種の免状では工事に従事できません。

■ 第一種電気工事士の資格範囲

一般用電気工作物等	最大出力500kW未満の需要設備		
一般用 電気工事	自家用 電気工事	簡易電気工事 ・低圧で使用する設備の工事	特殊電気工事 ・ネオン工事 ・非常用予備発電装置工事
◎	◎	◎	×

参 → P.212

答　ニ

電気工事士の資格が必要でない作業には、電気工事の「軽微な作業」と、電気工事の対象とならない「軽微な工事」の2つがあります。ニの「電気機器(配線器具を除く)の端子に電線をねじ止め接続する」作業は、軽微な工事に該当し、資格は必要ありません。イ、ロ、ハは、電気工事士でなければ行うことはできません。また、電気工事の作業のなかでも、電気工事士が行う作業を補助する作業のように保安上支障がない作業は「軽微な作業」と規定され、資格がなくても作業できます(ただし、軽微な作業であっても、それを業として行うには、電気工事業の登録等が必要です)。

電気工事 資格必要 軽微な作業 資格不要	軽微な工事 電気工事士法で規定する電気工事以外の工事 資格不要

参 → P.213

答　ニ

参 マークは、姉妹本『第1種電気工事士学科試験すい～っと合格2024年版』の該当説明ページを表しています。

「電気工事業の業務の適正化に関する法律」において、電気工事業者の業務に関する記述として、誤っているものは。

イ．営業所ごとに、絶縁抵抗計の他、法令に定められた器具を備えなければならない。

ロ．営業所ごとに、電気工事に関し、法令に定められた事項を記載した帳簿を備えなければならない。

ハ．営業所及び電気工事の施工場所ごとに、法令に定められた事項を記載した標識を掲示しなければならない。

ニ．通知電気工事業者は、法令に定められた主任電気工事士を置かなければならない。

（R3Am出題、同問：H30・H24）

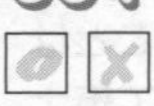

「電気工事業の業務の適正化に関する法律」において、正しいものは。

イ．電気工事士は、電気工事業者の監督の下で、「電気用品安全法」の表示が付されていない電気用品を電気工事に使用することができる。

ロ．電気工事業者が、電気工事の施工場所に二日間で完了する工事予定であったため、代表者の氏名等を記載した標識を掲げなかった。

ハ．電気工事業者が、電気工事ごとに配線図等を帳簿に記載し、3年経ったので廃棄した。

ニ．一般用電気工事の作業に従事する者は、主任電気工事士がその職務を行うため必要があると認めてする指示に従わなければならない。

（R5Pm出題、同問：R4Am・H26）

出題年度の表記法　R：令和／H：平成、Am：午前／Pm：午後

通知電気工事業者とは、一般用電気工事（一般用電気工作物等に係る電気工事）を行わず、自家用電気工事（自家用電気工作物に係る電気工事）のみを行う工事業者のことです。主任電気工事士は、一般用電気工作物等の工事の安全監督者なので通知電気工事業者には不要です。自家用電気工作物の工事は電気主任技術者の監督下で行われます。よって二が誤りです。

注：一般用電気工作物等の工事のみ、もしくは一般用／自家用電気工作物の工事を扱う工事業者を登録電気工事業者といい、主任電気工事士を置く必要があります。

P.214

登録電気工事業者の義務は次のように定められています。

イ．電気用品安全法の表示が付されている電気用品を工事に使用しなければならない。

ロ．営業所および電気工事の施工場所ごとに標識を掲げなければならない。ただし、電気工事が1日で完了する場合にあっては施工場所に標識の掲示を行う必要がない。

ハ．営業所ごとに帳簿を備え付け、5年間保存しなければならない。

また、一般用電気工事（一般用電気工作物等に係る電気工事）の作業に従事する者は、主任電気工事士がその職務を行うために必要があると認めてする指示に従わなければなりません。よって二が正しいです。

P.214

参 マークは、姉妹本『第1種電気工事士学科試験すい～っと合格2024年版』の該当説明ページを表しています。

「電気工事業の業務の適正化に関する法律」において、電気工事業者が、一般用電気工事のみの業務を行う営業所に備え付けなくてもよい器具は。

イ．絶縁抵抗計
ロ．接地抵抗計
ハ．抵抗及び交流電圧を測定することができる回路計
ニ．低圧検電器

（R5Am出題、同問：R3Pm・H28・H25）

「電気用品安全法」において、交流の電路に使用する定格電圧100V以上300V以下の機械器具であって、特定電気用品は。

イ．定格電圧100V、定格電流60Aの配線用遮断器
ロ．定格電圧100V、定格出力0.4kWの単相電動機
ハ．定格静電容量100μFの進相コンデンサ
ニ．定格電流30Aの電力量計

（R5Pm出題、同問：R3Pm、類問：H28・H24・H22・H18）

一般用電気工事(一般用電気工作物等に係る電気工事)のみの業務を行う電気工事業者が、営業所に備え付けておかなければならないのは、竣工検査で必ず使用する、接地抵抗計、絶縁抵抗計、回路計の３種類です。

低圧検電器については備え付けの義務はありません。

参→P.215

答　ニ

イが特定電気用品です。一般の人(電気の専門家でない人)が扱う、または触れる可能性のあるものが特定電気用品に指定されます。配線用遮断器や電線、ケーブルなどは定格電流の比較的小さなものが指定されており、配線用遮断器も定格電流が100Aを超えるものは特定電気用品ではありません。

■ 特定電気用品の例

電線類(定格電圧100V ～600V)
絶縁電線(公称断面積100mm²以下)／キャブタイヤケーブル(公称断面積100mm²以下および線心７本以下)／ケーブル(公称断面積22mm²以下、線心７本以下)／コード
配線器具(定格電圧100V ～300V)
温度ヒューズ／つめ付ヒューズ、管形ヒューズ、その他の包装ヒューズ(1A ～200A)／点滅器(30A以下)／開閉器、配線用遮断器、漏電遮断器(100A以下)／タンブラスイッチ、フロートスイッチ、タイムスイッチ／差込み接続器／小形単相変圧器(500VA以下)／放電灯用安定器(500W以下)／携帯発電機(30V ～300V)／電気便座／電気温水器／電気マッサージ器など

参→P.216

答　イ

マークは、姉妹本『第1種電気工事士学科試験すい～っと合格2024年版』の該当説明ページを表しています。

357

「電気用品安全法」の適用を受ける特定電気用品は。

イ．交流60Hz用の定格電圧100Vの電力量計

ロ．交流50Hz用の定格電圧100V、定格消費電力56Wの電気便座

ハ．フロアダクト

ニ．定格電圧200Vの進相コンデンサ

（R5Am出題、同問：H29）

出題年度の表記法　R：令和／H：平成、Am：午前／Pm：午後

特定電気用品は、一般の人が扱う、または触れる可能性のあるもので、損傷したときに人に危害が及ぶ可能性が高いものが指定されています。ロの電気便座や電気温水器、電気マッサージ器などが特定電気用品に該当します。絶縁電線、ケーブルでは断面積が小さいもの、開閉器では定格電流の小さいものが特定電気用品に指定されています。電力量計や進相コンデンサは特定電気用品ではありません。

■ 特定電気用品の例

電線類（定格電圧100V ～600V）
絶縁電線（公称断面積100mm²以下）／キャブタイヤケーブル（公称断面積100mm²以下および線心7本以下）／ケーブル（公称断面積22mm²以下、線心7本以下）／コード
配線器具（定格電圧100V ～300V）
温度ヒューズ／つめ付ヒューズ、管形ヒューズ、その他の包装ヒューズ（1A ～200A）／点滅器（30A以下）／開閉器、配線用遮断器、漏電遮断器（100A以下）／タンブラスイッチ、フロートスイッチ、タイムスイッチ／差込み接続器／小形単相変圧器（500VA以下）／放電灯用安定器（500W以下）／携帯発電機（30V ～300V）／電気便座／電気温水器／電気マッサージ器など

参 ➡P.216

参 マークは、姉妹本『第1種電気工事士学科試験すい～っと合格2024年版』の該当説明ページを表しています。

電気工事士法

358

「電気工事士法」において、第一種電気工事士免状の交付を受けている者のみが従事できる電気工事の作業は。

イ．最大電力400kWの需要設備の6.6kV変圧器に電線を接続する作業

ロ．出力300kWの発電所の配電盤を造営材に取り付ける作業

ハ．最大電力600kWの需要設備の6.6kV受電用ケーブルを電線管に収める作業

ニ．配電電圧6.6kVの配電用変電所内の電線相互を接続する作業

(R2出題、同問：H30・H23・H22・H19、類問：R4Am・H29)

359

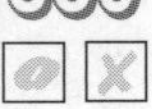

電気工事士法において、第一種電気工事士に関する記述として、誤っているものは。

イ．第一種電気工事士は、一般用電気工作物に係る電気工事の作業に従事するときは、都道府県知事が交付した第一種電気工事士免状を携帯していなければならない。

ロ．第一種電気工事士は、電気工事の業務に関して、都道府県知事から報告を求められることがある。

ハ．都道府県知事は、第一種電気工事士が電気工事士法に違反したときは、その電気工事士免状の返納を命ずることができる。

ニ．第一種電気工事士試験の合格者には、所定の実務経験がなくても第一種電気工事士免状が交付される。

(H28出題)

出題年度の表記法　R：令和／H：平成、Am：午前／Pm：午後

第一種電気工事士の免状の交付を受けている者でなければ従事できない作業は、最大電力500kW未満の需要設備での作業です。したがって、ハの600kW(500kW以上)の需要設備や、ロ、ニの発電所、配電用変電所などの需要設備でない場所での作業は、第一種電気工事士の資格範囲ではありません。

参→P.212

答 イ

第一種電気工事士の免状の交付を受けるには、第一種電気工事士試験に合格し、所定の実務経験３年間が必要です。よってニが誤りです。

参→P.212

答 ニ

参 マークは、姉妹本『第1種電気工事士学科試験すい〜っと合格2024年版』の該当説明ページを表しています。

電気工事士法

電気工事士法において、自家用電気工作物（最大電力500kW未満の需要設備）に係る電気工事のうち「ネオン工事」又は「非常用予備発電装置工事」に従事することのできる者は。

イ．認定電気工事従事者
ロ．特種電気工事資格者
ハ．第一種電気工事士
ニ．5年以上の実務経験を有する第二種電気工事士

（R1出題、同問：H27）

「電気工事士法」において、特殊電気工事を除く工事に関し、政令で定める軽微な工事及び省令で定める軽微な作業について、誤っているものは。

イ．軽微な工事については、認定電気工事従事者でなければ従事できない。
ロ．電気工事の軽微な作業については、電気工事士でなくても従事できる。
ハ．自家用電気工作物の軽微な工事の作業については、第一種電気工事士でなくても従事できる。
ニ．使用電圧600Vを超える自家用電気工作物の電気工事の軽微な作業については、第一種電気工事士でなくても従事できる。

（R4Pm出題）

出題年度の表記法　R：令和／H：平成、Am：午前／Pm：午後

第一種電気工事士は、自家用電気工作物(最大電力500kW未満の需要設備)の「ネオン工事」や「非常用予備発電装置工事」には従事することはできません。ネオン工事または非常用予備発電装置工事に従事できるのは、特種電気工事資格者です。

■ 第一種電気工事士の資格範囲

一般用電気工作物等	自家用電気工作物(最大出力500kW未満)		
一般用 電気工事	自家用 電気工事	簡易電気工事 ・低圧で使用する設備の工事	特殊電気工事 ・ネオン工事 ・非常用予備発電装置工事
◎	◎	◎	×

参→P.212

答 ロ

政令で定める「軽微な工事」とは、電気工事士法で規定している電気工事(一般用電気工作物または自家用電気工作物を設置し、または変更する作業)以外の工事が対象となるので、電気工事に従事するための資格は必要ありません。

また、電気工事の作業のなかでも、電気工事士が行う作業を補助する作業のように保安上支障がない作業は「軽微な作業」と規定され、資格がなくても作業できます(ただし、軽微な作業であっても、それを業として行うには、電気工事業の登録等が必要です)。

電気工事 資格必要 軽微な作業 資格不要	軽微な工事 電気工事士法で規定する電気工事以外の工事 資格不要

参→P.213

答 イ

参マークは、姉妹本『第1種電気工事士学科試験すい〜っと合格2024年版』の該当説明ページを表しています。

電気工事業法

電気工事業の業務の適正化に関する法律において、誤っていないものは。

イ．主任電気工事士の指示に従って、電気工事士が、電気用品安全法の表示が付されていない電気用品を電気工事に使用した。

ロ．登録電気工事業者が、電気工事の施工場所に二日間で完了する工事予定であったため、代表者の氏名等を記載した標識を掲げなかった。

ハ．電気工事業者が、電気工事ごとに配線図等を帳簿に記載し、3年経ったのでそれを廃棄した。

ニ．登録電気工事業者の代表者は、電気工事士の資格を有する必要がない。

（R1出題）

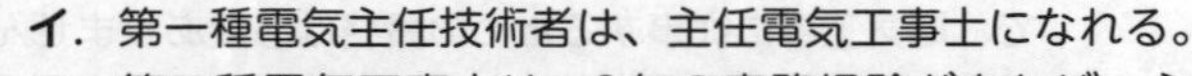

電気工事業の業務の適正化に関する法律において、主任電気工事士に関する記述として、正しいものは。

イ．第一種電気主任技術者は、主任電気工事士になれる。

ロ．第二種電気工事士は、2年の実務経験があれば、主任電気工事士になれる。

ハ．主任電気工事士は、一般用電気工事による危険及び障害が発生しないように一般用電気工事の作業の管理の職務を誠実に行わなければならない。

ニ．第一種電気主任技術者は、一般用電気工事の作業に従事する場合には、主任電気工事士の障害発生防止のための指示に従わなくてもよい。

（H27出題）

出題年度の表記法　R：令和／H：平成、Am：午前／Pm：午後

電気工事には必ず電気用品安全法の表示のある電気用品を使用しなければなりませんからイは誤りです。標識の掲示は、1日で完了する工事以外は必ず掲示が必要なので、ロも誤りです。帳簿は5年間保管しなければならないので、ハも誤りです。ニは正しい記述です。

参→P.214

答 ニ

（第一種～第三種）電気主任技術者は主任電気工事士にはなれませんので、イは誤りです。

主任電気工事士になれるのは、第一種電気工事士か、3年以上の実務経験を経た第二種電気工事士です。したがって、ロも誤りです。（第一種～第三種）電気主任技術者は、一般電気工作物の電気工事の作業に従事することはできないので、ニも誤りです。

ハの説明は正しいです。

参→P.214

答 ハ

参 マークは、姉妹本『第1種電気工事士学科試験すい～っと合格2024年版』の該当説明ページを表しています。

電気工事業法

「電気工事業の業務の適正化に関する法律」において、主任電気工事士に関する記述として、誤っているものは。

イ．第一種電気工事士免状の交付を受けた者は、免状交付後に実務経験が無くても主任電気工事士になれる。

ロ．第二種電気工事士は、2年の実務経験があれば、主任電気工事士になれる。

ハ．第一種電気工事士が一般用電気工事の作業に従事する時は、主任電気工事士がその職務を行うため必要があると認めてする指示に従わなければならない。

ニ．主任電気工事士は、一般用電気工事による危険及び障害が発生しないように一般用電気工事の作業の管理の職務を誠実に行わなければならない。

（R2出題）

電気工事業の業務の適正化に関する法律において、登録電気工事業者は一般用電気工作物に係る電気工事の業務を行う営業所ごとに、主任電気工事士を置かなければならない。主任電気工事士の要件として、正しいものは。

イ．認定電気工事従事者認定証の交付を受け、かつ、電気工事に関し1年の実務経験を有する者

ロ．第二種電気工事士免状の交付を受け、かつ、電気工事に関し2年の実務経験を有する者

ハ．第一種電気工事士免状の交付を受けている者

ニ．第三種電気主任技術者免状の交付を受けている者

（H30追加出題、同問：H23・H19）

出題年度の表記法　R：令和／H：平成、Am：午前／Pm：午後

主任電気工事士になるには、第一種電気工事士免状または、第二種電気工事士で３年以上の実務経験が必要です。

電気工事業を営もうとする者は、一般用電気工事（一般用電気工作物等に係る電気工事）を行う営業所ごとに主任電気工事士を置かなければなりません。主任電気工事士になれるのは、

①第一種電気工事士の免状の交付を受けた者
②第二種電気工事士の免状の交付を受け、かつ３年以上の実務経験を有する者

です。

第三種電気主任技術者の免状の交付を受けていても主任電気工事士にはなれません。

参→P.214 答 ハ

法令

参 マークは、姉妹本『第1種電気工事士学科試験すい〜っと合格2024年版』の該当説明ページを表しています。

電気用品安全法

366

電気用品安全法の適用を受けるもののうち、特定電気用品でないものは。

イ．合成樹脂製のケーブル配線用スイッチボックス
ロ．タイムスイッチ（定格電圧125V、定格電流15A）
ハ．差込み接続器（定格電圧125V、定格電流15A）
ニ．600Vビニル絶縁ビニルシースケーブル（導体の公称断面積が8mm^2、3心）

（R1出題、同問：H26）

出題年度の表記法　R：令和／H：平成、Am：午前／Pm：午後

ケーブル配線用スイッチボックスは、特定電気用品以外の電気用品です。

■ 特定電気用品以外の電気用品例

電線管類（金属製、合成樹脂製）および付属品／単相電動機、かご形三相誘導電動機／ケーブル（22mm²超100mm²以下、7心以下）／蛍光灯電線／ネオン電線100mm²以下／ライティングダクト／変圧器（リモコン、ベル用）／カバー付ナイフスイッチ、電磁開閉器／電気ストーブ／換気扇／テレビ／蛍光ランプ（40W以下）／リチウムイオン蓄電池など

参→P.216

参 マークは、姉妹本『第1種電気工事士学科試験すい〜っと合格2024年版』の該当説明ページを表しています。

図のような回路において、抵抗━▭━は、すべて2Ω である。a－b間の合成抵抗値[Ω]は。

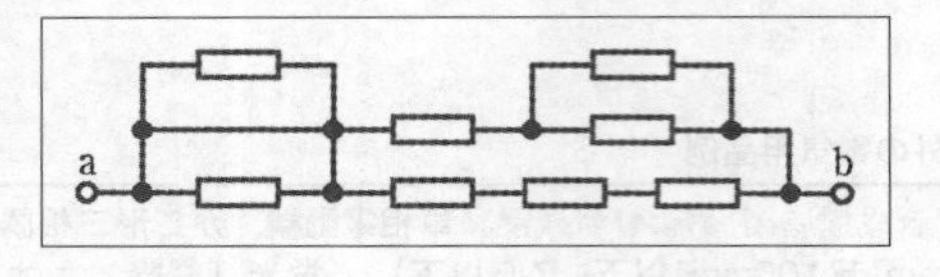

イ. 1　　ロ. 2　　ハ. 3　　ニ. 4

（R5Pm出題、同問：H27）

図のような直流回路において、スイッチSが開いているとき、抵抗*R*の両端の電圧は36Vであった。スイッチSを閉じたときの抵抗Rの両端の電圧[V]は。

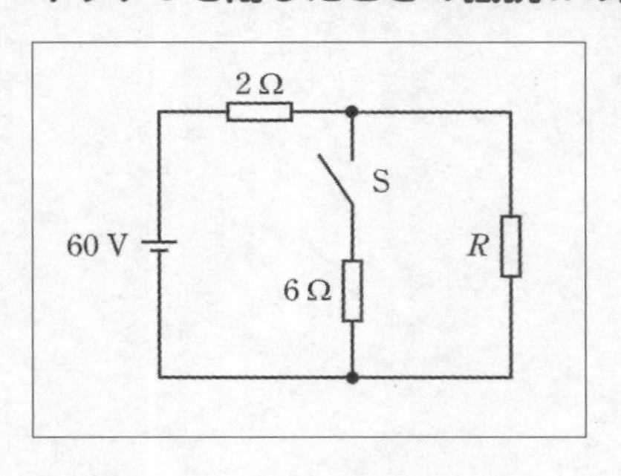

イ. 3　　ロ. 12　　ハ. 24　　ニ. 30

（R4Am出題、同問：H29）

出題年度の表記法　R：令和／H：平成、Am：午前／Pm：午後

左端の２つの抵抗は、短絡していて電気的には無視できます。したがって、設問の回路は下のようになります。

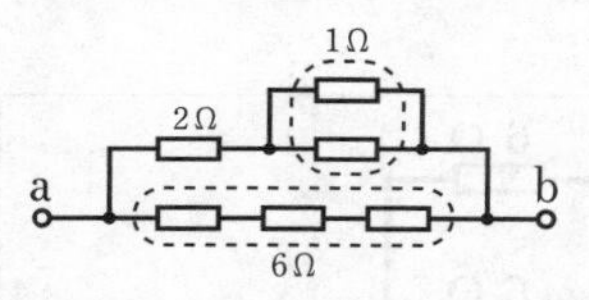

この回路で上側３つの抵抗を直並列合成すると３Ω、下側３つの抵抗を直列合成すると６Ωとなり、a－b間の合成抵抗R_0は、和分の積より

$$R_0 = \frac{3[\Omega]\times 6[\Omega]}{3[\Omega]+6[\Omega]} = \frac{18}{9} = 2[\Omega]$$

となります。

参→P.220

答　ロ

スイッチSが開いているとき、電源電圧60Vは、２Ωと抵抗$R[\Omega]$の大きさに比例して分圧されます。

つまり、$2[\Omega] : R[\Omega] = (60-36)[V] : 36[V]$となり、

$$R = \frac{2\times 36}{60-36} = \frac{72}{24} = 3[\Omega]$$ です。

スイッチSを閉じたときの$R(3\Omega)$と６Ωの並列合成抵抗値は、和分の積より、

$$\frac{6\times 3}{6+3} = \frac{18}{9} = 2[\Omega]$$

よって、スイッチSが閉じると、電源電圧60Vは２Ωと２Ωで２等分されることになるので、Rの両端電圧は30Vになります。

参→P.221

答　ニ

参 マークは、姉妹本『第1種電気工事士学科試験すい〜っと合格2024年版』の該当説明ページを表しています。

図の直流回路において、抵抗３Ωに流れる電流I_3の値[A]は。

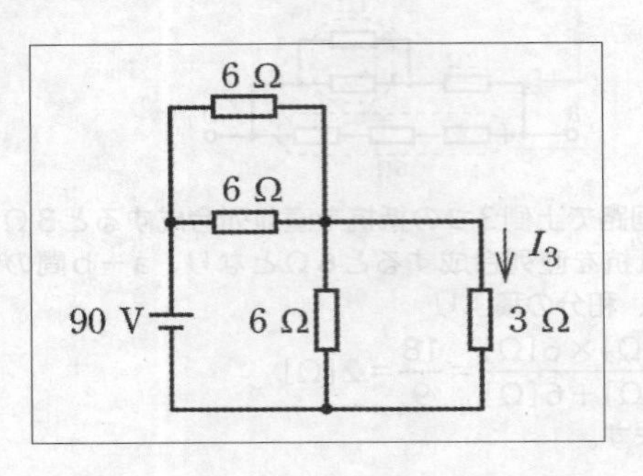

イ. 3　　ロ. 9　　ハ. 12　　ニ. 18

(R4Pm出題、同問：R1)

図のような直流回路において、抵抗３Ωには4Aの電流が流れている。抵抗Rにおける消費電力[W]は。

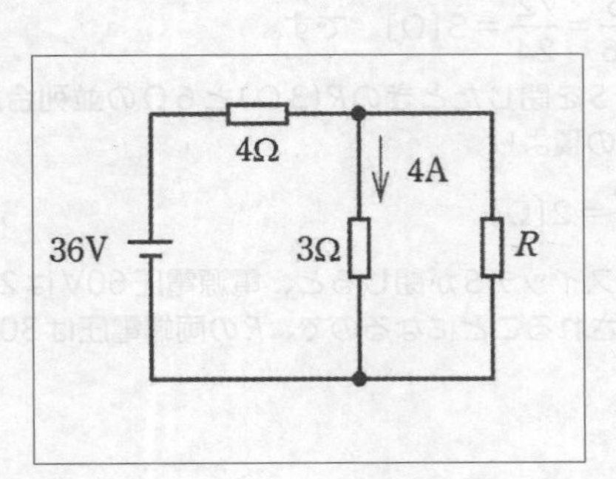

イ. 6
ロ. 12
ハ. 24
ニ. 36

(R5Am出題、同問：H26、類問：H23・H21)

問題の回路を下図のように書き換えて考えます。

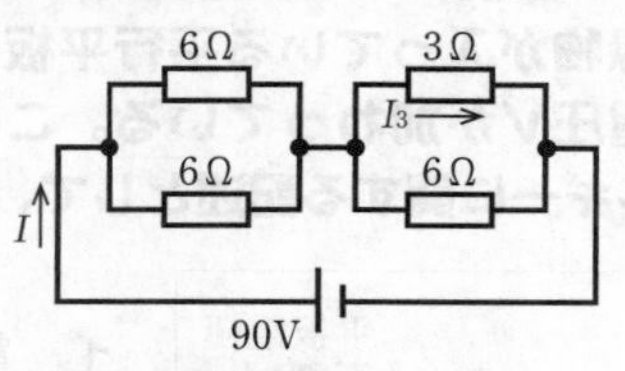

この回路の合成抵抗R_0は、

$$R_0=\frac{6\times6}{6+6}+\frac{3\times6}{3+6}=3+2=5[\Omega]$$

回路を流れる全電流Iは、$I=\dfrac{90[V]}{5[\Omega]}=18[A]$

求める電流I_3は、I(18 A)を3 Ωと6 Ωで分流するので、

$$I_3=18\times\frac{6}{3+6}=12[A]$$

P.221

答　ハ

3Ωの抵抗の両端の電圧は、3[Ω]×4[A]＝12[V]ですから、4Ωの抵抗の両端電圧は、36[V]－12[V]＝24[V]とわかります。

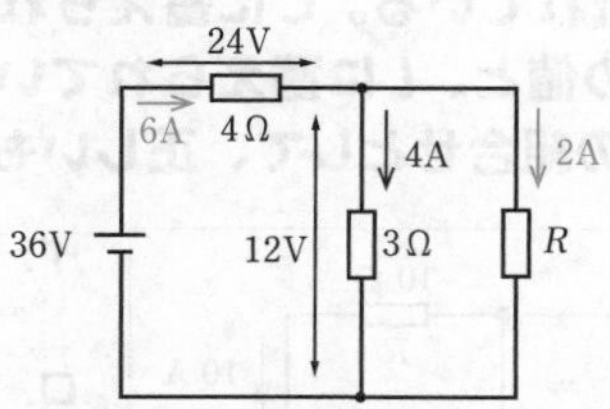

したがって、全電流(4Ωの抵抗に流れる電流)は、
24[V]÷4[Ω]＝6[A]。

抵抗Rに流れる電流は、6[A]－4[A]＝2[A]、電圧は12Vですから、消費電力Pは、
$P=2[A]\times12[V]=24[W]$

P.230

答　ハ

参 マークは、姉妹本『第1種電気工事士学科試験すい～っと合格2024年版』の該当説明ページを表しています。

図のように、面積Aの平板電極間に、厚さがdで誘電率εの絶縁物が入っている平行平板コンデンサがあり、直流電圧Vが加わっている。このコンデンサの静電エネルギーに関する記述として、正しいものは。

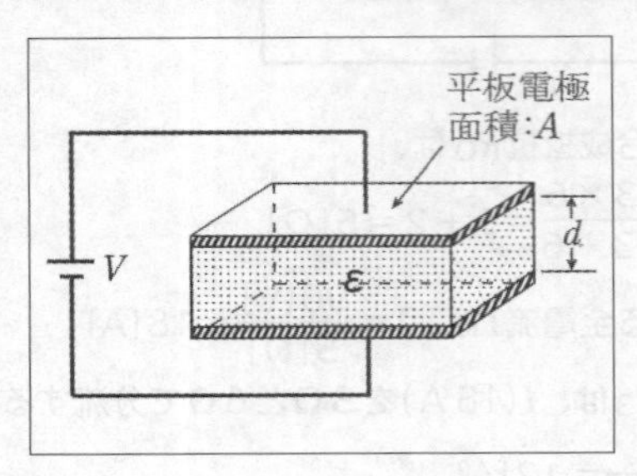

イ．電圧Vの2乗に比例する。
ロ．電極の面積Aに反比例する。
ハ．電極間の距離dに比例する。
ニ．誘電率εに反比例する。

（R4Am出題、同問：H28）

図のような直流回路において、電源電圧100V、R=10Ω、C=20μF及びL=2mHで、Lには電流10Aが流れている。Cに蓄えられているエネルギーW_C[J]の値と、Lに蓄えられているエネルギーW_L[J]の値の組合せとして、正しいものは。

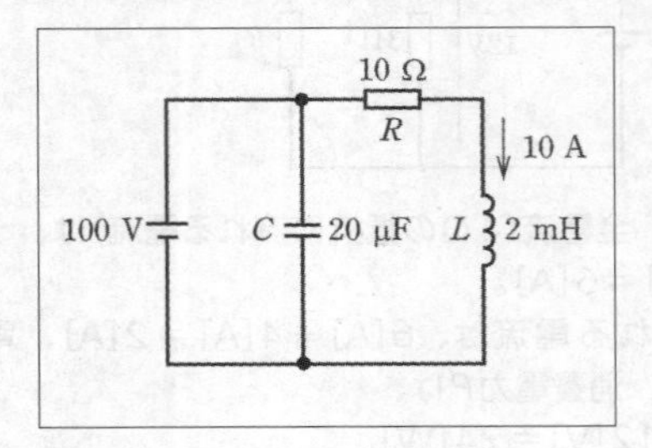

イ．$W_C = 0.001$　$W_L = 0.01$
ロ．$W_C = 0.2$　$W_L = 0.01$
ハ．$W_C = 0.1$　$W_L = 0.1$
ニ．$W_C = 0.2$　$W_L = 0.2$

（R4Pm出題、同問：H30）

出題年度の表記法　R：令和／H：平成、Am：午前／Pm：午後

平行平板コンデンサの静電エネルギー W_Cは、

$W_C=\frac{1}{2}CV^2$ [J]　(Cはコンデンサの静電容量)

で求められます。

また、$C=\varepsilon\frac{A}{d}$ [F] ですから、上式は、

$W_C=\varepsilon\frac{AV^2}{2d}$ [J]　と書き換えできます。

つまり、静電エネルギーは、誘電率 ε と電極面積A、そして電極間電圧Vの２乗に比例し、両電極間隔dに反比例します。正解はイです。

参→P.227

コンデンサに蓄えられる静電エネルギー W_Cは、

$W_C=\frac{1}{2}CV^2=\frac{1}{2}\times 20[\mu F]\times(100[V])^2$

$=\frac{1}{2}\times 20\times 10^{-6}\times 10{,}000=0.1$ [J]

コイルに蓄えられる誘導エネルギー W_Lは、

$W_L=\frac{1}{2}LI^2=\frac{1}{2}\times 2[mH]\times(10[A])^2$

$=\frac{1}{2}\times 2\times 10^{-3}\times 100=0.1$ [J]

よってハが正解です。

電気理論

参→P.227

参 マークは、姉妹本『第1種電気工事士学科試験すい〜っと合格2024年版』の該当説明ページを表しています。

373

図のような直流回路において、電源電圧20V、R=2Ω、L=4mH及びC=2mFで、RとLに電流10Aが流れている。Lに蓄えられているエネルギーW_L[J]の値と、Cに蓄えられているエネルギーW_C[J]の値の組合せとして、正しいものは。

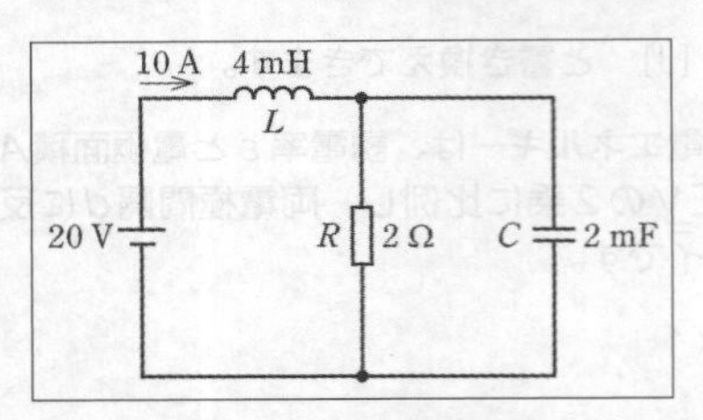

イ．W_L=0.2 W_C=0.4　ロ．W_L=0.4 W_C=0.2　ハ．W_L=0.6 W_C=0.8　ニ．W_L=0.8 W_C=0.6

（R5Am出題、同問：R3Am）

374

定格電圧100V、定格消費電力1kWの電熱器を、電源電圧90Vで10分間使用したときの発生熱量[kJ]は。
ただし、電熱器の抵抗の温度による変化は無視するものとする。

イ．292　ロ．324　ハ．486　ニ．540

（R4Pm出題、同問：H27・H20）

コイルに蓄えられる誘導エネルギーW_Lは、

$$W_L = \frac{1}{2}LI^2 = \frac{1}{2} \times 4\,[\text{mH}] \times (10\,[\text{A}])^2$$

$$= \frac{1}{2} \times 4 \times 10^{-3} \times 100 = 0.2\,[\text{J}]$$

回路は直流回路ですから、コイルのリアクタンス（電気抵抗に相当するもの）はゼロで、コンデンサには電源電圧20Vがかかります。そこでコンデンサに蓄えられる静電エネルギーW_Cは、

$$W_C = \frac{1}{2}CV^2 = \frac{1}{2} \times 2\,[\text{mF}] \times (20\,[\text{V}])^2$$

$$= \frac{1}{2} \times 2 \times 10^{-3} \times 400 = 0.4\,[\text{J}]$$

となります。

参→P.227

答　イ

電圧が変わると流れる電流は変わりますが、設問では電熱器の電気抵抗は電圧にかかわらず一定ですから（温度による変化は除く）、この電気抵抗を求めて、90Vのときの電力を計算します。

$P = \frac{V^2}{R}$　より、電熱器の抵抗Rは、

$$R = \frac{V^2}{P} = \frac{100^2}{1{,}000} = 10\,[\Omega]$$

よって90Vのときの消費電力P'は、

$$P' = \frac{90^2}{10} = 810\,[\text{W}]$$

10分間の電力量[W・s]を求めると、

810[W] × 10[分] × 60[秒] = 486,000[W・s]

1[W・s] = 1[J]ですから、486,000[J] = 486[kJ]となります。

参→P.230

答　ハ

参 マークは、姉妹本『第1種電気工事士学科試験すい〜っと合格2024年版』の該当説明ページを表しています。

図のような交流回路において、電源電圧は100V、電流は20A、抵抗*R*の両端の電圧は80Vであった。リアクタンス*X*[Ω]は。

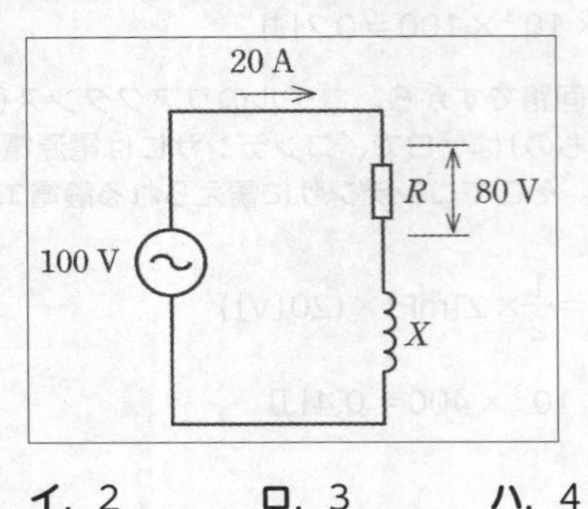

イ．2　　ロ．3　　ハ．4　　ニ．5

(R4Pm出題、同問：H30追加・H29、類問：H22)

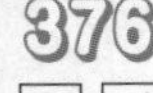

図のような交流回路において、抵抗R=15Ω、誘導性リアクタンスX_L=10Ω、容量性リアクタンスX_C=2Ωである。この回路の消費電力[W]は。

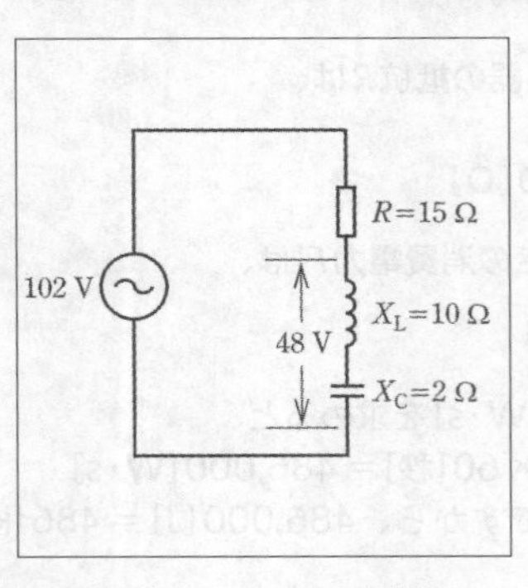

イ．240　　ロ．288　　ハ．505　　ニ．540

(R4Am出題、同問：H26)

出題年度の表記法　R：令和／H：平成、Am：午前／Pm：午後

R-X（LとC）直列回路では、インピーダンス三角形または電圧で三角形を描いて考えます。電源電圧V、抵抗Rの両端電圧V_R、誘導リアクタンスの両端電圧V_Xの関係は下図の三角形で表されます。

この三角形の各辺の長さはそれぞれの電圧の大きさを表すので、直角三角形の辺の比⑤：④：③より$V_X = 60$[V]

よって誘導リアクタンスX[Ω]は

$$X = \frac{V_X}{I} = \frac{60[V]}{20[A]} = 3[\Omega]$$

↑
オームの法則
$R = \frac{V}{I}$
と同じ式です

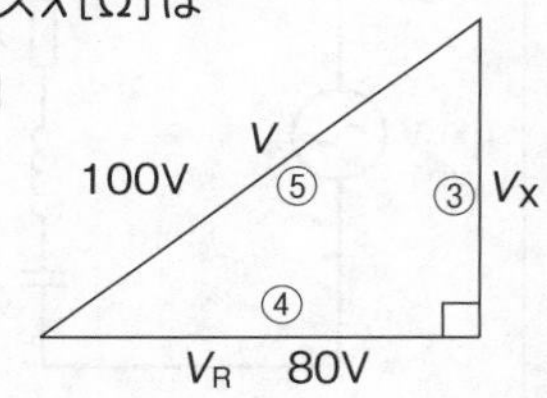

この回路に流れる電流を求めれば、回路の消費電力Pは抵抗Rでのみ消費される電力なので求められます。

X_LとX_Cを合成したリアクタンスXは、

$X = 10[\Omega] - 2[\Omega] = 8[\Omega]$。

このリアクタンスXに流れる電流Iは、

$$I = \frac{48[V]}{X[\Omega]} = \frac{48[V]}{8[\Omega]} = 6[A]$$

よって、 $P = I^2R = 6^2 \times 15 = 540[W]$

図のような交流回路において、抵抗R=10Ω、誘導性リアクタンスはX_L=10Ω、容量性リアクタンスX_C=10Ωである。この回路の力率[%]は。

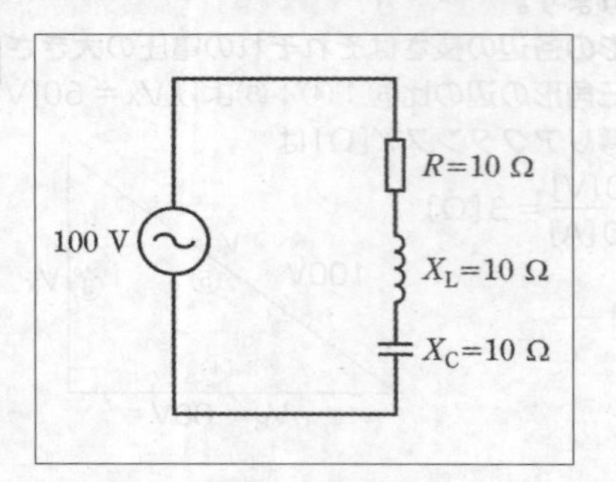

イ. 30　　ロ. 50　　ハ. 70　　ニ. 100

(R4Pm出題、同問：H28、類問：R3Am)

図のような交流回路において、電流I=10A、抵抗Rにおける消費電力は800W、誘導性リアクタンスX_L=16Ω、容量性リアクタンスX_C=10Ωである。この回路の電源電圧V[V]は。

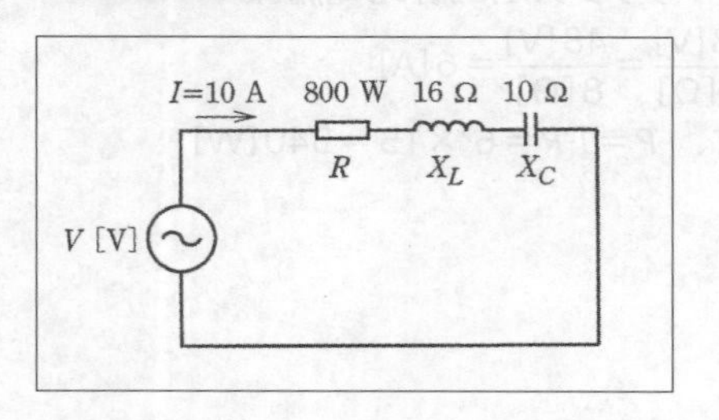

イ. 80　　ロ. 100　　ハ. 120　　ニ. 200

(R5Am出題、同問：H30)

出題年度の表記法　R：令和／H：平成、Am：午前／Pm：午後

R-L-C直列回路では、インピーダンス三角形を描いて力率($\cos\theta$)を求めます。設問では、$X_L = X_C$ですから、合成リアクタンスがゼロになるので、三角形の高さがなくなり、$\theta = 0°$になります。

したがって、この回路の力率は$\cos 0° = 1$で、100%です。

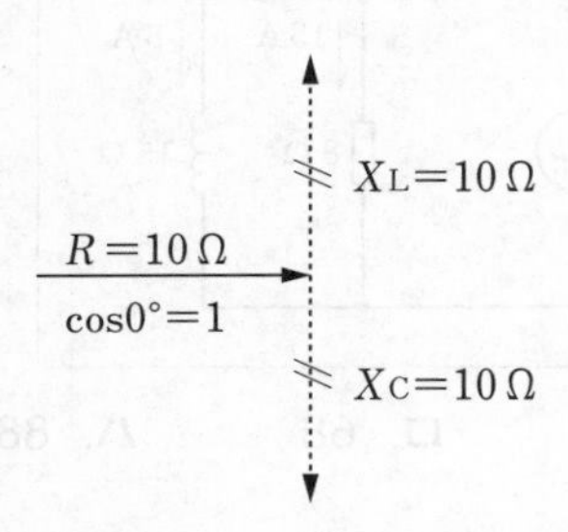

参→P.236 答 ニ

交流のR-L-C直列回路では、それぞれR、L、Cに加わる電圧を求めて電圧の三角形を描きます。

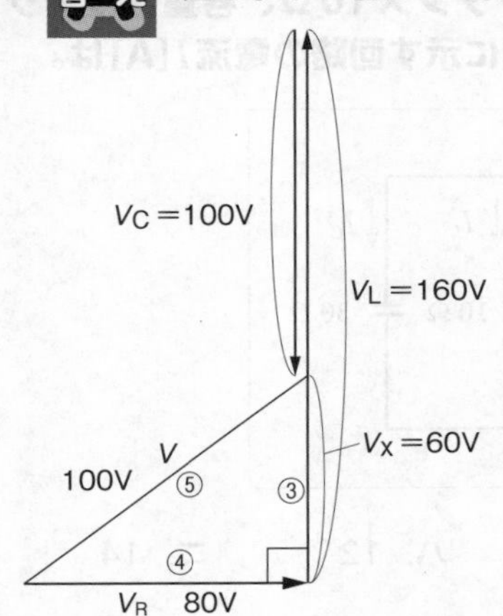

$$V_R = \frac{800\,[\mathrm{W}]}{10\,[\mathrm{A}]} = 80\,[\mathrm{V}]$$

$V_L = 16\,[\Omega] \times 10\,[\mathrm{A}] = 160\,[\mathrm{V}]$

$V_C = 10\,[\Omega] \times 10\,[\mathrm{A}] = 100\,[\mathrm{V}]$

電圧の三角形の一辺V_Xは、$V_L - V_C = 160 - 100 = 60\,[\mathrm{V}]$で、三角形の比は③:④:⑤となり、電源電圧$V$は100Vです。($V = \sqrt{V_R^2 + V_X^2} = \sqrt{80^2 + 60^2} = 100$でもよい)

参→P.235 答 ロ

図のような交流回路において、電源電圧は120V、抵抗は8Ω、リアクタンスは15Ω、回路電流は17Aである。この回路の力率[%]は。

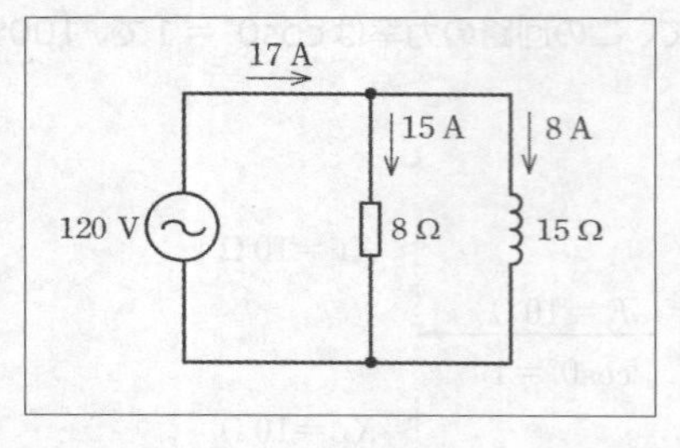

イ．38　　ロ．68　　ハ．88　　ニ．98

（R5Pm出題、同問：R3Pm、類問：R4Am・H27）

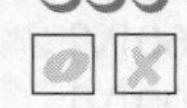

図のような交流回路において、電源電圧120V、抵抗20Ω、誘導性リアクタンス10Ω、容量性リアクタンス30Ωである。図に示す回路の電流I[A]は。

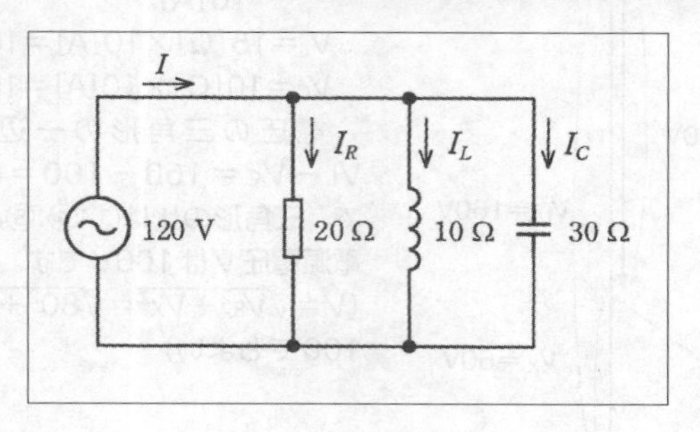

イ．8　　ロ．10　　ハ．12　　ニ．14

（R5Pm出題、同問：H29・H22・H17）

出題年度の表記法　R：令和／H：平成、Am：午前／Pm：午後

交流のR-L-C並列回路は、電流で三角形を描ければ、力率$\cos\theta$が求められます（設問の電流三角形は下図になります）。

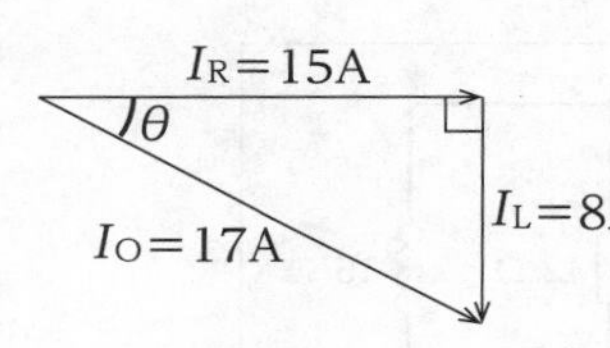

コイルに流れる電流I_Lは、位相が90°遅れます。よって下向きになります。

よって、力率$\cos\theta\,[\%] = \dfrac{15[A]}{17[A]} \times 100 \fallingdotseq 88$

 P.236

答　ハ

交流のR-L-C並列回路では、それぞれ、R、L、Cに流れる電流を求めて電流で三角形を描きます。

$I_R = \dfrac{120[V]}{20[\Omega]} = 6[A]$

$I_L = \dfrac{120[V]}{10[\Omega]} = 12[A]$

$I_C = \dfrac{120[V]}{30[\Omega]} = 4[A]$

これらの電流を合成して三角形を描くと、この三角形の比は③：④：⑤となり、求める回路の電流Iは、

$3 : 5 = 6 : I$

$I = \dfrac{5 \times 6}{3} = 10[A]$

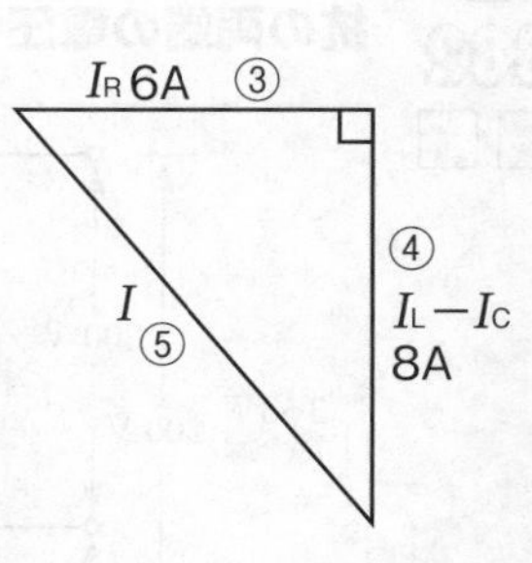

I_Lは下向き、I_Cは上向きです

参→P.235

答　ロ

参マークは、姉妹本『第1種電気工事士学科試験すい〜っと合格2024年版』の該当説明ページを表しています。

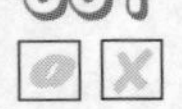

図のような交流回路において、抵抗12Ω、リアクタンス16Ω、電源電圧は96Vである。この回路の皮相電力[V·A]は。

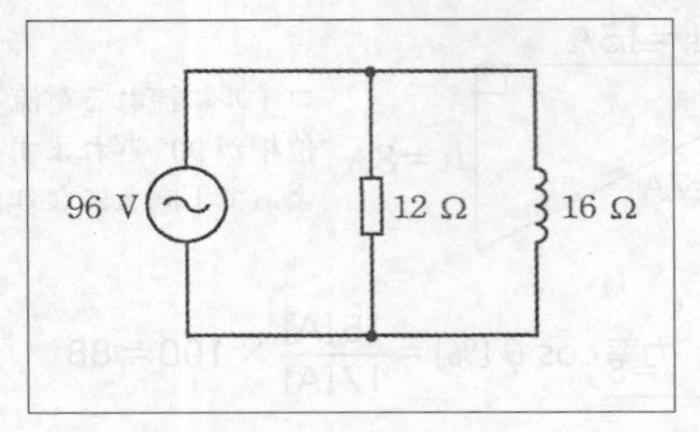

イ．576　　ロ．768　　ハ．960　　ニ．1344

(R5Am出題、同問：R2)

図のような三相交流回路において、電源電圧は200V、抵抗は8Ω、リアクタンスは6Ωである。抵抗の両端の電圧V_R[V]は。

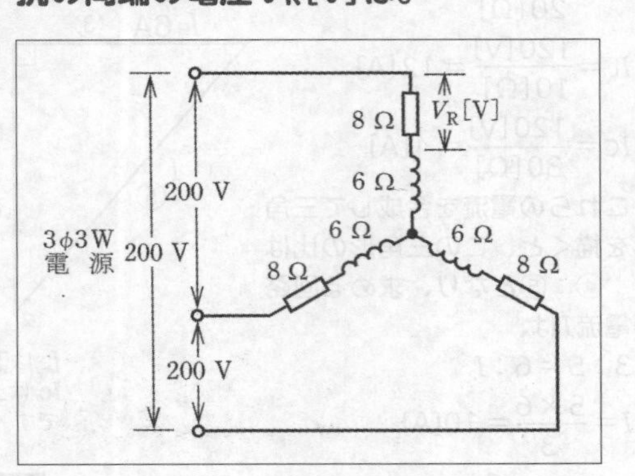

イ．57
ロ．69
ハ．80
ニ．92

(R4Pm出題、同問：H28)

出題年度の表記法　R：令和／H：平成、Am：午前／Pm：午後

設問の回路で、12Ωの抵抗に流れる電流I_Rは、

$$I_R=\frac{96[V]}{12[\Omega]}=8[A]$$

16Ωのコイルに流れる電流I_Lは、

$$I_L=\frac{96[V]}{16[\Omega]}=6[A]$$

回路の合成電流I_Oは、電流の三角形の比④：③：⑤より、$I_O=10[A]$と求まります。

これより皮相電力Sは、

$$S=96[V]\times10[A]=960\ [V\cdot A]$$

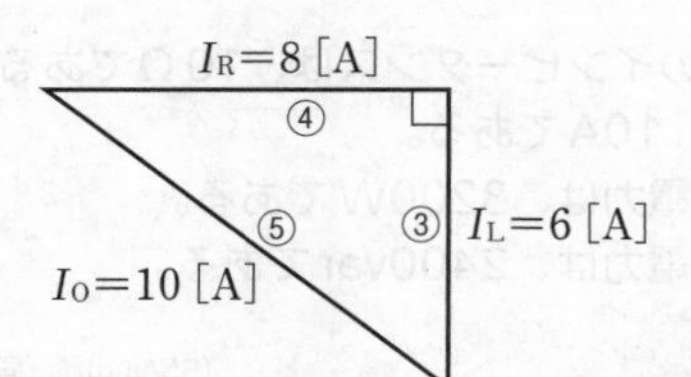

参→P.236
答 ハ

三相負荷の相電圧V_pは、

$$V_p=\frac{200}{\sqrt{3}}\ [V]$$

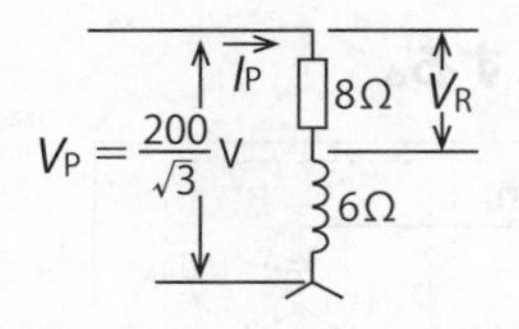

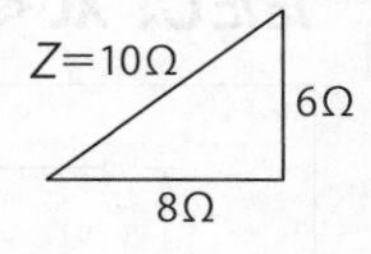

一相分の負荷のインピーダンスZは、

$Z=\sqrt{8^2+6^2}=10[\Omega]$ですから、相電流$I_p$は、

$I_p=\dfrac{V_p}{Z}=\dfrac{200}{10\sqrt{3}}$ [A]となり、求める電圧V_Rは、

$$V_R=I_p\times R=\frac{200}{10\sqrt{3}}\times8=\frac{160}{\sqrt{3}}\fallingdotseq92\quad[V]$$

（※$\sqrt{3}=1.73$とする）

参→P.241

答 ニ

参マークは、姉妹本『第1種電気工事士学科試験すい〜っと合格2024年版』の該当説明ページを表しています。

問題 383

図のような三相交流回路において、電源電圧は200V、抵抗は8Ω、リアクタンスは6Ωである。この回路に関して誤っているものは。

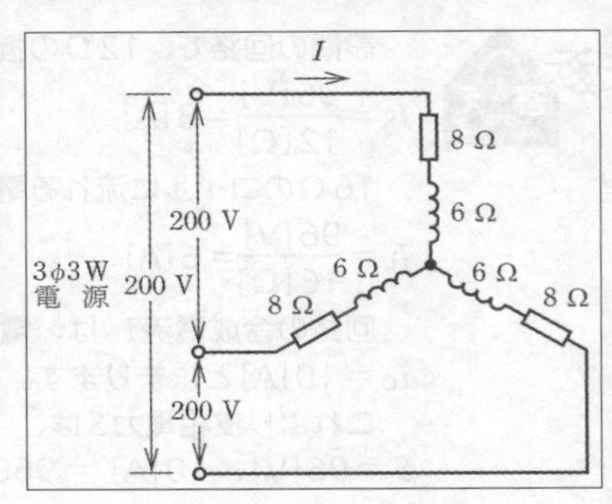

イ．1相当たりのインピーダンスは、10Ωである。
ロ．線電流Iは、10Aである。
ハ．回路の消費電力は、3200Wである。
ニ．回路の無効電力は、2400varである。

（R5Am出題、同問：R4Am・R1）

問題 384

図のように、直列リアクトルを設けた高圧進相コンデンサがある。この回路の無効電力（設備容量）[var]を示す式は。
ただし、$X_L < X_C$とする。

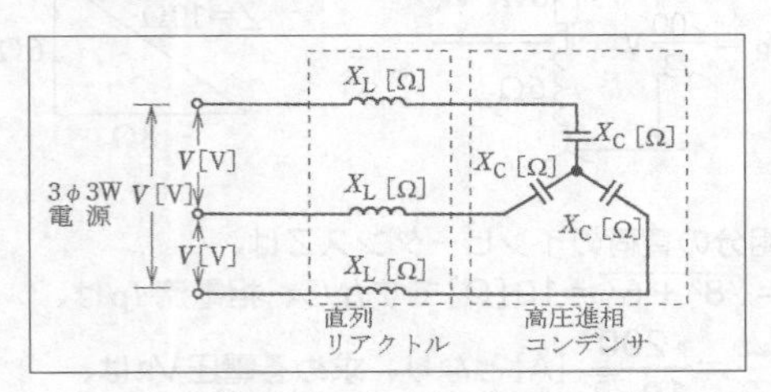

イ．$\dfrac{V^2}{X_C - X_L}$　ロ．$\dfrac{V^2}{X_C + X_L}$　ハ．$\dfrac{X_C V}{X_C - X_L}$　ニ．$\dfrac{V}{X_C - X_L}$

（R5Pm出題、同問：R3Pm・H21、類問：R4Pm・R1）

1相当たりのインピーダンスは下図のとおり10Ωです。回路は三相平衡負荷なので、Y（スター）結線では、線電流Iは相電流に等しく、相電圧は線間電圧の$1/\sqrt{3}$倍ですから、

$I=\dfrac{200/\sqrt{3}}{10}=\dfrac{20}{\sqrt{3}}\fallingdotseq 11.6\,[\mathrm{A}]$　よってロは誤りです。

回路の消費電力は抵抗Rでのみ消費され、1相分の消費電力を3倍すればよいので、

$P=3\times(20/\sqrt{3})^2\times 8=3{,}200\,[\mathrm{W}]$

無効電力はリアクタンスで発生し、1相分の無効電力を3倍すればよいので、$Q=3\times(20/\sqrt{3})^2\times 6=2{,}400\,[\mathrm{var}]$

（※$\sqrt{3}=1.73$とする）

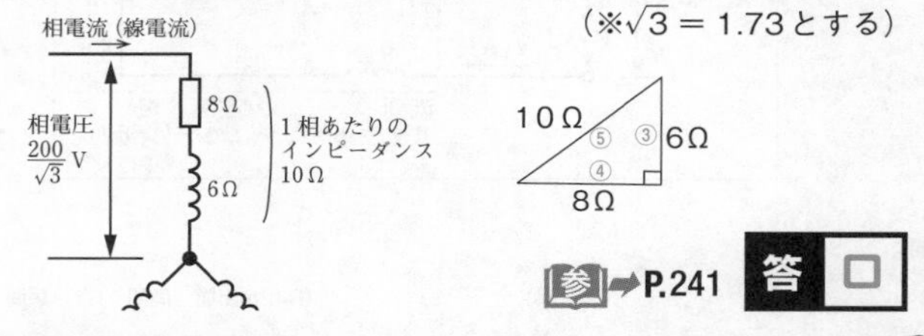

参→P.241

答　ロ

大容量の高圧進相コンデンサには、直列リアクトルを設けます（高調波障害を防止するため）。このときの無効電力を求めます。

各相を見るとコイルとコンデンサが直列になっています。

一相分の合成リアクタンスXはX_C-X_L、相電圧V_Pは、$V/\sqrt{3}$ですから、一相分の無効電力Q_Pは、

$$Q_P=\frac{V_P{}^2}{X}=\frac{(V/\sqrt{3})^2}{X_C-X_L}$$

三相回路では3倍すればよいので

$$Q=3Q_P=\frac{V^2}{X_C-X_L}$$

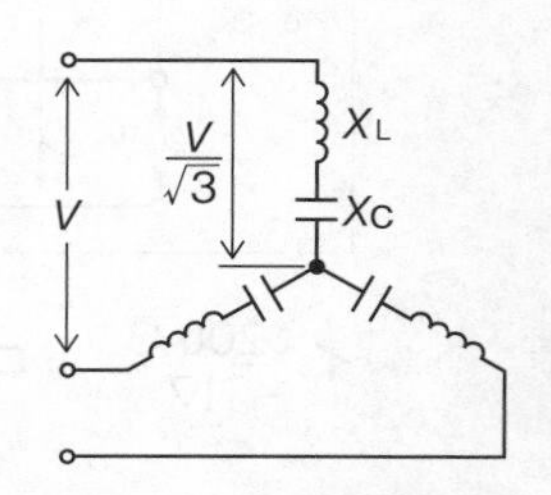

参→P.241

問題 385

図のような直列リアクトルを設けた高圧進相コンデンサがある。電源電圧がV[V]、誘導性リアクタンスが9Ω、容量性リアクタンスが150Ωであるとき、この回路の無効電力（設備容量）[var]を示す式は。

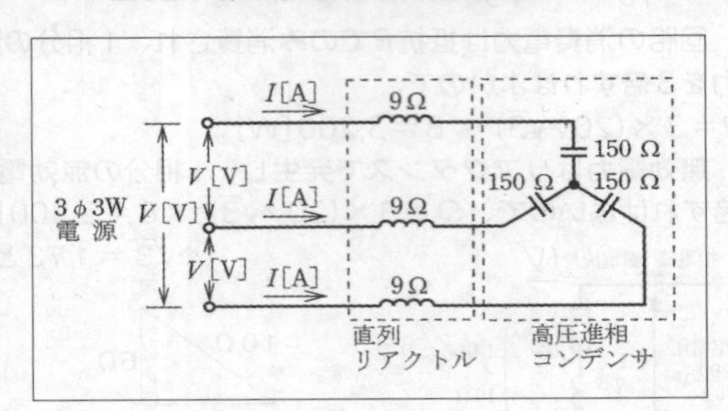

イ. $\dfrac{V^2}{159^2}$

ロ. $\dfrac{V^2}{141^2}$

ハ. $\dfrac{V^2}{159}$

ニ. $\dfrac{V^2}{141}$

（R4Pm出題、同問：R1、類問：R3Pm・H21）

問題 386

図のような三相交流回路において、電流Iの値[A]は。

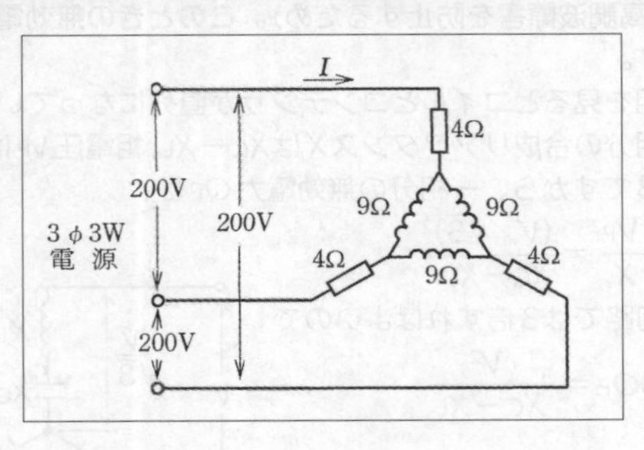

イ. $\dfrac{200\sqrt{3}}{17}$　ロ. $\dfrac{40}{\sqrt{3}}$　ハ. 40　ニ. $40\sqrt{3}$

（R5Pm出題、同問：R3Am・H17、類問：H30追加・H21）

出題年度の表記法　R：令和／H：平成、Am：午前／Pm：午後

下図のような三相負荷回路として考えると、１相分のリアクタンスXは、

$X = 150 - 9 = 141$［Ω］

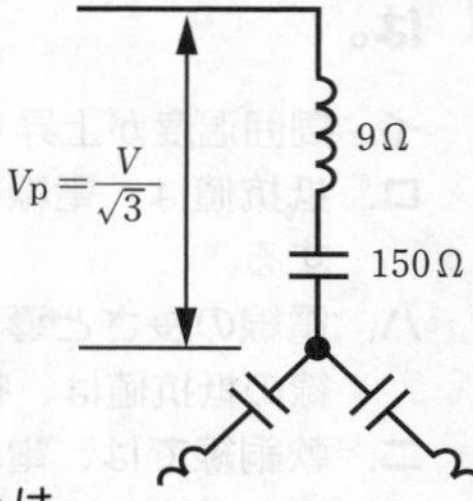

よって１相分の無効電力$Q\mathrm{p}$は、

$$Q\mathrm{p} = \frac{V\mathrm{p}^2}{X} = \frac{(V／\sqrt{3})^2}{141} = \frac{V^2}{3 \times 141}$$

となり、この回路（３相分）の無効電力Qは、

$$Q = 3Q\mathrm{p} = 3 \times \frac{V^2}{3 \times 141} = \frac{V^2}{141}$$

参 → P.241

この問題は、中心のΔ（デルタ）負荷回路をＹ（スター）負荷回路に等価変換して考えます。ΔをＹに変換すると、リアクタンスは1/3になり（"三角３倍"と覚えます）、下図のようになります。

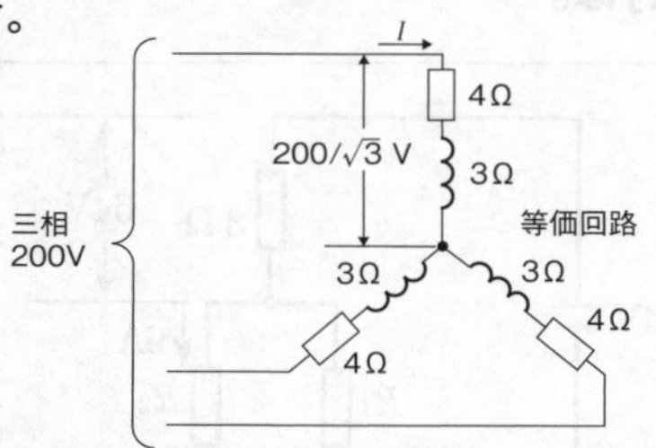

１相のインピーダンスZは、$Z = \sqrt{4^2 + 3^2} = 5$［Ω］、１相にかかる電圧は、$200／\sqrt{3}$［V］なので、求める電流Iは、

$$I = \frac{(200/\sqrt{3})}{5} = \frac{40}{\sqrt{3}}\ [\mathrm{A}]$$

となります。

参 → P.241

問題 387

電線の抵抗値に関する記述として、誤っているものは。

イ. 周囲温度が上昇すると、電線の抵抗値は小さくなる。
ロ. 抵抗値は、電線の長さに比例し、導体の断面積に反比例する。
ハ. 電線の長さと導体の断面積が同じ場合、アルミニウム電線の抵抗値は、軟銅線の抵抗値より大きい。
ニ. 軟銅線では、電線の長さと断面積が同じであれば、より線も単線も抵抗値はほぼ同じである。

（H27出題）

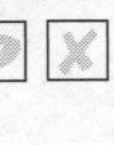

問題 388

図のような直流回路において、電源電圧は104V、抵抗R_2に流れる電流が6Aである。抵抗R_1の抵抗値[Ω]は。

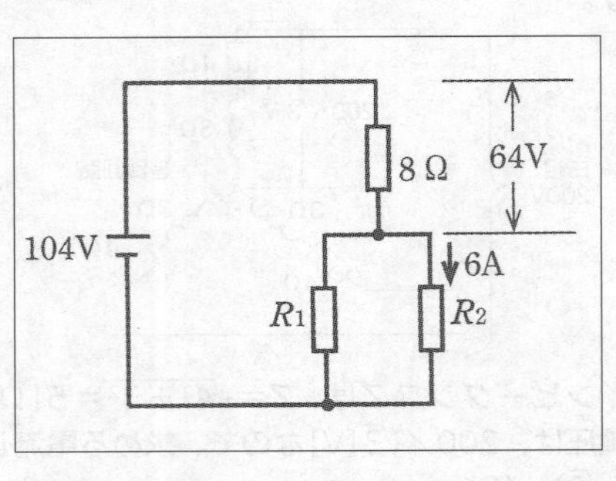

イ. 5　ロ. 6.8　ハ. 13　ニ. 20

（H30追加出題、同問：H22、類問：H24・H17）

出題年度の表記法　R：令和／H：平成、Am：午前／Pm：午後

電線などの金属導体は、温度が上昇すると抵抗値も大きくなります。よって、イが誤りです。

■ 導体の抵抗値と温度の関係

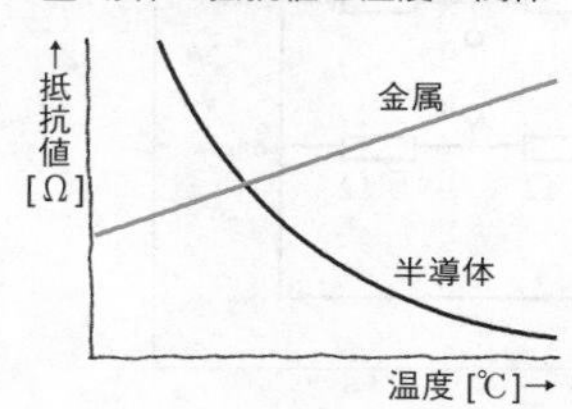

 P.219

8Ωの抵抗に流れている電流Iは

$I=\frac{64[\mathrm{V}]}{8[\Omega]}=8[\mathrm{A}]$です。

R_2に6A流れているので、R_1には差分の2Aが流れていることになります。

8Ωの抵抗の両端電圧は、64Vなので、R_1にかかっている電圧Vは、$104[\mathrm{V}]-64[\mathrm{V}]=40[\mathrm{V}]$です。

よって、$R_1=\frac{40[\mathrm{V}]}{2[\mathrm{A}]}=20[\Omega]$となります。

 P.221

参 マークは、姉妹本『第1種電気工事士学科試験すい〜っと合格2024年版』の該当説明ページを表しています。

389

図のような直流回路において、a－b間の電圧[V]は。

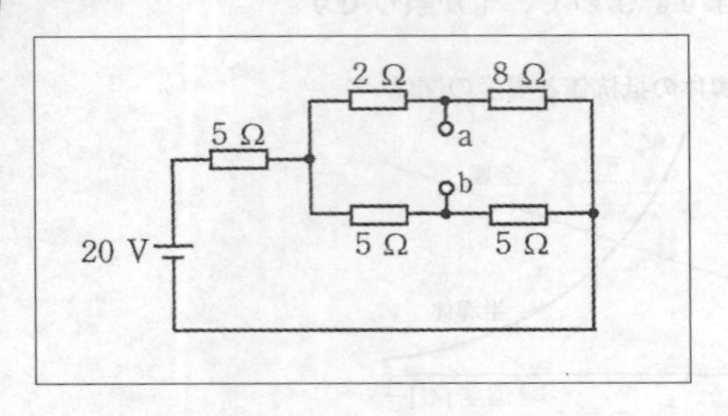

イ．2　　ロ．3　　ハ．4　　ニ．5

(R2出題)

390

図のような直流回路において、電源から流れる電流は20Aである。図中の抵抗Rに流れる電流I_R[A]は。

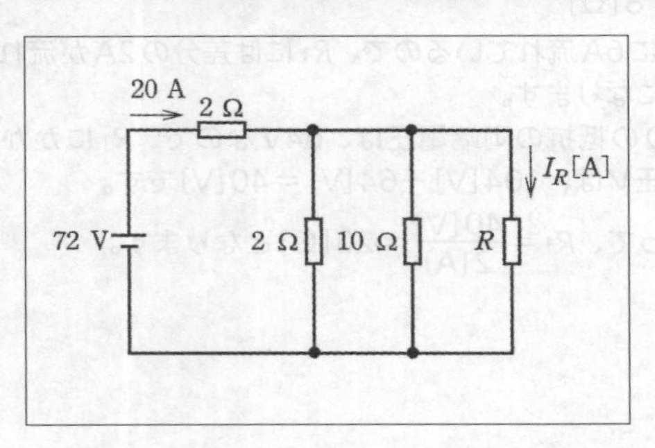

イ．0.8　　ロ．1.6　　ハ．3.2　　ニ．16

(H30出題、類問：H25)

出題年度の表記法　R：令和／H：平成、Am：午前／Pm：午後

問題の回路の右側４つの抵抗を直並列合成すると５Ωになり、電源電圧は下図のように10Vずつに分圧されます。

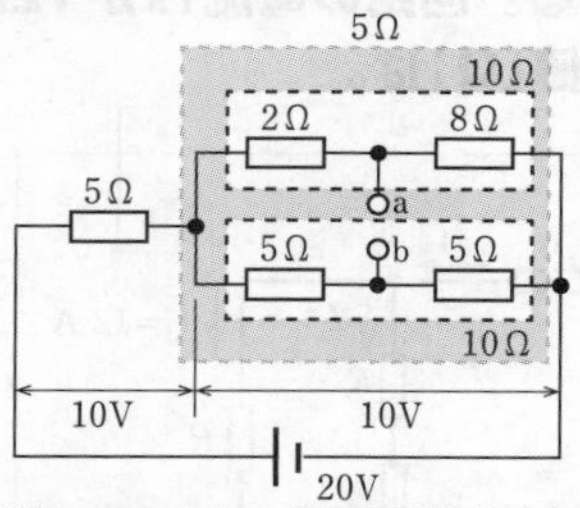

直流電源のマイナス側の電位を0Vとすると、a点の電位Vaは、10Vを２Ωと８Ωで分圧するのでVa＝8［V］。b点の電位Vbは、10Vを５Ωと５Ωで分圧するのでVb＝5［V］。

a－b間の電圧は、VaとVbの電位差ですから、

Va－Vb＝8－5＝3［V］

参 ➡P.221 答 ロ

左上の２Ωによる電圧降下は、2［Ω］×20［A］＝40［V］。よって３つの並列抵抗にかかる電圧は、72－40＝32［V］です。そこで３つの並列抵抗のうち２Ωに流れる電流は、32［V］÷2［Ω］＝16［A］。10［Ω］には32［V］÷10［Ω］＝3.2［A］。よってI_Rは、

I_R＝20－16－3.2＝0.8［A］です

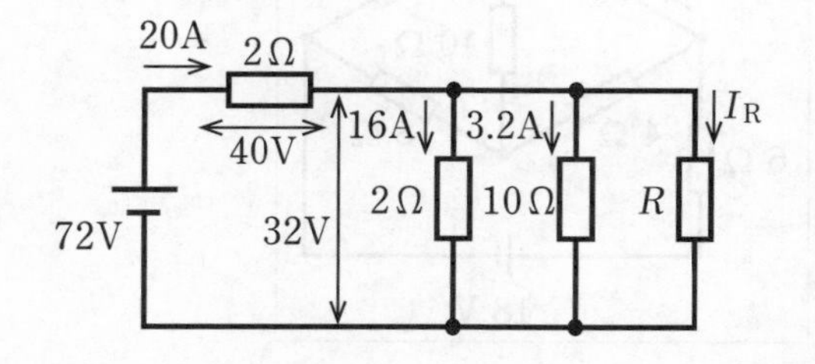

参 ➡P.221

答 イ

参 マークは、姉妹本『第1種電気工事士学科試験すい～っと合格2024年版』の該当説明ページを表しています。

図のような直流回路において、4つの抵抗Rは同じ抵抗値である。回路の電流I_3が12Aであるとき、抵抗Rの抵抗値[Ω]は。

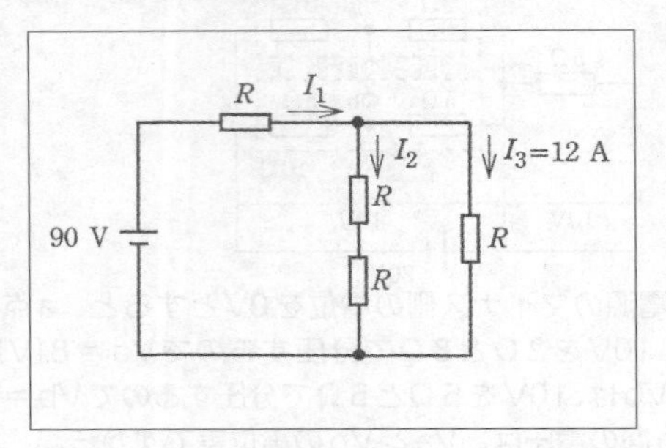

イ．2　　ロ．3　　ハ．4　　ニ．5

（R3Pm出題、類問：H18）

図のような直流回路において、抵抗2Ωに流れる電流I[A]は。
ただし、電池の内部抵抗は無視する。

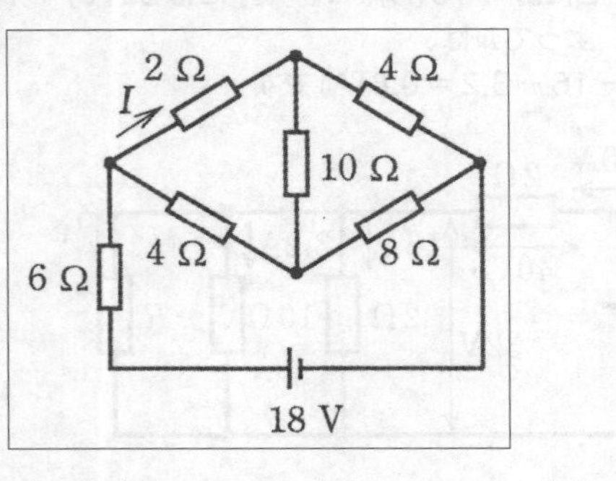

イ．0.6　　ロ．1.2　　ハ．1.8　　ニ．3.0

（H28出題）

出題年度の表記法　R：令和／H：平成、Am：午前／Pm：午後

分流部分の電圧降下は同じなので、$2RI_2 = RI_3$となり、I_3は12Aですから、$2RI_2 = 12R$より、I_2は6Aと求まります。そしてI_1はI_2とI_3の合計で、18Aとなります。

抵抗による電圧降下の和が電源電圧となることから、$18R + 12R = 90\,[\mathrm{V}]$より$30R = 90\,[\mathrm{V}]$となり、$R = 3\,[\Omega]$と求まります。

P.221

図の回路はブリッジ回路を形成していて、向かい合う抵抗の積が等しくブリッジの平衡条件を満たしていますから、10Ωの抵抗には電流が流れません。よって設問の回路は下図のようになり、回路の合成抵抗R_0は、

$$R_0 = 6\,[\Omega] + \frac{6\,[\Omega] \times 12\,[\Omega]}{6\,[\Omega] + 12\,[\Omega]} = 10\,[\Omega]$$

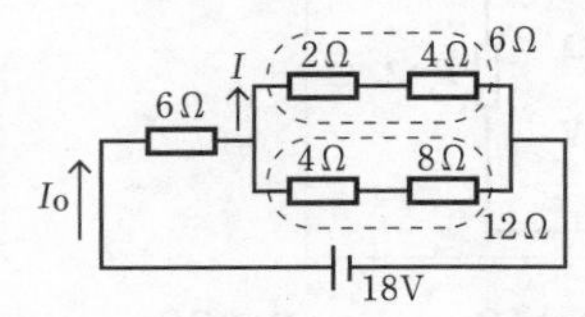

回路の全電流I_0は、$I_0 = \dfrac{18\,[\mathrm{V}]}{10\,[\Omega]} = 1.8\,[\mathrm{A}]$

求める電流は、分流の計算により、

$$I = 1.8\,[\mathrm{A}] \times \frac{12\,[\Omega]}{6\,[\Omega] + 12\,[\Omega]} = 1.2\,[\mathrm{A}]$$

P.221

参 マークは、姉妹本『第1種電気工事士学科試験すい〜っと合格2024年版』の該当説明ページを表しています。

問題 393

図のような直流回路において、電流計に流れる電流[A]は。

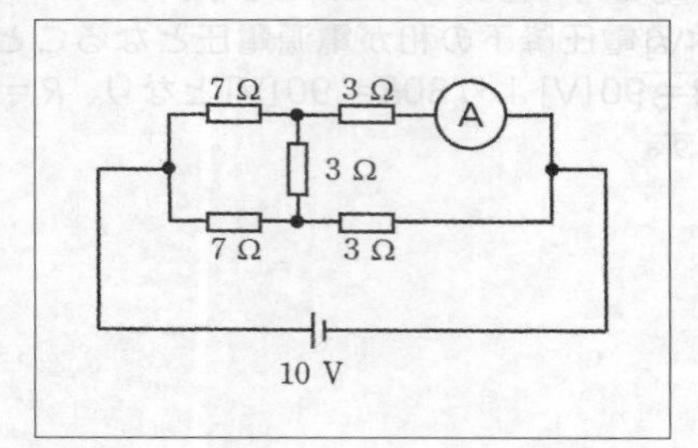

イ. 0.1　　ロ. 0.5　　ハ. 1.0　　ニ. 2.0

(R3Am出題)

問題 394

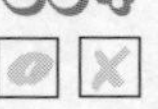

図のような直流回路において、抵抗R=3.4 Ωに流れる電流が30Aであるとき、図中の電流I_1[A]は。

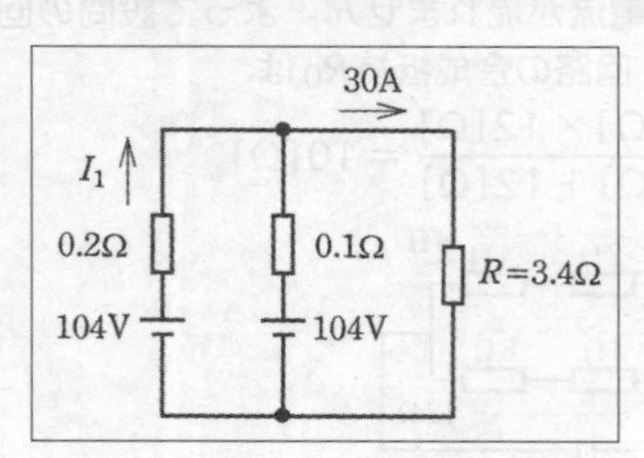

イ. 5　　ロ. 10　　ハ. 20　　ニ. 30

(H27出題)

出題年度の表記法　R：令和／H：平成、Am：午前／Pm：午後

問題の回路は、向かい合う抵抗の積が等しいブリッジの平衡条件を満たしているので、中央の抵抗3Ωに電流は流れません。そのため電流計には、

$$I = \frac{10[\mathrm{V}]}{7[\Omega]+3[\Omega]} = \frac{10}{10} = 1[\mathrm{A}]$$

が流れます。

参→P.221

答 ハ

下図の点線の閉回路で、キルヒホッフの第二法則（電圧則）「起電力の和は、電圧降下の和に等しい」を用いて式をつくると、

$104[\mathrm{V}] = I_1 \times 0.2[\Omega] + 30[\mathrm{A}] \times 3.4[\Omega]$

この式を解くと、

$I_1 = (104[\mathrm{V}] - 30[\mathrm{A}] \times 3.4[\Omega]) \div 0.2[\Omega] = 10[\mathrm{A}]$

となります。

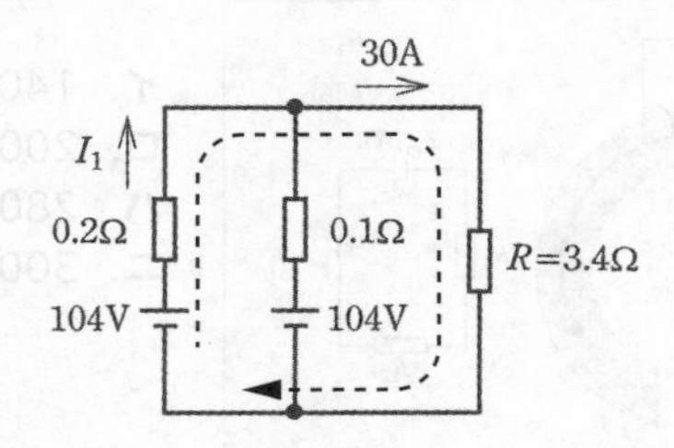

参→P.221

答 ロ

問題 395

図のように、鉄心に巻かれた巻数Nのコイルに、電流Iが流れている。鉄心内の磁束ϕは。
ただし、漏れ磁束及び磁束の飽和は無視するものとする。

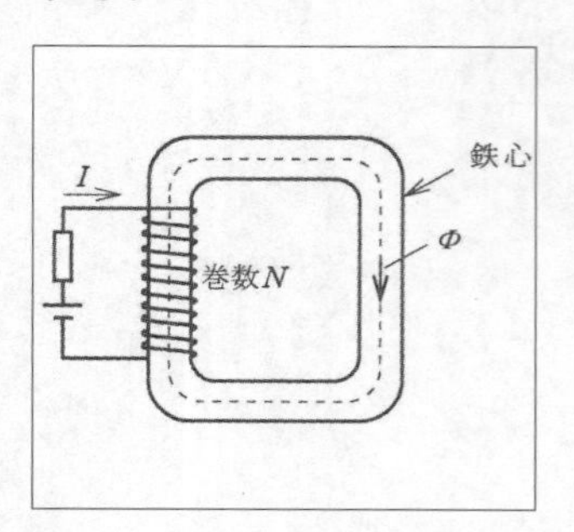

イ．NIに比例する。
ロ．N^2Iに比例する。
ハ．NI^2に比例する。
ニ．N^2I^2に比例する。

（H26出題）

問題 396

図のような鉄心にコイルを巻き付けたエアギャップのある磁気回路の磁束ϕを2×10^{-3}Wbにするために必要な起磁力F_m[A]は。
ただし、鉄心の磁気抵抗$R_1=8\times10^5\mathrm{H}^{-1}$、エアギャップの磁気抵抗$R_2=6\times10^5\mathrm{H}^{-1}$とする。

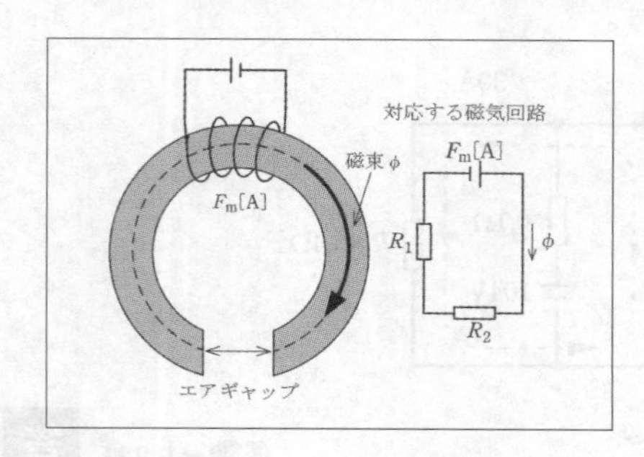

イ．1400
ロ．2000
ハ．2800
ニ．3000

（R5Pm出題）

出題年度の表記法　R：令和／H：平成、Am：午前／Pm：午後

電気回路と磁気回路には、類似した関係が成り立っています。これを「磁気回路におけるオームの法則(ホプキンソンの法則という)」として覚えておきましょう。

電気回路		磁気回路
起電力 E[V]	⟷	起磁力 NI[A]
電流 I[A]	⟷	磁束 Φ[Wb]
電気抵抗 R[Ω]	⟷	磁気抵抗 Rm[A/Wb]

電気回路のオームの法則：$I=\dfrac{E}{R}$

磁気回路におけるオームの法則：$\Phi=\dfrac{NI}{Rm}$

したがって、イが正しいことがわかります。

参→P.225

答 イ

磁気回路と電気回路は類似した関係が成り立ち、磁気回路のオームの法則をポプキンソンの法則といいます。

この法則に従えば、起磁力Fm[A]＝磁束ϕ[Wb]×磁気抵抗R[H^{-1}(A/Wb)]が成り立ちます(電気回路の$V=IR$に相当)。

また、設問の直列合成磁気抵抗Rも、

$R=R_1+R_2=8\times10^5+6\times10^5=14\times10^5$[$H^{-1}$]

となります。

よって、求める起磁力Fmは、

$Fm=(2\times10^{-3}\,[\mathrm{Wb}])\times(14\times10^5\,[H^{-1}])$

$=28\times10^2=2{,}800$[A]

参→P.225

答 ハ

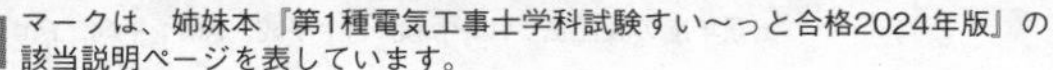
参 マークは、姉妹本『第1種電気工事士学科試験すい〜っと合格2024年版』の該当説明ページを表しています。

静電力と電磁力

図のように、空気中に距離r[m]離れて、2つの点電荷$+Q$[C]と$-Q$[C]があるとき、これらの点電荷間に働く力F[N]は。

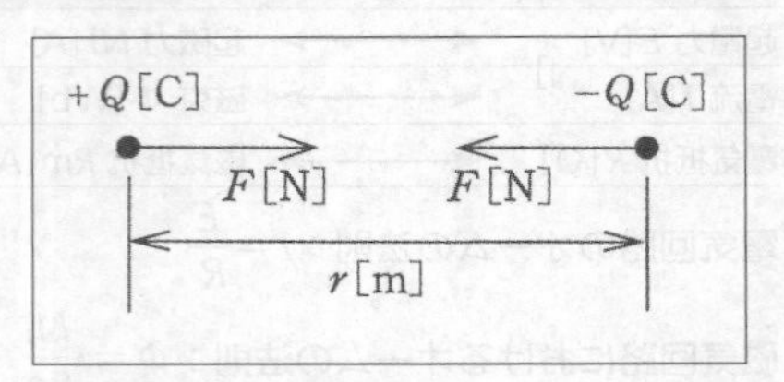

イ. $\frac{Q}{r^2}$に比例する　　ロ. $\frac{Q}{r}$に比例する

ハ. $\frac{Q^2}{r^2}$に比例する　　ニ. $\frac{Q^3}{r}$に比例する

(R3Pm出題)

図のように、2本の長い電線が、電線間の距離d[m]で平行に置かれている。両電線に直流電流I[A]が互いに逆方向に流れている場合、これらの電線間に働く電磁力は。

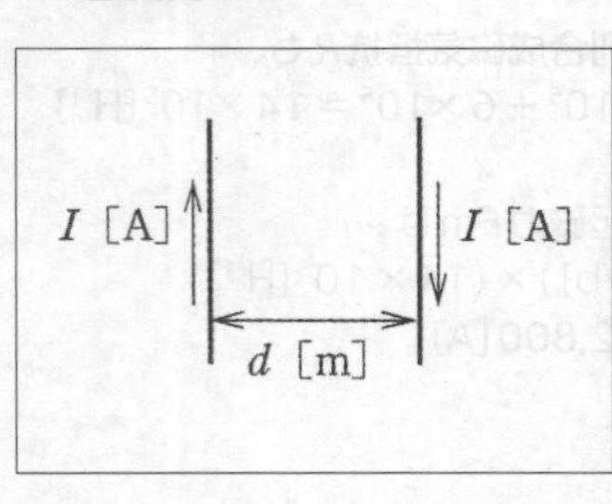

イ. $\frac{I}{d}$に比例する吸引力

ロ. $\frac{I}{d^2}$に比例する反発力

ハ. $\frac{I^2}{d}$に比例する反発力

ニ. $\frac{I^3}{d^2}$に比例する吸引力

(R1出題)

出題年度の表記法　R：令和／H：平成、Am：午前／Pm：午後

2つの点電荷間に働く力Fは、クーロンの法則から、

$F = k\frac{Q_1Q_2}{r^2}$ [N]　で求められます。

設問ではQ_1とQ_2がともにQで等しいことから、上式は

$F = k\frac{Q^2}{r^2}$ [N]　となり、ハが正解になります。

P.226

答　ハ

電流I_1[A]、I_2[A]が流れる平行な電線間に働く電磁力F[N/m]は、

$F = \frac{\mu I_1 I_2}{2\pi d}$　(d：電線間の距離[m]、μ：透磁率[H/m])

電磁力Fの向きは、I_1、I_2が同じ向きのときは引き付けあう力(吸引力)、逆向きのときは反発しあう力(斥力)になります。

したがって、正解は、ハの$\frac{I^2}{d}$に比例する反発力(斥力)になります。

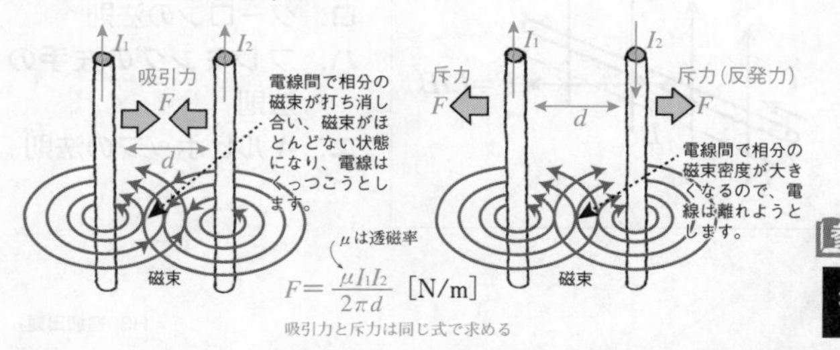

P.223

答　ハ

参　マークは、姉妹本『第1種電気工事士学科試験すい〜っと合格2024年版』の該当説明ページを表しています。

静電力と電磁力

399

図のように、巻数nのコイルに周波数fの交流電圧Vを加え、電流Iを流す場合に、電流Iに関する説明として、誤っているものは。

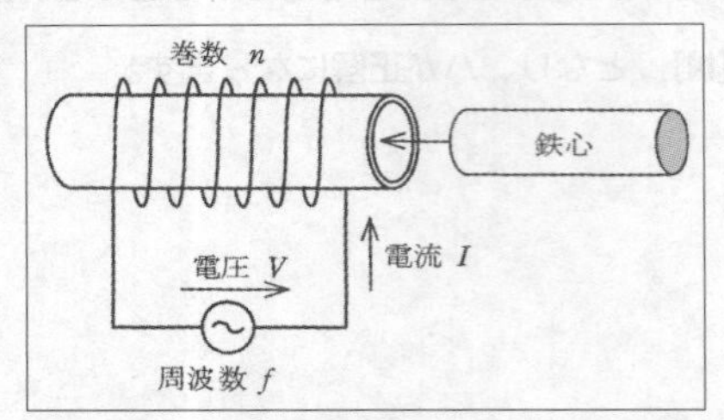

イ．巻数nを増加すると、電流Iは減少する。
ロ．コイルに鉄心を入れると、電流Iは減少する。
ハ．周波数fを高くすると、電流Iは増加する。
ニ．電圧Vを上げると、電流Iは増加する。

（H29出題、類問：H22）

400

図のように、磁束密度Bの磁界中に、磁界の方向と直角に置かれた直線状導体（長さL）に電流Iが流れると、その導体に電磁力$F=LIB$が発生するが、その電磁力の方向を知るために用いられる法則は。

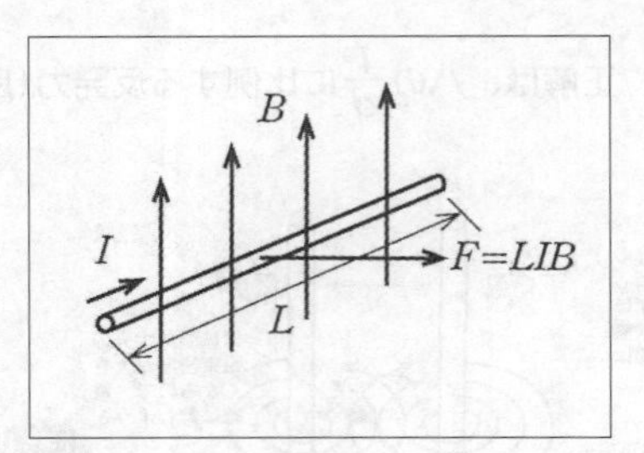

イ．フレミングの右手の法則
ロ．クーロンの法則
ハ．フレミングの左手の法則
ニ．キルヒホッフの法則

（H30追加出題）

出題年度の表記法　R：令和／H：平成、Am：午前／Pm：午後

コイルに流れる電流Iは、コイルの電気抵抗の大きさを表す誘導リアクタンスをX_Lとすると、

$I=\frac{V}{X_L}$ 、$X_L=2\pi fL$ [Ω]。左の自己インダクタンスL[H]は、

$L=\frac{n\Phi}{I}$ の関係式で表せます。

（n：巻数、Φ：磁束[Wb]、I：電流[A]）

イ：巻数nを増やすと
→L大 →X_L大 →電流I小

ロ：コイルに鉄心を入れると
→Φ大 →L大 →X_L大 →電流I小

ハ：周波数fを大きくすると
→X_L大 →電流I小

ニ：電圧を上げると
→電流I大

よってハが誤りです。

参→P.225

答 ハ

磁界中の電磁力のおよぶ方向を示すのは、フレミングの左手の法則です。

●フレミングの左手の法則

磁界中の導線に電流を流すと、導線に力が働く

電磁力 $F=LIB$ [N]

B：磁束密度[T]（テスラ）
I：電流[A]
L：磁界内の導体の長さ[m]

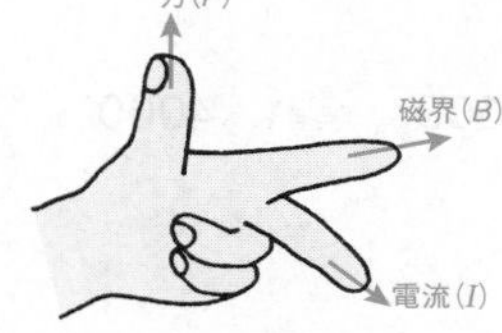

参→P.224

答 ハ

コンダンサ回路／電力量と熱量

図のように、静電容量6μFのコンデンサ3個を接続して、直流電圧120Vを加えたとき、図中の電圧V_1の値[V]は。

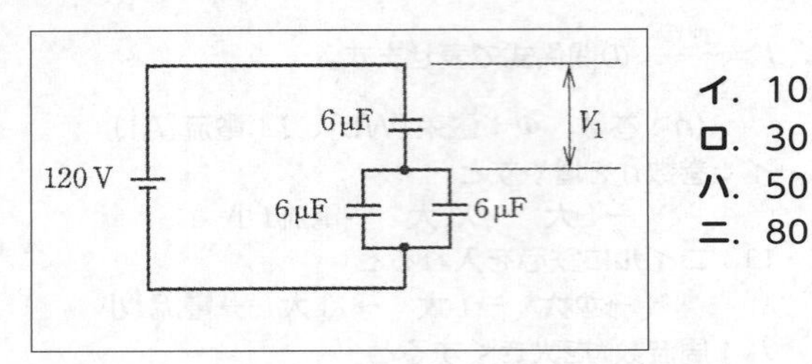

イ．10
ロ．30
ハ．50
ニ．80

（R2出題）

定格電圧100V、定格消費電力1kWの電熱器の電熱線が全長の10%のところで断線したので、その部分を除き、残りの90%の部分を電圧100Vで1時間使用した場合、発生する熱量[kJ]は。
ただし、電熱線の温度による抵抗の変化は無視するものとする。

イ．2900　　ロ．3600　　ハ．4000　　ニ．4400

（R3Am出題）

出題年度の表記法　R：令和／H：平成、Am：午前／Pm：午後

6μFのコンデンサ2個が並列接続している部分の合成静電容量は、6＋6＝12［μF］になり、問題の回路は下図のように書き換えできます。

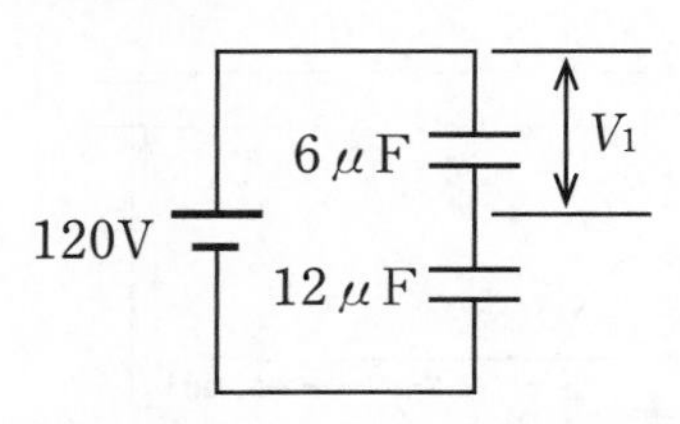

直列接続されたコンデンサによる分圧は、静電容量の大きさに逆比例するので、

$$V_1 = 120[\mathrm{V}] \times \frac{12[\mu\mathrm{F}]}{6[\mu\mathrm{F}] + 12[\mu\mathrm{F}]} = 80[\mathrm{V}]$$

断線前の電熱線の抵抗をR［Ω］とすると、定格消費電力P（1kW）は$P = V^2 / R$で表せます。断線後の電熱線の残り90％部分の抵抗値は、0.9R［Ω］となるので、断線後の電熱器の消費電力P_Oは、

$$P_O = \frac{V^2}{0.9R} = \frac{P}{0.9}$$ です。

1時間に発生する熱量Qは、

$$Q = P_O \times 3{,}600[秒] = \frac{P}{0.9} \times 3{,}600$$

$$= \frac{1{,}000 \times 3{,}600}{0.9} = 4{,}000{,}000[\mathrm{J}] = 4{,}000[\mathrm{kJ}]$$

電気理論

参 マークは、姉妹本『第1種電気工事士学科試験すい〜っと合格2024年版』の該当説明ページを表しています。

図のような正弦波交流電圧がある。波形の周期が20 [ms]（周波数50 [Hz]）であるとき、角速度ω [rad/s]の値は。

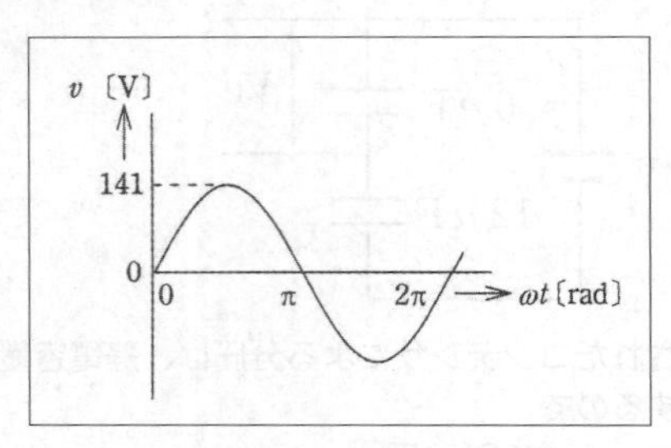

イ．50　ロ．100　ハ．314　ニ．628

（H26出題）

図のように、誘導性リアクタンスX_L＝10 Ωに、次式で示す交流電圧v[V]が加えられている。

v[V] ＝$100\sqrt{2}\sin(2\pi ft)$ [V]

この回路に流れる電流の瞬時値i[A]を表す式は。

ただし、式においてt[s]は時間、f[Hz]は周波数である。

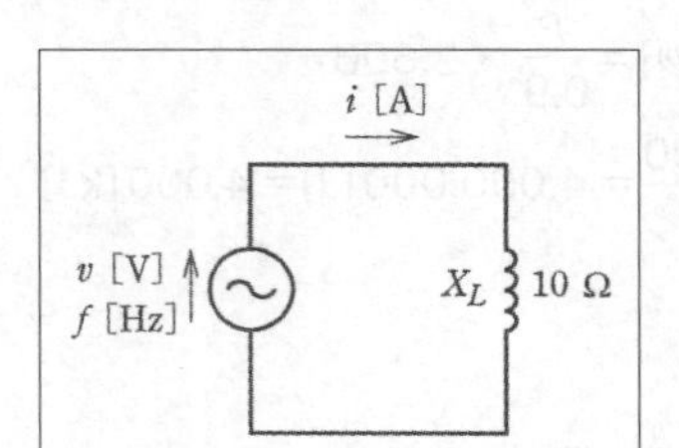

イ．$i=10\sqrt{2}\sin\left(2\pi ft-\frac{\pi}{2}\right)$

ロ．$i=10\sin\left(\pi ft+\frac{\pi}{4}\right)$

ハ．$i=-10\cos\left(2\pi ft+\frac{\pi}{6}\right)$

ニ．$i=10\sqrt{2}\cos(2ft+90)$

（H30出題）

角速度ωは、$\omega = 2\pi f$で求められます(fは周波数[Hz])。よって、

$\omega = 2\pi \times 50[\text{Hz}] = 100\pi \fallingdotseq 314[\text{rad/s}]$

(※$\pi = 3.14$とする)

参→P.235

答 ハ

正弦波交流電圧の瞬時値は、$v = V_m \sin(\omega t + \theta)$の式で表します。

(V_m：電圧の最大値、ω：角速度($\omega = 2\pi f$)、θ：位相)

つまり設問のv式は、実効値100Vの正弦波(sin波)の瞬時値を表します。

ですから、X_Lに流れる電流iの実効値は、100[V]÷10[Ω]＝10[A]です。また、コイルに流れる電流は、電圧より90°($\pi/2$)位相が遅れるので、iの瞬時値はイの式で表されます。

【参考】正弦波交流電流の瞬時値

$i = I_m \sin(\omega t + \theta)$　　I_m：電流の最大値

参→P.233

答 イ

参マークは、姉妹本『第1種電気工事士学科試験すい〜っと合格2024年版』の該当説明ページを表しています。

直列交流回路

問題 405

図のように、角周波数が ω =500rad/s、電圧100Vの交流電源に、抵抗 R=3Ωとインダクタンス L=8mHが接続されている。回路に流れる電流 I の値[A]は。

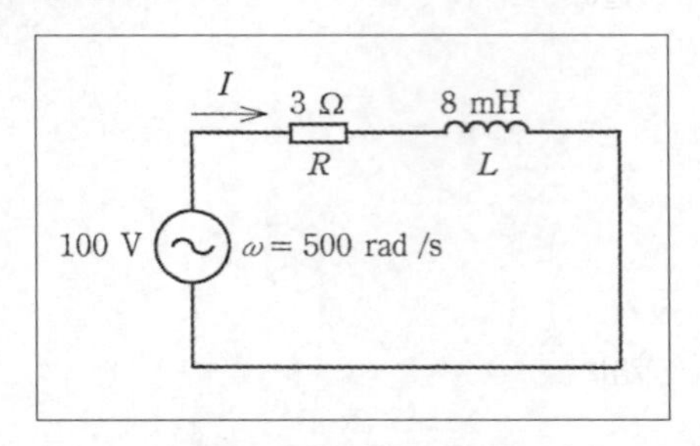

イ. 9　　ロ. 14　　ハ. 20　　ニ. 33

(R2出題)

問題 406

図のような回路において、直流電圧80Vを加えたとき、20Aの電流が流れた。次に正弦波交流電圧100Vを加えても、20Aの電流が流れた。リアクタンス X[Ω]の値は。

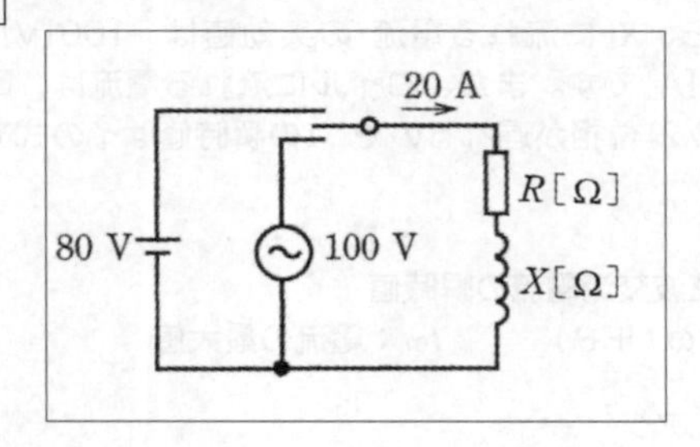

イ. 2　　ロ. 3　　ハ. 4　　ニ. 5

(R1出題)

出題年度の表記法　R：令和／H：平成、Am：午前／Pm：午後

回路電流を求めるために、まずこの回路のインピーダンスZを求めます。コイルのリアクタンスX_Lは、
$X_L = \omega L = 500 \times 8 \times 10^{-3} = 4$[Ω]

インピーダンスZは、図の三角形の斜辺の長さになり、直角三角形の辺の比より、$Z = 5$[Ω]とわかります($\sqrt{3^2 + 4^2}$でもよい)。

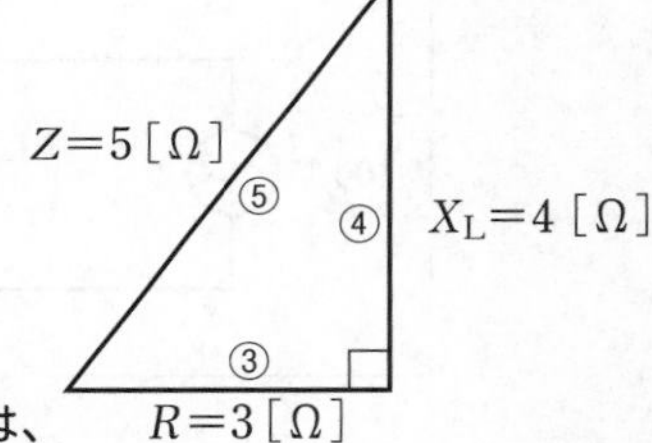

よって回路に流れる電流Iは、

$$I = \frac{V}{Z} = \frac{100}{5} = 20\text{[A]}$$

参→P.233 答 ハ

直流電圧を加えたときは、リアクタンスXは0Ωとなるので($X_L = 2\pi fL$で、$f = 0$のとき、$X_L = 0$)、短絡しているものとして考えます。

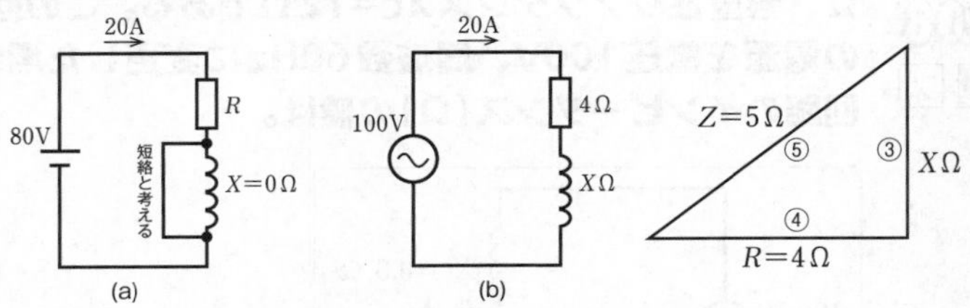

上図(a)より、$R = 80$[V]$\div 20$[A]$= 4$[Ω]

上図(b)のように交流電圧を加えたときのインピーダンスZは、$Z = 100$[V]$\div 20$[A]$= 5$[Ω]

よってリアクタンスXは、インピーダンス三角形の辺の比④：③：⑤より、$X = 3$[Ω]　($X = \sqrt{5^2 - 4^2} = 3$[Ω])

参→P.234 答 ロ

電気理論

マークは、姉妹本『第1種電気工事士学科試験すい～っと合格2024年版』の該当説明ページを表しています。

直列交流回路

問題 407

図のような交流回路において、10 Ωの抵抗の消費電力[W]は。
ただし、ダイオードの電圧降下や電力損失は無視する。

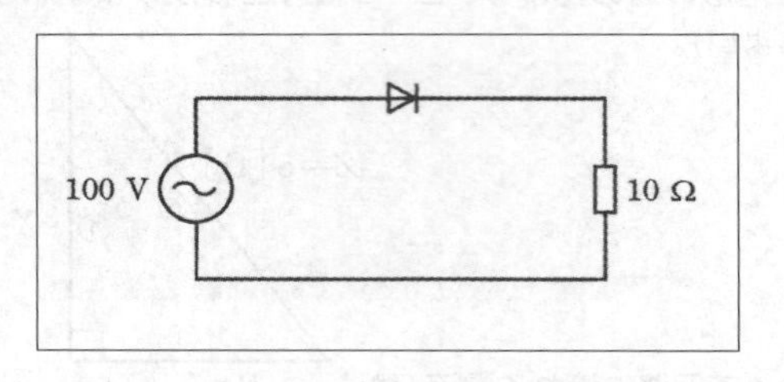

イ. 100　　ロ. 200　　ハ. 500　　ニ. 1000

(H28出題)

問題 408

図のような交流回路において、電源が電圧100V、周波数が50Hzのとき、誘導性リアクタンスX_L=0.6 Ω、容量性リアクタンスX_C=12 Ωである。この回路の電源を電圧100V、周波数60Hzに変更した場合、回路のインピーダンス[Ω]の値は。

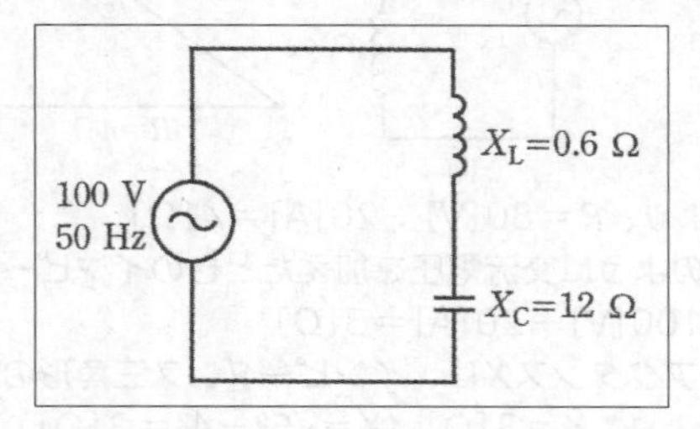

イ. 9.28　　ロ. 11.7　　ハ. 16.9　　ニ. 19.9

(R1出題)

通常の消費電力P[W]は、

$P = IV = \dfrac{V^2}{R}$ で求めますが、

回路にダイオードが入っていますから、電流は半波整流され、全波交流の場合の半分しか仕事をしないことになります。

半波整流の電力波形

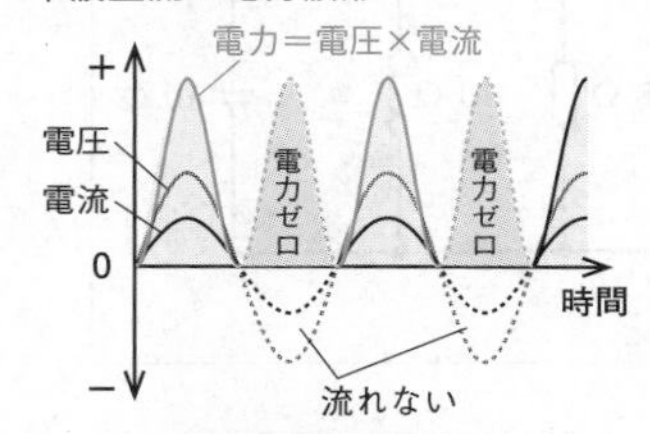

つまり、求める消費電力は、

$\dfrac{1}{2} \times \dfrac{(100[\mathrm{V}])^2}{10[\Omega]} = 500[\mathrm{W}]$

誘導性リアクタンス$X_L = 2\pi fL$

容量性リアクタンス$X_C = \dfrac{1}{2\pi fC}$

つまり、X_Lは周波数fに比例し、X_Cはfに反比例します。

したがって、fが50Hzから60Hzに変化すると、

$X_L = 0.6 \times \dfrac{60}{50} = 0.72[\Omega]$

$X_C = 12 \times \dfrac{50}{60} = 10[\Omega]$

よって回路のインピーダンスZは、

$Z = |X_L - X_C| = 9.28[\Omega]$

参 マークは、姉妹本『第1種電気工事士学科試験すい〜っと合格2024年版』の該当説明ページを表しています。

並列交流回路

図のような交流回路において、電源に流れる電流 I の値[A]は。

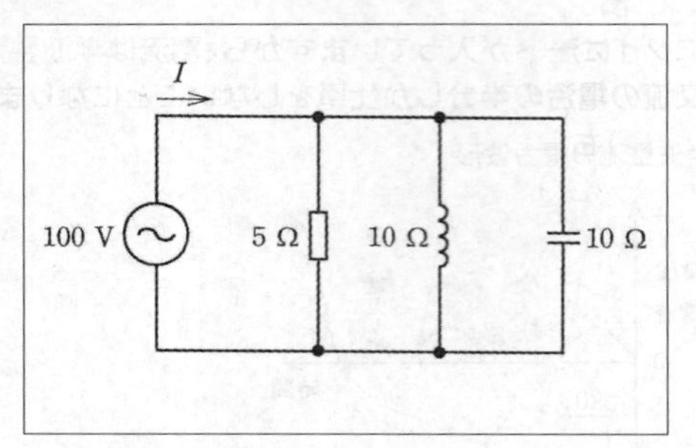

イ．5　　ロ．10　　ハ．20　　ニ．30

(H30追加出題)

図に示す交流回路において、回路電流 I の値が最も小さくなる I_R、I_L、I_C の値の組合せとして、正しいものは。

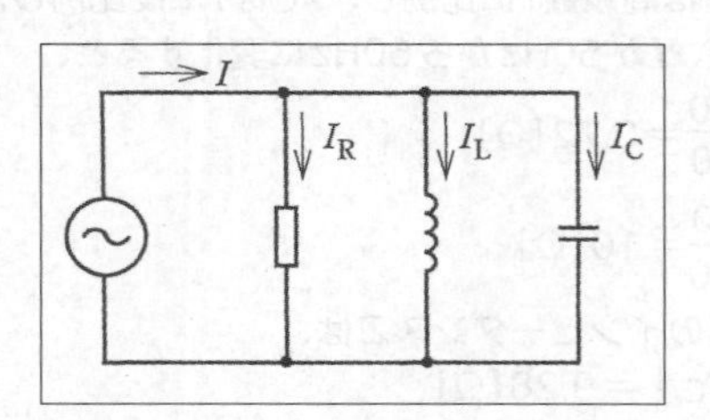

イ．	ロ．	ハ．	ニ．
I_R=8A	I_R=8A	I_R=8A	I_R=8A
I_L=9A	I_L=2A	I_L=10A	I_L=10A
I_C=3A	I_C=8A	I_C=2A	I_C=10A

(R3Pm出題)

出題年度の表記法　R：令和／H：平成、Am：午前／Pm：午後

回路の３つの負荷に流れる電流を求めると、
抵抗に流れる電流I_R＝100[V]÷5[Ω]＝20[A]
コイルに流れる電流I_L＝100[V]÷10[Ω]＝10[A]
コンデンサに流れる電流I_C＝100[V]÷10[Ω]＝10[A]

これらの電流を合計するために、電流の三角形を描くと、I_LとI_Cが打ち消し合い、縦方向(三角形の高さ)がゼロになるので、電源に流れる電流IはI_Rと等しく、I＝20[A]となります。

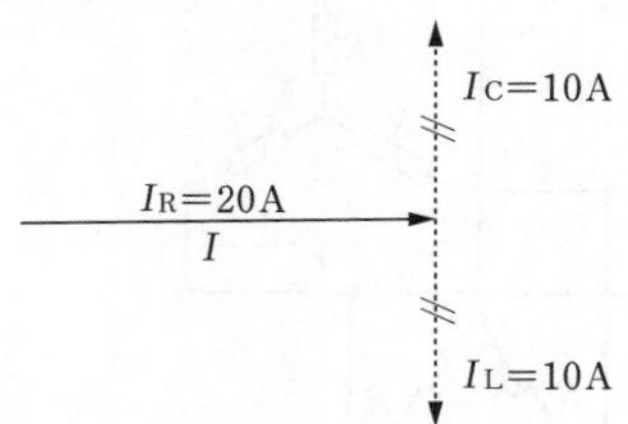

交流回路の回路電流が最も小さくなるのは、回路の力率が1となるときで、誘導性リアクタンスに流れる電流I_Lと容量性リアクタンスに流れる電流I_Cが等しいときに無効電力はゼロとなり、力率は１になります。この条件を満たしているのは、ニになります。

三相負荷回路

図のように、線間電圧V[V]の三相交流電源から、Y結線の抵抗負荷とΔ結線の抵抗負荷に電力を供給している電路がある。図中の抵抗RがすべてR[Ω]であるとき、図中の電路の線電流I[A]を示す式は。

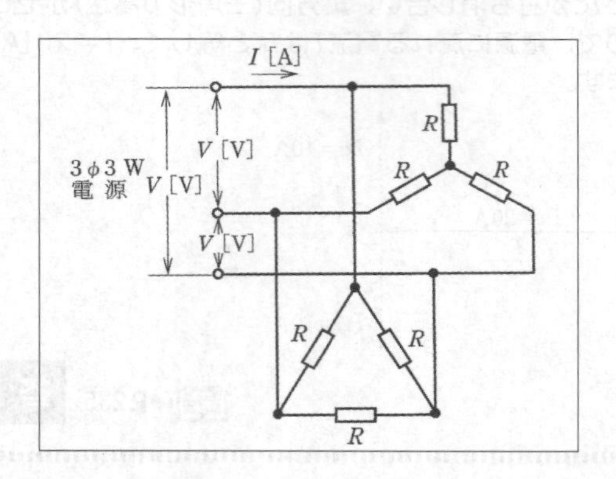

イ. $\dfrac{V}{R}\left(\dfrac{1}{\sqrt{3}}+1\right)$　　ロ. $\dfrac{V}{R}\left(\dfrac{1}{2}+\sqrt{3}\right)$

ハ. $\dfrac{V}{R}\left(\dfrac{1}{\sqrt{3}}+\sqrt{3}\right)$　　ニ. $\dfrac{V}{R}\left(2+\dfrac{1}{\sqrt{3}}\right)$

(H30出題)

求める電路の電流Iは、Y(スター)結線負荷の線電流とΔ(デルタ)結線負荷の線電流の合計値です(下図参照)。

まずY結線の線電流I_Yは、線電流＝相電流ですから、

$$I_Y=\frac{V_p}{R}=\frac{V}{\sqrt{3}R}$$

Δ結線の線電流I_Δは、

$$I_\Delta=\sqrt{3}\times I_{\Delta p}=\sqrt{3}\times\frac{V}{R}$$

よって、求める$I=I_Y+I_\Delta$は、ハになります。

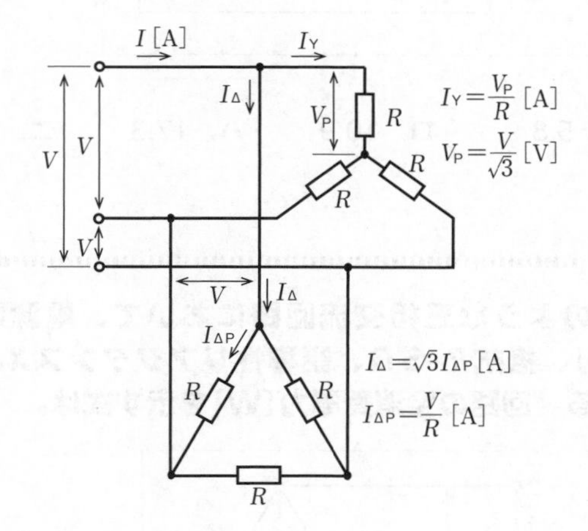

電気理論

参 マークは、姉妹本『第1種電気工事士学科試験すい〜っと合格2024年版』の該当説明ページを表しています。

三相負荷回路

問題 412

図のような三相交流回路において、線電流Iの値[A]は。

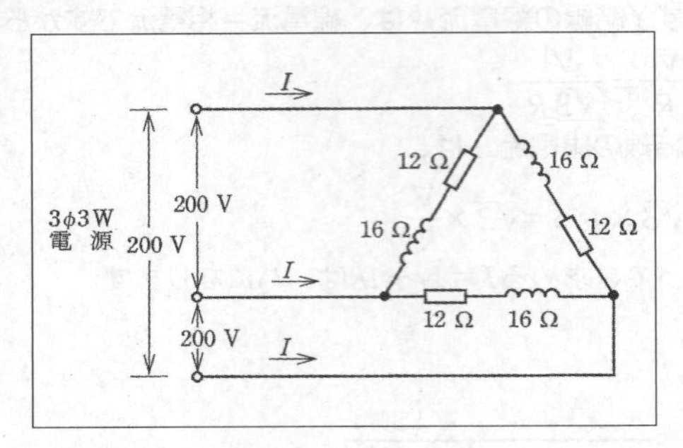

イ．5.8　　ロ．10.0　　ハ．17.3　　ニ．20.0

（R3Pm出題）

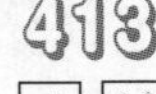

問題 413

図のような三相交流回路において、電源電圧はV[V]、抵抗R=5 Ω、誘導性リアクタンスX_L=3 Ωである。回路の全消費電力[W]を示す式は。

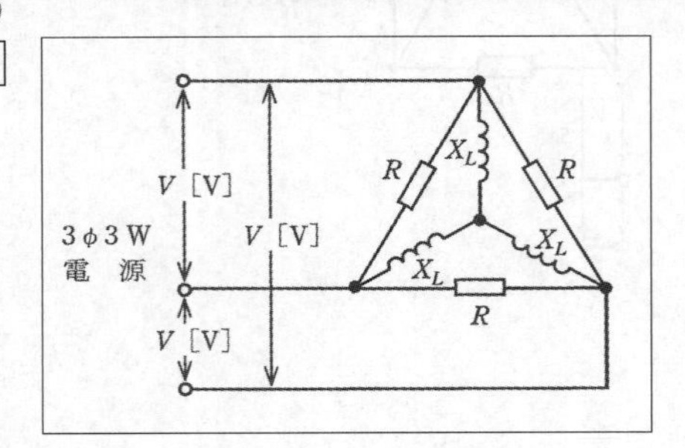

イ．$\frac{3V^2}{5}$　　ロ．$\frac{V^2}{3}$　　ハ．$\frac{V^2}{5}$　　ニ．V^2

（H29出題、同問：H26）

出題年度の表記法　R：令和／H：平成、Am：午前／Pm：午後

回路の１相分の負荷インピーダンスZは、$Z=\sqrt{12^2+16^2}=20[\Omega]$です（インピーダンス三角形の辺の比③：④：⑤からでも求められます）。

これより、１相に流れる相電流I_pは、

$$I_p=\frac{200[V]}{20[\Omega]}=10[A]$$

となり、求める線電流Iは、

$I=\sqrt{3}\times 10=17.3[A]$

です。

（$\sqrt{3}=1.73$とする）

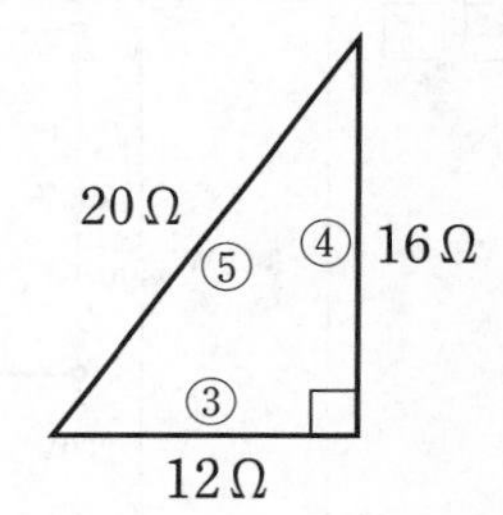

参→P.241

答　ハ

消費電力は、抵抗Rでのみ消費されるので、下図のような回路で考えます。

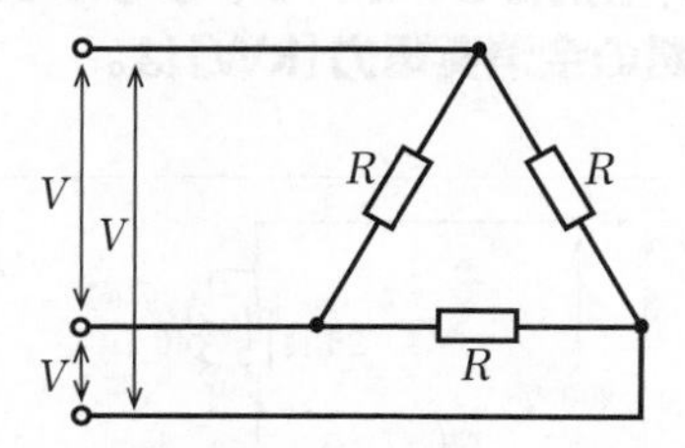

１つの抵抗Rで消費される電力P_Rは、$P_R=V^2/R$

よって、回路全体での全消費電力P_Oは、

$P_O=3P_R=\frac{3V^2}{R}$、$R=5[\Omega]$を代入して、

$$P_O=\frac{3V^2}{5}$$

参→P.241

答　イ

参マークは、姉妹本『第1種電気工事士学科試験すい〜っと合格2024年版』の該当説明ページを表しています。

三相負荷回路

図のような三相交流回路において、電源電圧は200V、抵抗は4Ω、リアクタンスは3Ωである。回路の全消費電力[kW]は。

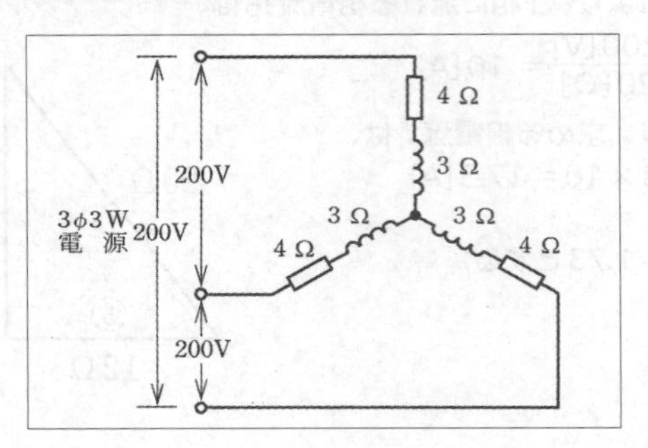

イ．4.0　　ロ．4.8　　ハ．6.4　　ニ．8.0

（H27出題）

図のような三相交流回路において、電源電圧は200V、抵抗は20Ω、リアクタンスは40Ωである。この回路の全消費電力[kW]は。

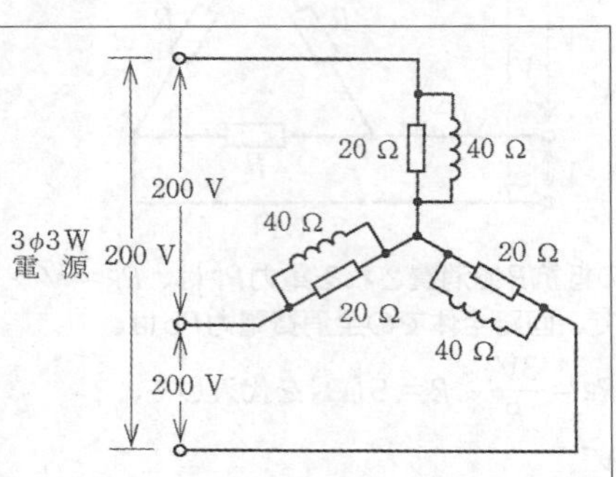

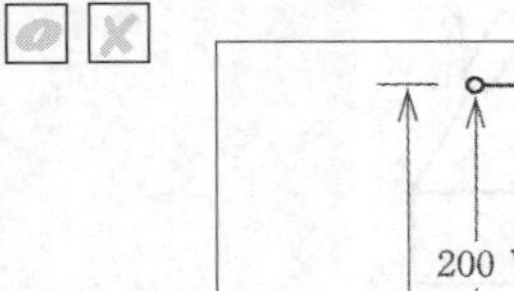

イ．1.0
ロ．1.5
ハ．2.0
ニ．12

（R2出題）

出題年度の表記法　R：令和／H：平成、Am：午前／Pm：午後

設問の三相回路は平衡負荷ですから、1相分の消費電力を算出して、それを3倍すれば全体の消費電力は求められます。

1相分の回路で、相電圧は$(200/\sqrt{3})$ V、合成インピーダンスZは5[Ω]（下図参照）ですから、相電流$I\mathrm{p}$は、

$$I\mathrm{p} = \frac{200\,[\mathrm{V}]}{\sqrt{3} \times 5\,[\Omega]}\ [\mathrm{A}]$$

消費電力は抵抗のみで消費されるので、1相分の消費電力$P\mathrm{p}$は、$P\mathrm{p} = I\mathrm{p}^2 R$ですから、三相負荷全体の消費電力$P$は、

$$P = 3I\mathrm{p}^2\mathrm{R} = 3 \times \left(\frac{200\,[\mathrm{V}]}{\sqrt{3} \times 5\,[\Omega]}\right)^2 \times 4\,[\Omega] = 6{,}400\,[\mathrm{W}]$$

6,400[W]＝6.4[kW]

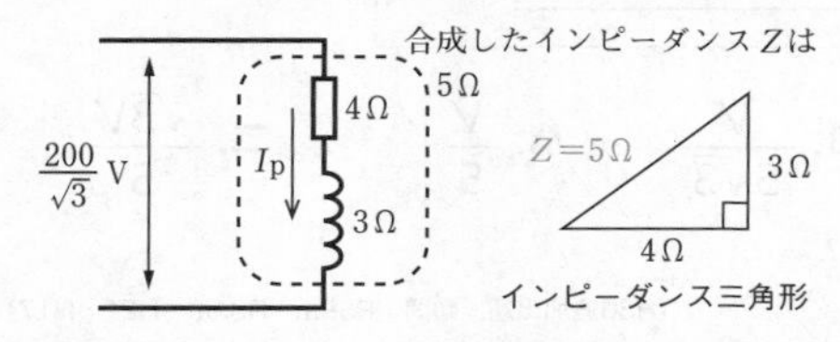

 参 P.241

答 ハ

平衡三相負荷の全消費電力は、1相分の消費電力（有効電力）を求めて3倍します。

設問の相電圧Vは、$V = 200 / \sqrt{3}$ [V]。

有効電力は抵抗でのみ消費されるので、1相あたりの有効電力Pは、

$$P = \frac{V^2}{R} = \frac{(200/\sqrt{3})^2}{20} = \frac{40{,}000}{20 \times 3} = \frac{2{,}000}{3}\ [\mathrm{W}]$$

よって3相分の全消費電力は、3倍して、

2,000[W]＝2.0[kW]となります。

電気理論

参 P.241

答 ハ

参 マークは、姉妹本『第1種電気工事士学科試験すい～っと合格2024年版』の該当説明ページを表しています。

スター・デルタ等価変換

図のような三相交流回路において、電流Iの値[A]は。

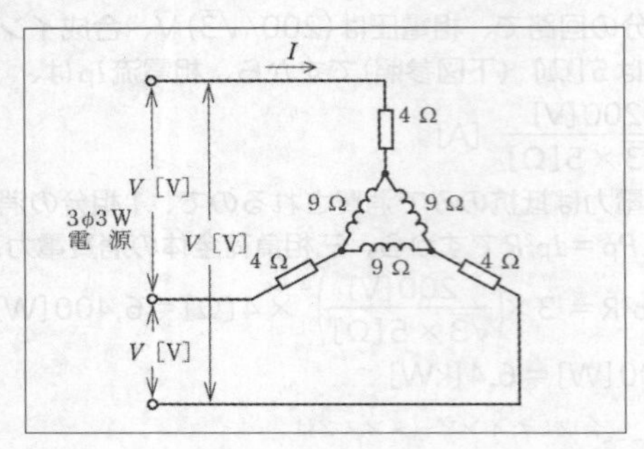

イ. $\dfrac{2V}{17\sqrt{3}}$　ロ. $\dfrac{V}{5\sqrt{3}}$　ハ. $\dfrac{V}{5}$　ニ. $\dfrac{\sqrt{3}V}{5}$

（H30追加出題、類問：R5Pm・R3Am・H21・H17）

出題年度の表記法　R：令和／H：平成、Am：午前／Pm：午後

この問題は、Y－Δ（スター・デルタ）変換を使って解きます。下の図１の等価関係を"三角三倍"と覚えておきましょう。

設問を図１にあてはめると、図２の回路になります。

一相あたりのインピーダンスZは、$Z=\sqrt{4^2+3^2}=5[\Omega]$

相電圧は$V/\sqrt{3}$[V]なので、

$I=\dfrac{V}{Z}$より、

$$I=\frac{(V/\sqrt{3})}{5}=\frac{V}{5\sqrt{3}}$$

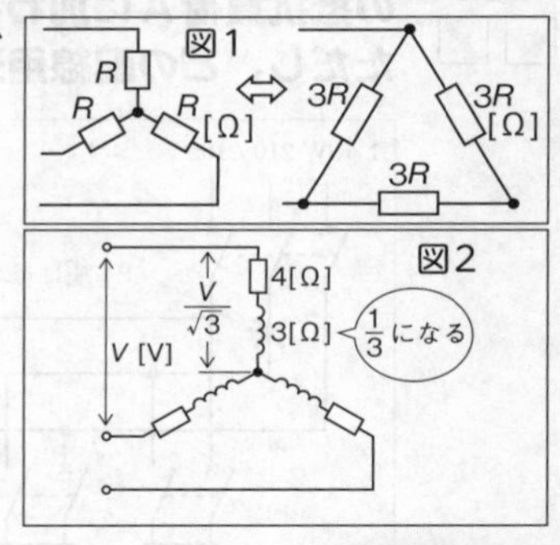

参 マークは、姉妹本『第１種電気工事士学科試験すい～っと合格2024年版』の該当説明ページを表しています。

問題 417

図のような単相3線式電路（電源電圧210/105V）において、抵抗負荷A50Ω、B25Ω、C20Ωを使用中に、図中の×印点Pで中性線が断線した。断線後の抵抗負荷Aに加わる電圧[V]は。
ただし、どの配線用遮断器も動作しなかったとする。

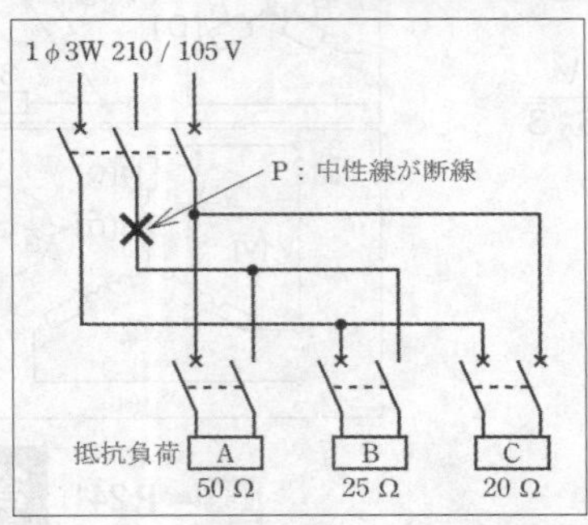

イ．0
ロ．60
ハ．140
ニ．210

（R5Am出題、同問：R4Pm・R4Am・H27）

問題 418

図aのような単相3線式電路と、図bのような単相2線式電路がある。図aの電線1線当たりの供給電力は、図bの電線1線当たりの供給電力の何倍か。
ただし、Rは定格電圧V[V]の抵抗負荷であるとする。

図a：1φ3W 電源、I [A]、V [V]、R
図b：1φ2W 電源、I [A]、V [V]、R

イ．$\frac{1}{3}$　ロ．$\frac{1}{2}$　ハ．$\frac{4}{3}$　ニ．$\frac{5}{3}$

（R5Pm出題、同問：R3Am）

出題年度の表記法　R：令和／H：平成、Am：午前／Pm：午後

問題の回路図を書き換えると、下図のようになります。

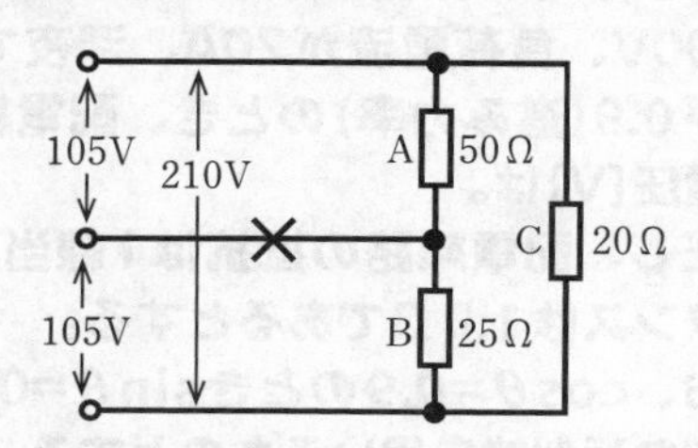

図の回路で中性点が断線すると、210Vを抵抗負荷A、Bで分圧することになります。電圧は抵抗値に比例するので、断線後に抵抗負荷Aに加わる電圧V_Aは、分圧の式より

$$V_A = 210[V] \times \frac{50[\Omega]}{50[\Omega]+25[\Omega]} = 140[V]$$

となります。

設問の図aは2つの負荷で電力が消費されるので、全消費電力P_aは$P_a = 2IV$になり、電線1本あたりの供給電力は、$2IV / 3$となります。図bの消費電力P_bは$P_b = IV$ですから、電線1本あたりの供給電力は、$IV / 2$です。これより、図aの電線1本あたりの供給電力は、図bに比べて、

$\frac{2IV}{3} \div \frac{IV}{2} = \frac{4}{3}$ 倍になります。

参 マークは、姉妹本『第1種電気工事士学科試験すい〜っと合格2024年版』の該当説明ページを表しています。

図のような、三相３線式配電線路で、受電端電圧が6700V、負荷電流が20A、深夜で軽負荷のため力率が0.9（進み力率）のとき、配電線路の送電端の線間電圧[V]は。
ただし、配電線路の抵抗は１線当たり0.8Ω、リアクタンスは1.0Ωであるとする。
なお、cosθ=0.9のときsinθ=0.436であるとし、適切な近似式を用いるものとする。

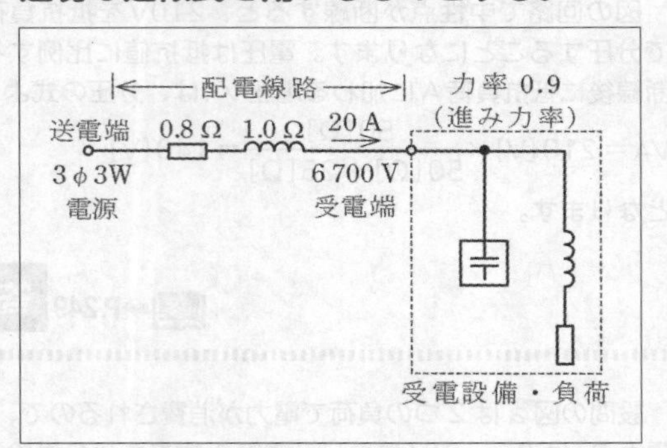

イ．6700　ロ．6710　ハ．6800　ニ．6900

（R5Am出題、同問：R3Pm）

三相３線式配電線路の電圧降下v[V]の近似式は、負荷が遅れ力率の場合は、$v=\sqrt{3}I(R\cos\theta+X\sin\theta)$になります。

ベクトルで描くと下図です。

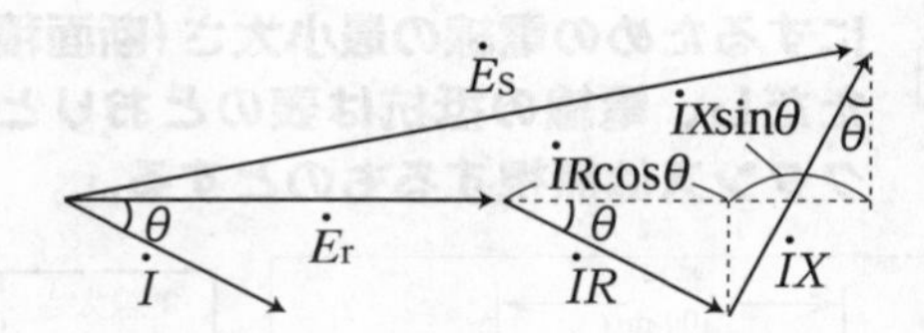

ところが、設問のように負荷が進み力率になると下図のように、$I\cdot X\sin\theta$は受電端電圧Erに減算する方向になるので、

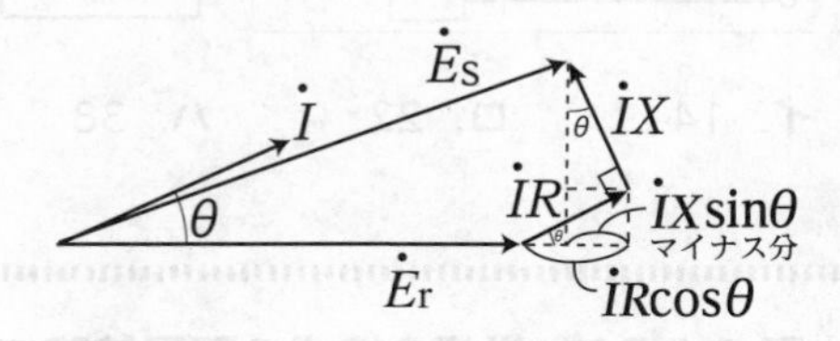

電圧降下の式は、$v=\sqrt{3}I(R\cos\theta-X\sin\theta)$に変わります。

この式に設問の値を入れると、

$v=\sqrt{3}\times 20\times(0.8\times 0.9-1.0\times 0.436)$

$=\sqrt{3}\times 5.68\fallingdotseq 9.83$[V]　　　　($\sqrt{3}=1.73$)

受電端電圧が6,700Vなので、送電端電圧Esは、

$Es=6,700+9.83\fallingdotseq 6,710$[V]

となります。

参→P.244

配電理論

参 マークは、姉妹本『第1種電気工事士学科試験すい〜っと合格2024年版』の該当説明ページを表しています。

図のような単相2線式配電線路において、配電線路の長さは100m、負荷は電流50A、力率0.8(遅れ)である。線路の電圧降下($Vs-Vr$) [V]を4V以内にするための電線の最小太さ(断面積) [mm^2]は。
ただし、電線の抵抗は表のとおりとし、線路のリアクタンスは無視するものとする。

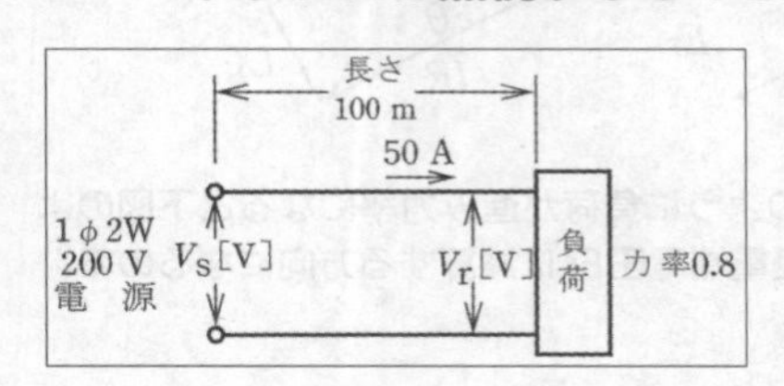

電線太さ [mm²]	1 km当たりの抵抗 [Ω / km]
14	1.30
22	0.82
38	0.49
60	0.30

イ. 14　　ロ. 22　　ハ. 38　　ニ. 60

(R4Pm出題、同問：H27)

図のように、単相2線式の配電線路で、抵抗負荷A、B、Cにそれぞれ負荷電流10A、5A、5Aが流れている。電源電圧が210Vであるとき、抵抗負荷Cの両端の電圧V_C[V]は。
ただし、電線1線当たりの抵抗は0.1Ωとし、線路リアクタンスは無視する。

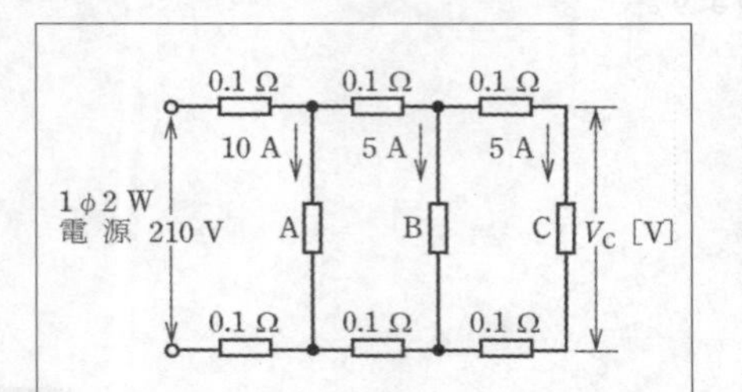

イ. 201
ロ. 203
ハ. 205
ニ. 208

(R4Am出題、同問：H30)

出題年度の表記法　R：令和／H：平成、Am：午前／Pm：午後

単相２線式の電圧降下v[V]は、

$v = Vs - Vr \fallingdotseq 2I(R\cos\theta + X\sin\theta)$で求めます。この問題では、リアクタンス$X$は無視するので、$v = 2IR\cos\theta$となり、電圧降下が4Vになる線路抵抗$R$を求めると、

$$R = \frac{v}{2I\cos\theta} = \frac{4[\mathrm{V}]}{2 \times 50[\mathrm{A}] \times 0.8} = 0.05[\Omega]$$

つまり、電圧降下を4V以下にするには、電路100mで抵抗が0.05Ω以下になるものを選べばよいことになります。設問の表は1kmあたりの抵抗なので、太さ38mm²の電線の抵抗値0.49Ω/kmが100mでは0.049Ωになって該当します。

配電線路の１線あたりの電流は、下図に示すように、電源側から20A、10A、5Aです。

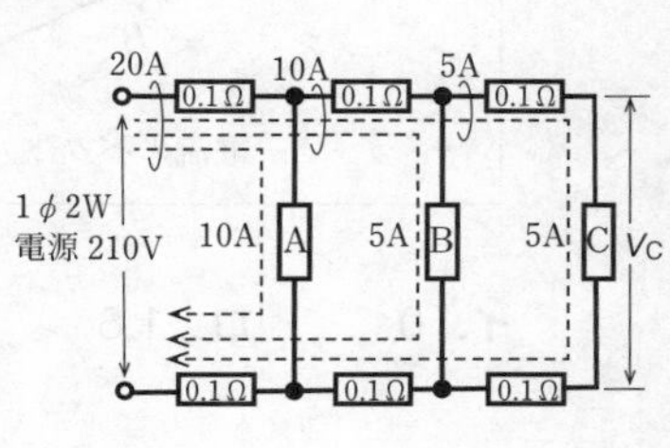

よって電源から負荷Aまでの電圧降下は

$20[\mathrm{A}] \times 0.1[\Omega] \times 2 = 4[\mathrm{V}]$

負荷Aから負荷Bまでの電圧降下は

$10[\mathrm{A}] \times 0.1[\Omega] \times 2 = 2[\mathrm{V}]$

負荷Bから負荷Cまでの電圧降下は

$5[\mathrm{A}] \times 0.1[\Omega] \times 2 = 1[\mathrm{V}]$

したがって、負荷Cの電圧Vcは、

$Vc = 210 - 4 - 2 - 1 = 203[\mathrm{V}]$

422

図のように、三相3線式構内配電線路の末端に、力率0.8(遅れ)の三相負荷がある。この負荷と並列に電力用コンデンサを設置して、線路の力率を1.0に改善した。コンデンサ設置前の線路損失が2.5kWであるとすれば、設置後の線路損失の値[kW]は。
ただし、三相負荷の負荷電圧は一定とする。

配電線路
3φ3W
電源
$\dot{I}$
$\dot{I}_c$
$\dot{I}_1$
三相負荷
力率 0.8
(遅れ)

$\dot{I}$
θ
$\dot{I}_c$
$\dot{I}_1$

電流のベクトル図

イ. 0　　ロ. 1.6　　ハ. 2.4　　ニ. 2.8

(R5Pm出題、R2)

答え

力率改善前の線路電流は、負荷の遅れ無効電流を含む$\dot{I}_l$で、改善後はコンデンサの設置により無効電流がゼロになるので線電流は$\dot{I}$になります。電流ベクトル図より、力率改善前の電流の大きさI_lと改善後の電流の大きさIの比は、

$\cos\theta = 0.8 = \frac{4}{5}$より、$\frac{I}{I_l} = \frac{4}{5}$

線路損失は電流の２乗に比例するので、力率改善後の電力損失は、2.5[kW]×(4 ／ 5)^2 = 1.6[kW]

参→P.247

答　ロ

配電理論

参 マークは、姉妹本『第1種電気工事士学科試験すい〜っと合格2024年版』の該当説明ページを表しています。

423

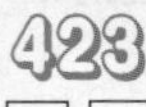

定格容量200kV·A、消費電力120kW、遅れ力率$\cos\theta_1=0.6$の負荷に電力を供給する高圧受電設備に高圧進相コンデンサを施設して、力率を$\cos\theta_2=0.8$に改善したい。必要なコンデンサの容量[kvar]は。

ただし、$\tan\theta_1=1.33$、$\tan\theta_2=0.75$とする。

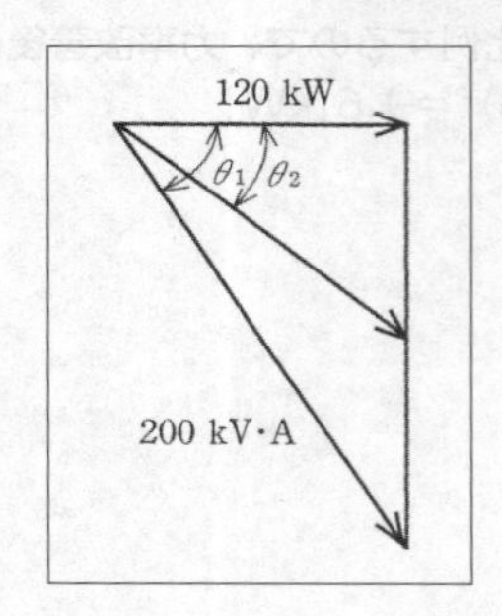

イ．35
ロ．70
ハ．90
ニ．160

（R3Am出題、同問：H29、類問：H30追加・H23・H20）

424

図のように、変圧比が6300/210Vの単相変圧器の二次側に抵抗負荷が接続され、その負荷電流は300Aであった。このとき、変圧器の一次側に設置された変流器の二次側に流れる電流I[A]は。
ただし変流器の変流比は20/5Aとし、負荷抵抗以外のインピーダンスは無視する。

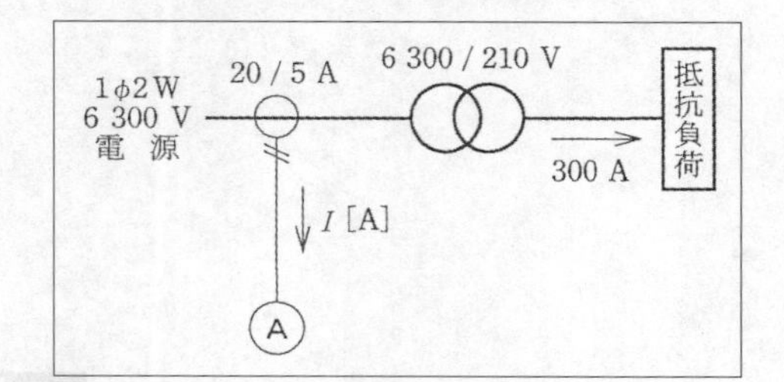

イ．2.5
ロ．2.8
ハ．3.0
ニ．3.2

（R5Am出題、同問：R2、類問：H28）

出題年度の表記法　R：令和／H：平成、Am：午前／Pm：午後

答え

力率改善の問題は、必ず電力の三角形を描いて考えます。設問の図と $\tan\theta_1 = 1.33$、$\tan\theta_2 = 0.75$ より、

力率 $\cos\theta_1$ のときの無効電力 Q_1 は、

$Q_1 = 120 \times \tan\theta_1 = 120 \times 1.33 \fallingdotseq 160$ [kvar]。

力率 $\cos\theta_2$ のときの無効電力 Q_2 は、

$Q_2 = 120 \times \tan\theta_2 = 120 \times 0.75 = 90$ [kvar]。

したがって、無効電力を160 [kvar] から90 [kvar] に減らすために必要なコンデンサの容量は、$160 - 90 = 70$ [kvar] となります。

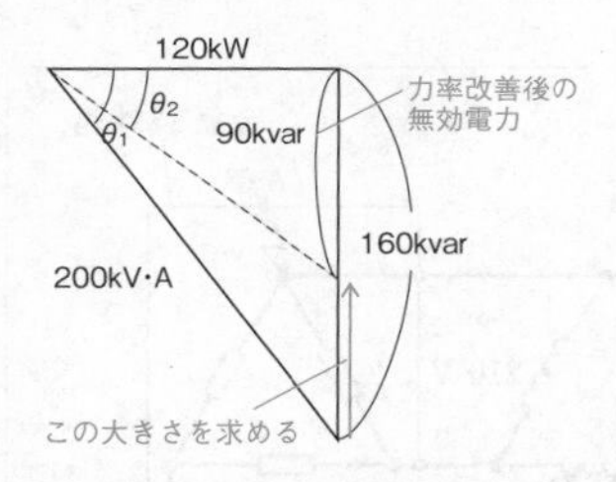

変圧器は、損失を無視すると、一次側（入力）と二次側（出力）の電力は等しいので、一次側の電流を I_1 とすると、

$6{,}300\,[\mathrm{V}] \times I_1\,[\mathrm{A}] = 210\,[\mathrm{V}] \times 300\,[\mathrm{A}]$

$$I_1 = \frac{210 \times 300}{6{,}300} = 10\,[\mathrm{A}]$$

よって、変流器の二次側の電流 I は、変流比20/5より、

$20 : 5 = 10\,[\mathrm{A}] : I\,[\mathrm{A}]$

$$I = \frac{5 \times 10}{20} = 2.5\,[\mathrm{A}]$$

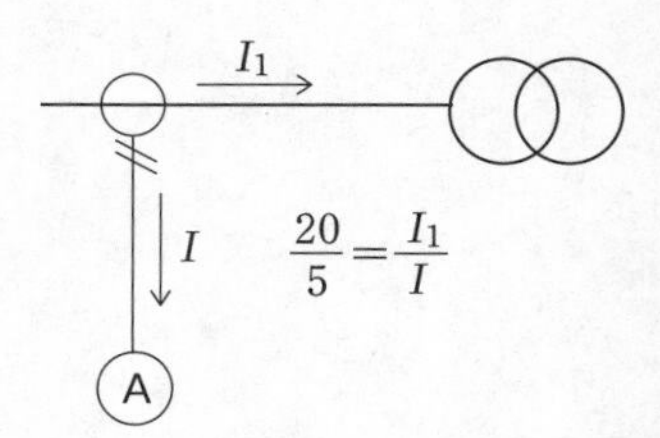

参→P.32

配電理論

参 マークは、姉妹本『第1種電気工事士学科試験すい〜っと合格2024年版』の該当説明ページを表しています。

425

図のような電路において、変圧器（6600/210V）の二次側の１線がＢ種接地工事されている。このＢ種接地工事の接地抵抗値が10Ω、負荷の金属製外箱のＤ種接地工事の接地抵抗値が40Ωであった。金属製外箱のＡ点で完全地絡を生じたとき、Ａ点の対地電圧［V］の値は。

ただし、金属製外箱、配線及び変圧器のインピーダンスは無視する。

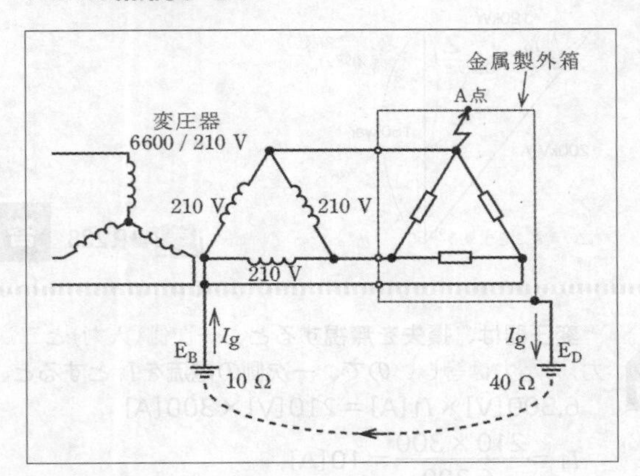

イ．32　　ロ．168　　ハ．210　　ニ．420

（R4Am出題、類問：H28）

答え

A点で完全地絡した場合、下図の回路のように地絡電流Igが流れます。

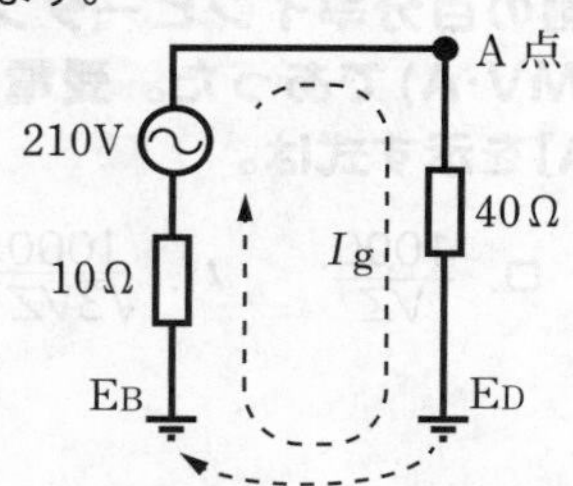

$$Ig=\frac{210[\mathrm{V}]}{40[\Omega]+10[\Omega]}=\frac{210}{50}\ [\mathrm{A}]$$

A点の対地電圧V_Aは、40Ωの接地抵抗にIgが流れて発生する電位上昇ですから、

$$V_A=40[\Omega]\times Ig=40\times\frac{210}{50}=168[\mathrm{V}]$$

参→P.59

参 マークは、姉妹本『第1種電気工事士学科試験すい〜っと合格2024年版』の該当説明ページを表しています。

線間電圧V[kV]の三相配電系統において、受電点からみた電源側の百分率インピーダンスがZ[%]（基準容量：10MV·A）であった。受電点における三相短絡電流[kA]を示す式は。

イ. $\dfrac{10\sqrt{3}Z}{V}$　ロ. $\dfrac{1000}{VZ}$　ハ. $\dfrac{1000}{\sqrt{3}VZ}$　ニ. $\dfrac{10Z}{V}$

（R3Pm出題、同問：H18）

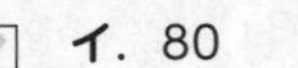

公称電圧6.6kVの高圧受電設備に使用する高圧交流遮断器（定格電圧7.2kV、定格遮断電流12.5kA、定格電流600A）の遮断容量[MV·A]は。

イ. 80　ロ. 100　ハ. 130　ニ. 160

（R3Am出題、同問：H27・H20）

三相短絡容量Psは、送電容量(基準容量) PとパーセントインピーダンスZより、

$$Ps=\frac{P}{Z}\times 100=\frac{10}{Z}\times 100=\frac{1{,}000}{Z}\ [\mathrm{MV\cdot A}]$$

三相短絡容量Psと線間電圧V、三相短絡電流Isの関係は、$Ps=\sqrt{3}VIs$ですから、

$$Is=\frac{Ps}{\sqrt{3}V}=\frac{1{,}000}{\sqrt{3}VZ}\ [\mathrm{kA}]$$

となります。

遮断器の定格遮断容量とは、その遮断器が安全に遮断できる最大の電力容量[V·A]のことで、以下の式で求めます。

遮断容量[MV·A]＝$\sqrt{3}$×定格電圧[kV]×定格遮断電流[kA]

設問の条件値を代入して計算すれば、

遮断容量＝$\sqrt{3}\times 7.2\times 12.5=155.7$[MV·A]

(※$\sqrt{3}=1.73$とする。)

いちばん近いのは、ニです。

配電理論

参 マークは、姉妹本『第1種電気工事士学科試験すい〜っと合格2024年版』の該当説明ページを表しています。

単相配電線路

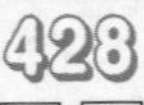

図のような単相３線式配電線路において、負荷抵抗は10[Ω]一定である。スイッチAを閉じ、スイッチBを開いているとき、図中の電圧Vは100[V]であった。この状態からスイッチBを閉じた場合、電圧Vはどのように変化するか。
ただし、電源電圧は一定で、電線１線当たりの抵抗r[Ω]は３線とも等しいものとする。

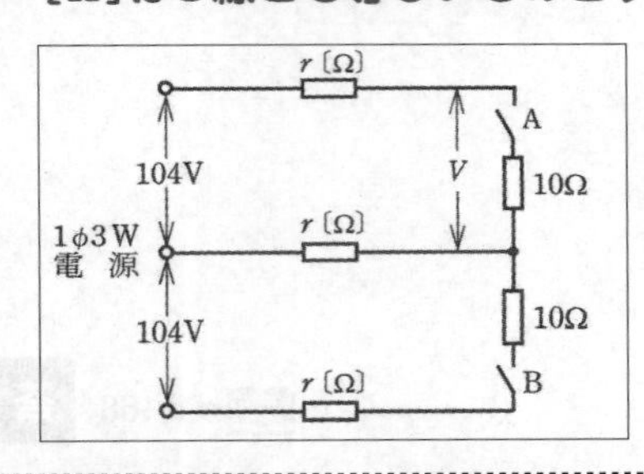

イ．約２[V]下がる。
ロ．約２[V]上がる。
ハ．変化しない。
ニ．約１[V]上がる。

(H26出題、類問：H20・H18)

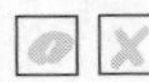

図のような単相３線式配電線路において、負荷Aは負荷電流10Aで遅れ力率50%、負荷Bは負荷電流10Aで力率は100%である。中性線に流れる電流I_N [A] は。
ただし、線路インピーダンスは無視する。

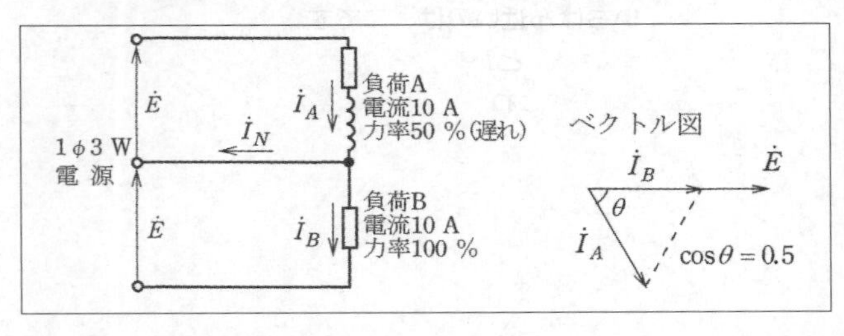

イ．5　　ロ．10　　ハ．20　　ニ．25

(H30出題)

出題年度の表記法　R：令和／H：平成、Am：午前／Pm：午後

スイッチAを閉じているときの線路電流は、100[V]÷10[Ω]＝10[A]で、下図のように流れます。

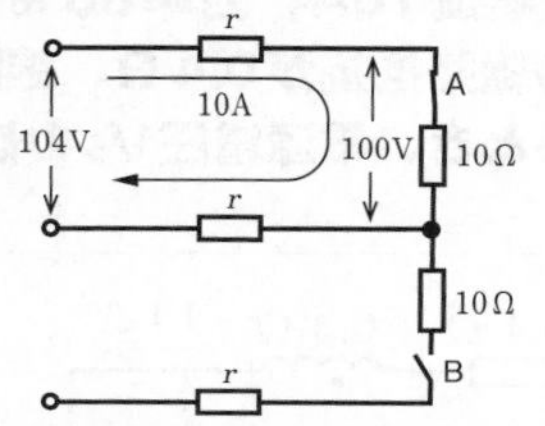

したがって、104[V]＝10r[V]＋100[V]＋10r[V]が成り立つので、r＝0.2[Ω]。

次にスイッチBを閉じると、中性線の電圧降下はゼロになるので、このときの電圧Vは、104Vが10Ωと0.2Ωで分圧されて、

$$V[\mathrm{V}]=\frac{10[\Omega]}{0.2[\Omega]+10[\Omega]}\times 104[\mathrm{V}]\fallingdotseq 102[\mathrm{V}]$$

よって、Vは約2V上がります。

参→P.248

答 ロ

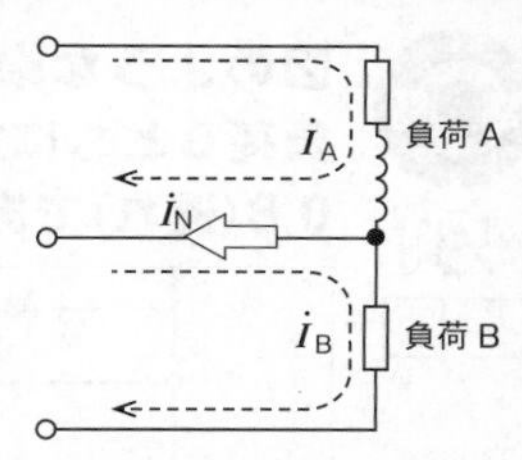

単相3線式配電路の電流は右図のように流れます。

よって中性線に流れる電流$\dot{I}_N$は、$\dot{I}_N=\dot{I}_A-\dot{I}_B$で求めます。

問題文中のベクトル図に$\dot{I}_N$を描くと、$\dot{I}_N=\dot{I}_A+(-\dot{I}_B)$ですから、下図のようになります。

図より$\dot{I}_A$と$\dot{I}_N$は正三角形の二辺になるので、電流$\dot{I}_N$の大きさは10Aとわかります。

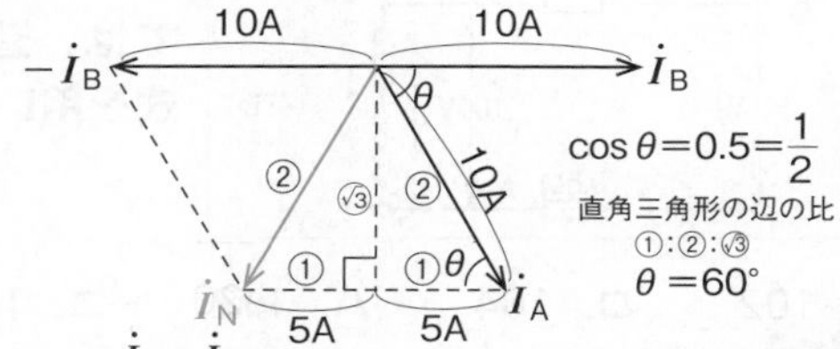

参→P.249

答 ロ

参 マークは、姉妹本『第1種電気工事士学科試験すい〜っと合格2024年版』の該当説明ページを表しています。

電圧降下

図のような配電線路において、負荷の端子電圧200V、電流10A、力率80％（遅れ）である。1線当たりの線路抵抗が0.4Ω、線路リアクタンスが0.3Ωであるとき、電源電圧V_sの値[V]は。

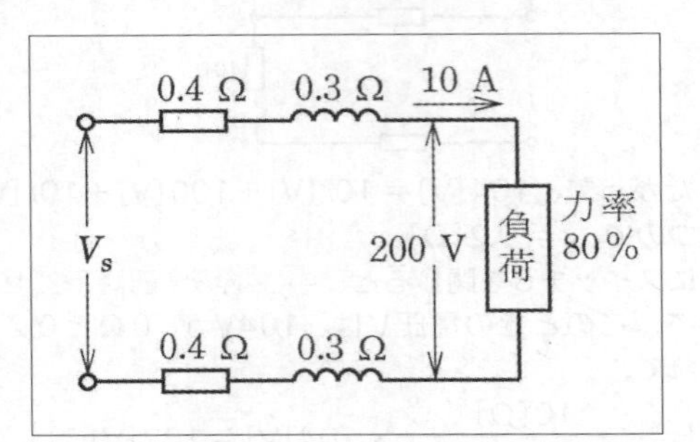

イ. 205
ロ. 210
ハ. 215
ニ. 220

（H30追加出題、同問：H19）

図のような単相3線式配電線路において、負荷A、負荷Bともに負荷電圧100V、負荷電流10A、力率0.8(遅れ)である。このとき、電源電圧Vの値[V]は。ただし、配電線路の電線1線当たりの抵抗は0.5Ωである。なお、計算においては、適切な近似式を用いること。

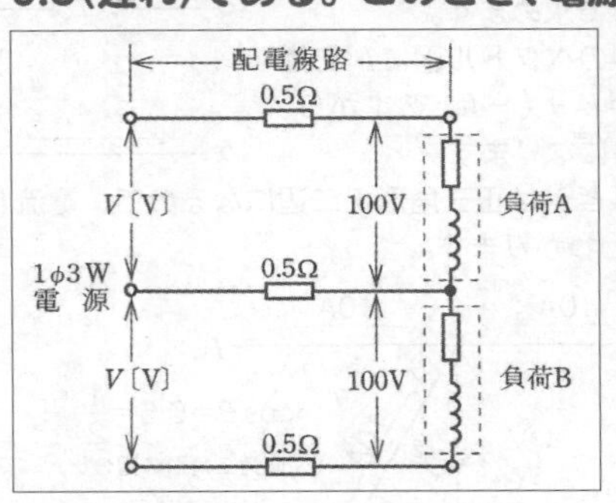

イ. 102　　ロ. 104　　ハ. 112　　ニ. 120

（R2出題、類問：H25）

出題年度の表記法　R：令和／H：平成、Am：午前／Pm：午後

単相２線式の線路電圧降下vは

$v = V_S - V_r \fallingdotseq 2I(R\cos\theta + X\sin\theta)$ [V] の近似式で表されます。

ここで遅れ力率80%（$\cos\theta = 0.8 = 4/5$）から三角形を描くと、$\sin\theta$は$3/5 = 0.6$と簡単にわかります。

これを式に代入すると、

$v = 2 \times 10(0.4 \times 0.8 + 0.3 \times 0.6) = 20(0.32 + 0.18) = 10$ [V]

$V_S = v + V_r = 10 + 200 = 210$ [V]

ゆえに、正解はロです。

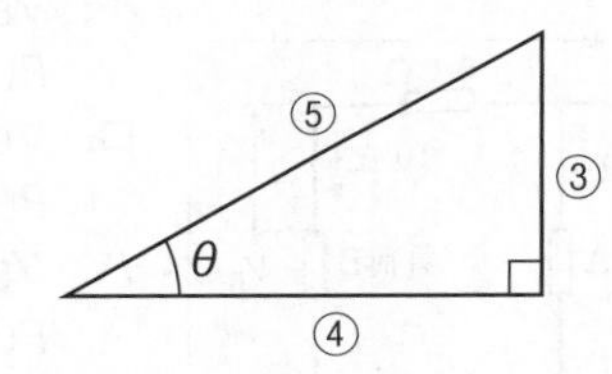

$$\cos\theta = 0.8 = \frac{4}{5}$$

$$\sin\theta = \frac{3}{5} = 0.6$$

設問では負荷A、Bが同じで平衡しているので、中性線には電流が流れません。

したがって電圧降下は１線分の$v = I(R\cos\theta + X\sin\theta)$で求めます。また、設問では電路にリアクタンス$X$はありませんから、$X = 0$として、

$v = I(R\cos\theta + 0) = 10 \times (0.5 \times 0.8) = 4$ [V]

よって電源電圧Vは、負荷電圧より電圧降下分だけ高くなり、104Vとなります。

配電理論

参 マークは、姉妹本『第1種電気工事士学科試験すい〜っと合格2024年版』の該当説明ページを表しています。

電力損失

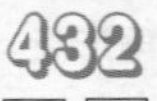

図のように、単相2線式配電線路で、抵抗負荷A(負荷電流20A)と抵抗負荷B(負荷電流10A)に電気を供給している。電源電圧が210Vであるとき、負荷Bの両端の電圧V_Bと、この配電線路の全電力損失P_Lの組合せとして、正しいものは。
ただし、1線当たりの電線の抵抗値は、図に示すようにそれぞれ0.1Ωとし、線路リアクタンスは無視する。

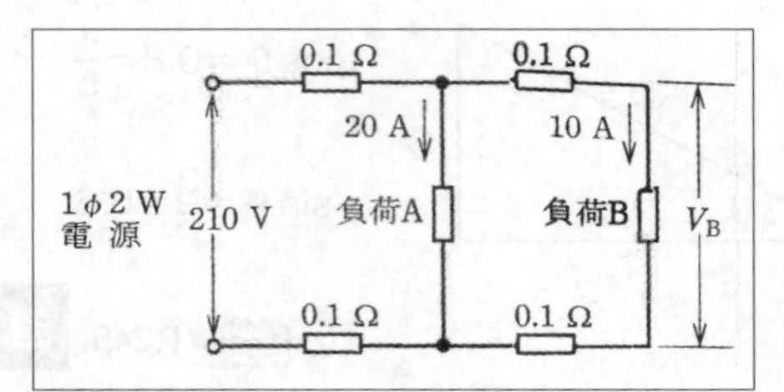

イ．$V_B = 202V$
$P_L = 100W$
ロ．$V_B = 202V$
$P_L = 200W$
ハ．$V_B = 206V$
$P_L = 100W$
ニ．$V_B = 206V$
$P_L = 200W$

(R1出題)

433

図のような単相3線式配電線路において、負荷A、負荷Bともに消費電力800W、力率0.8(遅れ)である。負荷電圧がともに100Vであるとき、この配電線路の電力損失[W]は。
ただし、電線1線当たりの抵抗は0.4Ωとし、配電線路のリアクタンスは無視する。

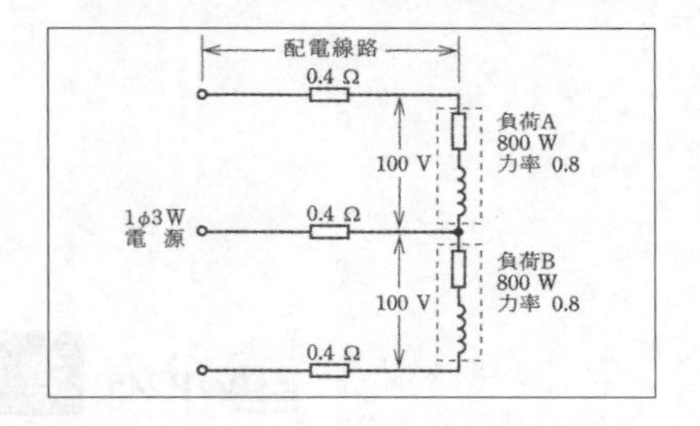

イ．40
ロ．60
ハ．80
ニ．120

(H28出題)

出題年度の表記法　R：令和／H：平成、Am：午前／Pm：午後

配電線路の１線あたりの電流は、下図に示すように、電源側から30A、10Aです。

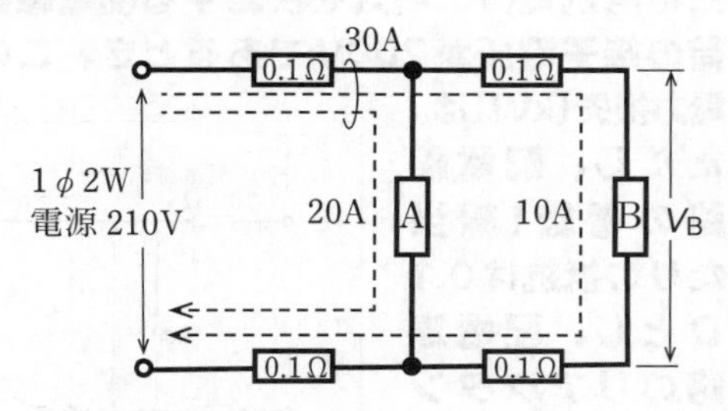

よって電源から負荷Bの受電端電圧V_Bは、各線路の電圧降下を考慮して、

$V_B = 210 - 2 \times (30 \times 0.1) - 2 \times (10 \times 0.1) = 202$ [V]

全電力損失P_Lは、各線路の電力損失を合計して、

$P_L = 2 \times (30^2 \times 0.1) + 2 \times (10^2 \times 0.1) = 200$ [W]

負荷AとBは等しいので、中性線には電流が流れません。したがって電力損失は上下２本の線路だけに発生し、１線路あたりの損失は$P_{\ell 1} = I^2R$ [W]です。ここで負荷電流Iは、

$P = VI\cos\theta$ より、

$$I = \frac{P}{V\cos\theta} = \frac{800\,[\mathrm{W}]}{100\,[\mathrm{V}] \times 0.8} = 10\,[\mathrm{A}]$$

よって求める電力損失P_ℓは、

$P_\ell = 2P_{\ell 1} = 2I^2R = 2 \times (10\,[\mathrm{A}])^2 \times 0.4\,[\Omega] = 80$ [W]

電力損失

図のように、定格電圧200V、消費電力17.3kWの三相抵抗負荷に電気を供給する配電線路がある。負荷の端子電圧が200Vであるとき、この配電線路の電力損失[kW]は。
ただし、配電線路の電線1線当たりの抵抗は0.1Ωとし、配電線路のリアクタンスは無視する。

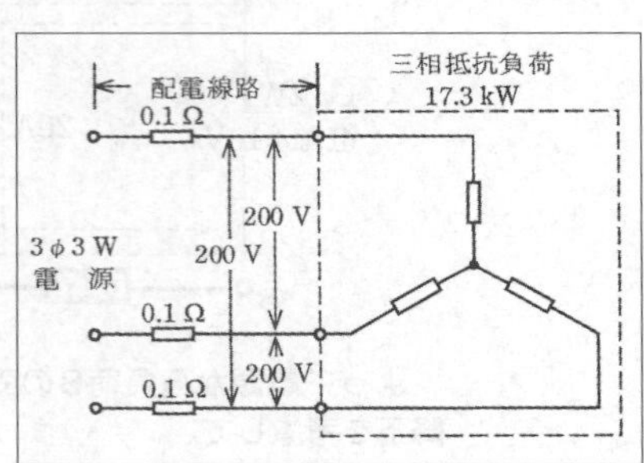

イ. 0.30　ロ. 0.55　ハ. 0.75　ニ. 0.90

(H29出題、類問：H26・H25・H22)

図のように、定格電圧200V、消費電力8kW、力率0.8(遅れ)の三相負荷に電気を供給する配電線路がある。この配電線路の電力損失[W]は。
ただし、配電線路の電線1線当たりの抵抗は0.1Ωとする。

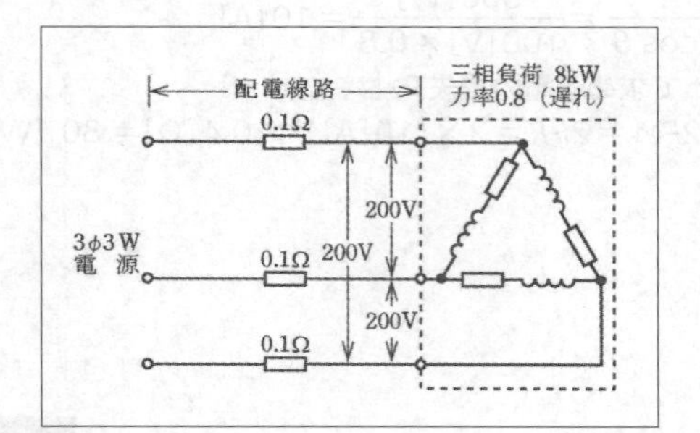

イ. 100
ロ. 150
ハ. 250
ニ. 400

(H30追加出題、同問：H25、類問：H29・H26・H22)

答え

まず、配電線路に流れる電流（線電流）を求めます。

$P=\sqrt{3}VI\cos\theta$ より、$I=\dfrac{P}{\sqrt{3}V\cos\theta}$

負荷は抵抗負荷ですから、$\cos\theta=1$。$\sqrt{3}\fallingdotseq 1.73$ とすると、

$$I=\frac{17.3\times10^3}{1.73\times200}=50\,[\mathrm{A}]$$

電線１線あたりの電力損失 $P_{\ell1}$ は、$P_{\ell1}=I^2r$。

よって、この配電線路全体の電力損失 P_ℓ は、

$$P_\ell=3P_{\ell1}=3I^2r=3\times50^2\times0.1=750\,[\mathrm{W}]=0.75\,[\mathrm{kW}]$$

参→P.247

答　ハ

この配電線路（１線あたり）に流れる線電流 I は、

$P=\sqrt{3}VI\cos\theta$（P は消費電力、V は線間電圧）より、

$$I=\frac{P}{\sqrt{3}V\cos\theta}=\frac{8\times10^3}{\sqrt{3}\times200\times0.8}=\frac{50}{\sqrt{3}}\,[\mathrm{A}]$$

この配電線路の電力損失 P_ℓ は、１線あたりの電力損失を $P_{\ell1}$ とすると、

$$P_\ell=3P_{\ell1}=3I^2R$$
$$=3\times(50/\sqrt{3})^2\times0.1=250\,[\mathrm{W}]$$

となります。

参→P.247

答　ハ

参 マークは、姉妹本『第1種電気工事士学科試験すい～っと合格2024年版』の該当説明ページを表しています。

電力損失

図のように、電源は線間電圧が V_S の三相電源で、三相負荷は端子電圧 V、電流 I、消費電力 P、力率 $\cos\theta$ で、1相当たりのインピーダンスが Z のY結線の負荷である。また、配電線路は電線1線当たりの抵抗が r で、配電線路の電力損失が P_L である。この電路で成立する式として、誤っているものは。

ただし、配電線路の抵抗 r は負荷インピーダンス Z に比べて十分に小さいものとし、配電線路のリアクタンスは無視する。

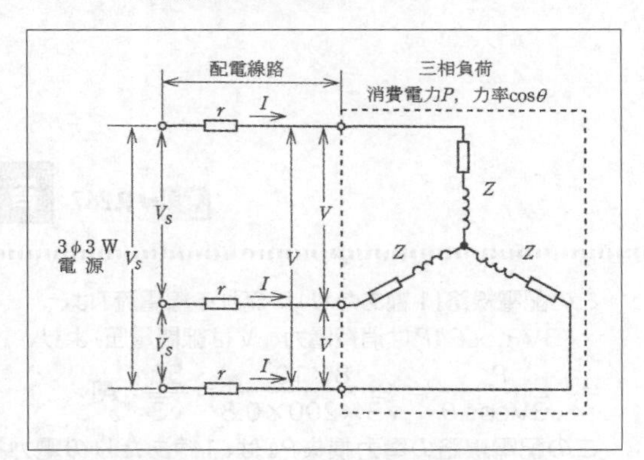

イ．配電線路の電力損失：$P_L = \sqrt{3}rI^2$

ロ．力率：$\cos\theta = \dfrac{P}{\sqrt{3}VI}$

ハ．電流：$I = \dfrac{V}{\sqrt{3}Z}$

ニ．電圧降下：$V_S - V = \sqrt{3}rI\cos\theta$

（H30出題）

答え

この配電線路の電線１線あたりの電力損失P_LはrI^2ですから、３線分は$3rI^2$となり、イが誤りです。

【参考】

ロ：三相交流電力の公式$P=\sqrt{3}VI\cos\theta$より、

$\cos\theta=\dfrac{P}{\sqrt{3}VI}$

ハ：負荷の相電圧は$\dfrac{V}{\sqrt{3}}$なので、負荷の相電流は$I=\dfrac{V}{\sqrt{3}Z}$で、Y(スター)結線の場合は、線電流Iも相電流と同じ大きさです。

ニ：三相３線式の電圧降下V_S-Vは、$\sqrt{3}I(r\cos\theta+x\sin\theta)$
設問より、リアクタンスは無視(x＝0)とすると、
$\sqrt{3}rI\cos\theta$

よって、ロ、ハ、ニは正しい式です。

配電理論

参→P.247

答　イ

力率改善

437

図のように三相電源から、三相負荷(定格電圧200[V]、定格消費電力20[kW]、遅れ力率0.8)に電気を供給している配電線路がある。図のように低圧進相コンデンサ(容量15[kvar])を設置して、力率を改善した場合の変化として、誤っているものは。
ただし、電源電圧は一定であるとし、負荷のインピーダンスも負荷電圧にかかわらず一定とする。なお、配電線路の抵抗は1線当たり0.1[Ω]とし、線路のリアクタンスは無視できるものとする。

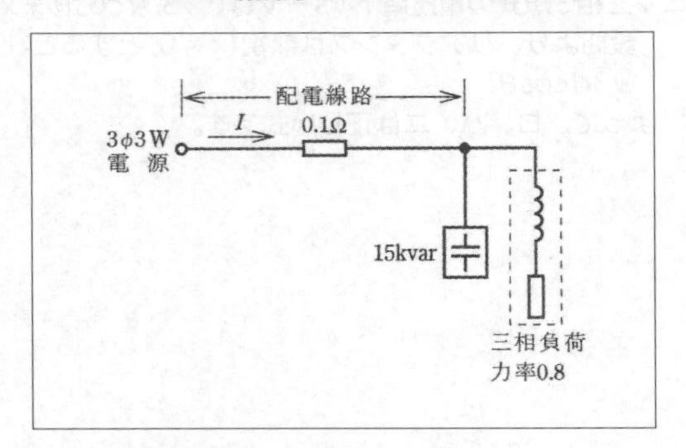

イ. 線電流Iが減少する。
ロ. 線路の電力損失が減少する。
ハ. 電源からみて、負荷側の無効電力が減少する。
ニ. 線路の電圧降下が増加する。

(H26出題、同問：H22)

三相負荷の電力の三角形は、$\cos\theta = 0.8 = 4/5$ですから下図のようになり、三角形の辺の比より、

有効電力P：皮相電力S：無効電力Q＝④：⑤：③

よって、$S = 25$[kV・A]、$Q = 15$[kvar]です。

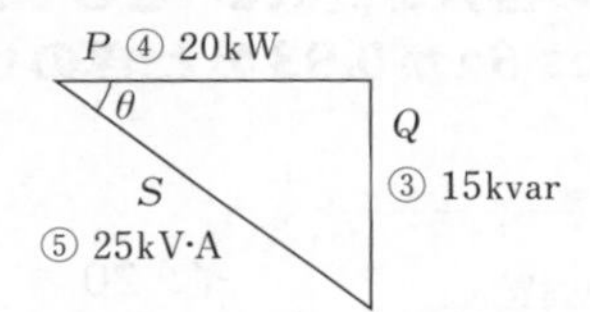

このときの線電流は、$S = \sqrt{3}VI$より、

$$I = \frac{S}{\sqrt{3}V} = \frac{25\times10^3}{\sqrt{3}\times200} \fallingdotseq 72.2\,[\text{A}]$$

（※$\sqrt{3} = 1.73$とする）

15kvarの進相コンデンサを設置すると、無効電力Qは打ち消されてなくなり、皮相電力は有効電力（定格消費電力）と同じ20kV・Aとなります。よって、力率改善後の線電流は、

$$I = \frac{20\times10^3}{\sqrt{3}\times200} \fallingdotseq 57.8\,[\text{A}]。$$

つまり、進相コンデンサを設置して負荷の力率を改善すると、線電流は減少します。線路の電圧降下は線電流に比例するので、力率が改善すれば電圧降下は減少します。よってニが誤りです。

線路の電力損失は、$3I^2r$ですから、電流が減少すると、その2乗に比例して減少します。

配電理論

力率改善

438

容量100kV・A、消費電力80kW、力率80%(遅れ)の負荷を有する高圧受電設備に高圧進相コンデンサを設置し、力率を93%(遅れ)に改善したい。必要なコンデンサの容量Qc[kvar]として、適切なものは。ただし、$\cos\theta_2$が0.93のときの$\tan\theta_2$は0.38とする。

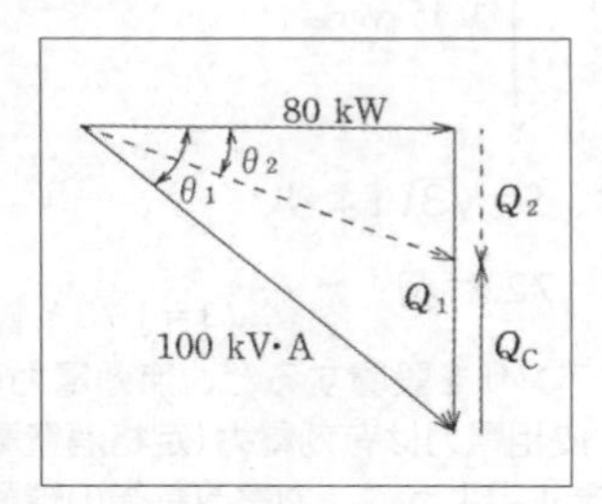

イ. 20
ロ. 30
ハ. 50
ニ. 75

(H30追加出題、類問：R3Am・H29・H23・H20)

439

図のように三相電源から、三相負荷(定格電圧200V、定格消費電力20kW、遅れ力率0.8)に電気を供給している配電線路がある。配電線路の電力損失を最小とするために必要なコンデンサの容量[kvar]の値は。ただし、電源電圧及び負荷インピーダンスは一定とし、配電線路の抵抗は1線当たり0.1Ωで、配電線路のリアクタンスは無視できるものとする。

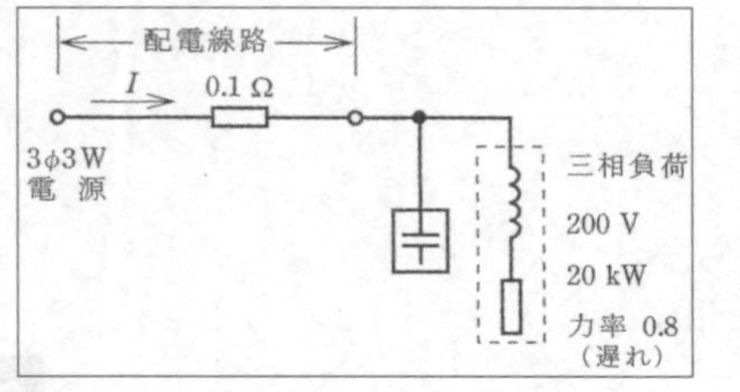

イ. 10
ロ. 15
ハ. 20
ニ. 25

(R3Pm出題)

出題年度の表記法　R：令和／H：平成、Am：午前／Pm：午後

力率改善の問題は、必ず電力の三角形を描いて考えます。

力率を改善する前の無効電力Q_1は、電力の三角形の辺の比④：⑤：③より、60［kver］（$Q_1=\sqrt{100^2-80^2}$）です。

改善後の無効電力Q_2は、$\tan\theta_2=0.38$より、

$$\frac{Q_2\,[\text{kver}]}{80\,[\text{kW}]}=\tan\theta_2=0.38$$

$Q_2=80\times0.38=30.4\fallingdotseq30$［kver］、

よって必要なコンデンサ容量Q_C＝は、

$Q_C=Q_1-Q_2=60-30=30$ ［kvar］　となります。

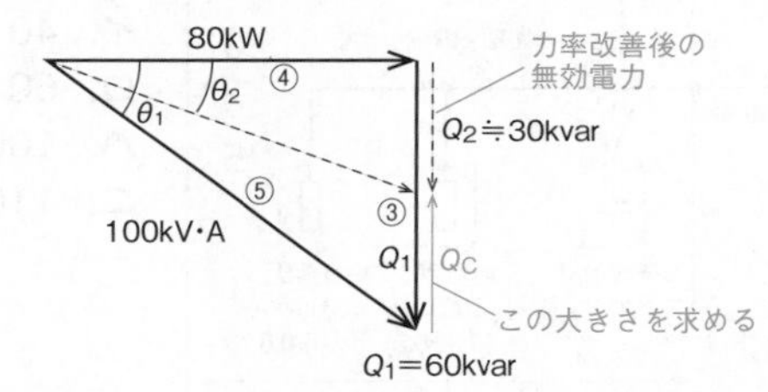

参→P.238

答　ロ

配電線路の電力損失を最小にするには、負荷の力率を1にして、配電線に流れる電流が最小になるようにしてやればよいことになります。負荷の遅れ力率が0.8（＝4／5）ですから、電力の三角形を描くと、無効電力は15kvarであることがわかります。

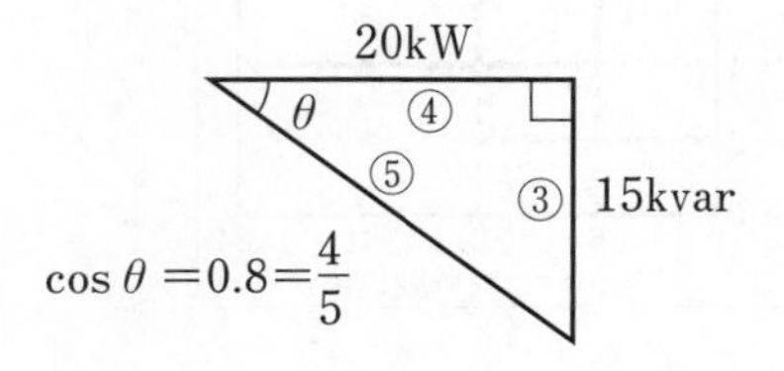

ですから、力率を1に改善するためには、コンデンサで15kvarを相殺してやればよいことになります。

参→P.238

答　ロ

参マークは、姉妹本『第1種電気工事士学科試験すい～っと合格2024年版』の該当説明ページを表しています。

図のように、三相3線式高圧配電線路の末端に、負荷容量100kV・A（遅れ力率0.8）の負荷Aと、負荷容量50kV・A（遅れ力率0.6）の負荷Bに受電している需要家がある。
需要家全体の合成力率（受電端における力率）を1にするために必要な力率改善用コンデンサ設備の容量[kvar]は。

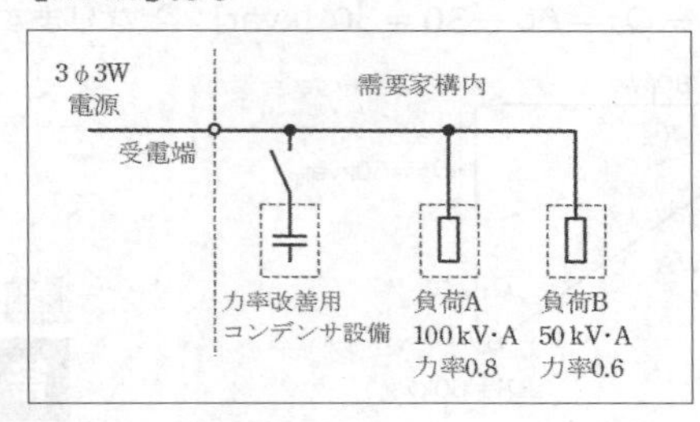

イ．40
ロ．60
ハ．100
ニ．110

（R5Am出題）

図のような日負荷曲線をもつA、Bの需要家がある。この系統の不等率は。

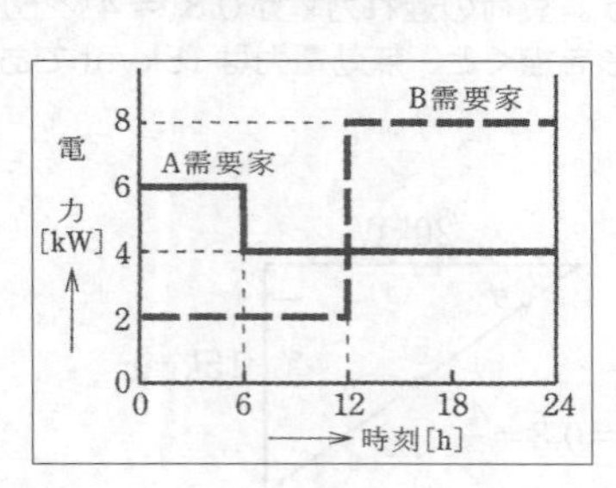

イ．1.17　　ロ．1.33　　ハ．1.40　　ニ．2.33

（H27出題）

出題年度の表記法　R：令和／H：平成、Am：午前／Pm：午後

負荷AとBの無効電力(遅れ)を求めて、その合計をコンデンサの進み無効電力で打ち消せば、力率は1に改善されます。

それぞれの負荷の電力の三角形を描くと、下のようになり、直角三角形の辺の比より、
無効電力 $Q_A = 60$[kvar]、$Q_B = 40$[kvar]と求まります。

負荷A　$\cos\theta = 0.8 = \frac{4}{5}$　　負荷B　$\cos\theta = 0.6 = \frac{3}{5}$

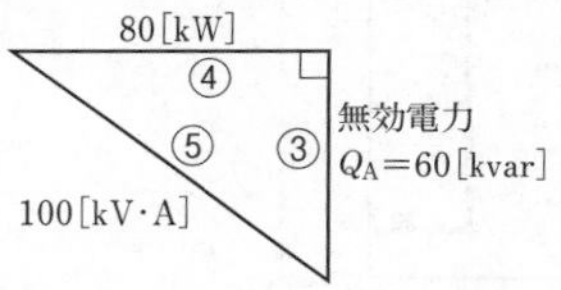

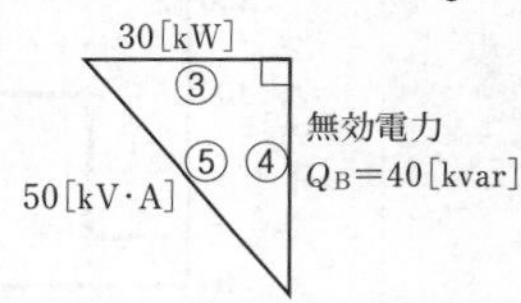

負荷A、Bの無効電力を合計すると100[kvar]となり、力率改善に必要なコンデンサ容量は100[kvar]です。

参 → P.238

答　ハ

不等率は、次のような関係式で表すことができます。

$$不等率 = \frac{最大需要電力の和}{合成最大需要電力}$$

分母の合成最大需要電力は、A、B需要家の消費電力を時間ごとに足した合成需要電力の最大値です。この設問の合成需要電力の最大値は、12時から24時の間の12kWです。

分子の、最大需要電力の和とは、A、Bそれぞれの需要家の最大電力の値を足したもので。この問題では、A需要家の最大需要電力は6kW、B 需要家の最大需要電力は8kWですから、最大需要電力の和は14kWとなります。

したがって、この問題の不等率は、

不等率 = $\frac{14[kW]}{12[kW]} \fallingdotseq 1.17$となります。

参 → P.250

答　イ

マークは、姉妹本『第1種電気工事士学科試験すい〜っと合格2024年版』の該当説明ページを表しています。

需要率・不等率・負荷率

問題 442

図のような日負荷率を有する需要家があり、この需要家の設備容量は375kWである。
この需要家の、この日の日負荷率a[%]と需要率b[%]の組合せとして、正しいものは。

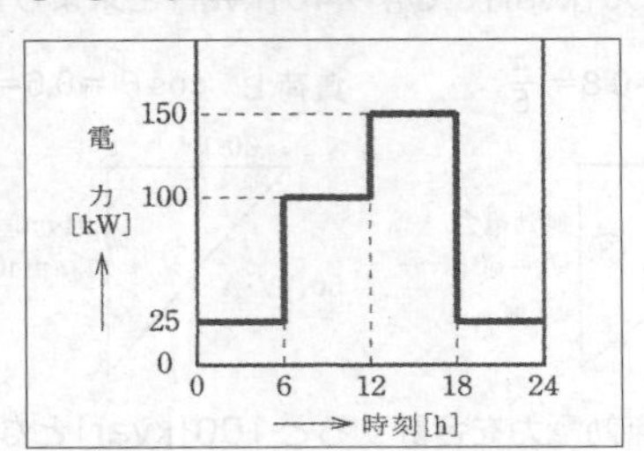

イ．a：20　b：40
ロ．a：30　b：30
ハ．a：40　b：30
ニ．a：50　b：40

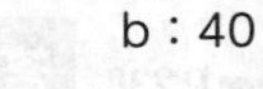

（H27出題）

問題 443

負荷設備の合計が500kWの工場がある。ある月の需要率が40%、負荷率が50%であった。この工場のその月の平均需要電力[kW]は。

イ．100　ロ．200　ハ．300　ニ．400

（R2出題）

出題年度の表記法　R：令和／H：平成、Am：午前／Pm：午後

$$需要率 = \frac{最大需要電力[kW]}{設備容量[kW]} \times 100[\%]$$

$$負荷率 = \frac{ある期間中の平均需要電力^{※}[kW]}{ある期間中の最大需要電力[kW]} \times 100[\%]$$

$$※平均需要電力 = \frac{ある期間中の総使用電力量[kWh]}{ある期間中の時間[h]}$$

設備容量375kW、グラフより最大需要電力150kWですから、需要率bは、

$$b = \frac{150[kW]}{375[kW]} \times 100 = 40[\%]$$

この日の平均需要電力は、グラフの面積を24時間で割って、

$$(25 \times 6 + 100 \times 6 + 150 \times 6 + 25 \times 6) \div 24 = 75[kW]$$

よって日負荷率aは、

$$a = \frac{75[kW]}{150[kW]} \times 100 = 50[\%]$$

→P.250

需要率、負荷率の定義は、

$$需要率 = \frac{最大需要電力}{負荷設備電力の合計} \quad \cdots\cdots①$$

$$負荷率 = \frac{ある期間の平均需要電力}{ある期間の最大需要電力} \quad \cdots\cdots②$$

(需要率、負荷率は小数とする)

求める平均需要電力は、②より、

平均需要電力＝最大需要電力×負荷率

①より、最大需要電力＝負荷設備電力の合計×需要率ですから、最大需要電力は、

500 [kW] × 0.4 ＝ 200 [kW]。

よって平均需要電力は、

200 [kW] × 0.5 ＝ 100 [kW]

配電理論

→P.251

設備容量が400kWの需要家において、ある1日(0～24時)の需要率が60%で、負荷率が50%であった。
この需要家のこの日の最大需要電力PM[kW]の値と、この日一日の需要電力量W[kW·h]の値の組合せとして、正しいものは。

イ. $P_M = 120$
$W = 5760$

ロ. $P_M = 200$
$W = 5760$

ハ. $P_M = 240$
$W = 4800$

ニ. $P_M = 240$
$W = 2880$

(R4Am出題)

水平径間120mの架空送電線がある。電線1m当たりの重量が20N/m、水平引張強さが12000Nのとき、電線のたるみD[m]は。

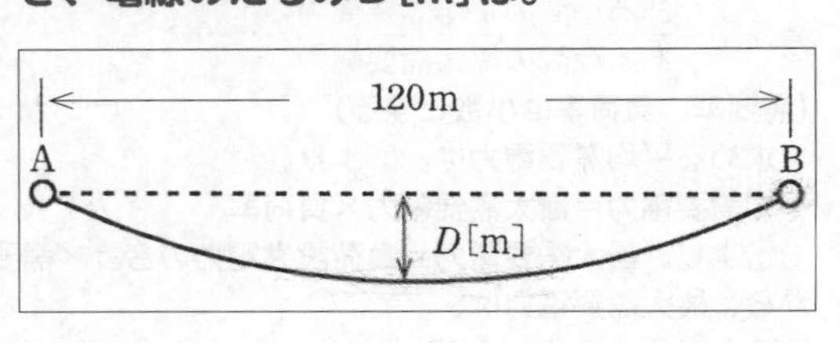

イ. 2　　ロ. 3　　ハ. 4　　ニ. 5

(R3Am出題、類問：H27・H22)

出題年度の表記法　R：令和／H：平成、Am：午前／Pm：午後

需要率と負荷率の定義は、次の式で表されます。

$$需要率 = \frac{最大需要電力[kW]}{負荷設備容量の合計[kW]} \times 100[\%]$$

$$負荷率 = \frac{ある期間の平均需要電力[kW]}{ある期間の最大需要電力[kW]} \times 100[\%]$$

よって最大需要電力P_Mは、需要率[%]×負荷設備容量の合計[kW]÷100で求まります。

$P_M = 400[kW] \times 60[\%] \div 100 = 240[kW]$

1日の需要電力量W[kW・h]は、平均需要電力[kW]×24時間で求まりますから、平均需要電力[kW]＝最大需要電力PM[kW]×負荷率[%]÷100より、

$W = (240[kW] \times 50[\%] \div 100) \times 24[h] = 2{,}880[kW \cdot h]$

参→P.251

答　ニ

たるみは、以下の式で計算します。

$$たるみD = \frac{WS^2}{8T}\ [m]$$

W：電線の単位長さあたりの重量 [N/m]

S：径間距離[m]　　T：水平張力[N]

よって、$D = \dfrac{20 \times 120^2}{8 \times 12{,}000} = 3\ [m]$

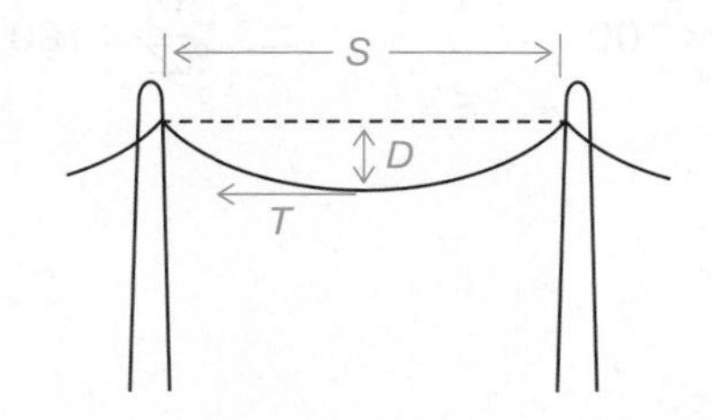

参→P.207

答　ロ

問題 446

図のように取り付け角度が30°となるように支線を施設する場合、支線の許容張力をT_S=24.8kNとし、支線の安全率を2とすると、電線の水平張力Tの最大値[kN]は。

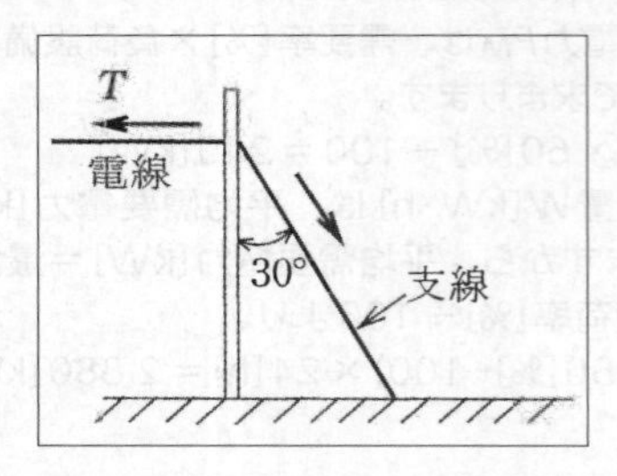

イ．3.1　　ロ．6.2　　ハ．10.7　　ニ．24.8

（R3Am出題、類問：H23）

問題 447

三相短絡容量[V·A]を百分率インピーダンス%Z[%]を用いて表した式は。
ただし、V＝基準線間電圧[V]、I＝基準電流[A]とする。

イ．$\frac{VI}{\%Z}\times 100$　　ロ．$\frac{\sqrt{3}VI}{\%Z}\times 100$

ハ．$\frac{2VI}{\%Z}\times 100$　　ニ．$\frac{3VI}{\%Z}\times 100$

（R3Am出題）

支線の安全率とは、以下の式で表す値です。

$$支線の安全率=\frac{支線の許容張力}{支線に加わる張力}$$

これより支線の安全率を2とするための、支線に加わる張力の最大値は、24,8 [kN] ÷ 2 = 12.4 [kN] となります。

設問の支線と電柱でつくる直角三角形の辺の比は、①:②:√3ですから、支線の張力の水平方向成分Tは、T：12.4 [kN] = 1：2となり、答えは6.2 kNと求まります。

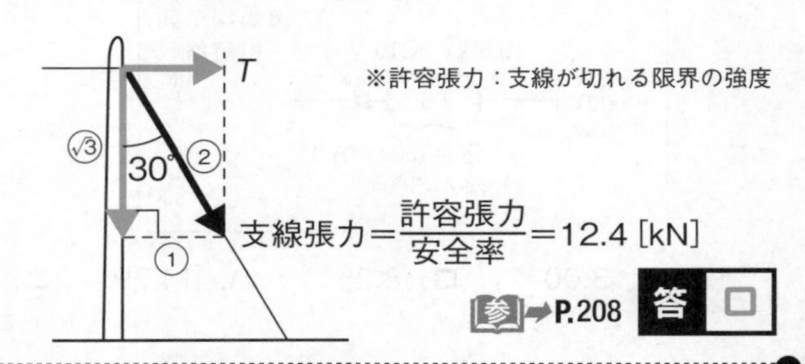

参→P.208

答 ロ

三相短絡容量 Ps は、

$$Ps=\sqrt{3}VnIs=\sqrt{3}VnIn\times\frac{100}{\%Z}$$ で求まります。

Vn：定格線間電流、Is：三相短絡電流、In：定格線電流

定格線間電圧、定格線電流は、電力系統で扱う際には基準線間電圧、基準線電流という表現を用いるため、$Vn=V$、$In=I$ と置き換えて、ロが正解となります。

参→P.168

答 ロ

配電理論

参 マークは、姉妹本『第1種電気工事士学科試験すい～っと合格2024年版』の該当説明ページを表しています。

問題 448

定格容量150[kV・A]、定格一次電圧6600[V]、定格二次電圧210[V]、百分率インピーダンス5[%]の三相変圧器がある。一次側に定格電圧が加わっている状態で、二次側端子間における三相短絡電流[kA]は。ただし、変圧器より電源側のインピーダンスは無視するものとする。

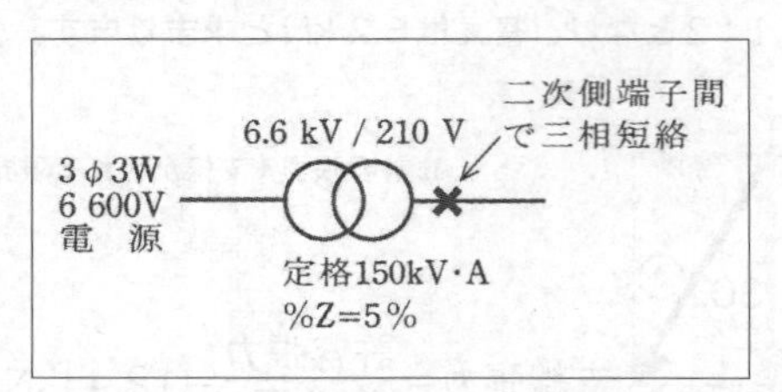

イ．3.00　　ロ．8.25　　ハ．14.29　　ニ．24.75

（H26出題、類問：H23）

問題 449

図のように、配電用変電所の変圧器の百分率インピーダンスは21%（定格容量30MV·A基準）、変電所から電源側の百分率インピーダンスは2%（系統基準容量10MV·A）、高圧配電線の百分率インピーダンスは3%（基準容量10MV·A）である。高圧需要家の受電点（A点）から電源側の合成百分率インピーダンスは基準容量10MV·Aでいくらか。
ただし、百分率インピーダンスの百分率抵抗と百分率リアクタンスの比は、いずれも等しいとする。

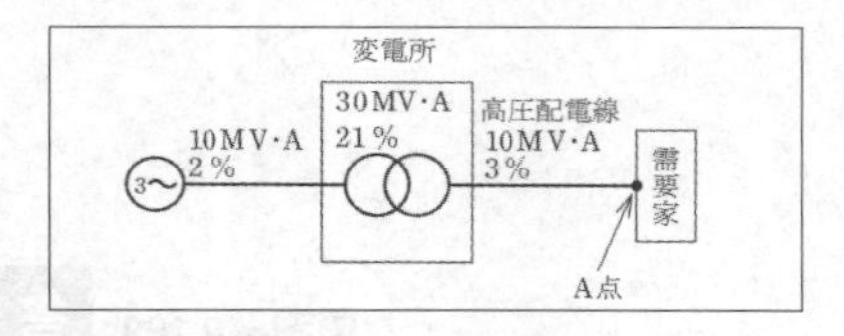

イ．8 %
ロ．12 %
ハ．20 %
ニ．28 %

（R5Pm出題、類問：H28）

出題年度の表記法　R：令和／H：平成、Am：午前／Pm：午後

短絡電流は、定格電流を％インピーダンス（小数）で割れば求められます。

定格二次電流は、$P=\sqrt{3}VI$ より、

$$I=\frac{P}{\sqrt{3}V}=\frac{150\times10^3\,[\mathrm{V\cdot A}]}{\sqrt{3}\times210\,[\mathrm{V}]}$$

二次側の短絡電流は、これを％インピーダンス5％を小数0.05にして割ればよいので、

$$Is=\frac{150\times10^3}{\sqrt{3}\times210\times0.05}\fallingdotseq8.25\,[\mathrm{kA}]$$

（※$\sqrt{3}=1.73$ とする。）

A点から電源側を見た百分率（パーセント）インピーダンスは、それぞれを加算して求めますが、設問では、変電所の変圧器の百分率インピーダンスの基準容量が30MV·Aなので、これを基準容量10MV·Aに換算して計算する必要があります。百分率インピーダンスは基準容量に比例するので、換算すると、

$$21\,[\%]\times\frac{10\,[\mathrm{MV\cdot A}]}{30\,[\mathrm{MV\cdot A}]}=7\,[\%]$$ となります。

よって合成百分率インピーダンスは、

$2\,[\%]+7\,[\%]+3\,[\%]=12\,[\%]$　です。

参 → P.169

答　ロ

CB形高圧受電設備の単線結線図

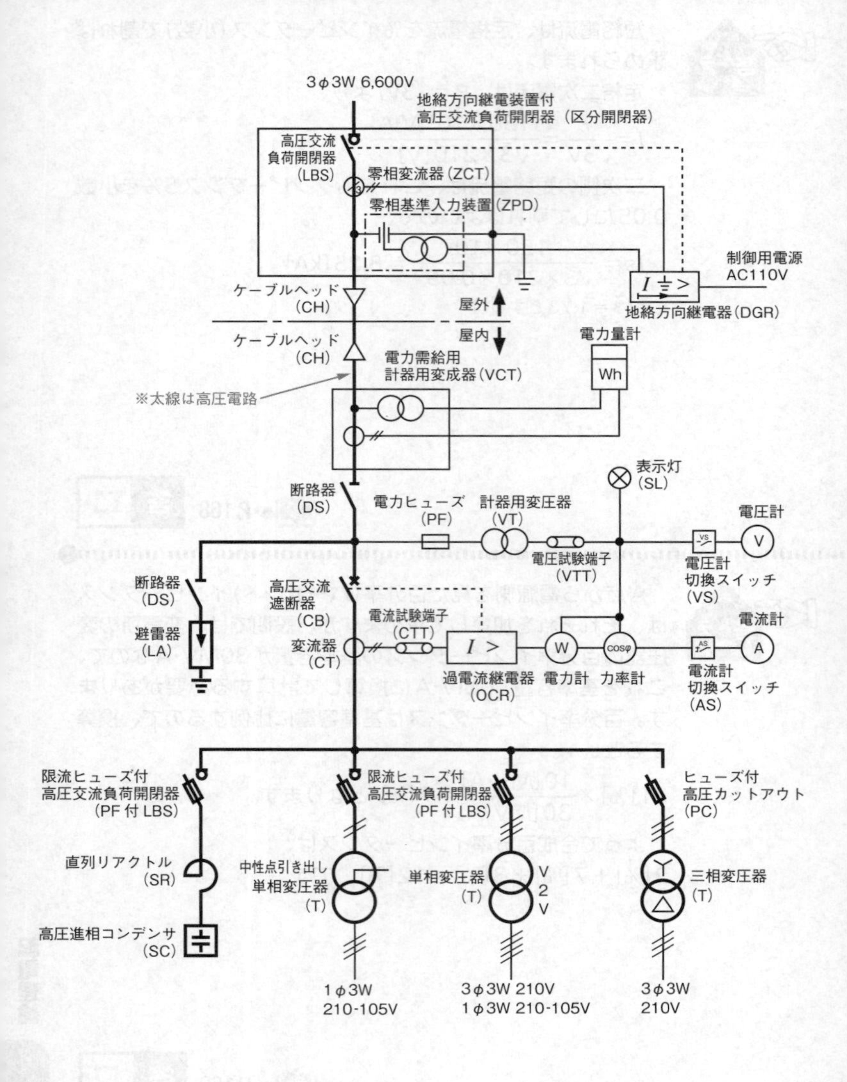

CB 形高圧受電設備の機器構成

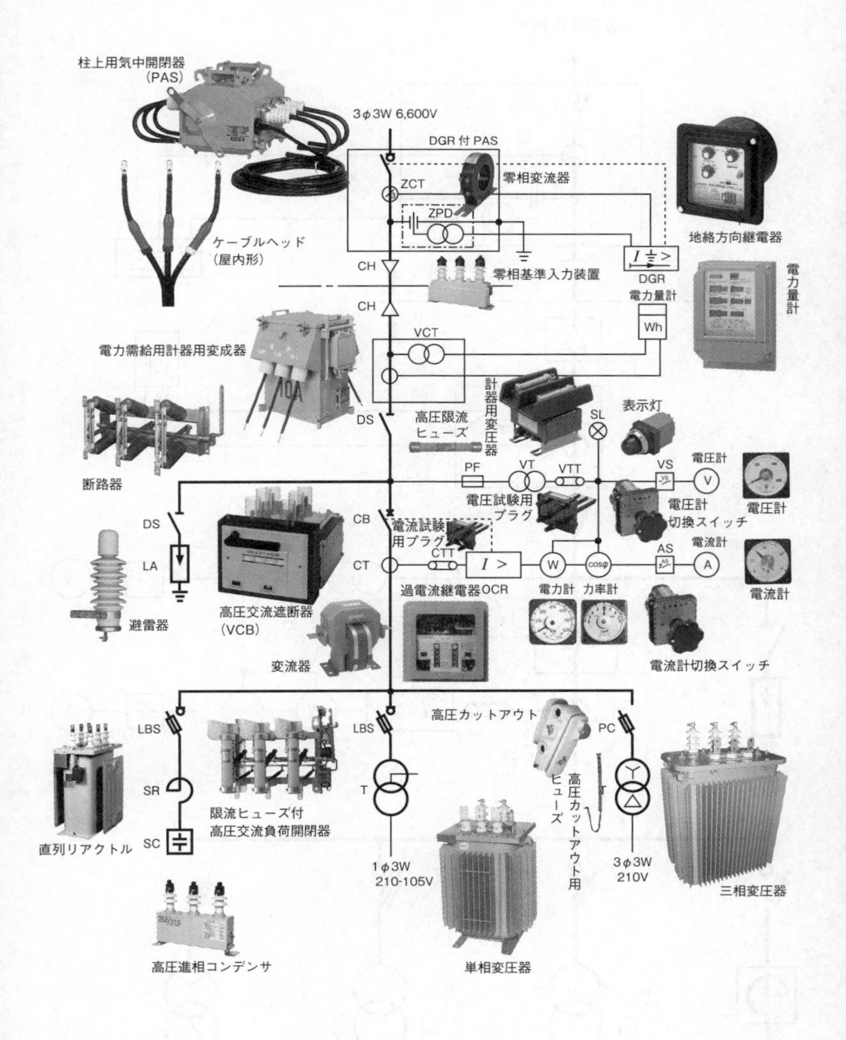

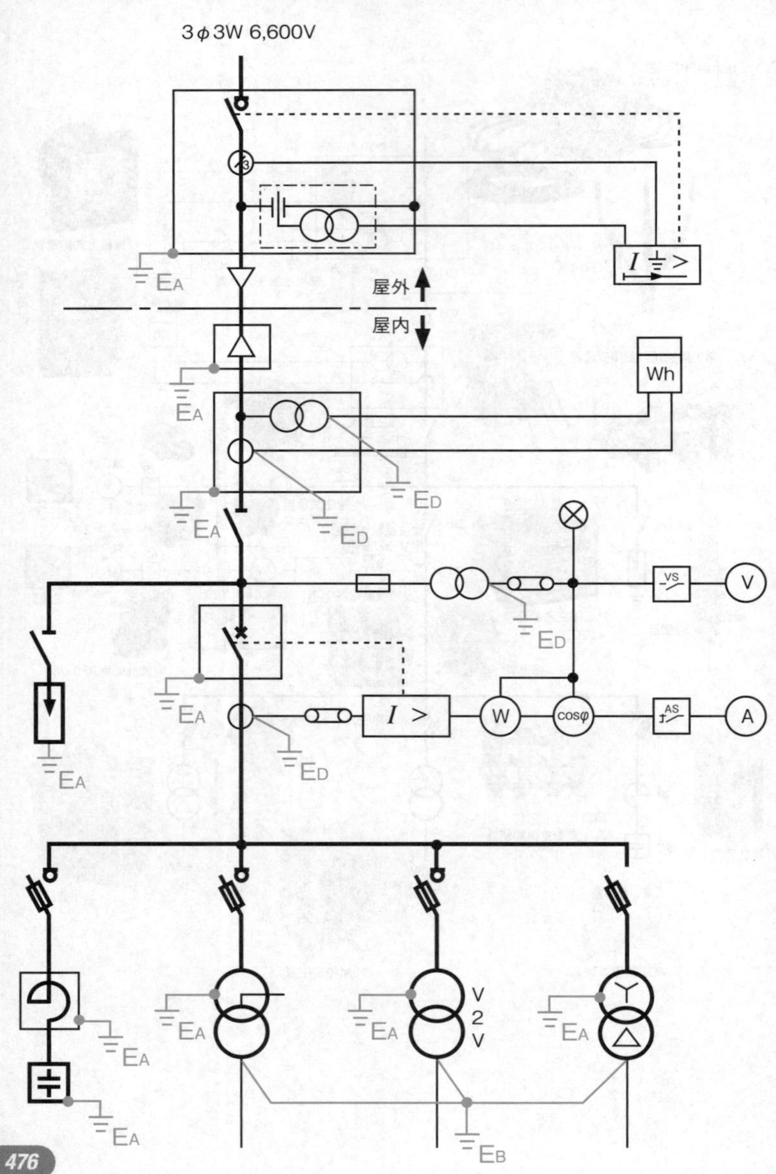
3φ3W 6,600V
屋外
屋内
EA
EA
Wh
ED
EA
ED
VS
V
ED
EA
I >
W
cosφ
AS
A
ED
EA
V
2
V
EA
EA
EA
EA
EA
EB

CB 形高圧受電設備の複線結線図

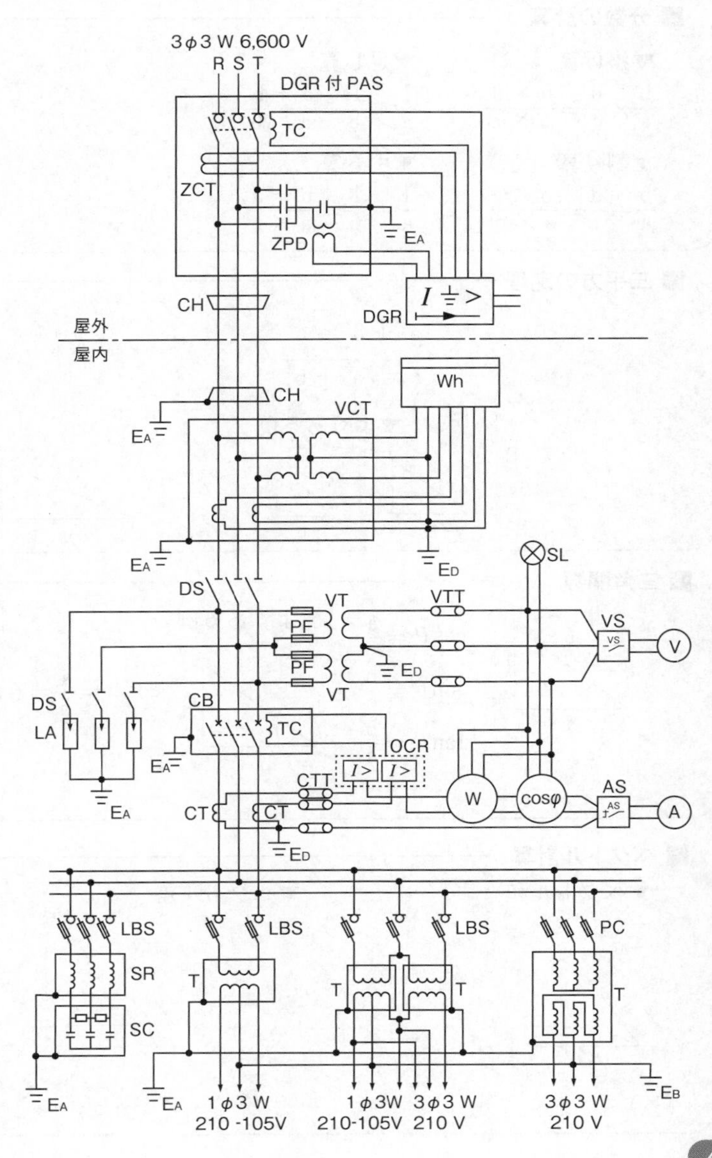

忘れてしまった計算式の復習

■ 分数の計算

▼掛け算

$$\frac{b}{a}\times\frac{d}{c}=\frac{b\times d}{a\times c}$$

▼足し算

$$\frac{1}{a}+\frac{1}{b}=\frac{a+b}{a\times b}$$

▼割り算

$$\frac{b}{a}\div\frac{d}{c}=\frac{b\times c}{a\times d}$$

▼引き算

$$\frac{1}{a}-\frac{1}{b}=\frac{b-a}{a\times b}$$

■ 三平方の定理

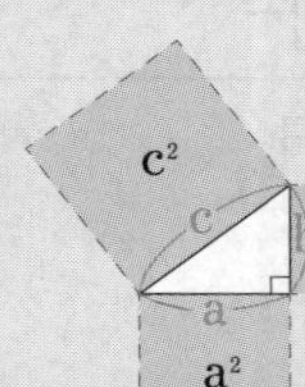

$$a^2+b^2=c^2$$

$$c=\sqrt{a^2+b^2}$$

▼よくある例

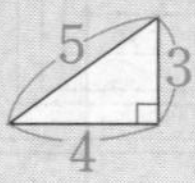

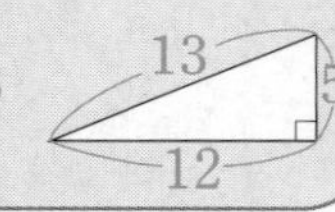

■ 三角関数

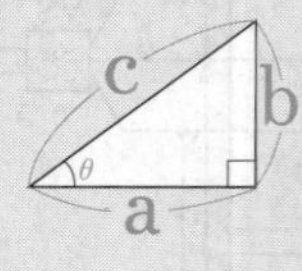

$$\cos\theta=\frac{a}{c}$$

$$\sin\theta=\frac{b}{c}$$

$$\tan\theta=\frac{b}{a}$$

▼よくある例

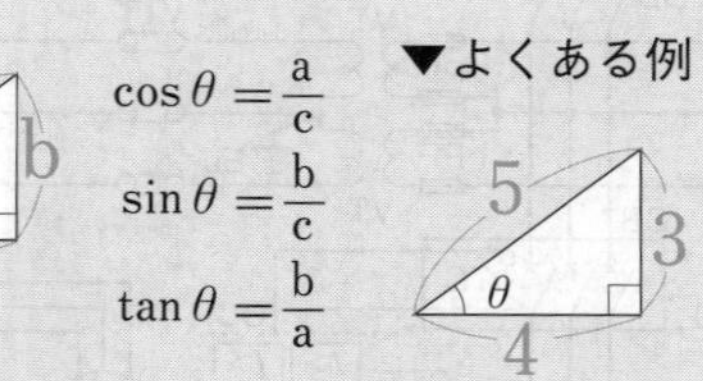

$$\cos\theta=\frac{4}{5}=0.8$$

■ ベクトル計算

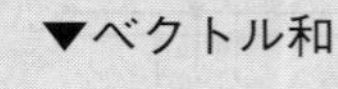

▼ベクトル和

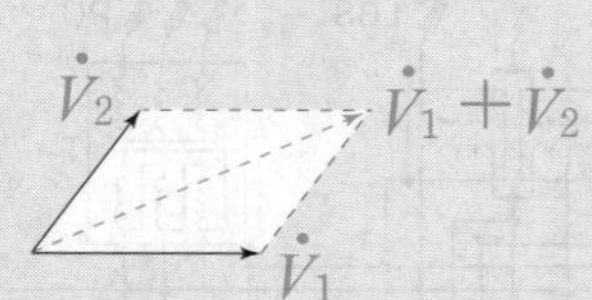

▼ベクトル差

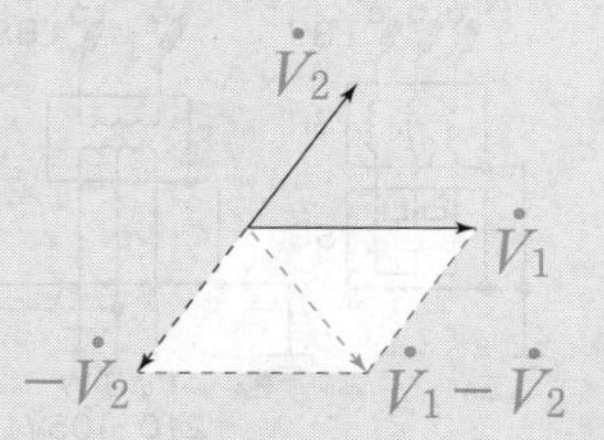

2024年度の第一種電気工事士試験日程

第一種電気工事士の試験は、学科試験と技能試験がそれぞれ年2回行われます。そして2024年度の試験日程は下図のとおりです。

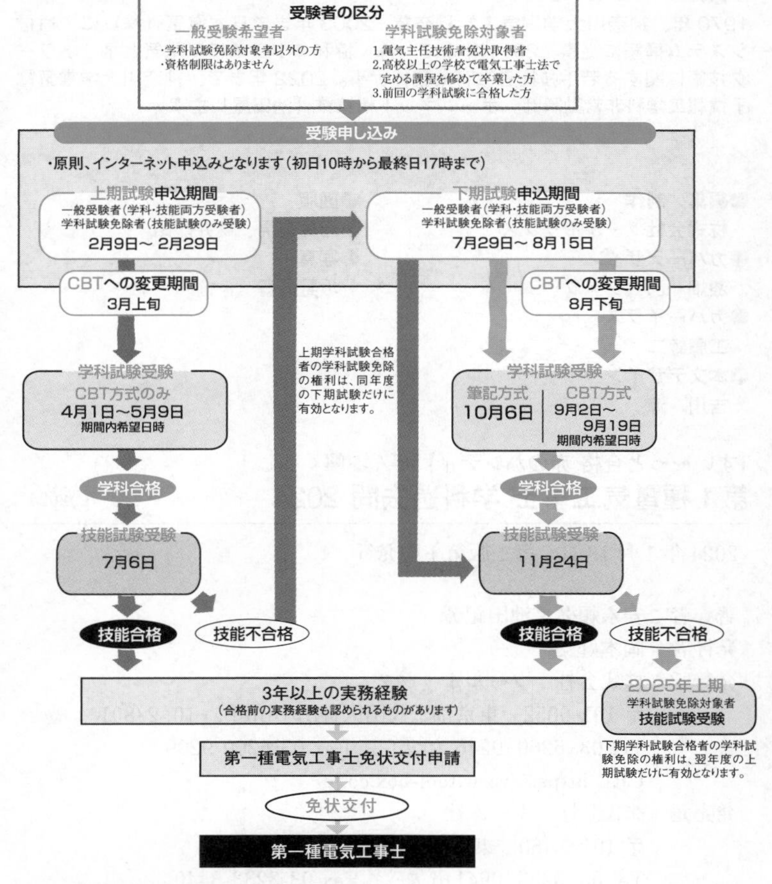

● 試験に関する問い合わせ先

（一財）電気技術者試験センター

☎ 03-3552-7691（平日の午前9時から午後5時15分まで）

https://www.shiken.or.jp

●執筆者プロフィール

安永頼弘（やすなが・よりひろ）

1990年、大分大学大学院電気工学専攻修了。1997年まで（株）ブリヂストン勤務。1999年より工業高校教諭。電気科生徒の資格指導に携わる。第一種電気工事士筆記試験クラス40名全員合格や、高校別合格者数日本一などがある。

池田紀芳（いけだ・きよし）

1970年、神奈川大学電気工学科卒業。2003年まで日本電気（株）にて通信システム構築に従事。2011年まで（株）協和エクシオにて電気とネットワーク技術に関する若手技術者教育業務に従事。2022年まで、神奈川大学電気電子情報工学科非常勤講師。ホームネット構築業「池田屋」主宰。

●編集／制作
株式会社ツールボックス

●カバーデザイン
漆畑一己（ファブ）

●カバーイラスト
工藤諒二

●本文デザイン
吉川　淳

●図版
河井道男、亀井龍路

●写真
坂野昌行

【すい〜っと合格 赤のハンディ】ぜんぶ解くべし！
第1種電気工事士 学科過去問 2024

2024年1月18日　第1版第1刷発行

著　者　安永頼弘、池田紀芳
発行者　岡本好文
発行所　株式会社　ツールボックス
〒101-0052　東京都千代田区神田小川町1-10-2/801
Tel 03-6260-9246（代表）／Fax 03-6260-9299
URL https://www.tool-box.co.jp/
発売元　株式会社　オーム社
〒101-8460　東京都千代田区神田錦町3-1
Tel 03-3233-0641（代表）／Fax 03-3233-3440
URL https://www.ohmsha.co.jp/

印刷・製本所　株式会社ワコー

Printed in Japan　　ISBN978-4-910351-14-8